建设监理与咨询典型案例

河北省建筑市场发展研究会　组织编写

中国建筑工业出版社

图书在版编目（CIP）数据

建设监理与咨询典型案例 / 河北省建筑市场发展研
究会组织编写 . —北京：中国建筑工业出版社，2023.6
ISBN 978-7-112-28771-0

Ⅰ.①建⋯　Ⅱ.①河⋯　Ⅲ.①建筑工程–监理工作–
案例–河北　Ⅳ.①TU712

中国国家版本馆 CIP 数据核字（2023）第 097197 号

责任编辑：徐仲莉　张　磊
责任校对：姜小莲
校对整理：李辰馨

建设监理与咨询典型案例

河北省建筑市场发展研究会　组织编写

*

中国建筑工业出版社出版、发行（北京海淀三里河路9号）
各地新华书店、建筑书店经销
北京光大印艺文化发展有限公司制版
建工社（河北）印刷有限公司印刷

*

开本：787毫米×1092毫米　1/16　印张：29　字数：665千字
2023年6月第一版　　2023年6月第一次印刷
定价：115.00元
ISBN 978-7-112-28771-0
（41090）

《建设监理与咨询典型案例》编写委员会

主　　任：倪文国

副 主 任：王　英　穆彩霞

委　　员：李静文　谢雅雯　李　红

审查专家：申　禧　王国庆　韩胜磊　李海彬　谷志华

　　　　　秦有权　冯建杰　陈慧敏　郭艳军　庞红杰

　　　　　吴志林　郭建明　陈国江　宋志红

主编单位：河北省建筑市场发展研究会

参编单位：（排名不分先后）

河北中原工程项目管理有限公司

方舟工程管理有限公司

瑞和安惠项目管理集团有限公司

河北汉丰造价师事务所有限公司

河北卓越工程项目管理有限公司

河北冀科工程项目管理有限公司

河北理工工程管理咨询有限公司

秦皇岛秦星工程项目管理有限公司

承德城建工程项目管理有限公司

中基华工程管理集团有限公司

鸿泰融新咨询股份有限公司

张家口正元工程项目管理有限公司

河北瑞池工程项目管理有限公司

河北宏基伟业工程项目管理咨询有限公司

河北衡信滨海工程项目管理有限公司

河北秋实工程咨询有限公司

河北工程建设监理有限公司

河北广德工程监理有限公司

河北裕华工程项目管理有限责任公司

星原河北项目管理有限公司

河北建友工程咨询有限公司

河北卓勤工程咨询有限公司

河北永诚工程项目管理有限公司

根据《国务院办公厅关于促进建筑业持续健康发展的意见》（国办发〔2017〕19号）、《河北省人民政府办公厅关于促进建筑业持续健康发展的实施意见》（冀政办字〔2017〕143号）、《国家发展改革委 住房城乡建设部关于推进全过程工程咨询服务发展的指导意见》（发改投资规〔2019〕515号）、《河北省发展和改革委员会 河北省住房和城乡建设厅关于进一步推进全过程工程咨询服务发展的通知》（冀发改投资〔2022〕520号）的要求，创新工程建设组织模式，积极发展全过程工程咨询和专业化服务，推进绿色建造方式，完善质量保障体系，提升建筑工程品质。

建设监理与咨询是建筑工程管理的重要组成部分。随着建筑业改革和工程建设组织模式变革的深入推进，企业转型升级、建设监理与咨询行业高质量发展的需求，我们要以顽强拼搏、锐意进取、守正创新、勇毅前行的精神，迎接未来的机遇和挑战。

建设监理与咨询需要不断创新，创新离不开持续完善的管理理念和先进适用的管理技术，更需要有经验丰富的专业人士和优秀的企业提供专业管理服务。河北省从事建设工程监理和建设工程造价咨询服务的企业要不断提升服务水平和能力，满足委托方多样化的需求，为建设监理与咨询行业的发展做出积极的贡献。

河北省建筑市场发展研究会组织编撰的《建设监理与咨询典型案例》，汇集了近年来河北省从事建设工程监理和建设工程造价咨询企业开展服务过程中具有代表性和影响力的典型案例，这些案例包括建设工程监理和建设工程造价咨询服务、项目管理服务、政府购买服务、司法鉴定服务，以及全过程工程咨询服务，这些案例反映了河北省建设监理与咨询服务理念和管理方法的最新成果，这些成果的取得，得益于河北经济和政府监管政策创新的社会环境，也得益于广大业主对工程项目管理服务越来越高的要求。

《建设监理与咨询典型案例》，为河北省推进建设工程监理、建设工程造价咨询、项目管理、政府购买服务、全过程工程咨询、司法鉴定行业的发展提供工作指引，引领建设监理与咨询新发展理念，构建建设监理与咨询新发展格局，推动建设监理与咨询高质量发展。

倪文国 会长

2023年6月

进入21世纪，河北省建设工程咨询企业持续在建设工程监理、建设工程造价咨询、项目管理、全过程工程咨询、司法鉴定等服务领域深入开展理论研究、方法创新和能力提升，积累了丰富的实战经验，积累的优秀案例在业内发挥示范引领作用。

河北省建筑市场发展研究会组织有关单位、行业专家编撰完成《建设监理与咨询典型案例》，旨在分享河北省建设工程项目实践者探索建设监理与咨询理论的成功经验。本书以项目为载体，凝练河北省建设工程咨询行业在建设工程监理、建设工程造价咨询、项目管理、政府购买服务、全过程工程咨询、司法鉴定等服务中的成功经验，向行业从业者展现项目管理团队在面对复杂性和多样性决策时，如何运用科学的管理思维、系统的管理办法、先进的技术手段，对项目进行高效统筹、协调和管理。

本书选取近5年河北省范围内具有代表性和影响力的建设工程项目，河北省建设工程监理和建设造价咨询企业提供不同模式的项目管理服务，审查专家根据案例的实用性、创新性、可参考性等方面，通过综合考量将优秀案例纳入本书。这些案例既有单一的建设工程监理、建设工程造价咨询，也有群体复杂的工程项目管理，从前期策划到运营使用，涵盖了专业化、阶段性甚至全过程工程咨询服务最佳实践，提出行业最新成果和最前沿思考，同时不断总结经验，对实践中的不足提出反思和探讨，以提升项目管理水平。

从选送案例的单位来看，有国资背景的企事业单位，也有业内有代表性的民营企业；既有以建设工程监理、建设工程造价咨询业务逐渐转型到工程咨询、项目管理、政府购买服务、全过程工程咨询服务的企业，也有以建设工程监理、建设工程造价咨询为主营业务的行业龙头企业，这些单位在提供服务过程中发挥各自的技术优势、资源优势，以市场需求为导向，满足委托方多样化的需求；我们从多领域选取不同类型的典型案例，展示河北省在建设监理与咨询领域的项目实践。

河北省建设工程监理和建设工程造价咨询企业形成的卓有成效的方法和经验，为促进我国建设工程监理与咨询的科学化、规范化、国际化做出应有的贡献，也希望本书能给业内有志于从事建设监理与咨询服务的人士带来全新的启迪和有益的帮助。

由于时间和编者水平有限，编写工作难免有所疏漏，读者在阅读中如发现不妥之处，请批评指正。

河北省建筑市场发展研究会

2023年6月

目 录

司法鉴定篇

建设监理篇

三井大厦一期项目工程监理实践

邹红伟，庞博，邵峰（河北宏基伟业工程项目管理咨询有限公司）

摘　要：三井大厦一期项目（现称：十里香大厦）是沧州市本地企业十里香集团在沧州市北京路建设的地标性办公大楼，十里香集团是一家极具沧州文化底蕴的酿酒企业。十里香大厦的设计理念将十里香集团的企业文化展现得淋漓尽致，该项目不仅有传统的结构形式，还蕴含深厚的企业文化，再配上气势恢宏的内外装修，该项目已成为沧州市代表性建筑物之一。

结合建设单位企业文化，监理过程中拓展了监理服务范围，多次参与装修阶段设计方案的专业性优化，不仅得到建设单位的高度认可，该项目还在各参建单位的努力下获得2018—2019年度"国家优质工程奖"。

1　项目背景

1.1　建设目的

十里香集团总部位于沧州泊头市，其浓香型白酒畅销于沧州地区，沧州市主城区商务用酒的主要品牌之一，十里香集团为了在沧州市区更好地宣传企业酒文化，更好地服务沧州市区市场，经过深入考察调研，决定在沧州市区建设一栋十里香大厦，选址在沧州市运河区北京西路。

1.2　项目特点

十里香集团要将十里香大厦打造成沧州市区的"另一张名片"，所以前期建设方案非常明确，突出企业的"酒"文化，在项目开始阶段，十里香集团多次组织各参建单位主要负责人参观十里香总部，让参建单位深入了解十里香酒的酿造工艺及文化底蕴，始终强调要将十里香大厦打造成一栋质量一流、外观突出、内涵深厚的办公大楼。

2 项目简介

2.1 项目概况

施工单位：大元建业集团股份有限公司

设计单位：北京东方华脉工程设计有限公司

监理单位：河北宏基伟业工程项目管理咨询有限公司（原沧州市宏业工程建设监理有限公司）

本工程开工时间为2015年4月1日，竣工时间为2017年9月1日，结构形式为现况混凝土框架剪力墙结构，总建筑面积44832.25m²，地下2层，建筑面积11163.31m²，地上20层，建筑面积33668.94m²，建筑高度82.98m。基础形式为预应力管桩筏基加上柱墩。抗震设防类别：丙类；建筑结构安全等级：二级；设计使用年限：50年。剪力墙抗震等级：二级；地下二层框架、地下一层距主楼三跨以外框架抗震等级：三级；其余框架抗震等级：二级。地基基础设计等级：甲级；桩基设计等级：乙级。

混凝土等级：基础分别为C40和C50、框架柱14层以下C50，14层以上C40、混凝土墙、顶板地下部位为C35，地上部位为C30，基础筏板和地下二层地下室外墙及附壁柱混凝土抗渗等级为P8；其余与土壤直接接触梁板墙柱混凝土抗渗等级均为P6。

外墙采用隐框玻璃幕墙、明框玻璃幕墙及石材幕墙相结合的形式，地下及屋面防水采用3+4 SBS防水。

2.2 项目建设重点及难点

2.2.1 工期紧张

因十里香集团业务发展迅速，企业亟须在沧州市区有成规模的办公地点，所以对十里香大厦工期要求严格，要求2017年9月9日前必须入驻，2015年9月9日前必须完成地下工程，以保证十里香集团的"99坛十里香原浆地下封存活动"。从项目建设初期阶段就保持高速运转，监理单位参与施工总承包单位制定施工计划网络图，审核施工计划的合理性，提出地下工程以后浇带为界，分段开挖，分段施工，增加钢筋和木工施工人员，将钢筋施工人员分为4组，木工施工人员分为4组，地下阶段实行24h分组施工，监理项目部也对应分配监理人员，全力配合施工进度，力保关键时间节点。

十里香集团为一家酿酒企业，因企业特殊性，在项目建设阶段，多次组织与企业文化、运营有关的活动，作为监理单位，积极协调各参建方保节点、保工期工作，加大巡查的频次，对施工中出现的问题及时提出整改，对误工情况提出赶工措施。

2.2.2 深基坑且距相邻建筑距离较短

该项目地下2层，基坑深度达到10m，而且基坑上边线距西面沧州传媒大厦的直线距离不足8m，沧州传媒大厦为地下1层，与十里香大厦基础平面存在较大高差，距东面乡村主要道路距离不足4m，南侧紧邻两条市政管线，一条为市政供水管线，另一条为市政污水管网，给基坑支护及降水工作带来较大难度。

在基坑支护设计阶段，监理单位会同总承包单位、设计单位、建设单位多次讨论支护方式，本项目基坑支护不仅要考虑基坑支护的安全性，因距离建筑物和道路过近，还要考虑基坑支护后施工作业是否有操作空间。

经过近半个月的实地考察，再结合后期施工工艺，最后确定了多种支护方式进行基坑支护，并进行了专家论证，主楼西侧采用混凝土灌注桩加冠梁支护方式，灌注桩桩长16m，地上6m，地下10m，桩直径0.8m，冠梁宽1.5m，高1m，主楼东侧也采用混凝土灌注桩加冠梁的支护方式，灌注桩桩长16m，地上6m，地下10m，桩直径0.7m，主楼南侧采用1：0.7放坡土钉加锚索的支护方式，主楼北侧采用二级1：1放坡加土钉的支护方式。因多种施工工艺并存的支护方式，给基坑支护施工带来了极大的困难。

专项施工方案经监理单位审批后，监理单位第一时间参与现场专家论证会议，对监理项目部提出监理重点、难点，并进行技术交底，针对基坑支护工程成立了专家组，定期对项目进行技术指导。

基坑支护施工期间，监理项目部全程进行旁站，保证每道工序都有专业知识过硬的监理人员进行监督指导。在基坑支护施工过程中，根据图纸设计的集水坑与电梯井的位置，放线定位采用轻型井点降水，避免局部深坑出水造成部分边坡坍塌。

最终在各方的努力下，十里香大厦的基坑支护工作顺利完成，直至基坑回填完成前，基坑支护都未出现任何安全隐患，为十里香大厦的建设开了个好头。

2.2.3 三处高挑空大厅

十里香大厦因考虑使用功能及提升项目品质，设计了三个大厅，尤其是主楼首层大厅和16层自用办公大厅，均设计为三层挑空，首层大厅净高达12.5m，16层大厅净高11.4m，裙房3层为两层挑空，大厅净高达7.6m。

首层及16层大厅在施工过程中难度极大，2016年河北省模板支撑模式大多为扣件式脚手架，但因层高过高，对扣件式脚手架支撑体系来说难度非常大，监理单位会同总承包单位经过多次会商，最终确定模板支撑方案，并对方案进行了专家论证，梁跨度方向立杆间距900mm，梁两侧立杆间距1200mm，梁底增加1根立杆，纵横向水平杆最大步距1.2m，顶步步距0.6m，次龙骨为40mm×80mm木方5根，主龙骨为单钢管。立杆自由端超出顶层水平杆不大于500mm，距地200mm设一道扫地杆，120mm厚顶板，模板采用12mm厚多层板，主龙骨采用双钢管ϕ48.3mm×2.8mm，立杆纵横向间距900mm×900mm，次龙骨采用40mm×80mm木方，间距200mm。水平杆步距最大为1.2m，顶步0.6m。扫地杆距地面200mm，立杆自由端超出顶步水平杆不大于500mm。满堂模板支撑体系，在外侧周围设置由下至上的竖向连续式剪刀撑，中间纵横每隔6跨设置由下至上的竖向连续式剪刀撑，其宽度为6跨。水平剪刀撑设置3道：在扫地杆处、中间部位、最上一步水平杆处各设置一道。支撑架的竖向剪刀撑和水平剪刀撑应与支撑架同步搭设，剪刀撑的搭接长度不应小于1m，且不应少于2个扣件连接，扣件盖板边缘至杆端不应小于100mm，扣件螺栓的拧紧力矩不应小于40N·m，且不应大于65N·m。高大模板部位竖向结构（柱）与水平结构分开浇筑，以便利用其与支撑架体连接，形成可靠整体；当支架立柱高度超过5m时，应在立柱外侧和中间有结构柱的部位，按水平间距不大于7.2m（柱距）、竖向间距2.4m与建筑结构设置一个固结点；用抱柱的方式与建筑结构进行拉结，以提高整体稳定性和提高抵抗侧向变形的能力。

架体搭设过程也是非常艰难的，经监理单位多次检查、验收、督促整改，才达到浇筑标准。在浇筑过程中，监理单位也进行了全程旁站，严格执行高大模板方案，严格控制浇筑顺序，严格控制集中堆放情况，严格控制混凝土振捣情况，浇筑过程中未出现胀模、下挠过大、架体弯曲、混凝土漏振等现象，最终这三处大厅均圆满完成浇筑。

2.2.4 内外装饰装修后期深化设计

十里香大厦是集办公、会议、展厅、会客、餐饮为一体的大型商业办公楼，因项目内外装饰装修方案为后期深化设计，所以在主体施工过程中未充分考虑装饰装修便利性、实用性、美观性。主体完成前期，建设单位才确定深化装饰装修方案，导致个别水电安装工程预留预埋位置不尽合理。

监理单位严格执行规范标准，严守结构安全红线，禁止装饰装修阶段随意开槽、开洞，对装饰装修方案中拆改部分提出合理化建议，装饰装修设计也非常认同监理单位原则，多次与监理单位商讨装修细节，最终确定的装饰装修设计图合情合理、合规合法，而且施工难度不大。

外装饰部分因十里香集团追求高品质外观，选用的部分石材为特殊石材，市场并不多见，在石材进场过程中，监理单位严格执行石材采购合同约定，对石材的防水涂层、石材色差、石材厚度尺寸进行了逐片验收，保证了上墙的整体效果。

2.2.5 首批绿色建筑示范项目

十里香大厦为河北省首批绿色建筑示范项目，从设计初期就对绿色建筑做法进行了优化，施工过程中建设单位、施工单位、监理单位严格执行绿色建筑评价标准，在原材料采购上，严格执行标准，以满足绿色建筑评价要求，在工艺做法上，严格按照绿色建筑图纸施工，确保能满足绿色建筑评价标准，在竣工阶段，监理单位专门针对十里香大厦的绿色建筑进行了评估，编制了绿色建筑评估报告，并进行了打分，最后经各方验收，十里香大厦满足绿色建筑相关要求，获评绿色建筑一星工程。

3 项目组织

3.1 监理项目部组织架构（图1）

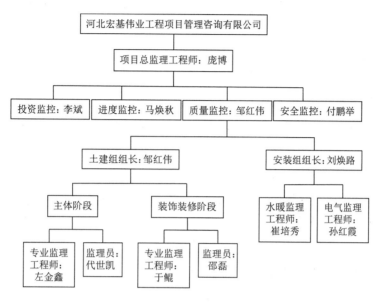

图 1 监理项目部组织架构

3.2 项目部主要岗位职责

3.2.1 总监理工程师的职责与权限

（1）总监理工程师是监理单位委派履行监理合同的全权负责人，行使监理合同授予的权限，对监理工作有最后的决定权。

（2）执行监理公司的指令和交办的任务，组织领导监理工程师开展监理工作。负责编制监理工作计划，组织实施，并督促、检查执行情况。

（3）保持与建设单位的密切联系，弄清其要求与愿望，并负责与施工单位负责人联系，确定工作中相互配合问题及有关需提供的资料或需协商解决的问题。

（4）审查施工单位选择的分包单位的资质。

（5）审查施工单位的实施性施工组织设计、施工技术方案和施工进度计划。

（6）督促、检查施工单位开工准备工作，审签开工报告。

（7）参加设计单位向施工单位的技术交底会议。

（8）参加与所建项目有关的生产、技术、安全、质量、进度等会议或检查。

（9）签发工程质量通知单、工程质量事故分析及处理报告、返工或停工命令，审签往来公文函件及报送的各类资料。

（10）按监理合同权限签署变更设计审查意见。

（11）检查驻地监理组对隐蔽工程检查签证的执行情况。

（12）参加竣工验收，审查工程竣工资料。

（13）督促整理各种技术档案资料。

（14）审查工程决算。

（15）定期、及时向建设单位和监理单位报告工作情况。

（16）分析监理工作状况，不断总结经验，按时完成各阶段的质量评估报告和监理工作总结。

3.2.2 各专业监理组组长职责与权限

（1）专业监理组组长是监理单位派驻施工现场的专业负责人，在总监理工程师指导下，对本组监理工作进行管理。

（2）执行总监理工程师的指令和交办的任务，编制本组监理工作计划，并组织实施，领导、组织本组专业监理工程师开展工作，检查落实执行情况。

（3）组织专业监理工程师进行质量监督、检查，要求根据各类工程施工规范定期检查施工单位执行承包合同情况，提出限期改进的督导意见，避免影响验收。

（4）组织研究处理本组监理工作问题；归口审查各类变更设计，提出审查意见后呈报总监理工程师。

（5）提出本组范围内的返工、停工命令报告。报总监理工程师审批。

（6）对分项、分部工程进行抽验和参与监理组织的竣工预验。

（7）组织本组专业监理工程师进行监理技术业务学习及交流经验。

（8）参加有关例会、会议、每月小结监理组工作，定期向总监理工程师进行工作汇报。

（9）检查监理工作日志，执行监理单位制定的管理制度。

（10）向总监理工程师提供"监理月报""工作总结"素材。

3.2.3 驻地监理员职责与权限

（1）驻地监理员在监理组组长的领导下，负责做好个人分管段范围内一切有关监理工作及监理单位交办的其他有关工作。

（2）现场检查工程质量、进度，复测、检测试验数据，核实所有工程所需材料的采购供应情况。

（3）检查施工工艺是否存在缺陷，提出意见。

（4）关键部位做好旁站监理工作。

（5）收集施工过程中的资料，对其检查，做好记录。

（6）做好监理工作的计划、小结、汇报及报表、资料、文件、监理工作日志的管理。

（7）深入现场掌握工程质量、进度、施工管理、安全生产、文明施工等情况，及时填写监理工作日志，研究分析处理监理工作中的问题。

4 项目管理过程

4.1 认真做好施工准备阶段的监理工作

（1）编制监理规划和监理细则。

（2）熟悉工程设计文件、合同文件、施工图纸，并对施工图纸中存在的问题通过建设单位向设计单位提出书面意见和建议。参加建设单位组织的设计技术交底和图纸会审，做好记录，并对会议纪要进行签认。

（3）检查开工前需办理的各类手续和施工单位现场各项准备工作情况。

（4）审查施工单位实施性施工组织设计，对施工方案、进度计划、关键部位处理措施是否符合设计及施工要求，对劳动力、机械设备、材料等进场及布置情况，以及保证质量、安全、工期和控制造价等方面的措施进行监理，并向建设单位提出监理单位意见。

（5）对施工单位现场项目管理机构的安全保证体系、技术管理体系和质量保证体系是否健全，安全、质量技术措施是否落实进行监督、检查。

（6）审查分包合同、分包单位资质及分包人员资质。

（7）审查施工单位的开工报告，并报建设单位批准后下达开工令。

（8）参加由建设单位主持召开的第一次工地例会，并对施工准备情况提出意见和要求，介绍监理人员、监理规划主要内容、监理的相关程序及要求，负责会议纪要的记录，并与各方代表会签。

（9）审查施工单位进场材料的材料证明文件。

（10）审查施工单位机械设备的选型是否符合施工要求。

（11）审查施工单位检测工具是否符合要求。

4.2 认真做好施工阶段监理工作

4.2.1 工程质量控制

（1）对施工单位在本工程中拟采用的新材料、新工艺、新技术、新设备报送的施工工艺措施和证明材料，组织专题论证，经审定后组织实施。

（2）对施工单位的检验测量仪器设备进行全面监督，审核检定检验资料。

（3）对施工单位报送的重点部位、关键工序的施工工艺和确保工程质量的措施进行审核，同意后方可实施。

（4）对施工单位委托的试验室，监理单位将检查和考核其资质等级及试验范围是否符合本工程要求，检查是否具有经法定计量部门对试验设备出具的计量检定证明，检查试验室的管理制度和试验人员的资格证书以及对本工程的试验项目和要求，符合要求后方可允许使用。

（5）如施工单位对已批准的施工组织设计进行调整、补充或变动时，必须经监理单位签认。

（6）对施工单位报送的进场材料、构配件、配合比和设备的质量证明资料（出厂合格证、材料试验报告单等）进行审核，并对进场的实物按照合同约定或有关规定见证取样方式进行抽检，对不符合要求的材料和设备，禁止进入工地和投入使用。

（7）施工单位在施工过程中应严格按照施工合同、施工验收规范、设计图纸要求进行施工。监理单位对工程主要部位、关键工序进行检查验收确认后方可进入下一道工序施工，并按规定对主要部位、关键工序进行旁站监理，以控制工程质量。

（8）对所有隐蔽工程进行检查和留存影像资料。对隐蔽工程中出现的各种问题，及时监督施工单位认真处理，同时告知当地质量监督部门，必要时邀请设计单位共同参加。同时应对施工单位的施工工艺、劳动力组织、机电设备等提出监理单位意见，当发现实际操作与工艺要求不符时，监理单位有权进行制止，并及时通知建设单位。

（9）对施工单位完成的各类试件按规定进行检查、抽查和复试，对试验结果做出评价。

（10）检查施工单位报送的分项、分部、单位工程质量评定工作资料是否齐全，并对质量工作做出综合评估。

（11）检查安全防护措施及文明施工。

（12）施工中发现一般质量隐患，立即通知施工单位返工处理，并记入监理工作日志；对发生大、重大质量隐患或质量事故，及时签发停工令并主持事故分析会，同时邀请设计单位或质量监督部门参加，督促施工单位及时处理，有权否定施工单位对质量事故和返工处理的意见，责成重新研究处理方案，经监理单位审定后报建设单位，要求施工单位在规定时间内整改完毕，经监理单位复查符合要求后报建设单位并签发复工令。

（13）配合设计单位、施工单位搞好工程质量工作。

4.2.2 工程进度控制工作

（1）审批施工单位报送的工程总进度计划和年、季、月、旬施工进度计划。

（2）督促施工单位严格按照合同规定的工期和建设单位下达的年、季、月、旬施工计划组织施工，每月向建设单位报告施工计划的执行情况和存在的问题。

（3）掌握并准确了解工程进度，如发生延误，及时分析原因，提出相应措施，并报告建设单位。

（4）通过监理月报向建设单位报告工程进度和所采取的进度控制措施的执行情况，并提出合理预防由建设单位原因导致的工程延期及相关费用索赔的建议。

4.2.3 工程投资控制工作

（1）按建设单位制定的有关办法和规定办理计量签证，保证各项工程质量合格，数量准确（做到不超验、不漏验）。审核施工单位申报的季、年度报表，核对工程数量，报建设单位。

（2）建立工程进度款支付的工程进度台账，核对工程形象进度，按月、季向建设单位报告。

（3）对工程进度款支付进行控制，对不符合质量标准的工程、未经返工处理或返工达不到验收标准的工程不予计量。

（4）建立月完成工程量和工作量统计报表，对实际完成量与计划完成量进行比较、分析，如出现偏差及时制定调整措施，并通过监理月报向建设单位报告。

（5）及时收集、整理有关的施工和监理资料，为处理费用索赔提供证据。

（6）督促、检查施工单位及时整理竣工文件和验收资料，并提出监理意见。

（7）组织召开现场例会，重要协调事项应事先向建设单位报告。

4.2.4 认真做好竣工验收阶段监理工作

（1）审查施工单位的工程验收资料，提出监理意见，并对工程质量组织竣工预验。对存在的问题下达监理通知，要求施工单位及时整改，经检查符合要求后签认。

（2）审查施工单位提交的工程质量的书面报告，作为验收的依据。

（3）参加建设单位组织的竣工验收工作，并提供相关监理资料。对验收中提出的整改问题，监理单位要求施工单位及时进行整改，经检查符合要求后，方可交付使用。

4.2.5 认真做好合同管理工作

（1）建立工程合同管理台账。

（2）加强对工程变更的管理，负责对设计变更进行初审，核实变更设计增、减数量，提出初审意见，报建设单位审定。

（3）按有关程序对工程延期和费用索赔进行处理。

（4）对合同执行过程中双方争议的调解。

（5）根据事实对违法事件进行处理。

4.2.6 认真做好监理资料管理

（1）负责本工程的信息、监理资料管理工作。

（2）监理单位配备电脑、打印机、测量仪器、数码相机等办公用品，方便形成各种报告和监理资料，以辅助监理人员在三大控制过程中进行规范、动态管理。

（3）对施工中产生的各类信息资料进行分类管理，经加工处理后，找出各项偏离事项，提出纠偏措施，保证监理目标的实现。

（4）做好监理资料的日常管理。

（5）做好监理资料归档组卷，按规定装订成册，将工程建设的全过程监理管理资料呈报建设单位和监理单位存档。

4.3 做好安全监理工作

4.3.1 安全监理的具体工作：

（1）严格执行《建筑工程安全生产管理条例》，贯彻执行国家现行的安全生产的法律、法规，建设行政主管部门的安全生产的规章制度和建设工程强制性标准。

（2）督促施工单位落实安全生产的组织保证体系，建立健全安全生产责任制。

（3）督促施工单位对工人进行安全生产教育及分部分项工程的安全技术交底。

（4）审核施工方案及安全技术措施。

（5）检查并督促施工单位，按照建筑施工安全技术标准和规范要求，落实分部、分项工程或各工序的安全防护措施。

（6）监督检查施工现场的消防工作、冬季防寒、夏季防暑、文明施工、卫生防疫等各项工作。

（7）进行质量安全综合检查。发现违章冒险作业的要责令其停止作业，发现安全隐患的应要求施工单位整改，情况严重的应责令停工整改并及时报告建设单位。

（8）施工单位拒不整改或者不停止施工的，监理人员应及时向建设单位或建设行政主管部门报告。

4.3.2　施工阶段安全监理的程序：

（1）审查施工单位有关安全生产的文件：

①营业执照；

②施工许可证；

③安全生产许可证；

④各专项安全施工方案；

⑤安全生产管理机构的设置及安全专业人员的配备等；

⑥安全生产责任制及管理体系；

⑦安全生产规章制度；

⑧特种作业人员的上岗证及管理情况；

⑨各工种的安全生产操作规程；安全措施费使用计划；

⑩主要施工机械、设备的技术性能及安全条件。

（2）审核施工单位的安全资质和证明文件（总承包单位要统一管理分包单位的安全生产工作）。

4.3.3　审查施工单位的施工组织设计中的安全技术措施或者专项施工方案

（1）审核施工组织设计中安全技术措施的编写、审批。

（2）审核施工组织设计中安全技术措施或专项施工方案是否符合工程建设强制性标准。

4.3.4　安全文明管理：

检查现场挂牌制度、封闭管理制度、现场围挡措施、总平面布置、现场宿舍、生活设施、保健急救、垃圾污水、防火、宣传等安全文明施工措施是否符合安全文明施工的要求。

4.3.5　审核新工艺、新技术、新材料、新结构的使用安全技术方案及安全措施。

4.3.6　审核安全设施和施工机械、设备的安全控制措施；施工单位应提供安全设施的产地、厂址以及出厂合格证书。

4.3.7　严格依照法律、法规和工程建设强制性标准实施监理。

4.3.8　现场监督与检查，发现安全隐患时及时下达监理通知，要求施工单位限期整改或暂停施工。

4.3.9　施工单位拒不整改或者不停止施工，及时向建设单位和建设行政主管部门报告。

5　项目管理办法

5.1　质量控制办法

5.1.1　质量控制原则

（1）按有效的设计文件和国家标准规范检查验收，必须严格执行强制性标准条文。

（2）定期分析评估施工单位的质量管理体系能否有效运行。

（3）监理部实行三阶段控制法，即事先控制（预控）、事中控制（过程）、事后控制（验控），强化事前控制。

（4）加强过程控制，防患于未然。

（5）质量监控工作按监理部制定的管理程序进行，程序不能少，程序不能倒，使监理工作有序化开展，使其具有足够的监控深度和力度，确保监控效果。

（6）重要工序施工前，项目部应申报施工方案，监理部编制相应的监理实施细则。

（7）突出质量控制的针对性，准确把握工程关键和施工难点，在全面监控的基础上，加强对重点部位、重点工序和关键因素的监控。

（8）关键工序（质量）活动必须在监理人员的监控下进行。

5.1.2 原材料质量控制

（1）掌握材料质量标准，衡量材料质量的尺度是材料质量标准，它也是作为验收、检验材料质量的依据，不同的材料有不同的质量标准，掌握材料的质量标准便于可靠地控制材料和工程质量。

（2）材料质量的检（试）验

①材料质量检验的目的在于通过一系列的检测手段，将所取得的材料数据与材料的质量标准进行比较，从而判断材料质量的可靠性，同时还有利于掌握材料的信息。

②材料质量检验方法一般有书面检验、外观检验、理化检验和无损检验等。

③根据材料信息和保证资料的具体情况，材料质量检验程度分为免检、抽检和全部检查。

④材料质量检验通常进行的试验为"一般检验项目"；根据需要进行的试验项目为"其他试验项目"。

⑤材料质量检验的取样必须有代表性。

⑥材料抽样一般适用于对原材料、半成品或成品的质量鉴定。

⑦对于不同的材料，有不同的检验项目和不同的检验标准，而检验标准则是用以判断材料是否合格的依据。

（3）原材料质量控制的原则

①主要材料及构配件在订货前，承包单位必须向监理工程师申报同意后，方可订货。

②监理工程师协助承包单位合理、科学地组织材料采购、加工、储备、运输、建立严密的计划调度、管理体系，加快材料的周转，减少材料占用量，按质、按量、按期满足建设需要。

③合理地组织材料使用，减少材料的损失，正确使用材料，加强运输、仓储、保管工作，健全现场材料管理制度，避免材料损失、变质。

④加强材料检查验收，严把质量关。

⑤重视材料的使用认证，以防错用或使用不合格材料。

⑥对所有需要做复检的原材料进行100%见证取样。

5.2 安全及文明施工控制办法

5.2.1 安全监理措施

（1）审查并监督施工单位采取安全生产预防措施及安全保证体系。

（2）审查施工单位提交的施工现场平面布置，督促施工单位定期、不定期检查用电、消防安全。

（3）审查施工单位主要施工机械设备的数量、性能、检修证；督促施工单位检查机械设备操作运行情况。

（4）经常性对施工现场进行巡视检查，发现问题及时通知施工单位整改，并将整改验收的情况记录保存。

（5）发现违章冒险作业立即责令其停止作业，发现隐患立即责令整顿。

（6）要求各施工单位派出主管安全施工的人员，实行岗位责任制，专人专职，并在此基础上建立各层安全施工管理网络。

（7）定期召开安全施工负责人会议，通报安全施工情况，交流安全施工经验，进一步改进安全施工措施。

（8）各专职人员应到现场办公，加强巡视，经常进行安全自检，进行安全和遵章守纪教育，检查施工组织设计和分项工程技术交底，检查特殊作业的持证上岗，检查班前活动、施工现场的安全标志等。

（9）督促施工单位：

①贯彻执行"安全第一、预防为主、综合治理"的方针。

②落实安全生产的组织保证体系，建立健全安全生产责任制。

③设立专职安全员并进行定期检查。

④对工人进行安全生产教育及分部分项工程的安全技术交底。

5.2.2 文明施工控制措施

（1）督促施工单位按建设单位要求，实施文明施工。

（2）要求施工单位做到现场封闭管理、图牌齐全，主要干道要进行硬化；保持适量的宣传标语，监理单位及施工单位管理人员挂牌上岗。

（3）督促施工单位的建筑材料、构件按批准的施工平面布置堆放整齐，并做好标识，保持工地整洁。

（4）要求施工单位的运输车辆驶出工地时保持清洁，运土或运输松散材料要覆盖，不污染环境。

（5）检查督促本工地的排水设施和其他应急设施保持畅通、安全。

（6）检查督促施工单位保持施工沿线单位居民的出入口和道路畅通。

（7）要有必要的生活设施及防火措施与设备。

（8）定时处理现场施工垃圾并有专人清扫。

（9）施工污水必须经沉淀后排放至指定位置。

（10）防止夜间施工噪声扰民。

6　项目管理成效

6.1　项目获奖情况

十里香大厦（备案名称三井大厦一期工程）于2017年9月30日正式通过竣工验收，在各参建单位的共同努力下，十里香大厦荣获2016年度"河北省结构优质工程"，荣获2018年度"河北省建设工程安济杯奖"，荣获2018—2019年度"国家优质工程奖"。

6.2　项目社会影响

十里香大厦作为十里香集团在沧州主城区打造的一个品牌名片，它的建成可谓意义非凡，该项目以气势非凡的外观矗立在北京路北侧，已成为北京路上不可或缺的一道风景，而十里香集团把一部分主营业务搬至十里香大厦内，对市区的经济带动也非同小可。现阶段十里香大厦不只有十里香集团沧州业务部，还有中国电信、沧州金投等大型企业入驻，以前期建设阶段的高品质铸就后期优良的办公环境。

7　项目建设经验

监理项目部在十里香大厦建设时，验收过程基本做到"不耽误施工单位一分钟"的服务理念，报验即验收，对质量不合格的工艺当场指正，并提出整改方法及意见，在整改完成后进行二次验收，重复出现或不应出现的质量问题以监理通知的形式下发至施工单位项目部，责其引起重视。所有分部工程验收前，监理项目部均进行了专项验收，项目开始至竣工验收，十里香大厦工程所有分部验收及竣工验收均一次性通过。

在施工过程中，监理项目部始终秉持"安全第一"的理念，对施工过程中存在的安全隐患绝不姑息，发现一处，处理一处，绝不迟疑暂缓，施工过程中督促施工单位安全管理的落实，监督其安全教育、安全培训情况，对现场危险性较大的施工工序均进行了监理旁站监督，对起重机械易发生事故的零部件全部进行排查，发现施工人员不规范操作及时停止施工，轻者进行安全教育，重者做出清场处理，并将过程中发现的安全隐患以监理通知的形式告知施工单位，责其杜绝类似隐患的发生。在施工现场管理人员共同努力下，十里香大厦工程从开工到竣工，施工现场未发生安全事故。

施工过程中，监理项目部严格执行十里香集团及相关规范要求，对过程签证、变更、洽商、技术核定等问题进行严格把关，基本做到每项签证、变更有依据，每项洽商有记录，每项技术核定单有必要，最大限度地保证项目支出的合理性、合规性、必要性。协助十里香集团进行每月的工程量确认工作，做到工程量与工程施工进度相符合。

项目进行过程中，项目部不仅对工程质量、安全、进度等方面进行把控，也把对十里香集团提供技术服务作为重点工作内容，在施工图纸争议中积极提出意见，在技术难点上为施工单位提供指导，对甲乙双方难以界定的问题进行专业分析协调，最大限度地保证项目的顺利进行。

十里香大厦工程在项目实施过程中，公司技术骨干多次来项目部进行监督指导，个别项目部难以解决的技术问题，主动组织市属专家进行现场调研，提出整改意见，帮助项目部解决技术难点。

监理项目部一直秉持"守法诚信，科学公正，严格监理，优质服务"的理念进行监理服务，根据不同的施工阶段，配备了不同专业的监理人员，优化了监理队伍，提高了服务质量，认真严格地执行了监理合同。在监理工作中，项目部优化监理工作，取长补短，为建设单位提供了更好的监理技术服务，为施工单位提供了更好的监理服务，为十里香大厦工程的顺利进行保驾护航。

某组团安置房及配套设施工程项目
工程监理实践

裴鹏宇（中基华工程管理集团有限公司）

摘　要： 某组团安置房及配套设施工程为包含多个宗地、街区的组团式房屋建筑项目，项目规模体量巨大，建设准备和施工过程中由多家参建单位共同完成项目管理、勘察、设计、造价咨询、招标代理、监理等咨询管理服务任务，各参建单位在各自的服务范围内分工精细、专业化程度高，在项目管理单位统一管理下，为建设单位提供专业化的工程咨询服务。

　　中基华工程管理集团有限公司（以下简称公司）承担该组团项目的全部监理工作。综合考虑外部管理环境和项目本身特点，对监理整体工作进行了分析和策划，将工作任务进行逐层分解，同时与公司监理业务"双控管理体系"进行深入融合和嵌套，建立矩阵式管理组织架构，在专业化、精细管理模式下的组团式项目监理工作中积累了一定的经验。

关键词： 组团式项目；矩阵制管理架构；双控体系化管理

1　项目背景

　　该项目为成片开发建设的安置房工程，利益相关者组成复杂且数量庞大，社会关注度高，社会影响力大，工程质量、进度要求均比较高，工程建设过程中红线内的施工组织和红线外的交通、水电供应、交叉施工等方面影响因素复杂，参建各方管理、协调工作难度巨大。

2　项目简介

　　该项目总占地面积1000余亩，总建筑面积约170万 m^2，人防工程建筑面积约8万 m^2，包含住宅、公寓、公建等不同类型单体170余个，工程主体结构形式为现浇混凝土框架剪力墙结构。从各参建方陆续进场到项目进入照管期，总体持续17个月。地基基础阶段施工持续2个月，主体结构阶段施工持续8个月，精装修、室外工程阶段施工持续7个月，随后工程进入竣工验收和照管期，基本按监理合同节点完成相应工作，监理团队高峰期进场154人，平均在场人数120人，工程实施各阶段按照公司监理业务的"嵌套体系"逐次完成了项目策划、团队组建、项目运行体系建立并试运行、监理工作体系建立并试运行、"嵌套体系"正式运行并完善等工作。

确定接到监理任务后，公司技术质量中心、监理项目部结合项目所处外部环境和工程本身的特点，从技术管理、施工组织管理、外部环境管理三个维度对项目进行了综合分析。

（1）技术管理方面。充分考虑建设条件、结构形式、施工工艺及材料等因素，项目技术难度不大，经分析可作为监理工作管理重点但不作为管理难点。

（2）施工组织管理方面。针对组团式项目的特点，建设单位将施工总承包也确定为组团打包整体发包模式。项目宗地多、占地面积大，内部施工平面交叉情况复杂，管理人员数量庞大，包括劳动力储备、材料供应、机械设备准备、工程建设实施等在内的整体组织协调工作是否顺畅和二级团队工作标准是否统一是决定该工程成败的重要决定性因素，另外参建管理方之间管理体系的兼容、工作衔接等也是影响大体量组团式项目建设实施成败的重要因素，项目施工组织管理难度极大，经分析作为监理工作管理重点，也是最重要的管理难点。

（3）外部环境管理方面。多组团同时施工，项目被四面地下构筑物包围，外部进场交通环境较差，当地水、电总容量可能无法满足多组团同时施工要求，项目社会关注度高，经综合分析项目外部环境不理想，将成为监理工作的一个工作难点。

综上所述，项目管理难点主要表现在施工组织管理和外部环境管理方面，项目三个管理维度特点具体分析见图1。

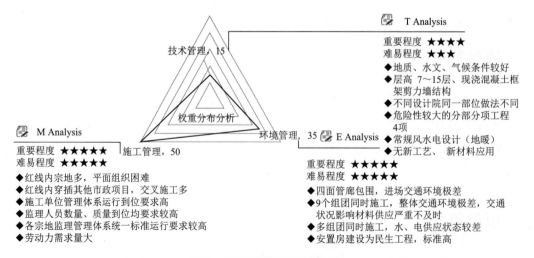

图1　项目管理维度特点分析

3 项目组织

3.1 项目组织模式

　　项目由多个宗地组成，各宗地均需要各专业人员配置齐全、相对独立的团队完成监理工作任务，而在一个大的组团监理委托合同内，监理项目部需要约束各宗地监理团队按照统一的工作流程、标准、制度开展监理工作，这决定了监理工作在项目总体垂直运行和各宗地独立横向运行方面均有很高的管理要求，监理项目部针对上述管理特点建立了矩阵制组织管理架构，职能部室与宗地团队的职责和权利划分清晰，岗位职责明确。职能部室总监理工程师或负责人只对非宗地人员行使管理权力，通过分工设定的职能职责，对各宗地人员从技术、能力、办公资源等进行支撑、管理，各宗地负责人对宗地内的人员有完全的领导和指挥权，监理人员工作内容服从宗地安排，这样就避免出现多头领导的现象，也不会左右为难、无所适从。各宗地成员之间的沟通不需要通过其职能部门领导，由宗地负责人与总监理工程师或总指挥汇报，具体组织架构见图2。

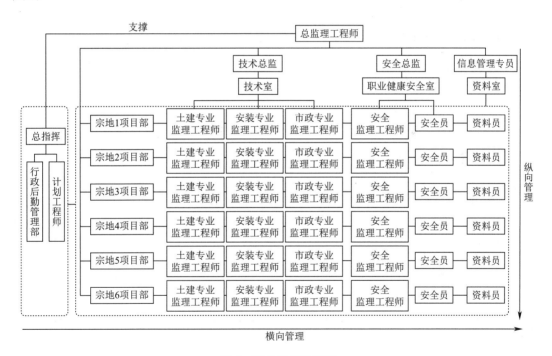

图 2　项目组织架构图

3.2 工作职责分工

3.2.1 总监理工程师

　　监理项目部工作总体绩效第一责任人，对工作授权人负责，对项目总体管理体系运行的有效性负责，确保在矩阵制的管理架构下，监理整体工作在纵向、横向推进过程中具有时效性、合规性和有效性，从而最终确保监理委托合同顺利履约。

3.2.2 职能部室负责人

完成集团公司监理业务"双控管理体系"与参建各方的管理体系在项目建设实施过程中的有效兼容和嵌套，并形成有针对性的管理流程、考核标准，对宗地横向运行管理效果进行技术支撑。

3.2.3 宗地负责人

对总监理工程师负责，宗地监理工作绩效第一责任人，对宗地的人员、质量、进度和安全管控有完全的决策权。

3.2.4 总指挥

总指挥由公司主管工程的副总经理担任，驻场管控，第一时间对项目在矩阵制架构下的管理体系运行进行督导。在项目监理工作运行过程中，竖向管理方面通过计划工程师收集的工程实施过程中的统计和预测信息及分析成果，对总监理工程师进行全面支撑，及时、动态、合理地调配包括人力、办公环境、工具等在内的一切资源，横向管理方面对各宗地负责人工作绩效进行动态、不定期的评定，确保监理工作体系正常运行、受控并在发生问题时第一时间进行纠偏。

4 项目部管理过程

4.1 项目策划阶段

4.1.1 总体工作思路策划

监理项目部于进场前一周正式接到项目监理工作任务，接到任务后公司技术质量中心立即成立项目监理工作策划小组，并在一周内完成总体工作思路策划，具体工作如下：

1.成立工作策划小组

策划小组由11人组成，由公司主管工程副总经理担任组长，公司总工程师兼项目总监理工程师担任副组长，各宗地负责人、公司各专业技术骨干为策划小组组员，策划小组成立后立即制定工作方案，明确策划工作由准备工作、项目信息分析、公司管理体系落地方案制定等内容组成，并明确了小组成员的职责分工，于接到监理任务当天进驻项目所在地。

2.策划准备工作

为确保策划工作有针对性、成果具有可执行性，所建项目的建设环境、当地人文环境等信息准确至关重要，策划小组将准备工作分为两个方面的内容：信息收集和现场踏勘。

信息收集由小组组长、副组长、项目拟派职能部室技术骨干完成，现场踏勘由拟派宗地负责人完成，主要通过文案调查和实地调查方式展开。通过调查了解到项目建设所在地地质、水文、气候条件良好，项目四面被已经开始施工的地下构筑物工程包围，且邻近区域有大面积住宅工程已经施工至基坑开挖阶段，可进出施工区域的外部道路工程施工车辆流量大，车速缓慢，通过与周边工程施工人员沟通，了解到短期内将有几个不同规模的组团在建设区域内同时展开施工，整体交通压力较大，工程所在地为原住人口50000人左右的县城，电力、生活生产用水容量不大。

3.项目信息分析

信息收集完成后，工作策划小组立即召开专题会议，对收集到的项目建设条件、环境信息进行汇总，同时结合招标文件中的工程技术信息、工程施工组织预判信息对项目进行了初步的综合分析，将监理工作在技术管理、施工组织管理、外部环境管理三个维度设定难度权重。

4.总体工作思路策划

从项目工程技术角度考虑，公司的项目运行嵌套"三控三管"双控管理体系可以很顺畅、规范地推进项目监理工作的开展，但综合考虑工程规模、建设条件、建设环境等因素，需在公司"双控管理体系"基础上选择合适的管理架构并制定有针对性的措施，确保实现现场多个参建单位管理体系的有效兼容。

4.1.2 项目管理架构及人员安排策划

1.管理架构选择

项目管理架构选择已在前文阐述，不再赘述。架构设计完成后，需按组织架构要求、工程各阶段施工专业内容、持续时间、工作量等因素配置专业结构合理、执业资格合规的监理人员来组建团队，确保项目管理体系有效建立，筹划小组对人员需求、安排进行了总体策划。

2.人员安排策划

人员安排方面，工作策划小组首先确定已进驻工程所在地的11人作为项目部骨干派驻现场，同时根据投标文件中在各阶段承诺的监理人员人数、专业构成要求，统计各专业工程师总体需求数量和计划进场时间，形成人员需求计划，由于监理人员需求量大，由策划小组组长直接与公司沟通，统筹技术质量中心、人力资源中心等相关职能部门工作，通过公司内部统一调配和外部招聘两种方式满足项目人员按计划到岗要求。人员需求策划见表1。

某组团安置房项目阶段人员需求计划　　　　　　　　　　　　　表1

阶段	计划人员总数（人）	预计时间阶段	投标人员组成（人）			人员需求计划（人）								
			岗位	数量	职能	×宗地	×宗地	×宗地	×宗地	×宗地	×宗地	合计	实际	需求
开工阶段	72	××~××	总监理工程师	1	1							1	1	0
			总代	6		1	1	1	1	1	1	6	4	2
			安全工程师	3	1							1	0	1
			安全员	9		1	1	1	1	1	1	6	4	2
			土建工程师	19		4	4	4	4	4	4	24	17	7
			精装工程师	3										
			造价工程师	6	1							1	1	0
			给水排水工程师	9	2							2	2	0
			电气工程师	9	2							2	1	1
			市政工程师	0										
			园林工程师	0										
			测量工程师	1										

阶段	计划人员总数（人）	预计时间阶段	投标人员组成（人）		人员需求计划（人）								
			岗位	数量	职能	×宗地	×宗地	×宗地	×宗地	×宗地	×宗地	合计	实际	需求
开工阶段	72	××~××	资料员	6		1	1	1	1	1	1	6	4	2
			监理员	0		3	3	3	3	3	3	18	12	6
			合计	72										

4.1.3 公司管理体系与现场管理兼容策划

1.公司"双控"嵌套管理体系

公司双控管理包含项目运行管理体系和监理工作管控运行体系，监理项目部按照公司程序文件和作业指导书确保两个体系在监理工作开展过程中有效嵌套运行，确保监理服务质量，两套管理体系具体内容如下：

（1）项目运行管理体系

项目运行管理体系中，重点工作内容包括项目分析、项目策划、团队组建、文件编制、三控三管运行、资料系统等，通过公司体系文件约束各项工作目标按标准达成，保证监理项目各阶段工作受控或高质量运行，从而确保监理任务的完成。

（2）监理工作管控运行体系

监理工作管控运行体系中，重点工作内容包括建设工程监理规范中明确规定的质量、进度、造价、安全、合同、资料管理六项，工作思路为：首先将"三控三管"监理工作进行目标分解，然后按施工合同要求对总体施工进度计划进行审核，在审批过的进度计划中选择里程碑式关键时间节点建立工作时间轴线，以工作时间轴线上的每一个节点为阶段工作的考核终点，对质量、造价、安全、合同、资料管理等监理工作的分解目标实行预控管理。该体系嵌套于项目运行体系中，是其中一项重要工作的细化结果。

2.工程项目特点

项目由多宗地组成的组团式的特点，决定了监理项目部的工作开展必然涉及总体垂直运行的管理和宗地横向运行的管理，垂直管理的重点在于通过技术和管理支撑，实现各宗地监理工作系统化、标准化和一致性的目标，公司的项目运行管理体系作用明显，横向管理重点在于实现宗地监理工作内容的合规性、时效性目标，监理工作管控运行体系在保证横向管理的目标达成方面可发挥重要作用，两个体系互相嵌套运行，有助于监理整体工作形成有机整体，最终确保整体监理任务的准确、有效完成。

3.参建单位状态

由于项目是由多宗地组成的组团式工程，规模体量巨大，建设单位对工程建设实施过程的管理尤为重视，施工阶段独立委托参与管理的单位包括：项目管理、造价咨询、监理、施工，各参建管理单位均从各自参与角度为项目制定一套有针对性、可操作性的管理体系，如参建各方管理体系在独立状态下均可完美运行，但在统一、协作运行过程中矛盾重重，将会大大影响工程组织实施过程中的管理效率和效果，所以组团式大体量工程项目的多管理体系兼容问题必须作为监理工作管理体系策划的重要考虑因素。

4.现场多管理体系的兼容

经分析，不同角度、多管理体系兼容问题主要体现在以下几个方面：

（1）组织架构模式兼容

经前述分析，监理项目部计划选择矩阵制组织架构开展现场监理工作，但项目实施组织是否成功，与其他参建管理方的组织架构兼容也至关重要。如果兼容效果不理想，将造成工作对接混乱，非必要、无效工作内容增加，甚至由于工作降效严重导致项目组织实施整体管理体系无法运转，从而导致组团建设任务失败，所以进场初期有必要组织各参建管理方针对组织架构模式、层级设计、职责分工等问题进行深入沟通，消除架构设计中存在的不兼容问题。

（2）工作范围兼容

解决总体组织架构兼容问题后，团队工作范围划分兼容问题同样需要解决，如各参建管理方均采用二级管理架构，按管理层级和职能划分进行工作范围对接将是较为理想的兼容方式，这种兼容方式下重点工作为明确工作区域范围即可，如其中一方或几方采用直线式组织架构，那么工作职责、工作区域、管理层级对接均需要深入沟通，兼容工作将较繁琐且工作量较大，工作范围兼容也是进场初期需要解决的问题。

（3）工作分工兼容

如前述分析，监理项目部针对项目选择的矩阵制组织架构，在垂直管理条线存在职能管理内容，横向管理方面宗地相对独立开展工作，垂直管理和横向管理权责限定明确、清晰，但如与其他相关参建方管理体系分工兼容不理想，同样会造成工作对接混乱，非必要、无效工作内容增加等工作降效问题发生，该兼容问题也需要在进场初期通过深入沟通消除。

（4）工作时效性兼容

近年来，工程建设效率越来越高，施工节奏越来越快，在该特点下使工程施工处于受控状态的组织难度不断加大，而预控管理在解决前述问题时发挥了巨大作用，各管理体系在工作预控管理时效性方面存在差异，为实现各方管理体系的有效兼容，进场初期有必要召开专题会尽可能消除或减弱工作时效性差异。

4.2 项目实施阶段

4.2.1 管理体系建立

1.团队组建

团队组建，根据工作目标和工作侧重点不同，分为前期阶段和工程建设正常实施阶段两个阶段。考虑到该组团式项目工期紧、任务重、管理团队庞大的特点，为实现快速建立管理体系、持续完善管理职能的团队组建目标，同时考虑17.5个月的总体建设周期和前期阶段的目标工作量，将前期阶段限定在进场后一个月内，一个月后进入工程建设正常实施阶段。

前期阶段工作任务包括职能部室的建立，按项目设计文件识别监理工作内容，按工作内容完成工作目标分解，按公司体系文件为分解工作目标制定工作流程，按工作目标和工作流程完成人员职责分工，结合上游管理单位的要求完成管理制度的制定，组建二级团队并宣贯前述管理体系内容及要求。工作任务前期项目部到场45人，包括总监理工程师、技术总监、安全总监、计划工程师、信息管理专员、宗地负责人、专业监理工程师、安全工程师、资料员等岗位，职能部室基本建立，宗地二级团队基本建立。

工程建设正常实施阶段工作任务包括按工程实施各阶段的人员需求计划及实际情况，为职能部室、各宗地增配相应的人员，支撑总监理工程师调配不合格的监理人员，以确保管理体系按预定目标、标准正常运行。

2.管理流程

内部管理流程方面：项目纵向管理流程按照公司的项目运行管理体系程序文件建立，工作标准按相关作业指导书完成，宗地的横向管理流程按公司的"三控三管"运行体系建立，工作标准按相关作业指导书完成，总指挥、总监理工程师负责纵向管理和横向管理流程的总体衔接，计划工程师、职能部室参与衔接工作，通过工作流程图明确参与衔接工作人员和部室的工作流转关系，并向各宗地宣贯工作流程和工作关系。

外部管理流程方面：总监理工程师、职能部室、计划工程师负责总体外部对接工作，具体包括参建方工作指令、工程建设运行数据参数、文件等外部信息的收发、分析、流转等，必要时将外部信息分析成果形成内部工作指令，在各宗地统一标准执行、实施。

3.职责分工及授权

将工作流程中的工作项目与组织架构中设定的岗位对应，完成职责分工，按公司岗位说明书要求制定工作标准，便于考核。

职责分工完成后，形成书面授权书，授权书中明确岗位名称及职责设定，同时明确履行工作职责时享受的工作权利，确保各岗位工作衔接顺畅，工作按流程顺利推进，授权书由总监理工程师和岗位被授权人共同签字确认后生效。

4.工作制度

为保障前述工作流程顺利流转、工作内容按职责分工完成，同时为了配合外部要求的信息化管理要求，监理项目部建立了如下管理制度，对相关工作过程进行约束和绩效考核：

（1）宗地团队组建管理制度；

（2）资料系统、文件编制审核管理制度；

（3）监理例会管理制度；

（4）监理工作质量控制管理制度；

（5）监理工作进度控制管理制度；

（6）监理工作安全控制管理制度；

（7）职能、信息化管理制度。

5.管理体系试运行及初步完善

策划小组派驻工程所在地一周后，监理项目部组织架构设计、工作内容识别、工作目标设定、工作流程制定、岗位职责分工、管理制度制定等工作全部完成，建立管理体系的理论基础准备工作基本完成，前期阶段人员按计划到岗，团队组建完成，至此监理项目部管理体系基本建立完成。

管理体系搭建完成后，管理团队正式派驻施工现场，并参加了建设单位组织的参建方见面会，会上建设单位、项目管理单位、施工单位、监理单位介绍了各自的管理体系运行思路，同时现场施工全面展开，各参建管理方管理体系进入试运行阶段并开始磨合。为确保前期阶段工作在目标周期一个月内完成，项目部把体系兼容磨合、调整期设定为三周，计划三周内完成发现并解决体系自身、兼容问题，完成管理体系初步完善的目标，并利用最后一周时间进行调整体系的运行观察和总结。

管理体系试运行过程中发现参建管理方在如下方面分歧明显，问题较突出，对项目整体管理工作降效的负面影响显著，监理项目部通过内部研究和外部协商进行了处理和完善。

（1）工作范围划定不兼容

施工单位的项目部组织架构设计为两级管理，一级管理为公司成立的工程建设施工组织指挥部，对总体施工合同履约负责，二级管理为三个子公司，每个子公司完成两个宗地的施工任务，一个施工二级团队对应两个监理二级团队，施工、监理组织架构总体兼容情况较好，但施工单位某子公司派驻现场两个管理团队，同时为平衡两个团队的工作量，人为地将两个宗地的工程量进行均分，形成其中一个团队跨宗地组织施工情况，这与监理二级团队按宗地划分工作任务的架构不兼容，工作对接混乱，为解决该不兼容问题，监理项目部提出按施工许可证即按宗地划分管理界面，以便明确责任，同时对工程划分、验收等均有利，施工团队只需对管理人员人数按工作量比例进行调整即可，调整难度不大，最终调整方案得到各方认可，该问题得以解决。

（2）两级管理机构，职责划分不兼容

由于该组团式项目为一个整体监理委托合同，监理工作策划阶段对文件审核、验收等工作职责进行了明确划分，职能部门统一负责施工单位报送文件的审核工作，经职能部门工程师或总监理工程师审批后向各宗地流转、交底并执行，而施工单位则在工作职责划分中将报审文件编制任务交给二级团队完成，并计划按传统施工组织方式通过监理二级团队完成审核审批执行，两个组织架构在职责划分方面出现不兼容问题。为解决该问题，监理项目部与施工单位进行了协商，建议总施工组织设计、施工方案等文件编制过程中可由各二级团队协作完成，但报审应将编制成果汇总后统一报审，单位工程施工组织设计可由各二级团队完成编制，但应由指挥部统一完成公司审批流程后报监理项目部审批，这样符合施工合同对项目的定义，也符合标准规范对文件编制、报审的要求，施工单位最终采纳监理项目部意见，对工作职责及流程进行了微调，两个管理体系实现兼容。

4.2.2 资料系统的建立

进场一周内，由信息管理专员、技术总监根据公司文件归档及影像资料管理作业指导书，同时结合工程设计特点，监理资料系统具体工作思路如下：

（1）资料系统总体架构：综合运行管理类文件、进度控制文件、质量控制文件、造价控制文件、工期管理文件、合同管理文件、安全控制文件。

（2）资料系统除考虑工程运行相关资料外，还包括公司管理体系要求的内部流程、项目运行管理、绩效考核等文件，作为一个系统统一、分类编号进行管理。

（3）项目部管理体系试运行阶段（进场后第一个月），信息管理专员完成资料系统内容、格式、建档要求等宣贯，指导各宗地资料相对独立地建立资料管理系统。

（4）现场智慧监理、区块链平台信息录入、更新、使用归口信息管理专员统一管理，各宗地资料员配合工作。

4.2.3 "三控三管"工作运行

总体思路按前述监理工作管控运行体系开展，具体工作方法如下：

1. 进度管理

审批施工单位总体进度计划与合同约定工期的一致性，并综合考虑现场工艺选择、机械配置、劳动力配置、材料进场计划等因素，判定其总体进度计划的合理性，审批完成后，由计划工程师提取关键进度节点，分阶段对施工进度进行控制，具体步骤包括：

（1）提取关键时间节点；

（2）施工任务分解，确定进度控制目标；

（3）进度偏差对比分析及原因分析；

（4）纠偏措施制定；

（5）跟踪纠偏结果。

2. 质量控制

以进度节点建立工作轴线，进行预控计划管理，计划管理内容包括：方案编审计划、样板计划、材料进场报审计划、验收计划。所有计划在监理工作交底时与施工单位、项目管理单位协商，达成一致后纳入施工组织管理流程。

质量验收方面引入QC管理思路，对其理论步骤进行简化，提取质量数据，统计质量问题并确定主要问题，分析质量问题原因，针对重点问题的影响因素有针对性地采取措施。现场以周为周期、以分项工程划分归类进行循环质量管理。

3. 造价管理

对现场工程量计量和工程款支付进行常规控制，此处不再赘述。

4. 安全管理

总体思路为按日、周、月三个周期对现场安全进行分层次、阶段循环式管理，通过周安全运行管理模式收集并分析现场安全管控数据，通过数据数量分布确定重点安全隐患项目和部位，同时通过数据的动态变化判断施工单位安全管理体系运转是否正常，具体步骤包括：

（1）通过日巡查收集施工单位安全管理人员到位情况、各安全管控项安全隐患数量情况、前一日安全隐患整改情况等数据，并对前一日安全隐患整改情况、本日巡查中管理状态、发展趋势进行描述，对施工单位安全管理体系运行状态进行定性判定。

（2）每周五，依据每日安全检查数据的动态变化情况，对现场安全运行情况进行总结分析。根据各安全管理项运行趋势对施工单位安全管理体系运行情况进行评价。

月安全管控模式主要依据行业标准和地方文件要求展开，具体步骤包括：

（1）每月25日，依据《建筑施工安全检查标准》JGJ 59—2011、某省建筑施工安全风险分级管控指导手册，与项目管理单位对现场进行安全联合检查。

（2）按《建筑施工安全检查标准》JGJ 59—2011对现场安全内业、外业进行检查，按附录A、附录B进行打分，按第5章评定等级并要求整改。

（3）按《河北省安全生产风险管控与隐患治理规定》《建筑施工安全风险分级管控与隐患排查治理指导手册》要求施工单位报送一个台账、三个清单，按报送清单进行隐患排查和限期整改。

4.3 项目竣工验收阶段

由于过程工作组织考虑相对周密，项目竣工验收工作推进较为顺利，按照国家规范、行业标准等正常推进，此处不再赘述。

5 项目管理办法

为了高效完成项目管理过程中各项工作内容，监理项目部在项目策划阶段制定了相关的项目管理办法，并在工作推进过程中根据实际推进进行了完善，现将质量验收、进度管控、安全管理具体办法介绍如下。

5.1 质量验收管理办法

质量验收通过简化QC管理思路步骤的方法，建立现场管理方法，通过完成质量数据收集、统计并确定主要质量问题、分析质量问题原因、针对重点问题的影响因素有针对性地采取措施、措施落实跟踪整改等工作步骤，实现现场质量验收达标的闭环管理。

（1）质量数据收集：通过图3所示表格，将现场验收数据填表完成收集、提取工作。

（2）统计并确定主要质量问题：

表格会根据所输入的数据自动计算出合格率，并结合验收项目标准合格率判断是否合格，输出样本分析、合格率、结论分析表格，监理工程师可根据图表得出主要问题分析结论。

（3）分析质量问题主要原因：

根据识别出的主要问题，通过文案调查（监理工作日志、验收资料）、现场调查（实测实量、试验检测）方式分析出问题产生的原因。

（4）问题整改措施：

根据实际数据、现场闭环分析，有理有据地提出整改要求和建议，可以尽可能地争取施工单位的认可，有利于现场问题整改闭合，提高了工作效率。

（5）质量问题整改复验，给出验收结论。

土钉墙检验批验收情况分析										
检验批	××宗地-25号楼	所属分项工程	土钉墙		所属区域					
抽样方案		样本容量			抽样数量					
项目分类	具体内容			应测点数	实测点数	合格点数	合格率	验收结论	一次验收合格率	最终验收结论
主控项目	抗拔承载力			50	50	40	80%	不合格		
	土钉长度			50	50	50	100%	合格		
	分层开挖厚度			50	50	50	100%	合格		
一般项目	土钉位置			100	100	80	80%	合格		
	土钉直径			50	50	40	80%	合格		
	土钉孔倾斜度			50	50	30	60%	不合格		
	水胶比			50	50	40	80%	合格		
	注浆量			50	50	44	88%	合格		
	注浆压力			50	50	40	80%	合格		
	浆体强度			50	50	45	90%	合格		
	钢筋网间距			50	50	40	80%	合格		
	土钉面层厚度			50	50	50	100%	合格		
	面层混凝土强度			50	50	34	67%	不合格		
	预留土通尺寸及间距			50	50	50	100%	合格		
	微型桩桩位			50	50	38	75%	合格		
	微型桩垂直度			50	50	40	80%	合格		
图表分析										

图3　土钉墙检验批验收情况分析

5.2　进度管控管理办法

（1）提取分部工程和部分工作量较大、作为进度控制考察对象的分项工程起始时间作为关键时间节点。

（2）简化建立模型，假设分部工程和作为进度控制考察对象的重要分项工程匀速施工，将其包含的施工任务按周进行分解，计算出每周需完成施工任务的工作量，作为该周进度控制的目标（表2）。

某周进度控制目标表　　　　　　　　　　　　　　表2

序号	项目	单位	总体工程量	原分解目标	上周偏差	本周调整分解目标
1	土方	m³	140	13.3	4.5	17.8
2	CFG桩	根	44796	4619	3097	7716
3	基坑支护	m²	66000	27111	10325	37436

（3）每周最后一天对该周进度控制目标和实际完成情况进行对比，收集偏差数量并分析偏差原因（图4）。

（4）将本周产生的偏差全部分解到下一周的进度控制目标中，并针对本周分析得出的偏差原因，要求施工单位在下一周采取有效措施纠偏，同时针对因进度偏差在下一周纠偏所需采取的措施向施工单位提出要求。

（5）跟踪纠偏结果，每周循环第（2）步。

（6）如遇重大进度偏差或出现进度计划总体调整，重复第（1）步。

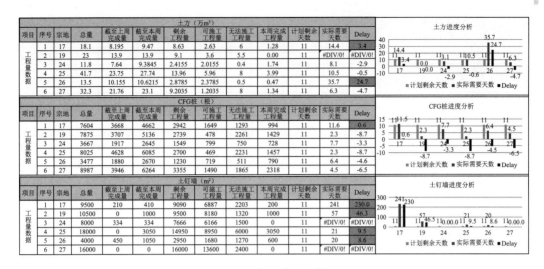

图 4　每周进度分析

5.3　安全工作管理办法

5.3.1　日巡查及数据整理

（1）描述施工单位安全管理人员到岗情况。对施工单位安全管理人员到岗人数进行描述，并按照有关文件判断到岗人数是否与工程规模匹配。

（2）安全隐患情况描述。描述宗地涉及安全管理项目数量和内容，通过巡视发现安全隐患，对其中隐患数量最多、占百分比最大、后果严重的隐患项目进行单独描述，提出限期整改要求并明确整改责任人。

（3）前一日安全隐患整改情况描述。包括安全隐患合计数量，整改完成数量，通过隐患数量变化判断整改完成情况，并描述现场安全运行是否处于受控状态。

（4）通过巡查中隐患数量、发展趋势等数据动态变化，判断施工单位管理状态，对施工单位安全管理体系运行状态进行判定。

5.3.2　周安全总结分析

每周五，依据图表信息对一周的安全运行状态进行分析，图表会依据每日收入的安全隐患数量情况自动形成数据变化折线图，通过折线图的变化趋势可判断相应安全隐患的运行趋势以及施工单位安全管理体系的运行状态，如折线图规律明显下行，说明相应安全隐患逐渐减少，隐患内容得以整改，安全管理体系在该安全管控项目方面运行正常，如折线图明显上行或无规则波动状态，说明相应安全隐患没有在主动管控下得到整改或在非管理状态下偶发整改，施工单位安全管理体系在该安全管控项目方面运行不正常或处于施工状态。图表也会根据得出的安全隐患状态给出需采取加强措施的等级，以便于监理工程师提出整改要求时有的放矢、有理有据，周安全运行情况分析表见图5。

序号	安全项目	宗地名称	17	日期	2020年	8月3日	—	8月9日	迷你图	周趋势判断	状态判断	需采取加强措施等级
		每日安全隐患数量										
		星期一	星期二	星期三	星期四	星期五	星期六	星期日				
1	安全管理											L
2	文明施工											
3	扣件式钢管脚手架	5	3									H
4	悬挑式脚手架											L
5	承插型盘扣式钢管支架	7	6									H
6	模板支架											L
7	"三宝、四口"及临边防护	11	14									H
8	施工用电	10	14									
9	塔式起重机	3	2									
10	起重吊装											
11	施工机具	1	1									
12	六个百分百	19	13									
13	隐患数量合计	58	53	0	0	0	0	0				

每日安全运行状况分析

日期	每日安全运行情况评价
8月3日	1. 本日施工单位安全管理人员到岗1人，不能满足现场安全管理需求； 2. 目前宗地涉及安全管理项目12项，本日全面巡视，共发现安全隐患58处(次)，其中施工用电、临边、六个百分百隐患数量最多，占单日隐患总数量的69%，存在较大隐患，需系统进行管理，一日内消除所有隐患； 3. 前一日安全隐患合计55处(次)，本日完成整改22处(次)，整改完成情况较好/一般/较差，现场安全运行处于受控状态/存在较大风险；单日判断施工安全管理体系好/一般/较差。 4. 前一日风险隐患数量前三名的项目，整改情况较好/一般/较差，本日现发现隐患仍居高不下，施工单位项目部未针对重大隐患采取针对性措施。
8月4日	1. 本日施工单位安全管理人员到岗1人，不能满足现场安全管理需求； 2. 目前宗地涉及安全管理项目12项，本日全面巡视，共发现安全隐患53处(次)，其中施工用电、临边、六个百分百隐患数量最多，占单日隐患总数量的75%，存在较大隐患，需系统进行管理，一日内消除所有隐患； 3. 前一日安全隐患合计58处(次)，本日完成整改15处(次)，整改情况较好/一般/较差，现场安全运行处于受控状态/存在较大风险； 4. 前一日风险隐患数量前三名的项目，整改情况较好/一般/较差，本日隐患数量仍居高不下，施工单位项目部经理部未针对重大隐患采取针对性措施，单日判断施工安全管理体系好/一般/较差。
8月5日	
8月6日	
8月7日	
8月8日	
8月9日	

注 加强措施等级判断依据如下：
1. 高等级（H）：运行趋势判断为波动或趋差，表明管理体系失效，等级判断为高；运行趋势趋好但隐患数量高位运行，等级判断为高；
2. 中等级（M）：隐患数量低位运行但运行趋势趋差或波动，等级判断为中等；
3. 低等级（L）：隐患数量低位运行且运行趋势好，或隐患数量开始高位运行但经过管控消除，等级判断为低。

图5 周安全运行情况分析

6 项目管理成效

通过分析识别项目的重点和难点，公司和项目部制定了前述项目运行和监理工作运行双控体系，预期可取得较好的管控效果，为确保管理体系高质量运行，实现对项目重点、难点的管控目标，公司、监理项目部制定了以下措施并取得一定的管理成效：

（1）在各方管理体系初步兼容的基础上，根据体系运行输出的结果动态调整工作中相互冲突的内容。

1）具体措施：

①通过协商制定各方管理人员按区域划分责任范围的方案；

②最初兼容体系按照各方合同要求统一召开监理例会，会议时间较长，且各宗地分配时间不足，所以出现议而不决的问题，会议效率低。针对该问题，由监理项目部组织各方协商商定微调管理体系关于会议的运行模式，统一标准按宗地分解召开监理例会，由参建各方负责人授权宗地代表召开、参加会议，最终由总监理工程师汇总各宗地例会的数据和信息，完成总体统计、分析、预测，将总体分析成果、意见形成会议纪要并全项目部范围内流转，形成经验、教训的互相借鉴。

③通过计划工程师，制定工程质量、安全监理工作预控计划，通过专题会议将预控计划与参建各方进行沟通，并通过会议讨论形成计划管理统一意见，形成会议纪要对各方进

行工作预控约束。

2）管理成效：

①各方管理人员按区域划分责任范围的方案明确了人员调整的规则和预案，确保各方管理体系因人员变动而出现变化时能够在预期时间内完成顺利对接，保证了各方管理体系的动态兼容。

②分解召开监理例会，各宗地会议时间相对充分，逐渐形成了有会议有决议、有决议有行动、有行动有结果的有利局面。

③通过预控工作计划、专题会议，实现了各方在工作预控方面的意见统一，各方按会议纪要动态微调与管理体系相关的组织架构、分工、制度等内容，实现管理体系的动态兼容。同时在质量管控方面实现了工作材料、方案、样板、验收等工作内容两周左右的预控管理；在安全管控方面，实现了安全按施工阶段的预控识别，从而达到集中精力、有针对性地开展不同阶段不同安全内容的预控管理。

（2）加强支撑、强化考核、动态补充资源，确保体系各工作过程有效，从而实现管理体系的高质量、有效运行。

1）具体措施：

①针对现场施工不同阶段组织公司内训讲师、外部专家团队对项目部进行专项培训，培训计划为：当地政策、法规培训一季度一次，现场专业培训一个月一次，管理体系调整培训两周一次。

②公司监理业务考核周期为季度考核，对该组团项目考核周期调整为一个月。

2）管理成效：

①有计划、有针对性地培训，有效提升了团队各层次人员的业务能力，同时确保各层级监理人员了解动态管理规定、工作不脱节，保证管理体系各环节工作运行有效，从而确保整体管理体系的有效运行。

②加大考核频次，可以相对充分地了解现场人员工作状态，对调整提供依据，同时通过考核了解现场工作薄弱环节，可以有效制定跟进措施以保证管理体系的运行，例如培训计划调整、现场人员结构调整等。

在各参建方的共同努力下，该工程项目已竣工验收并进入照管期，获得省级结构优质工程，省优质工程奖正在申报中。该组团项目作为安置房项目，项目社会效益比较明显，除提高当地村民的生活环境和生活质量外，还可能实现某特定区域疏解居住功能，项目建成后还会衍生一定的经济效益，进一步加快投资的步伐，促进该区域及周边区域的整体经济发展，项目建设综合效益显著。

7 交流探讨

由于组团式项目具有体量大、参与方多的特点，施工组织与管理过程中工作量大，人力资源投入大，组织协调工作量大，所以监理团队体系化、规范化的内部管理和通畅的外部协作至关重要。

内部管理体系方面，首先要重视前期策划准备工作，充分挖掘影响体系建立的影响因素，在公司成型管理体系的基础上进行修正，做到整体管理体系化、管理流程系统化、工作内容标准化，充分保证管理体系自身的合理性和先进性。其次通过沟通、协作、自我完善达成与外部管理系统的兼容，完成自身工作任务的同时，确保整体建设目标的顺利实现。

外部协作方面，要主动与相关参与方保持有效沟通，互相尊重，通过努力营造友好、顺畅的外部管理系统运行环境，将自身管理体系融入其中，为总体建设目标的最终实现最大限度地发挥积极作用。

由于工程项目体量较大，建设单位在前期准备过程中高度重视，除监理服务外，还购买了包括招标代理、项目管理、勘察、设计、造价咨询等专项服务，提供专项服务企业均实力较强，同时建设单位通过对项目管理单位的高度授权来组织、协调各专项服务企业统一开展工作，形成了"准全过程咨询服务"的配置和模式，但由于各自管理体系相对独立导致各专项服务企业技术、管理融合难度大，全过程咨询服务的预期效果不明显，组团项目的全过程咨询可以作为一个课题进行研究。

某医院工程建设项目信息化管理实践

郭建明，孙朝硕，白闪闪（河北冀科工程项目管理有限公司）

摘　要：某医院项目是河北省重点民生项目，结合项目时间紧、任务重等特点，定位于全过程咨询管理的目标，与建设单位联合组织并积极推进基于BIM技术的项目信息化管理；利用BIM及信息化模型碰撞、漫游模拟等手段优化设计，在安全、质量、进度等方面进行综合控制，指导现场施工；在施工准备阶段、施工阶段、创新管理等具体实施方面进行梳理，总结成果后在其他项目落地实施，为工程建设项目提质增效。

1　项目背景

随着国家"十三五"的医疗改革，医院工程建设近年来得到巨大发展，但由于医院建筑具有专业性强、施工及运营复杂等特点，一直被看作是建筑行业中的管理难点。随着BIM技术在国内应用的日渐成熟，BIM技术也成为医院建设管理中的新要求。现如今，建设单位、咨询单位、监理单位、设计单位、施工单位等都在不同阶段、不同层次地开始应用BIM技术，因此以BIM技术为基础，如何高效地组织实施医院信息化项目建设，并解决项目实施过程中的问题，是医院发展亟待解决的关键和难题。

1.1　医院项目工程建设中信息化管理存在的问题

医院工程专业众多，机电系统管线密集，交叉频繁，特殊设备系统复杂、界面划分多，机电系统的合理性、可靠性、安全性及节能、环保要求、环境精度要求较高，同时还需满足医院对室内舒适性、空气质量、设备特殊的环境等高标准要求。

因此各专业间管线综合的平衡及建筑、装饰装修等相关专业间的配合是保证现场管理有条不紊进行的关键，也是全生命周期医院项目建设的关键。

1.2　医院项目工程建设中信息化管理的必要性

（1）"信息孤岛"效应

医院信息化建设初期，未考虑信息系统之间的兼容性和数据共享性，各单位信息系统相对独立，尤其是在后期运营维护系统间连接，种类繁多，结构复杂，无法实现数据共享，从而形成"信息孤岛"，阻碍医院信息化建设的长远发展。因此将信息化管理的思路和方法运用于医院信息化建设中，有利于搭建标准统一的数据交换平台及信息协同平台，实现各系统无缝连接，消除"信息孤岛"效应，实现医院内外的医疗数据共享。

（2）医院项目工程建设中信息化建设协同能力弱

当前，医院信息化建设项目涉及医疗服务流程、制度、管理等多个环节，也涉及众多临床科室和职能部门之间的沟通协作。在项目建设前期，需求调研是否充分、是否进行了必要的风险评估等对项目建设的成功与否会产生重要影响。因此，使用项目管理的方法对信息化建设实行全过程管理，严格执行计划，并做好各个环节的监督控制，避免因项目质量问题或项目延期而导致失败，才能将项目稳步推进，保质保量地完成建设任务。

2　项目简介

该医院项目是一所集医疗、教学、科研、预防保健、康复于一体的大型综合性"三级甲等"医院。为解决目前医疗用房面积紧张的局面，新建一座医技病房楼，该项目设计床位数800张，总建筑面积109419m²。建设内容包括建筑工程、给水排水、消防、强弱电、空调通风、医疗垃圾处理、地下停车场等配套设施以及医疗设备购置、信息化平台建设等。

3　项目组织

3.1　项目组织机构

针对本项目特点及服务内容，河北冀科工程项目管理有限公司（以下简称公司）采用直线制组织架构形式，成立以项目总监理工程师为中心的项目现场领导班子，配置土建、暖通、电气、安全、造价等专业监理工程师和监理员，履行本项目在质量、安全、进度等方面的工作职责，并随时根据现场实际情况对人员进行增减。同时成立BIM团队、专家辅助团队，为项目部提供技术支持，具体构架如图1所示。

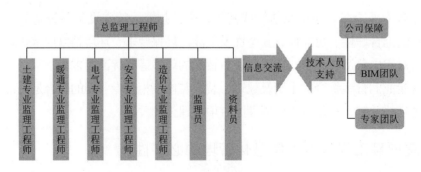

图1　项目组织机构流程图

3.2 职责分工

监理项目部以总监理工程师为负责人，各专业监理工程师负责本专业的日常管理工作，包括项目现场的检查、旁站、各专业资料的整理、汇总编制各类用表及报告文件、后勤等其他工作，并对现场中存在的问题进行跟踪处理，协助BIM团队和专家团队处理相关应急事件。

BIM团队负责处理本项目与BIM服务实施相关的事务。其中，BIM团队旨在推动整个BIM服务实施过程中各阶段BIM应用的关键工作，协调工程建设中各参建方的BIM应用，督促相关方各类数据输入和成果信息输出，确保BIM实施成果的增值应用，研究和推进BIM各项创新应用实践。

公司专家团队主要借助专家的智慧，发挥专家优势，对重大质量安全问题进行指导检验，保障公司服务质量。

4 项目信息化管理过程及方法

4.1 施工准备阶段BIM技术及信息化管理应用

4.1.1 实施方案及项目标准制定

1.实施方案

（1）采取BIM工作周例会、月例会及专项例会制度。

（2）要求BIM团队组长具备新建医疗项目的经验，且具有2年以上的BIM管理经验。同时，为了满足新技术的需要，本项目定期开展培训工作，让项目参与人员不断学习新技术，更好地服务本项目。

（3）制定相关BIM成果审查管理体系。BIM成果报审表及相关必要的纸质文件，由各单位填写审核意见并签字加盖公章。此成果报审，一方面要求各单位深入参与到BIM工作中，避免BIM工作无法得到重视及应用。另一方面BIM成果经各方审核确认后，可作为项目BIM施工的实施依据，监理单位及BIM全过程咨询可基于BIM成果对项目BIM工作进行督导。

（4）采用BIM巡检制度。需定期组织各单位进行施工现场BIM巡检，提交BIM巡检报告，保证现场按照施工图、模型施工，实现"模实一致"的目标。

2.项目标准制定

依据已发布的BIM应用相关标准《建筑信息模型应用统一标准》GB/T 51212—2016、《建筑信息模型施工应用标准》GB/T 51235—2017、《建筑信息模型分类和编码标准》GB/T 51269—2017、《制造工业工程设计信息模型应用标准》GB/T 51362—2019、《建筑信息模型设计交付标准》GB/T 51301—2018、《建筑工程设计信息模型制图标准》JGJ/T 448—2018、《房屋建筑制图统一标准》GB/T 50001—2017等，制定《某医院项目BIM技术实施标准》，规范各单位模型深度、范围、目标等。

4.1.2 场地布置

在该项目现场场地狭窄、可利用面非常小的不利情况下，充分利用BIM三维属性，提前查看场地布置的效果；准确得到道路的位置、宽度及路口设置，以及塔式起重机与建筑物的三维空间位置；形象地展示场地布置情况，并进行虚拟漫游等展示。同时三维场地布置也为施工场地布置设计提供辅助决策，减少施工场地布置过程人为主观性，提高布置方案精度以及发现传统二维平面布置的潜在风险。对生活区和施工现场进行合理规划，在满足环境、职业健康与安全文明施工要求的前提下，尽可能减少现场死角，科学布置，在场地建设时避免出现钢筋、木工加工料场布置不合理影响施工等问题。

4.1.3 模型搭建及深化

1.土建模型深化设计

预留孔洞：在建模过程中，先按照图纸进行建模，再进行深化，固定预留位置，反馈到施工现场。通过机电模型和建筑结构模型的碰撞及检查，校核预留出洞口位置，避免过程中出现返工，造成浪费。

净高分析：净高分析综合考虑深化后的各机电系统、各专业模型，在保证符合标准规范的前提下，确保地面和吊顶标高的准确性，达到最合理的空间利用效果，保证医院的舒适性。

2.机电模型深化设计

复杂位置管线综合：项目BIM工程师根据设计BIM模型，提供设计纠错、模型信息缺陷报告、碰撞检查报告，协助设计人员进行管线综合，在施工前完成管线的优化。

机电样板间：通过BIM模型综合协调机房，确保在有效的空间内合理布置各专业的管线，以保证吊顶的高度和后期维修空间来辅助现场施工。

3.各专业模型综合深化设计

变配电室模型内外深化：根据深化图纸及机电系统图，参照现场完成变配电室的模型深化，优化空间，以满足变配电室的功能需要。通过BIM完成模型的优化、设备信息参数的添加，实现强弱电综合布置，更加直观地显示变配电室安装后的效果。

地上地下模型深化设计：根据机电系统图，完成地上地下立管的对接，使得系统完整。通用BIM对接过程中，要重点关注管道或风管的系统、管径以及尺寸，完成相对应的对接，保证系统的正确性及完整性。

4.1.4 管线综合排布

该项目涉及幕墙、建筑、结构、通风、防排烟、给水排水、消防、喷淋、电力、照明、安防、通信、医疗气体等十多种专业，管线相对复杂。该医院项目层高较低，走廊狭窄，而电气管线与桥架常常在此集中敷设，平行排布空间不够，垂直排布又不能达到净高要求，成为管线综合的难点。由于设计阶段沟通协调不足，强、弱电桥架间的距离过近，甚至有重合，风管系统多处交汇，若不进行管线综合、优化排布，模型完成后会出现大量的碰撞点。针对这一系列问题，BIM团队成员对现有的BIM模型进行碰撞检查，可直观地发现管线综合中的问题，减少施工中的返工，达到工程对标高及施工质量的高要求。根据检测结果和管综优化标准进行优化，并提出调整建议与各参与方沟通，确定优化调整方案后，最后出具相应的施工图及可视化交底图等资料，保障项目的顺利实施。

利用BIM软件消除碰撞的这一过程，避免了后期施工现场调整的大量工作，有效提高了工作效率。优化设计后管线排布整齐美观，管道弯折情况明显减少，空间的合理利用既获得足够的净空高度，又满足安装规范和施工要求。

4.1.5 方案出图

将BIM方案图发送施工单位及设计院核对后进行出图（图2），调整现场施工图纸，为后续项目顺利实施做好铺垫。

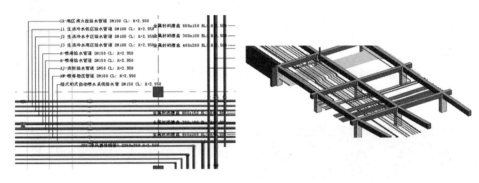

图2 方案出图

4.2 施工阶段BIM及信息化平台管理应用

4.2.1 进度管理

（1）在项目施工总进度计划编制完成后，利用BIM技术对施工总进度计划进行三维仿真模拟，分析各工序交叉安排是否合理。对不妥处及时做出调整，保证实际施工中各工序的顺利进行。

（2）经过BIM模拟后的施工进度计划确定后，及时填写实际进度计划以及各阶段的物资、资金、人员等建设单位要求的跟进内容，保证现场进度在受控范围内，同时利用智慧工地系统做出计划进度与实际进度的对比情况，得到物资、资金、人员等各方面的对比情况，及时对实际进度做出科学合理地调整。

（3）建立每日碰头会、每周监理例会；每日事项规定日期落实到人。

图3是使用软件绘制的进度图，清楚表达了各工序间的关系，确定了项目的关键线路，使项目决策管理更加科学、合理。

4.2.2 质量管理

BIM技术运用在施工阶段中能够有效地解决很多施工质量管理问题。该医院项目通过BIM整合模型发现建筑结构有效碰撞100余处，地上管线综合问题共计80余处，BIM团队及时提出建议，设计院对相关部位的图纸进行优化，消除误差，提高施工图的准确度，保障设计质量，降低施工过程中的返工，控制工程造价。

图4利用手机系统平台对质量问题进行收集传递和接收，使问题更容易被反映出来，

现场管理更加高效简单。

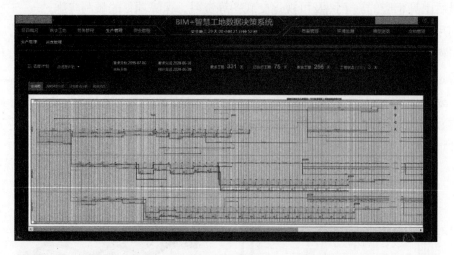

图 3　进度管理

图 4　质量管理

4.2.3　安全管理

安全管理是针对项目施工环境复杂、人员安全意识薄弱的情况，通过融合物联网、GIS 地理信息等多领域技术，实现对人员、物资的精确管理。如重点区域设置电子围栏，无权限人员进入危险区域即刻告警；人员超/缺员或串岗滞留，系统即刻报警等。

智慧工地系统平台内置"问题发起→问题整改→问题复查→问题闭合"管理流程手机端App可在线发起安全/质量问题,轻松几步即可完成问题创建,更简单、便捷、直观,如图5所示。

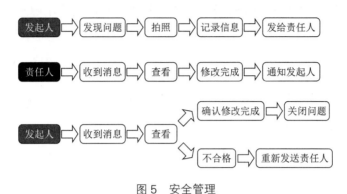

图5 安全管理

4.2.4 信息管理

信息管理是项目业主方项目管理的一个重要工作,是连接项目生命周期各个阶段、项目不同参建方、不同利益相关方、项目各管理要素的"神经中枢系统"。现场管理既要做好现场工作,还要进行信息的汇总和梳理,并有选择地将信息扩散或交流到项目中,其逻辑关系和工作转换较为复杂。使用信息化管理平台中信息管理模块,现场管理人员大部分工作用智能手机即可查看项目看板,实时掌握施工动态、监理工作动态,查看当日监理工作台账,及时掌握监理工作动态信息,实时查看巡视情况、工程验收、材料进场、旁站、检验、现场存在问题等后台驾驶舱,信息管理系统自动汇总全过程资料,使项目所有工作可实时查看、追踪、溯源,极大地减轻了现场管理人员的资料收集工作强度。

4.2.5 投资控制

4D(3D+Time)施工进度模拟分析在计划排布过程中可能发生的资源冲突并及时调整进度计划和资源配置,可以在项目建造过程中合理制定施工计划,以动态的形式精确掌握施工进度,优化使用施工资源以及科学地进行场地布置,对整个工程的施工进度、资源和质量进行统一管理和控制,达到缩短工期、降低成本、提高质量的目的。

5D(3D+Time+成本)成本管理,实时反馈工程项目决策、设计、施工和运维,增强高效共享,降低信息传输成本,提升投资精确,促使投资管理效率与水平显著提升。

以BIM技术为媒介,将各专业整合到一个统一的信息化平台上,管理单位可以从不同的角度审核图纸,进行3D、4D甚至5D模拟碰撞检查不合实际之处,降低设计错误数量,或因理解错误导致返工情况,极大地减少了工程变更和可能发生的纠纷。

4.2.6 组织协调

项目通过BIM技术应用,可将各种建筑信息组织成一个整体,并贯穿于整个建筑生命周期过程中,从而使建设各方及时进行管理,达到医院二次设计协同、管理协同、交流协同的目的,再加上BIM所拥有的优势,可帮助提高多专业协调能力。如劳务实名制方便对劳务人员进行管理，设置劳务实名制系统配合门禁闸机系统实时记录每个人的进出场情况，对工时的记录分析能够汇总整理成考勤信息，有效避免了恶意讨薪等问题。劳务实名制系统还提供了安全教育签到、特殊工种持证上岗等功能。未做入场安全教育、安全考核不合格的人员以及没有特殊作业证件等不合规情况均可在系统中提示，避免用工风险。能够加强工程团队与建筑团队之间的合作，大大减少了整个建筑过程中管理单位的协调量和协调难度。

4.3 BIM 及信息化创新管理

4.3.1 创新工作一：无人机倾斜摄影

作为当前国际测绘遥感领域中新兴发展的一项技术，倾斜摄影是在同一飞行平台上搭载多个传感器，同时从垂直、倾斜等多个角度对地物进行拍摄，使得获取的地物信息更完整、更全面。其中，以垂直于地表水平面的角度对地物进行拍摄获取的影像为正片，以倾斜角度即传感器与地面的水平线成一定的角度对地物进行拍摄获取的影像为斜片。影像数据被传入计算机系统以后，经过专门软件的处理，即可建立三维模型。

考虑到该项目规模大、作业面广，若采用常规巡查方式耗时耗力且沟通效率低。因此对建设全周期运用无人机倾斜摄影技术，获取地面物体更为完整准确的信息，实现施工进度管理数字化成果记录，并通过信息管理平台对成果进行可视化呈现、分析与应用，有效提高了建设单位、施工单位、设计单位等各单位的沟通效率（图6）。

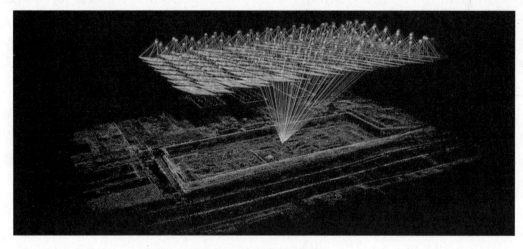

图6 无人机倾斜摄影

成果及效益：无人机倾斜摄影技术在工程项目管理上的应用，充分运用了信息化和可视化的思想方法，不仅能够有效解决施工现场数据获取速度慢、周期长、人工成本高、受场景局限影响等问题；而且对施工过程中施工方案的顺利实施、施工现场各工序的有效推进、施工现场的动态安全监控、施工过程档案资料的数字化存储，提供了重要的技术方法保障。尤其是在现场空间非常紧张的情况下，定期航拍对于现场空间合理布置、及时调整起到关键作用。

4.3.2 创新工作二：无人机倾斜摄影+BIM（虚拟现实结合）

1.无人机倾斜摄影技术使用情况

（1）为实现建设全周期的施工进度管理数字化成果记录，该项目采用无人机倾斜摄影技术+BIM在关键施工节点、重要施工工序以及重要材料进场等节点进行巡查。

（2）通过对项目工地区域内的建筑物进行纹理采集，将相应数据信息导入软件中生成高精度立体三维模型。在平台中可进行模型查看、分析及分享。由于无人机倾斜摄影技术可采集精确的建筑物侧面纹理，且重建的高精度三维模型能够嵌入准确的地理信息，因此可利用工具箱内距离、面积、可视域分析等功能，快速对BIM模型和倾斜模型进行技术测量和分析。

2.应用效果分析

（1）智能自动现场数据采集。打破传统无人机单一、复杂、低时效的使用问题，通过自动航线、云推送任务等功能，实现项目现场一键采集倾斜摄影、全景、视频，自动化处理，在提高原有进度信息丰富度的基础上，大大减少了项目现场操作的工作量。

（2）云计算提高模型重建时效。充分利用云计算的技术优势，将无人机采集到的综合数据与集群云服务的强大计算力相结合，做到当天采集、当天便能查看数据成果。

（3）可视化成果数据立体交互呈现。在高效采集的基础上，实现"模型+影像+地形+矢量"的融合，现场项目数据不仅可以在真实三维空间进行实景查看，还可以依托实景模型，查看各种工程数据。如文明安全施工预警，测量在线分析，实现查看、分析、对比一体化，无死角掌握项目现场信息。

成果及效益：该医院项目中将BIM模型与无人机倾斜摄影产生的模型进行深度融合，可以很好地分析后续工作安排情况，如塔式起重机高度与进度分析、场地使用与建设进度分析，对工程管理工作起到非常重要的作用。

4.3.3 创新工作三：BIM+VR与医护人员结合

医院项目普遍面临的问题：医院建成投入使用阶段，经常碰到各科室对于自己科室房间空间布局不满意，从而影响工作效率；由于设计人员按照国家标准规范设计房间的布局和功能，却不能深入了解各科室具体的工作流程，医护人员熟悉自己的工作流程，却不了解国家对相关医疗建筑的标准规范。

利用BIM+VR技术，在虚拟环境中建立场景、结构构件及机械设备等的三维模型，形成基于计算机的具有一定功能的仿真系统，系统中的模型具有动态性能，对系统中的模型进行虚拟装配，根据虚拟装配的结果，在人机交互的可视化环境中对施工方案进行优化，BIM+VR技术的沉浸式体验，模拟医护人员进入自己科室区域，提出自己科室对该区域的具体要求，如医疗设备放置空间和操作空间，相关设计人员再结合国家标准规范调整房间的大小和功能。

成果及效益：科室主任在施工前或者装饰装修前了解到自己科室的具体情况，提前布局科室及功能区，减少返工及浪费。VR在BIM三维模型的基础上，加强了可视性和具象性。通过构建虚拟展示，为使用者提供交互性设计和可视化印象。BIM+VR的组合将推动新的业务形态产生，极大地提升了 BIM 的应用效果。

采用 BIM+VR 技术的沉浸式体验，可以让医护人员不用再看繁琐的图纸，可以很直观地看到自己科室区域，模拟医疗设备摆放以及所占空间大小和使用该设备时的操作空间，模拟医护人员进入日常工作的工作流程，对于影响自己工作流程的位置提出问题，最终设计人员根据国家标准规范和医护人员的具体问题进行调整和修改，从而提高医疗建筑内空间布置的品质。

4.3.4 创新工作四：脚手架外挂冲孔钢板网

利用 BIM 技术对项目外挂脚手架搭设前进行策划，进行模拟＋设计＋加工出图＋数字化加工＋现场应用，排出立杆分布图后进行检查，确认无误后出具详细的三维图纸进行搭设。

脚手架外挂冲孔钢板网是以镀锌钢板为原材料，采用电脑数控设备冲压成型并把镀锌钢板再进一步冲孔、焊接方管、连接环及喷塑加工而成；钢板网尺寸根据现场实际需求定制；冲孔钢板网四周方管上焊接连接环，外脚手架搭设完毕后，于外架外侧大横杆上安装定制的连接扣件，连接扣件另一侧为插销式，将插销插入钢板网的连接环内，钢板网安装完成。与传统的密目安全网相比，具有安全性能高、防火阻燃、经济环保、周转次数多、摊销成本低、回收价值高等优点，在未来的建筑施工外脚手架中值得推广应用。

成果及效益：该医院项目实现了主体结构全封闭施工，透光性良好、降噪、牢固性好、重复利用率高等优点，同时将 BIM 技术与机械加工设计制造融为一体。

5 BIM 及信息化管理方法

基于项目信息化管理实施方法，将 BIM 模型与现场管理系统平台深度融合。在该项目建设过程中，在 BIM 模型中输入相关工程信息并做到同步建设、同步收集、同步归档，以便竣工交付后作为运行维护的可视化应用系统平台。

根据项目 BIM 应用目标及项目实际情况梳理了项目的信息化实施，便于后期其他项目应用：

（1）编制项目信息化管理执行计划书，明确项目信息化实施方案。

（2）编制建模标准，创建项目各专业样板文件，为模型创建提供基础数据。

（3）组织信息化培训，保证现场人员 BIM 的基础能力。

（4）根据图纸、规范、标准等要求创建项目各专业 BIM 模型。

（5）对模型进行管线综合，对暴露的问题提前解决。

（6）使用 BIM 信息化平台对模型及数据进行文档的管理及业务应用。

6 BIM 及信息化管理成效

项目将 BIM 技术及信息化应用于设计、施工、管理等各阶段，通过优化设计，完善图纸内容，避免由于设计变更导致的工期延误及费用的增加；创建施工模型，对施工重点难点进行分析、控制，对重点难点部位按照施工工序进行施工模拟；结合管理平台，对进度、质量、安全等各方面进行控制管理。

管理成效如下：

（1）在深化设计应用阶段，施工前发现的重大问题共计200余处，降低了沟通成本和时间，使各参建方项目管理工作高效、便捷。

（2）避免了"错漏碰缺"，降低管理和施工成本费用，符合社会绿色发展理念。

（3）根据项目需求及族库管理规则建立了土建、机电、医疗等专业族文件300余个，形成了后期类似项目可重复利用的宝贵文件，初步建立了项目级族库文档。

（4）获得2015年度河北省结构优质工程奖。

（5）获得2019年度河北省建设工程安济杯奖（省优质工程）。

7 交流探讨

（1）BIM及信息化应用和前期决策管理、实施期项目管理和运维期后勤管理深度结合。不能应用和管理"两张皮"，应结合每个医院的项目特点，做好全过程应用点的策划，从实际需求出发，充分发挥BIM及信息化管理的价值。应发挥不同阶段成果、数据成果和研究成果的价值，最大化减少阶段转换所带来的信息和数据丢失。在BIM应用策划时，全过程管理理念应始终贯穿，充分体现运维导向的BIM应用理念，从使用需求出发，从运维需求出发，建立应用组织、管理流程协调机制、数据要求和应用标准等，将医生需求、行政管理人员需求、病人需求、后勤运维需求等进行充分的体现，将施工和运维等后续单位、部门或人员的项目参与充分前置，将后续数据要求标准化、制度化，尽可能地保证数据创建、共享和管理的及时性、实时性和完整性，采用信息化管理提高项目前期决策管理、实施期项目管理以及运维期后勤管理整体水平。

（2）构建建设单位驱动、BIM咨询公司全过程服务、参建单位共同参与的组织模式。BIM及信息化管理是一个系统工程，涉及工程管理的绝大部分内容以及几乎所有的参与方。因此，作为总组织者、总协调者和总集成者，建设单位需要在组织模式中发挥关键作用。

（3）制定信息化管理应用规划、实施方案、组织协调机制和相应标准。总体而言，在医院项目中的应用还在探索阶段，未形成成熟的应用模式、应用指南和应用标准。另外，由于项目的差异性，每个项目应用的模式、需求、深度等都不尽相同，因此有必要针对项目制定应用规划作为应用的最高纲领，编制具体的实施方案作为应用的操作依据。必要的时候，制定相应技术标准作为BIM建模与协同应用、信息化平台构建以及模型移交和验收的依据。同时，需要借助信息化管理软件，搭建BIM应用的信息共享和沟通平台，形成 BIM会议机制，充分发挥BIM的信息集成、信息共享以及可视化和数字化优势进行价值工程分析，为精益建设和项目全过程增值提供服务。

工程项目建设是极其庞大、复杂的工作，其所包含的信息量极大，这增加了项目建设管理工作的难度。传统的管理工作难以应对庞大的工程信息量，而BIM及信息化管理可以有效解决该问题，通过实施全过程、无缝隙的管理，形成一环扣一环的管理链，严格遵守技术规范和操作规程，优化各工序施工工艺，克服各个细节的质量缺陷，最终打造高质量工程。未来发展也将会采用BIM+模式（BIM+无人机技术、云计算、物联网、数字化加工、3D扫描、虚拟现实等）推动信息化的发展，建设过程的管理会更加高效、便捷。

秦皇岛冬奥夏季训练场地改扩建项目监理工作实践

李际坤（河北广德工程监理有限公司）

摘　要：为配合即将举行的 2022 年北京冬季奥运会运动员夏季训练的需要，国家体育总局对秦皇岛基地现有设施进行改扩建，以满足训练需求。在该项目监理工作中，河北广德工程监理有限公司组织精干人员对工程质量、施工进度、投资控制、履行安全生产法定职责等全方位履行监理工作，并以应用某智慧监理管理软件为突破口，开展信息化监理工作，以项目建设目标为中心，全心全意地为项目的推进出谋划策，保证了既定项目建设目标的实现，获项目参建各方的一致好评。

1　项目背景

技巧滑雪夏季训练场是目前我国唯一能够在夏季进行技巧滑雪训练的场所，因原有设施已不能满足训练需求，为改善技巧滑雪专业训练场地条件，满足备战 2022 年北京冬季奥运会技巧滑雪训练需求，经国家体育总局报国家发展和改革委员会审核批准而进行的改扩建项目。

2　项目简介

技巧滑雪夏季训练场工程位于国家体育总局秦皇岛基地内的西北角，项目北临岭前街、西临文涛路，其他方向与基地内部连接，项目用地地势平坦，交通便利。该项目总投资额度为 9000 余万元，为全额中央财政拨款，工程质量目标为合格，项目总建筑面积 9000 余平方米，其中地上建筑 7600 余平方米、地下建筑 2000 余平方米（含 1400 余平方米人防设施）；包括改扩建原训练用场馆、滑道、跳水池、看台等。

技巧滑雪夏季训练场在原有技巧滑雪训练场西侧扩建一座新滑雪场，并通过改造原滑雪场与原有滑雪场通过走廊相连形成一座全新的滑雪场。该工程为高层民用公共建筑，其地上6层，1～5层层高4.5m，6层层高6m。主体外设备机房地下1层，水处理间层高5.1m，消防泵房4.5m。屋顶设有室外平台及楼梯间和电梯机房的局部突起。顶部活动平台檐口距地面29.25m，独立地下室最深使用埋深5.15m。改建部分主要内容为改造原有技巧滑雪夏季训练场场地装饰装修，防水改造，原有技巧滑道改造，更换更新所有设备及其管线，改造部分墙体和混凝土构件。其扩建部位结构形式为钢框架结构，抗震等级为4级，基础形式为长螺旋钻孔灌注桩，承台加连梁基础，水池和蹦床坑部分为筏板基础。承台上部为箱形钢柱，尺寸为400mm×400mm、400mm×600mm、500mm×800mm、500mm×500mm、400mm×700mm、350mm×350mm，-0.5m以下钢柱内侧及外侧用钢筋混凝土包上。顶板采用压型钢板上部铺设钢筋混凝土，厚度120mm。消防水池部分为筏板基础，厚度400mm，剪力墙厚度为200～300mm。混凝土强度等级：垫层为C15，其他为C30，有地下室的基础底板、地下室外墙采用防水混凝土，抗渗等级为P8；无上部结构的地下室顶板采用抗渗混凝土，抗渗等级为P8（包括泳池部分）。

该工程附建地下储藏室工程（异地建设人防工程），位于基地东侧运动员餐厅南侧，综合教学楼北侧。地上建筑面积60余平方米，地下室建筑面积为1400余平方米，人防面积1300余平方米，为独立式人防地下室，设在地下一层，平时功能为丁类储藏室，战时为核六级二等人员掩蔽所。防护类别：甲类；防核武器级别：核6；防常规武器级别：常6；工程防化级别：丙级。该工程防空地下室设出入口两个，出入口设置在建筑物西侧（主出入口）和中间部分（次出入口），各出入口宽度均梯段净宽主出入口1.47m、次出入口1.47m，满足平时及战时的疏散要求。在防空地下室主出入口处设有防毒通道、简易洗消间。进风口处设有进风机房、滤毒室。防空地下室设有战时生活水和饮用水水箱及战时干厕。该工程整体为一个防护单位，战时的通风、给水排水、配电照明均自成体系。通风方式采用清洁式、滤毒式和隔绝式三种。

外墙为防水钢筋混凝土墙，临空墙门框墙均为钢筋混凝土墙，地下室顶板P6防水混凝土＋双层1.5mm厚CPS防水，内墙：除钢筋混凝土墙外，采用蒸压加气混凝土砌块墙，地下室外墙、顶板及底板为防水混凝土。

3 项目组织

自双方签订建设工程监理合同后，河北广德工程监理有限公司（以下简称公司）依据投标文件的约定成立了项目监理机构，确定了项目监理部的人员组成：选派多次荣获省市优秀总监理工程师的李××同志担任该工程的总监理工程师，代表公司全面履行监理合同中的权利和义务，主持监理部工作；选派同时具有丰富钢结构及混凝土现浇结构监理工作经验的于××同志作为土建专业监理工程师，负责施工现场土建专业监理工作及相关安全管理工作，完成总监理工程师交办的其他工作；选派多次获得公司先进工作者的陈××同志作为电气专业监理工程师，负责施工现场电气专业监理工作以及施工现场临时用电的安全管理工作；选派有某施工单位机电安装部技术负责人经历的张××同志作为给水排水、供暖专业监理工程师，负责施工现场水暖专业监理工作；另根据造价控制的需要，公司增派从事多年造价管理工作的注册造价工程师李××担任造价监理工程师，负责施工现场的进度计量及工程洽商审核工作，配合总监理工程师对接跟踪审计单位的质询及审核；选派某重点院校建筑工程管理专业的郭××及高××担任监理员，由郭××负责合同及信息管理工作，配合总监理工程师完善内业资料，由高××担任现场监理员，配合专业监理工程师完成巡视、旁站，配合造价工程师完成现场计量工作，如图1所示。

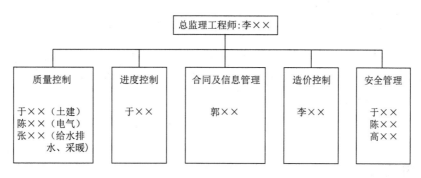

图 1　项目机构组织形式

4　项目管理过程

公司监理部人员进场后，根据《建设工程施工合同》《建设工程委托监理合同》、设计文件、工程规范等编制了《监理规划》《监理实施细则》，根据施工合同要求的工程质量、进度、造价控制目标及其他施工合同约定目标及时收集工程施工过程中的各种信息，每月向建设单位提供一份监理月报，使建设单位自始至终了解工程进展情况。该工程于2018年11月5日开始施工，2019年3月26日完成基础分部工程验收，2019年5月30日完成主体分部验收，其中运动员滑道于2019年6月初（经有关部门批准）前投入使用供运动员进行训练，2019年11月18日全面竣工，2020年3月17日完成竣工验收。

该工程监理工作控制目标达到监理合同的要求，项目监理部已全面履行了监理委托合同赋予的义务、责任，圆满完成了该工程施工阶段的监理任务。

5　项目管理办法

5.1　质量控制

技巧滑雪夏季训练场项目中的质量控制难点之一为技巧滑雪滑道，该滑道参照美国盐湖城空中技巧跳水场地滑道标准建设，为全球第五个、亚洲唯一的技巧滑雪夏季训练场地，滑道的过渡区坡度要求更是重中之重，关系到滑雪运动员在滑道上滑行离开滑道做空中动作的关键部位，关系到运动员的生命安全！

另外，在秦皇岛地区该项目首次应用了钢丝网架珍珠岩复合保温外墙板新型材料，增加了质量控制的难度，是对项目建设团队的又一个考验。

（1）工程质量控制是监理工作的一项重要内容。监理部以施工图纸、各专业施工及《建筑工程施工质量验收统一标准》GB 50300—2013等为依据，根据本工程合同约定的质量目标，严格监督管理。在该项目施工全过程的质量控制中，结合工程的实际情况，将其划分为事前控制、事中检查、事后验收三个过程，其中以事前控制（预控）为主。在实际操作过程中，严格核查施工单位的质量保证及管理体系，审查施工单位的资质，核查各级管理人员及特种作业人员持证上岗情况；核验施工单位的测量定位放线；对施工单位的施工组织设计认真审核并提出诸多合理化建议；实行了严格的材料、设备、构配件报验制度，对进入施工现场的建筑材料、设备、构配件要求必须出具相应的合格证、检测报告等，主要材料、设备、构配件进场后由现场监理人员见证取样送检，严格执行见证取样制度，要求施工单位填写《材料/构配件/设备报验单》报监理部审核，对不符合要求、不合格的产品坚决不准用在工程中，就原材料进行事前控制杜绝了质量隐患的发生；对关键工序的施工，要求施工单位制定相关的施工方案，将施工工艺、原材料使用、劳动力配置、质量保证措施等情况纳入专项施工方案报监理部审核，经审核确定后，要求施工单位严格按照方案实施，避免了盲目施工；混凝土、砂浆施工前必须出具并报验配合比，填报混凝土浇筑旁站监督申请单等。在施工过程中监理部实行巡视检查和旁站监理及平行检查多种手段，对关键部位、薄弱环节的施工实行全过程旁站监理，一旦发现问题立即口头通知施工单位改正，然后由监理工程师签发《监理通知》（共发出监理通知6份），发送施工单位并督促落实。对完成的每一道工序要求施工单位先自检，自检合格后填写《工序报验单》，并附《隐蔽验收记录》《质量验收记录》等资料，报监理部验收，并按所报项目进行现场核查，符合要求后方可进行下道工序的施工；在施工中重点对定位放线、基槽验收、基础钢筋、主体钢结构安装、内外装饰装修隐蔽、卫生间及屋面防水、各种管道试压、绝缘电阻测试等有关重要部位，均按验收程序进行验收；经过上述有效措施及严格规范管理，各分项分部工程验收都达到合格标准；在完成每道工序的同时督促施工单位及时完善相关质量保证资料；工程达到竣工验收条件时，及时组织有关人员参加预验收，针对工程的质量情况、使用功能进行全面检查，对检查中发现的问题督促施工单位进行整改。

（2）监理部在对地下储藏室施工前的图纸会审过程中，针对原设计（结构长82m、宽17m）在结构中间部位设置一道后浇带的情况，经与设计单位沟通，该后浇带以解决混凝土结构收缩裂缝为主要目的，监理部结合以往后浇带施工普遍存在延长工期且造成施工不便、处置不当极易产生渗漏的质量隐患，以及该工程混凝土结构截面尺寸较小（筏板厚度为400mm）、工期紧、地下水位较高等实际情况，提出用"膨胀加强带"施工工艺代替原设计后浇带的合理化建议，该建议获建设单位、设计单位、施工单位的一致认同，并出具设计变更。在施工过程中，监理部监理人员严格按照经审批的施工方案，对膨胀加强带两侧分隔网的牢固性、严密性进行专项验收；对该部位混凝土浇筑进行全过程旁站，对照设计要求及施工方案检查商品混凝土的强度及抗渗等级、加强带内混凝土膨胀剂掺量及膨胀剂的质量合格证明文件，严格控制混凝土浇筑时间间隔、混凝土振捣情况，做到在加强带两侧混凝土初凝前完成浇筑加强带内混凝土、混凝土振捣密实无漏振。该建议的实施不但加快了施工进度、降低了工程造价，还避免了后浇带施工易造成渗漏的质量隐患，一举多得，取得了较好的综合效益，获得建设单位、项目管理单位及施工单位的一致好评。

（3）基础结构施工过程中，针对箱型钢柱与预埋螺栓连接部分50mm厚C35细石混凝土浇筑，存在混凝土竖向截面小、钢柱底面积大的特点，采用常规做法难以保证振捣均匀密实，且在秦皇岛市一年中最冷的季节（2月初，约−13℃）施工，仅50mm厚细石混凝土无法采取有效保温措施（钢柱极易散热）。结合上述原因，监理部根据多年工作经验，建议施工单位使用流动性好、具有自密实功能的高强度无收缩灌浆料代替C35细石混凝土，在热风机预热钢构件后，自一端灌入浆料向另一端流淌（边灌注边敲打钢构件，促进浆料流淌并排除气泡，起到振捣作用），在另一端出料且灌浆料高度超过箱型钢柱底板后，再从四周均匀灌注基础混凝土，解决了该部位混凝土施工的振捣及防冻问题。在实际施工中，施工单位采纳了监理部的建议，在基础短柱混凝土正式浇筑前，监理人员按照预定的施工方案，检查了灌浆料的质量证明文件，并要求作业人员学习灌浆料的使用说明书，并在施工部位旁进行了模拟浇筑试验，经过试验验证了该方案的可行性，而后督促施工单位进行了短柱混凝土的全面施工。在监理人员全程旁站完成钢柱基座螺栓终拧后，对短柱基础的模板进行了验收，重点是预留的灌浆料入口及封堵措施（短柱高约2m，不宜直接灌注灌浆料），按照模拟浇筑试验，监理人员全程旁站了所有短柱的混凝土浇筑过程。通过综合蓄热法的养护，经对该部位的冬施混凝土强度检测，混凝土强度符合设计要求。成功解决这一难题，监理部获得参建各方的一致赞扬，也为类似工程提供了可靠的参考经验。

（4）技巧滑雪滑道为技巧滑雪夏季训练场项目中的重点部位，滑道分为三个周台，滑道的过渡区坡度要求更是重中之重，关系到滑雪运动员在滑道上滑行离开滑道后做空中动作的关键部位。一周台全长约50m，过渡区坡度弧长约10m，二周台全长约60m，过渡区的滑道二周台坡度弧长约12m，三周台全长约90m，过渡区的滑道三周台坡度弧长约12m，过渡区坡度要求需要特别精密，图纸中只是简略说明，由于图纸设计不精细，导致滑道安装技术复杂，施工难度大。只能根据建设单位、教练员提供数据及运动员试滑提出的问题进行调整，监理部组织施工单位专业技术负责人，结合现场实际情况，滑道过渡区弧度主要控制内容如下：

①按照不同周台坡度弧长要求，每0.5m进行一次测量，将平直段的连接板进行加长或者减短，先在电脑上模拟再进行现场实际安装，请教练组成员进行技术指导和现场复核，达到预期的弧度效果。

②督促施工单位按照电脑模拟出来的每段的连接板尺寸进行加工并编号，现场核对加工尺寸及编号后，组织进行现场实际安装。滑道支撑骨架是在钢结构钢梁上排布，滑道采用型钢龙骨与支撑骨架螺栓连接。监理部根据以往经验和现场实际情况以及以后的使用要求组织施工单位对安装孔和檩托进行优化，征得设计单位允许，把檩托安装孔由圆孔改成腰型孔，檩托的腰型孔便于调整高度，方便精准定位。运动员在训练时需要滑道平滑过渡，无卡顿、起伏跳跃等现象，如有这些现象产生会对运动员下滑速度、腾空的动作产生

影响，通过工艺的改进，只要微调连接螺栓就可根据运动员试滑提出的要求对这些现象进行改善，省工省时，调整时间短，基本不影响运动员正常使用。

（5）钢丝网架珍珠岩复合保温外墙板施工

①钢丝网架珍珠岩复合保温外墙板是一种新型的墙体材料，国家级重点推广的新产品，增加隔热保温性，满足我国节能住宅的保温要求；钢丝网做骨架，具有轻质、不燃、隔声、隔热、高强度、低收缩率、节能环保等许多优点，且较少产生建筑垃圾，可保持施工现场卫生整洁；运输、处理及安装上较传统作业容易、快速。但安装过程中精度要求高，运输损坏率大，施工难度较大。

②针对秦皇岛市首次应用的情况，监理部组织全员学习《钢丝网架珍珠岩复合保温外墙板建筑构造》DBJ/T 02—133—2017、《钢丝网架珍珠岩复合保温外墙板应用技术规程》DB13（J）/T 253—2018，积极参加建设单位组织的样板工地实地参观学习内墙做法，审查施工单位报送的专项施工方案，并编制专项监理实施细则，分别针对原材料进场、墙体安装前的基层清理、定位放线、钢骨架安装、墙板安装、接缝及接点的处理、门窗洞口的处理、管线及埋件的安装、钢丝网架珍珠岩夹芯板的抹灰等各方面进行质量控制，督促落实了门窗洞口处型钢的填充珍珠岩颗粒处理，杜绝了"冷桥"的出现。

（6）某智慧监理管理软件在监理过程中的应用

①为进一步提升监理工作质量，高效率、高质量地开展监理工作，监理部采用信息化管理手段，引入某智慧监理管理软件结合视频监控云平台，在秦皇岛市率先组建了"智慧监理部"，通过某智慧监理管理软件使监理工作实现了智能化、可视化。

②该软件通过手机端进行监理项目的建立与维护（项目信息、项目分解、组织架构、项目人员）工作，系统会自动生成所建立的项目群。首先，项目监理人员通过手机端软件内置功能模块（材料设备进退场、巡视、旁站、见证取样、平行检验、特种作业人员、危险性较大分部分项工程、通知单、问题管理、验收等）进行项目的质量、进度、造价控制、合同管理、安全履职工作。平台内功能模块将监理人员在现场的每一种工作行为进行了汇总，抓取工作中的关键信息，减少不必要的输入和操作，是对项目日常监理工作高度的归纳总结。其次，监理人员在功能界面的引导下，可快速提升对项目的认知能力和专业技能，降低由于人的因素带来的现场信息和内容不一致，更能体现监理人员的专业能力和专业精神。

③项目监理工作协同化：某智慧监理管理软件平台建立了一个由项目监理机构主导的，建设单位以及各专业施工单位主要负责人共同参与的建设工程项目信息平台，项目监理人员完成每一项日常监理工作后，相关工作信息和图片均推送至监理企业端、建设单位、施工单位、项目监理其他人员的移动终端，各单位能够在第一时间了解到最新的施工现场信息，掌握工程现场情况，并核实是否存在与自身有影响的工作内容，提高项目各方沟通的效率和频率。以"验收"为例，操作人员根据系统平台内置的内容进行填写提交后，如发现问题要求相关单位整改，则项目中各单位均可见，在整改时间内未完成则系统会及时进行跟踪预警，提示、督促相关人员进行整改。

④视频监控云平台的应用：视频监控云平台的应用基于在施工现场塔式起重机等制高点设置一台（或数台）监控球机，用无线网桥连接至监理办公室视频显示器，将现场的实时画面传输至办公室内，通过控制主机，操作人员可发出指令，对云台的上、下、左、右各方向的动作进行控制以及对设备进行调焦变倍的操作（并可通过控制主机实现在多路监控平台之间的切换），调整视角及视界大小（缩小或放大画面），达到调取施工现场画面的最佳效果，能够清晰可见顶层作业面工人施工质量及安全设施等情况，针对施工现场扬尘治理实施、材料码放、原材料加工区等情况一览无余，还可以根据场地巡视路线，设置监控设备固定巡视路线，并且通过录像设备可以对现场影像进行回放，使现场的影像具有可溯性，可作为监理工作强有力的依据，增强了监理工作的说服力，提升了监理人员工作效率及形象。上述视频平台的应用，使监理部在开展相应工作前，先对现场情况进行了解，做到有的放矢，降低监理部的工作量，提高工作效率，特别是例行旁站，如在混凝土浇筑旁站过程中，监理部对混凝土浇筑现场作业面进行视频监控检查，检查作业人员数量、人员构成、振捣部位及振捣时长、安全防护措施等是否按照施工方案组织实施，也可以转瞬之间达到混凝土卸料地点，查看混凝土流动性等反映商品混凝土技术指标及施工单位对商品混凝土检验等情况，最大限度地降低监理部人员的工作强度，如有违规情况，及时截图或通过录像回放的形式，保留相关证据。上述监控云平台的应用，均可通过互联网连接至手机等移动终端，有权限的移动终端用户（建设单位、监理单位、施工单位等相关人员，管理员可以自行设定）均可全天候进行现场视频巡查，极大地提高了相关人员的工作效率，同时向有关人员展示监理人员工作状态，便于建设单位考核监理人员日常巡视等到岗履职情况。

⑤采用幻灯片（PPT）形式组织监理例会。监理部在每次例会前，均根据上周施工中存在的问题以及下周施工需注意的事项，搜集巡视过程中上传的照片，监控云平台抓取的图像或录像，相关验收规范及标准的原文截图，结合经过审批的专项施工方案，有理有据地提出施工现场存在的不足，有针对性地提出相应要求及改进意见，保证了工程质量与施工安全。

⑥通过全体监理工作人员应用智慧监理管理软件，在施工现场以不同专业、不同视角采集了大量反映工程进展、存在问题、整改情况的照片，全面、生动地还原了施工全过程，为后续查阅施工进度控制、质量控制、安全生产管理、工程投资控制提供了翔实的影像资料。

⑦监理部通过基于互联网、云平台监控系统、智慧监理管理软件构建的"智慧监理部"工作平台，向项目建设单位、施工单位相关人员实时、透明地展示项目监理成员每日的巡视、旁站、见证取样、专项检查、验收、签发监理通知等工作情况，可在移动终端实时查看项目现场进展情况，极大地提高了工作效率，充分体现出公司"智慧监理部"运行的先进性，得到建设单位相关领导的认可和好评。

⑧在该工程施工过程中，由于施工单位原因出现过一些程度不同的质量问题，经监理部严格检查，对检查出的问题进行督促整改，最终各分部分项工程均达到合格标准。期

间，监理部共组织监理例会26次，审批施工方案44次，发出监理通知6次，共审批材料报验单261份，见证取样647次。在整体工程验收前，监理部组织相关人员对工程进行了预验收，共完成对20个分部（含地下储藏室10个分部）、198个分项（含地下储藏室45个分项）、1140个检验批（含地下储藏室77个检验批）的验收，全部合格，整体观感质量综合评定为好，各项工程质量控制资料齐全，各项安全、功能核查符合相关专业质量验收规范。经建设各方共同验收认证，并经质量监督部门监督，达到合格标准。

5.2 进度控制

（1）该项目定额工期398d，为不影响运动员正常训练，备战2022年冬奥会，合同工期压缩至279d，整个主体阶段处于冬期施工，工期压力较大。从工程一开始监理部便督促施工单位按施工合同要求的工期编制了施工总进度计划，并督促落实进度计划的完成，当发现工程偏离进度计划时，监理部及时组织施工单位分析原因、研究措施，适时纠偏；在施工过程中向施工单位提出合理化建议，在保证工程质量的情况下为加快工程进度采取了各种措施，如制定工程例会制度等。每周召开一次监理例会（其中，2019年1月11日至5月9日，每天下午5：00召开生产进度协调会），检查进度计划落实情况，及时协调解决施工中存在的问题，严格督促施工单位的人员、材料、施工机具及时到位，为合同约定目标的实施起到重要作用，保证了国家队运动员训练计划的实施。

（2）针对施工中存在的抗浮锚杆施工，如采用常规施工方案，应等待抗浮锚杆施工完成，待强度满足设计要求后再进行抗拔力检测，试验合格方可进行下道工序施工。因设计方案的调整，该工程抗浮锚杆施工完成时已经是12月下旬，如按照常规方案，将错失施工有利时机，增加施工降水周期，延长水池施工工期，后续工期控制压力骤增，如不能如期完工将影响国家队2019年度训练计划。为破解这一难题，项目组多方调研，考察商品混凝土公司既往业绩，确认了商品混凝土的可靠性，咨询设计单位、试验检测单位等多位相关领域专家，得到相关专家的认同意见，经项目组研究决定，先行开始后续施工，控制施工节奏，在筏板底层钢筋网绑扎完成后、同条件试块强度达到抗拔力检测条件时，在一片欢呼中得到了抗浮锚杆抗拔力符合设计要求的完美答案，仅这一项举措，项目组就节约工期20d，减少降水周期，降低工程造价约70万元。

（3）监理部对地下储藏室后浇带提出使用"膨胀加强带"施工工艺代替原设计后浇带的合理化建议，节约工期约30d，进一步缓解了工期压力。

（4）该工程在各方的共同努力下，达到了运动员于6月初开始进场驻训的条件，虽然受运动员驻训等多方面影响，工程完工时间按照合同约定竣工时间略有滞后，但国家技巧滑雪队2019年度的训练任务未受影响得以圆满完成，工期控制目标基本得以实现。期间，共审核施工进度计划14份，并提出合理化建议3次。

5.3 造价控制

该项目总投资额度为9000余万元，为全额中央财政拨款。根据国家发展和改革委员会及国家体育总局要求"节俭办奥运"的原则，以及国家发展和改革委员会关于中央财政资金使用管理办法，严禁超概算投资额度。

（1）监理部严格执行施工合同中工程款的支付程序，认真审核施工单位的进度款支付申报，并根据设计图纸和实际工作量核定的数量签发支付证书。对于工程变更单及现场经济签证都进行了严格审查控制，确保建设单位投资计划的总目标不被突破。

（2）期间，监理部对地下储藏室后浇带提出使用"膨胀加强带"施工工艺代替原设计后浇带的合理化建议，降水周期减少约30d，节约造价近百万元；监理部参与决策的变更抗浮锚杆施工节奏调整，减少降水周期，节约工期20d，降低工程造价约70万元。在施工降水期间，要求在开始挖方作业初期采取"隔一降一"的降水方法，及时观测水位，满足挖方作业进度即可，在完成地下混凝土结构基本完成、回填土进行前，进行"隔一停一"降水方法，既有效降低造价，又保障施工安全，同时还减少排放地下水资源，一举三得。

（3）该工程进度款支付按照合同约定进行，未超出计划目标，依据建设单位提出而实施的工程洽商，经监理部依据洽商事项进行实测实量，根据工程量清单、工程量计算规则等依据进行审核，出具审核意见后报跟踪审计单位审计，经审计单位核算后列入建设单位付款依据。期间，共审核进度款20次、工程洽商133份，出具监理单位审核意见153份。

5.4 安全监理

严格执行《建设工程安全生产管理条例》，按照住房和城乡建设部《关于落实建设工程安全生产监理责任的若干意见》（建市〔2006〕248号）、《建筑起重机械安全监督管理规定》（建设部令第166号）、《危险性较大的分部分项工程安全管理规定》（住房和城乡建设部令第37号）、《住房城乡建设部办公厅关于实施〈危险性较大的分部分项工程安全管理规定〉有关问题的通知》（建办质〔2018〕31号）等法律法规中监理的工作内容进行了安全生产管理。

5.4.1 施工准备阶段的主要工作内容

（1）监理部按照工程建设强制性标准、《建设工程监理规范》GB/T 50319—2013和相关行业监理规范的要求，编制了安全生产管理监理方案，明确安全监理的范围、内容、工作程序和制度措施，以及人员配备计划和职责等。

（2）针对危险性较大的分部分项工程，监理部编制了监理实施细则。实施细则明确了监理的方法、措施和控制要点，以及对施工单位安全技术措施的检查方案。

（3）审查施工单位编制的施工组织设计中的安全技术措施和危险性较大的分部分项工程安全专项施工方案是否符合工程建设强制性标准要求。审查的主要内容包括：

①施工单位编制的地下管线保护措施方案是否符合强制性标准要求；

②基坑支护与降水、土方开挖与边坡防护、模板、起重吊装、脚手架、拆除等分部分项工程的专项施工方案是否符合强制性标准要求；

③施工现场临时用电施工组织设计是否符合强制性标准要求；

④冬期、雨期等季节性施工方案的制定是否符合强制性标准要求；

⑤施工总平面布置图是否符合安全生产的要求，办公、宿舍、食堂、道路等临时设施设置以及排水、防火措施是否符合强制性标准要求。

（4）检查施工单位在工程项目上的安全生产规章制度和安全监管机构的建立、健全及专职安全生产管理人员配备情况，督促施工单位检查各分包单位的安全生产规章制度的建立情况。

（5）审查施工单位资质和安全生产许可证是否合法有效。

（6）审查项目经理和专职安全生产管理人员是否具备合法资格，是否与投标文件一致。

（7）审核特种作业人员的特种作业操作资格证书是否合法有效。

（8）审核施工单位应急救援预案和安全防护措施费用使用计划。

5.4.2 施工阶段的主要工作内容

（1）监督施工单位按照施工组织设计中的安全技术措施和专项施工方案组织施工，及时制止违规施工作业。

（2）定期巡视检查施工过程中的危险性较大工程作业情况。

（3）核查施工现场施工起重机械的验收手续。

（4）检查施工现场各种安全标志和安全防护措施是否符合强制性标准要求，并检查安全生产费用的使用情况。

（5）督促施工单位进行安全自查工作，并对施工单位自查情况进行抽查，参加建设单位组织的安全生产专项检查。

（6）针对施工单位在施工中存在的安全隐患、扬尘治理不足等情况，签发监理通知12份、工程暂停令2份。

6 项目管理成效

6.1 项目获奖情况

通过项目参建各方的共同努力，在项目竣工完成后参加了秦皇岛市建设工程港城杯奖（市优质工程）评选，并于2021年7月获得秦皇岛市建设工程港城杯奖（市优质工程），于2022年1月24日再次获得河北省建设工程安济杯奖（省优质工程）。

6.2 项目取得成果

通过该项目的监理过程，公司总监理工程师李××同志依据工程实际结合实践经验，独立撰写论文《深基坑工程监理工作要点探析》，并发表于中国建筑材料科学研究总院主办的《中国建材科技》（视同核心期刊）2020年第三期，并已多次被同行下载。

6.3 项目经济效益和社会效益

该项目保障了技巧滑雪运动员的训练水平，节省运动员夏季去国外训练的费用；为秦皇岛训练基地带来社会上的声誉，如学校培养人才的数量与质量、优秀运动员在社会做出的成绩与贡献，为冰雪项目培养运动员、教练员及更多的配套服务人员等高素质人才；普及冬奥会项目，也可为学校带来旅游收益。

项目使用的新型建筑材料（钢丝网架膨胀珍珠岩夹芯板）也给建筑业同行带来启示和示范效应，目前已有多个项目建设单位进行实地考察，并实现进一步推广使用。

7 交流探讨

综上所述，在该工程上组建了专业齐全、老中青相结合的精干监理部，监理部在该工程监理过程中，本着认真负责的工作态度，打破了监理单位与施工单位之间的对立关系，一切以项目建设目标为中心，团结进取、全心全意为项目推进出谋划策，同时严把质量关，实事求是地进行工程造价控制，履行建设工程安全生产管理的法定职责，协调各项目参建单位之间的关系。监理部进行的上述工作，获得了以建设单位为首的各参建单位的一致好评。

在该项目上通过互联网、云平台监控系统、智慧监理管理软件的有机结合，构建了"智慧监理部"，使监理工作实现了智能化、可视化，开创了信息化平台管理的新篇章，取得了较好的社会反响，现阶段公司所有监理项目全面推广"智慧监理部"的应用，高效率、高质量地开展监理工作。

工程监理行业应顺应社会发展，在加强传统监理服务模式的同时，持续不断地改革创新，借助信息化管理手段和智慧化服务模式，在日渐激烈的市场竞争中，实现企业的可持续发展。

秦皇岛海滨路东西延伸工程一标段工程监理实践

宗华山，焦佳琪（承德城建工程项目管理有限公司）

摘　要：承德城建工程项目管理有限公司承担监理的秦皇岛海滨路东西延伸工程一标段，作为秦皇岛市建设新时代"沿海强市、美丽港城和国际化城市"的基础工程和亮点名片，连续两年列入民生实事工程，同时明确了质量目标：争创国家优质工程奖，发挥监理部专业技术优势，做到"高标准要求质量优异；强风险管控安全可靠；严计量验收精准及时；重文明施工和谐有序；多措施并举科学高效；动态化监管技术控制；建过硬团队凝心聚力"。监理人员认真执行、严格遵守，公司"七个一""四要求"的管理制度，是该工程监理工作顺利实施的重要保证，为争创国家优质工程做出应有的贡献。

1　项目背景

海滨路是秦皇岛市临近海边的一条城市主干道，基于道南片区交通现况及西港区转型升级，结合秦皇岛市政府"两环四线"快速路网布局和"将道南片区打造为邮轮港、全民休疗地、河北会客厅、文明秦皇岛"的要求谋划而成，截至目前是全市规模最大的市政桥梁工程。此次东西延伸工程将打通断头路，畅联山海关和北戴河，疏解城市交通压力，充分展示城市滨海主干道的靓丽形象，秦皇岛市政府对工程建设高度重视，将其作为建设新时代"沿海强市、美丽港城和国际化城市"的基础工程和亮点名片，连续两年列入民生实事工程。

海滨路东西延伸工程施工一标段，西起山东堡立交桥东至友谊路，按主干路标准进行设计建设。项目建成后，提高了道南片区的对外通行能力，破解困扰该片区铁路"围城"的交通难题，主要发挥四大作用：

作用一：增加南部城区东西向交通通道，完善城区路网系统，分流过境交通，又将增加一条连接山海关和北戴河的便捷通道。

作用二：增加港区外联通道，带动西港区转型升级。

作用三：道南片区现有居民15万人，建成后增加南北、东西向通道，从根本上解决道南片区居民数量多、通行路径少的出行难题。

作用四：缓解市区"一横四纵"道路交通压力，整体提升城市交通运载能力和总体形象。

2 项目介绍

2.1 项目概况

2.1.1 工程简介

秦皇岛海滨路东西延伸工程一标段，项目含道路、桥梁，全长7.6km，总投资10.3亿元，西起山东堡立交桥东至友谊路。一是对山东堡路至经文路路段既有道路简易修复；二是友谊路向西新建混凝土箱梁桥和变截面钢箱梁桥上跨港区铁路、大汤河、文体路后，在岭前街落地；三是拆除港务集团既有疏港桥南北向桥梁，西港路自北向南新建等截面钢箱梁桥跨越河北大街、混凝土箱梁桥跨越老京山线铁路后在海滨路前落地。同步建设雨水、管线综合、路灯、绿化、交通工程等配套设施。

工程开工、竣工时间：2019年2月～2021年7月。

2.1.2 桥梁设计技术标准

设计基准期：100年；

设计车速：60km/h；

汽车荷载：城—A级；

抗震设防烈度：7度，地震动峰值加速度0.1g；

设计洪水频率：1/100；

设计环境类别为Ⅲ类，依据《公路钢筋混凝土及预应力混凝土桥涵设计规范》JTG 3362—2018，属于近海环境。

2.1.3 工程参建单位

建设单位：秦皇岛市政工程建设办公室

勘察单位：中冶地勘岩土工程有限责任公司；

秦皇岛市大地卓越岩土工程有限公司

设计单位：秦皇岛市市政设计院

施工单位：秦皇岛市政建设集团

中铁六局集团有限公司　　　联合体

承德城建工程项目管理有限公司（以下简称公司）承担由秦皇岛市政建设集团所负责施工段的监理工作。工程造价7.85亿元，主要包含新建工程：海滨路东西延伸工程（经文路至友谊路），长2.77km，设计车速主路40～60km/h、辅路30～40km/h；西港路南延伸工程（滨河路至海滨路），长1.78km，设计车速主路50km/h，辅路40km/h。全线为高架桥梁+地面辅路形式，主线全线高架，双向6车道，桥梁结构采用现浇混凝土箱梁和等截面钢箱梁，高架桥下绿化或铺砌。地面辅路为双向4车道，同步配套建设雨水、污水、给水、管线综合、路灯、绿化、交通工程等公用设施。如图1所示。

海滨路东西延伸工程一标段桥梁平面图

西港路南延高架桥上跨河北大街钢箱梁段长335m

西港路南延高架桥上跨老京山铁路预制梁段长265m

跨港区铁路东引桥长318m

海滨路跨文体路高架桥铁路并行段桥梁703m

跨大小汤河主（辅）桥段全长562m（均507m）

跨港区铁路悬浇预应力混凝土箱梁长148m

图1　海滨路东西延伸工程一标段桥梁平面图

改扩建工程：包括岭前街、文盛路、文安路三条道路，其中：岭前街（山东堡立交桥至经文路），长2.66km；文盛路（岭前街至河滨路）长0.15km；文安路（岭前街至河滨路）长0.24km。对既有车行道沥青加铺改造，同步对既有雨水井抬高处理，对道路范围内检查井进行加固。

2.2　秦皇岛海滨路东西延伸工程一标段的特点、难点

（1）地处近海环境，设计要求标准高；

（2）工程结构复杂，施工技术难度高；

（3）内外环境复杂，安全管理风险高；

（4）计划工期紧张，监理工作强度高。

2.2.1　地处近海环境，设计要求标准高

秦皇岛属于海滨城市，该工程的重要建设地点为大、小汤河的入海口，属于三类环境（近海洋环境），设计基准期为100年，对于结构强度、耐久性提出了严格的要求。

2.2.2　工程结构复杂，施工技术难度高

以桥梁部分为例，共有装配式预应力混凝土连续箱梁、现浇预应力混凝土箱梁、等截面连续钢箱梁、变截面连续钢箱梁等多种形式。主、辅桥跨河段位于平曲线和竖曲线相结合的三维曲线路段上，加之主桥为现浇混凝土箱梁与钢箱梁衔接结构，构造和线型复杂，连接点要求准确，连续梁施工支架模板变形的消除对沉降的控制要求高，桥梁的整体线型

及外观质量控制极为关键。跨河段主、辅桥平面位置重叠，其中，南、北两侧辅桥各有半幅桥宽与主桥投影重叠，南、北辅桥翼缘板距离主桥墩柱仅5cm，主、辅桥同时施工难度大。

施工区域为海陆交互沉积，地下水与海水相连，受潮汐影响最大变化幅度可达4.0m左右，承台位于海平面以下，围堰顶距离设计桩底总高度大于30m，加之桥位处于河道入海口位置，桩基成孔后桩孔内水位受潮汐影响较大，极易出现塌孔现象，同时，桥址地层中上部还有厚度大于9m的砂层，因此下部结构施工的技术难度较高。

该工程海滨路方向跨河段、东引桥、西港路南延高架桥的桥梁基础中ϕ1200钻孔灌注桩192根和1500mm钻孔灌注桩202根桩钻孔桩，全部进入中风化岩层，采用C30水下混凝土浇筑。确保孔径孔深、满足成桩质量等是钻孔灌注桩质量控制的重点，也是该工程的难点。

2.2.3　内外环境复杂，安全管理风险高

该项目临近河北港口集团秦皇岛港、中国外运秦皇岛公司等单位，安保要求高。工程场地周边以民房、厂矿、铁路、货场、库房、河流、现有道路为主，因此在环境保护、交通安全及文明施工等方面提出了更高要求，在做好工程质量、进度控制的同时，必须注重环境保护及交通安全意识，完善环境保护及交通安全措施。

工程包含现浇箱梁数量较大，且箱梁均采用满堂支架施工，支架的稳定性及高支模作业均为安全控制重点，跨越既有货运铁路的梁体施工等内容均为施工重点和难点，任何一个施工环节做得不好，都将对整个工程质量、进度及安全产生直接影响。

2.2.4　计划工期紧张，监理工作强度高

前期拆迁工作量大，严重影响工程进展，还要保证大、小汤河安全度汛，可施工的时间非常紧张。施工期间道路、桥梁、雨水、污水、给水、管线综合、路灯、绿化、交通等工程主体工期紧凑，交叉频繁，工作面多。管线切改、拆迁配合、协作单位众多，劳动力、机械及材料投入量较大。项目监理部统筹全局，充分考虑各种影响，在拆迁工期紧张、汛期影响面大等诸多不利因素下，督促施工单位不断调整工期计划，采取多项措施进行进度控制，完成了桥梁下部结构的冬期施工，最大限度地减少以上因素对该工程造成的不利影响。

3　项目组织

要完成监理任务，首先要打造一个由专业水平高、协调能力强、工作态度好的监理人员组成的项目部。针对该工程规模和工程特征，公司组建了专业配套的直线职能制项目监理部，在项目实施过程中根据该工程的进展情况，适时地对人员的组成数量、专业结构进行补充和调整（图2）。

项目部有新的监理人员加入时，总监理工程师首先要与其进行沟通和相互了解，针对其本身的专业基础和性格特点安排具体工作。建筑工程的单件性决定了每个工程都有各自

的特点，为了适应该工程的特殊性，由总监理工程师组织项目部全体成员不定期地进行学习和交流。对刚参加工作的年轻人，在要求他们提高专业知识的同时，更要注重培养其职业道德和端正工作态度，工作中发挥年轻人的优势，让他们承担主要的基础工作；对有着丰富经验的老同志，引导他们提高站位，将工作思路转化为站在监理公司的位置上思考大局，做好对年轻人的传、帮、带，工作中发挥他们的经验优势，让他们承担主要的现场工作。热爱本职工作才会在工作中发挥积极主动性，所以提高项目监理部全体人员的工作热情也是监理部团队建设的主要方向，为做好监理工作打下坚实的基础。

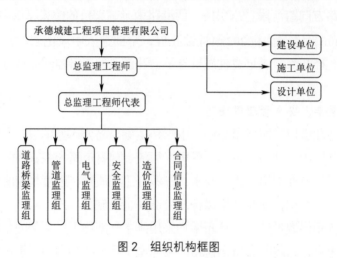

图 2　组织机构框图

4　工程监理过程

项目监理部进驻现场后，总监理工程师对现场监理人员及时召开监理工作会议，贯彻了公司对该工程监理工作的要求，本着"监理到位、严格检查、热情服务"的宗旨进行管理，针对该工程的特点，总监理工程师对班子人员进行合理分工，同时对公司的管理制度、岗位工作标准进行传达，做到责任到人、制度明确，在项目监理人员的团结协作下，监理工作能够达到制度化、规范化。

4.1　工程质量控制

（1）严格控制施工质量，严把工程质量验收关。监理人员在日常的监理工作中，首先学习并审查设计图纸和设计要求，对所有工序进行全方位的跟踪巡视检查，发现问题及时指出并要求及时整改，对隐蔽工程按规范要求进行检查验收，对钢筋工程进行逐项全数检查，对混凝土工程、防水工程、土方回填、预应力张拉、钢箱梁吊装、预制箱梁吊装等关键工序进行旁站监理。在平时的工作中，注意了解施工单位各工种操作人员和技术人员的情况，对技术水平较低的操作人员要求施工单位更换，严格执行质量标准，抓好第一手资料，做到每道工序心中有数。

（2）严格控制进场材料，确保工程材料符合要求。材料进场前，要求施工单位提供质量证明文件，符合要求后允许进场。及时督促材料报验并做好见证取样、送检验收工作，对进场的原材料及构配件建立原材料进场台账和见证取样台账，认真做好材料进场前的质量控制工作，对不合格的材料坚决要求退场处理，确保工程质量合格。

（3）严格控制工序的交接，做到上道工序不合格不准进入下道工序施工。工序控制是质量控制的重要环节，与进度控制相互制约，为了做好该阶段监理工作，首先必须明确该工程的重点分部工程为：桩基工程、墩台工程、盖梁工程、支座、桥跨承重结构工程，路基分部、基层分部、面层分部、挡土墙分部等；重点分项工程为：桩基机械成孔分项、钢筋笼制作与安装分项、混凝土灌筑分项、模板分项、钢筋分项、混凝土分项、预应力混凝土分项、钢箱梁安装分项、钢箱梁制作分项、路基分项、级砂分项、水稳分项、透层分项、粘层分项、沥青面层分项等，对于重点分部分项工程，监理部进行事前、事中、事后三个阶段的控制。

事前控制：审查施工单位配备人力、材料、机械是否符合工程要求，审查施工组织设计、技术质量保证措施、原材料检验审批、施工配合比是否符合要求。

事中控制：检查施工工艺是否按规范和审批的施工方案实施，并对施工工程的原材料、半成品等进行见证取样。

事后控制：通过检测与验评分部分项工程是否达到验收规范要求的质量标准。

（4）严格执行监理指令，强化监理工作力度

①检查：对于施工过程中的重点部位实施全过程的跟踪检查，检查施工过程中使用的材料与审批是否相符，检查施工单位是否按批准的施工方案、技术规范施工。

②量测：对已完成的工序进行实测实量验收，不符合要求的进行整修，无法整修的要返工重做。

③检测：对各种工程实体质量与使用功能检测项目按照要求严格执行。

④指令性文件：监理人员除口头提示外，主要通过书面指令对施工单位进行控制，提醒施工单位加以重视和整改。

4.2 工程进度控制

（1）审核施工进度计划，使其安排必须符合工期的要求，符合总进度计划中总目标与分目标的要求，人、材、机的供应计划应保证进度计划的实现。

（2）实行工程进度动态管理，组织好现场协调会，当实际进度与计划进度发生偏差时，通过会议分析原因，提出整改计划措施和方案，并相应调整进度计划及设备、人力等工时目标。

4.3 造价控制

（1）严格控制工程变更和洽商，所有工程变更、洽商均需经过建设单位同意、总监理工程师审批后，方可实施。

（2）严格进行工程计量，未经监理部签认合格的工程量不予计量。

（3）积极推广新技术、新工艺，提出合理化建议，节约开支，减少施工单位索赔。

4.4 安全及文明施工监理

4.4.1 施工准备阶段的安全监理

（1）检查施工单位的安全资质。

（2）检查施工场地布置及安全条件。

（3）检查施工单位的施工组织设计和施工方案的安全技术措施。

（4）检查施工单位安全设施的进场情况并要求提交检验合格证书。

（5）检查施工单位的安全自检体系。

4.4.2 施工阶段的安全监理

该工程主要为道路桥梁工程，作业场地分散，濒临海边，各作业面交叉施工，合同工期内施工任务紧。新建工程中经识别存在高支撑、重大吊装、深基坑等超规模危险性较大的分部分项工程。安全管理任务重，管理难度大。针对上述不利条件，施工过程中要求施工单位引起高度重视，严格按照安全生产规范和安全防护方案及各专项安全施工方案施工。在全面审查施工单位的施工组织设计、各专项施工方案时，要着重审查安全技术措施的针对性及可操作性，并督促各项制度的落实，责任到人，安全设备到位。对危险性较大的分部分项工程，特别是超过一定规模的危险性较大的分部分项工程，进行重点监理，每日由专人检查安全保证措施的落实情况并做好专项的巡查记录。

（1）对钻孔桩施工环境和施工过程进行检查；

（2）对钢筋、混凝土工程的施工安全进行检查；

（3）对高大支架、模板的施工安全进行检查；

（4）对深基坑的施工安全进行检查；

（5）对预应力张拉的施工安全进行检查；

（6）对吊装起重设备安全进行检查；

（7）对用电、消防安全进行检查；

（8）对临水施工安全进行检查；

（9）对冬、雨期施工安全，特别是雨期的防汛安全进行检查。

4.4.3 文明施工的监理

根据城市建设要求，将"降低噪声、控制扬尘、规范围挡、减少排放、避免污染"作为文明施工及环境保护的主要控制重点，真正做到了绿色施工。

（1）严格按照规定执行扬尘治理工作，要求施工单位在该工程工地周围设置高于2.5m的围挡，围挡材料根据上级文件规定要求设置。

（2）工地地面要做硬化处理，保证道路畅通。检查现场要有完善的排水设施，保证排水畅通，工地无积水。要求施工单位设置防止泥浆、污水、废水外流或堵塞下水道和排入河道设施。施工现场在适温季节做好绿化布置，要设置吸烟处，禁止随意吸烟。

（3）做好材料检查工作，检查施工单位建筑材料、构件、料具要严格按照总平面布局堆放，料堆要挂好名称、品种、规格等标牌，并堆放整齐。施工现场要清理干净，建筑垃圾堆放要标出名称、品种。易燃易爆物品要分类存放。

（4）每天现场巡视，加强对施工单位办公及生活区域的管理，施工作业区与办公区、生活区要划分清楚。寝室要设置保暖和防煤气中毒措施、消暑和防蚊虫叮咬措施，床铺、生活用品放置整齐。要保证宿舍周围环境的卫生和安全。

（5）定期对施工单位进行检查，保证现场有完善的消防措施、制度及灭火器材，灭火器材配置合理。要有消防水源或满足消防要求，有完善的动火审批手续和动火监护。

（6）检查和督促施工单位在施工现场大门口必须按照规定挂好图、表、标牌，内容要齐全、规范整齐。施工现场要设置安全标语、宣传栏、读报栏和黑板报等设施。

（7）监督施工单位建立一套健全的卫生责任制度，厕所、食堂和淋浴室设施齐全，且必须符合卫生要求。保证供应卫生饮用水，生活垃圾要装入容器，及时安排专人清理。

（8）要求施工单位必须安排经专业培训的急救人员常驻现场，配置急救器材、保健医药箱，有完善的急救措施，并对工人开展卫生防病宣传教育。

（9）做好夜间施工的监理工作，施工现场需建立防粉尘、防噪声措施以及施工不扰民措施，未经许可不得夜间施工。禁止在施工现场焚烧有毒、有害物质。

现场监理人员严格执行监理程序，监理到位，妥善协调各方关系，加上建设单位的支持和施工单位的配合，顺利实现了监理部的各项目标。

5 监理管理办法

在认真学习设计文件的基础上，根据公司的项目管理规章制度和工作要求，本着"坚持品牌建设，提倡增值服务"的原则，项目监理部针对海滨路工程的特点和工作环境以及进度安排，制定了相应的工作方法。

5.1 高标准要求，质量优异

该工程中，桥梁的设计使用年限是100年，这在市政工程中并不多见，尤其是考虑到地处近海环境，对工程实体的质量特别是桥梁耐久性有着较高的要求。施工单位据此制定了"四新"的工作方法，本着"施工有方案，监理有细则"的原则，监理部进行了充分的技术准备，针对施工中的不同情况采取了相应的监理方法。

（1）"新材料"的验收，监理部严格把关；

（2）"新工艺"的实施，监理部全程见证；

（3）"新装备"的引进，监理部热情帮助；

（4）"新技术"的应用，监理部积极参与。

例如施工之前，监理部与施工单位多次商讨施工工艺的细节和难点。为实现清水混凝土良好的观感效果，决定在实际操作前先进行工艺试验，对模板、脱模剂、混凝土配合比、振捣方法、养护措施等先后进行了22次对比试验，最终确定了施工方法，达到比较满意的观感效果。

在工程开工前期，安排监理人员与施工单位共同建立BIM模型，BIM具有可视化特点，可以将建筑及其附属物的大小、位置、颜色等通过三维模型形象地展示出来。基于BIM技术将建筑、结构等专业模型整合，将综合模型导入相关软件进行碰撞检查，根据碰撞报告结果对影响施工部分进行了调整，避免变更，减少浪费工期，确保工程正常进行。

项目实施过程中，选择了西港路高架桥0-2号墩西幅桥面和海滨路主桥32-33号墩南幅桥面进行了"C80高韧性低收缩混杂纤维混凝土铺装层"的试验性施工。通过预埋传感器等多种手段进行数据收集，对上述类型混凝土在实际使用过程中的性能特点进行验证并与常规的铺装层混凝土进行数据对比。

在跨河段主桥墩柱钢筋施工中，主桥的墩柱断面尺寸为2.2m×2.5m，墩柱钢筋笼总长度超过15m，钢筋绑扎完成后无法整体运输和吊装。为了加快进度和增加观感质量，在施工前与施工单位沟通后决定，在墩柱钢筋笼长度≥17m时，采用整体加工、分节吊装的方式进行钢筋笼接高，所采用的施工工艺为"加长螺纹竖向连接工艺"。该工艺可以满足主桥矩形桥墩钢筋笼内98根直径28mm主筋按照50%搭接率进行钢筋笼整体对接的需求。如果按照监理工作常规的事后统一验收，发现问题时不易处理，监理部随之将钢筋验收工作划分为多个阶段，既保证了验收质量，也为施工单位节约了工期。

在加工厂内墩柱钢筋整体绑扎完成后，监理人员检查主筋位置是否符合图纸要求，对主筋固定点进行检查，保证无松动、位移。要求施工单位增设固定加强筋，与主筋焊接牢固，保证分段拆分倒运时钢筋笼无变形。下段钢筋隐蔽前对垂直度和保护层进行严格检查，保证上段拼接完成后垂直度满足整体要求。

新装备中，电气专业监理人员发挥专业技术水平，根据工程情况提出使用电焊机保护器的合理化建议，电焊机保护器可以将电焊机在空载时的电流电压降至安全范围，从而保证了操作人员的人身安全，并获得较好的节电效果。这项建议被施工单位采纳，并作为项目绿色施工的亮点进行宣传。

5.2　强风险管控，安全可靠

在工程实施过程中，施工人员多、机械设备多、交叉作业多，存在的风险源也较多。监理部把"安全生产"作为工作的重点进行控制，除了配备专业的安全监理工程师外，每个人都有安全职责，每天对施工现场进行巡视，不定期进行安全联合检查。

尤其是对深基坑、高大模板、梁体吊装等重要的施工部位、危险性较大的作业面，实行重点检查，发现安全隐患及时要求整改，直至排除隐患，坚持做到低风险施工，保证作业人员和工程实体的安全可靠。

在组织监理部内部学习时，由安全监理工程师进行安全用电知识讲座，施工单位的专职安全员主动要求旁听，强化施工、监理人员的安全意识，有效预防了由于不正当方法用电引起安全事件的发生，增强人员安全管理工作的责任感和主动性，确保施工现场安全。

此外，因工程的特殊性，主要的工程场地坐落在河边、海边，防汛要求高。项目部提出，安全度汛绝不能停留在口号上，积极督促和组织参建单位共同组织实地防溺水、防汛演练，把防溺水、防汛工作作为安全防护的重点。

5.3 严计量验收，精准及时

海滨路东西延伸工程一标段使用国有资金，对造价有着严格的控制要求，计量、验收是造价控制的基础工作。因此，监理部从每一种原材料的进场、每一道工序的验收、每一个方案的审查开始，将造价控制作为重点来进行管理。严格按照合同规定和计量支付规则、工程量计算规则进行现场计量，精准确认每月实际完成的工程价值，上报财政管理部门。慎重处理实际发生的工程变更，坚持履行变更程序，规避可能发生的索赔风险。

5.4 重文明施工，和谐有序

该工程不仅因为投资大而受到各方的重视，工程影响范围广泛、同时秦皇岛市一直在争创文明城市、卫生城市，因此管理部门多（城市管理、环境保护、环卫、水务、电力等），检查频次大。监理部也严格按照建设单位和主管部门的要求，对施工作业进行监理。

在易产生雾霾的秋冬季节和大风天气时，督促施工单位合理组织施工，减少或避免土方的集中开挖、外运。现场严格按照六个百分之百的要求进行施工作业，裸露土方进行覆盖，土方作业时喷水降尘，保证施工现场的PM2.5、PM10的数值始终处在正常范围之内。

桥梁的300多根桩基，最近的距离周边住户不足30m，监理部要求施工单位提前与社区居民沟通，现场落实各项减振、降噪措施，严格执行施工时间安排，在此期间，未因扰民而影响工程进展，真正做到了文明施工、和谐有序。

5.5 多措施并举，科学高效

该工程工作量非常大，工期又很紧张，监理部除了做好正常的监理进度控制工作外，还与建设单位、施工单位共同寻找解决办法，运用新技术、新工艺，压缩施工周期。

小汤河桩基施工受汛期限制，时间紧张、任务繁重，决定采用旋挖钻机进行钻孔作业，监理部与施工单位技术人员反复研究、总结，解决了受潮汐影响极易发生塌孔的问题。监理部全力配合施工单位，做到全天候履职，随时报验随时验收，夜间安排专人值班，进行验收、旁站等监理工作，避免停滞时间，大大缩短了施工周期，加快了施工进度，确保汛期前完成了河道内的下部结构施工。

充分发挥监理部与中国建筑东北设计研究院（市政分院）建立的合作关系优势。作为该项目的技术顾问，特别邀请大连理工大学知名桥梁专家针对钢箱梁制作安装中遇到的技术重点、难点问题，在项目上组织座谈、研讨，对钢箱梁的加工吊装、钢结构桥梁的桥面铺装、桥梁结构的低温冻胀等问题，多角度、全方面地剖析问题成因及处理方法，现场进行技术指导，在监理过程中提高施工技术含量，提供强有力的技术资源，起到保证质量安全、加快工程建设的优势。为建设单位、施工单位提供技术增值服务，保证工程达到高质量，为申报国家优质工程奖奠定了坚实的基础。

5.6 动态化监管，技术控制

通过对混凝土试块进行抗压强度检测来判断混凝土构件的强度是最普遍的做法。而在实际施工中，施工单位往往不按要求进行试块制作和养护，现场制作的试块与送样的试块不一致，甚至有的施工单位在现场不做试块，由混凝土厂家代为制作试块进行试压，种种做法不能真实地反映混凝土的强度。为了避免上述问题，该工程在住房和城乡建设局主管领导的大力支持和推广下，对预拌混凝土质量全部采用电子信息技术进行动态监管，将混凝土的搅拌、试块制作、试块试压全过程进行电子网络监管。

该项目上首次采用了在混凝土试块中加入芯片的管理方式，应用试块芯片识别码，运行预拌混凝土质量动态监管信息系统。该电子芯片系统通过监管部门、混凝土厂家、监理单位、检测机构等几个客户端，将混凝土的生产、试块制作、混凝土试块试压等有机地结合起来，在混凝土生产过程中生成混凝土流水号信息，实际浇筑过程中在试块中埋入芯片并录入信息，芯片信息具有唯一性，伴随试块一起经过制作、养护、试验检测的全过程。实现数据共享，有效地控制了混凝土的质量，保证了工程质量，该电子芯片系统有效避免了传统做法中试块过程中做假、试块试压过程中做假等弊端，对保证工程质量起到重要的推进作用，在使用过程中监理部根据使用情况进行总结反馈，随时通过信息监管系统监控到试块的状态和试验检测结果，从而对整个工程的混凝土施工质量进行把控。

5.7 建过硬团队，凝心聚力

一个过硬的团队是完成监理工作的基础，公司对该项目高度重视，发挥了制度健全、管理完善、专业性强的优势，组建了人员精干有力的监理部。监理部多次召开内部会议，提高大家的思想认识，明确工作的方式方法。

（1）职责上分工明确；

（2）沟通上坦诚高效；

（3）工作中各尽其责；

（4）学习时专业为师。

监理部人员有三分之二以上属于中高级职称，一半以上持有全国注册监理工程师证书。人员专业结构合理，职责分工明确，团队意识良好，特别是在责任心和专业性方面，每一个人都严守职业道德、胜任本职工作，展现了公司的风采。

6 项目管理成就

经过监理部全体人员的共同努力，在建设单位的支持和施工单位的互相配合下，完成了监理工作的目标。

（1）工期：工程按期竣工通车。

（2）质量：质量控制资料核查、安全和主要使用功能核查与抽查结果、观感质量验收均符合设计图纸及验收规范要求，综合验收结论为合格，观感质量好。经建设单位组织的工程竣工验收一次通过。

（3）造价：在施工过程中，监理人员认真核实工程量，质量达不到验收规范要求的，不予计量，严格控制不合理的变更和工程费用的增加，做好工程计量和变更签认工作。

（4）安全：开工前认真审查施工单位安全保证体系及安全保证措施，督促其认真落实，对施工现场存在的安全问题及时提出整改。

对深基坑、高大模板、梁体吊装等重要的施工部位、危险性较大的作业面重点检查，发现安全隐患及时要求整改，直至排除隐患，坚持做到低风险施工，保证作业人员和工程实体的安全可靠。

在建设单位的支持和参建各方的配合下，该工程顺利竣工验收。监理部也获得了各方的一致好评，真正做到"监理一项工程、创建一个品牌、取得一份信誉、广交一批朋友、开拓一片市场"。

7　交流探讨

7.1　储备人才，迎接挑战

海滨路东西延伸工程一标段因内外环境复杂、设计标准高，并且是秦皇岛市民生工程，需争创国家级优质工程，所以监理单位不仅需要组织协调能力，还需要有过硬的技术水平，承德城建工程项目管理有限公司自成立24年来，现拥有100余人次各类注册执业人员，形成了一支技术精湛、作风过硬的专家团队，为项目技术支撑、专业人才输送保驾护航。

大型项目因为管理极为严格，对监理人员的素质要求高，但也是提升业务能力的机会，监理部充分利用项目优势，以项目培养人才，以人才带动项目。监理人员自身要增强学习意识，工程技术的飞速发展对每个监理人员的业务能力不断提出挑战，整体环境已经不允许监理人员固步自封地讲经验、老生常谈地摆资格，必须通过不断的学习去及时了解行业的先进工艺、技术和新材料的应用，适应行业的发展，使自己始终为本行业的排头兵。

监理部优秀的监理人才在项目中发挥着重要作用，严格把关施工过程的每一环节，并留有记录，坚决以过硬的质量展现专业水平，在河北省住房和城乡建设厅质量安全检查中获得省厅"检查组"的好评。

7.2　整章建制，明确方法

要把握好审查审批、巡视旁站、验收签认等基本环节，严格执行各项监理制度，运用好各种监理工作方法，公司"七个一""四要求"的认真执行，是该工程监理工作顺利实施的重要保证。

1. "七个一"内容

学好每一张图纸，审好每一个方案，管好每一种原材，把好每一道工序，记好每一页记录，开好每一次例会，写好每一份监理文件。

2. "四要求"内容

拿图验收百分之百，标高位置亲自量，严控商品混凝土水灰比，旁站监理不缺项。

7.3 科技赋能，与时俱进

加快BIM等技术的应用，引入各种办公软件和信息平台。传统监理的管理方式较为单一，难以适应现代项目管理的需要，应该在质量控制、进度控制、安全管理、信息管理、组织协调等方面，充分应用BIM技术的可见性、协同性、信息共享性进行动态化、精细化管理，提升监理的工作质量。

随着社会的整体发展，建设项目的投资和规模不断增大，专业工程的划分也越来越细，单个项目的参建单位、人员逐渐增多，互相之间的联系沟通需要通过办公软件和信息平台予以实现，提高工作效率。科技是助推监理咨询行业转型升级、走向高端服务的动力。企业必须以科技手段向监理咨询业务赋能，运用网络和大数据技术为监理咨询行业发展插上科技进步的翅膀。例如加快BIM等技术的应用，引入各种办公软件和信息平台，采取高科技手段开展监理工作等。

7.4 完善资料，注重内业

监理资料是履行监理合同、实施监理规划的具体表现，是监理工作的真实反映，是界定监理责任的原始记录，也是各级主管部门对监理检查的重点，项目监理部应该不断提高管理视角，保证监理资料的同步性、有效性、完整性。特别是具有直观性的影像记录，也应该纳入监理资料的管理中。

7.5 热情服务，合作共赢

首先要明确监理人员的服务意识，以建设单位的需求为目标，通过务实、敬业的工作，以自身的专业能力、良好的职业道德取得建设单位的信任和支持，便于监理工作的顺利开展。

对施工单位，既要运用好监理抽检、监理通知单、工地例会、合同管理等基本手段，以工程质量为中心控制好项目的整体实施，同时还要以真诚赢得理解、以专业赢得尊重。

工程项目的顺利实施，离不开各参建单位的互相配合、协作，监理单位要担负起重要的监理职责，全力为工程项目的整体利益而服务。

雄安新区建设工程质量安全第三方巡查服务案例

吕晓明（方舟工程管理有限公司）

摘　要：方舟工程管理有限公司作为河北省全过程工程咨询领域的龙头企业，主动担当，积极作为，助力雄安新区（以下简称新区）工程咨询业务发展，为新区建设贡献力量。2019年8月中标雄安新区建设工程第三方质量安全服务巡查机构入围项目。中标以来公司在雄安新区专设第三方巡查事业部，建立了组织机构、落实体系，奖罚制度，为新区规划建设局提供专业的第三方质量安全巡查服务，得到新区各级政府部门高度评价。雄安新区的建设是千年大计，每项举措和项目都对其他省市起着示范意义和引领作用。近两年来，雄安第三方巡查制度从无到有、稳步推进，已经陆续受到周边市县政府的效仿，可以说，是新区深化"放管服"改革、引进社会资源和民间监管力量、丰富工程监管体系的一大探索，形成了项目内部投、干、监＋民间第三方综合巡查＋建设主管部门行政许可，立体、交叉的项目建设监管模式，可谓意义重大、后续影响深远。

1　项目背景

设立河北雄安新区，是以习近平同志为核心的党中央深入推进京津冀协同发展作出的一项重大决策部署，是重大的历史性战略选择，是千年大计、国家大事。设立雄安新区，对于集中疏解北京非首都功能，探索人口经济密集地区优化开发新模式，调整优化京津冀城市布局和空间结构，培育创新驱动发展新引擎，具有重大现实意义和深远历史意义。规划建设雄安新区的指导思想是，着眼建设北京非首都功能疏解集中承载地，创造"雄安质量"，打造推动高质量发展的全国样板，建设现代化经济体系的新引擎。

新区在建项目特点分析：

1.1　业态广

新区在建项目涉及安置房（容东、容西、雄东、起步、启动等片区安置房，人防工程）、市政道路、绿化景观（郊野公园，容东片区各景观项目）、市政厂站、公共服务（商务服务中心、酒店、学校、医院）等产品类型。

1.2　体量大

目前新区在建项目涉及产品类型多，主要为安置房项目，如容东、容西、雄东等片区安置房。例如，容东片区安置房涉及九个组团，涉及总建筑面积超千万平方米，有960余个单体建筑物，对于第三方巡查机构而言工作量之大，要求第三方巡查机构人员工作强度大。结合安置房类项目建设周期监督验收频次就数以万计，对第三方巡查单位人员工作强度要求极高。

1.3　工期紧，任务重

目前新区在建项目产品类型多，且大多为安置房项目及市政道路项目，针对各片区安置房、市政道路项目顺利完成施工与交付，为新区启动区、起步区建设争取时间与空间，就要求各片区安置房及配套设施项目加紧施工。例如，容东片区安置房项目于2020年5月初开始施工，2021年6月底交付使用，且安置房均为精装修交付，对各参建单位、行政主管部门、第三方巡查单位工作提出更高标准的工作要求。

2　项目简介

2.1　工程概况

（1）为确保雄安质量，从工程质量、安全、进度、节能、建筑市场、工程档案整理移交、扬尘环保控制、项目造价资料检查、协助农民工工资清欠等方面开展工作，每月按时出具巡查评估报告和工程质量节点验收、安全节点评估初步意见并参加工程竣工验收前的质量功能性抽查等工作。

（2）服务有效期：2年（结合项目建设周期）。

（3）质量标准：符合国家、地方、行业现行规范及标准。

2.2　对第三方巡查机构的要求

2.2.1　第三方巡查机构基本要求

（1）第三方巡查机构应在企业资质、经营业绩、纳税情况、人员配备、办公场地等方面满足新区规划建设要求，部门设置、人员数量、检测设备及质量安全巡查工作制度必须按照相关要求执行。

（2）第三方巡查机构应当具备下列条件：

①具有完整的组织体系，岗位职责明确。

②人员数量满足巡查服务的工作需要且专业结构合理，其中巡查人员必须占派驻机构总人数的85%以上。

③有固定的工作场所和满足工程质量安全巡查工作需要的仪器、设备、工具及安全防护用品等。

④有健全的质量安全巡查工作制度，具备与质量安全巡查工作相适应的信息化管理条件。

⑤落实无纸化办公理念，加强办公智能化，新区业务线上完成率不低于80%。

（3）质量安全巡查人员具备的基本条件：

①具有工程类专业大学专科及以上学历或者工程类执业注册资格；拟投入项目的检查中心负责人必须具备房屋建筑工程、市政基础设施工程、交通工程、水利工程、轨道交通等与拟参与巡查专业一致的中级及以上工程师职称，具有一级注册建造师执业资格（注册专业类别为建筑工程、市政公用工程）或具有国家注册监理工程师（注册专业类别为建筑工程、市政公用工程）。持注册类执业资格的人员占全部巡视人员的比例不得低于25%，且至少1人为国家注册安全工程师。

②具有三年以上工程质量管理或者设计、施工、监理等工作经历。

③熟悉并掌握相关法律法规和工程建设强制性标准。

④具有一定的组织协调能力和良好的职业道德。

⑤巡查人员符合上述条件经考核合格后，方可从事工程质量安全巡查工作。

（4）质量安全巡查机构应维护委托方权益，遵守新区相关规章制度，接受新区建设主管部门的监督、管理、考核，独立完成受委托的质量安全巡查工作。

（5）根据规定每两年对巡查人员进行一次岗位考核，每年进行一次法律法规、业务知识培训，并适时组织开展继续教育培训，培训机构为所在省、自治区、直辖市人民政府建设主管部门。

2.2.2 第三方质量巡查服务内容

（1）执行法律法规和工程建设强制性标准的情况。

（2）工程实体质量：现场采取看、摸、敲、照、靠、吊、量、套等方法对地基与基础工程、主体结构工程、建筑装饰装修工程、建筑屋面工程、建筑给水排水及供暖工程、建筑电气工程、智能建筑工程、通风与空调工程、电梯工程、节能工程、轨道交通工程、交通工程、水利水电工程等工程进行检查。

（3）抽查工程质量责任主体和质量检测等单位的工程质量行为。

（4）抽查主要建筑材料、建筑构配件的质量。

（5）对工程竣工验收前的质量情况进行检查。

（6）参与工程质量事故的调查处理。

（7）定期对本地区工程质量状况进行统计分析。

（8）协助新区建设主管部门执法人员依法对违法违规行为实施处罚。

（9）协助新区建设主管部门受理建设单位办理质量监督手续。

（10）制定工作计划并组织实施。

（11）对工程实体质量、工程质量责任主体和质量检测等单位的工程质量行为进行抽查、抽测，检查完后，重大质量问题及时汇报规划建设局。一般质量问题每次检查完毕汇总后报新区规划建设局。

（12）形成工程质量巡查报告。

（13）建立工程质量巡查档案。

（14）新区建设主管部门委托的其他巡查事项。

（15）协助新区建设主管部门就本地区的工程质量状况逐步建立工程质量信用档案。

2.2.3 第三方安全、环境保护及其他巡查服务内容

（1）检查现场各方安全人员在岗情况。

（2）检查工程安全资料。

（3）检查施工现场安全情况：

①基坑支护与临边、临水、临崖防护；

②塔式起重机；

③脚手架；

④楼内安全防护；

⑤施工升降机或物料提升机；

⑥施工吊篮；

⑦施工现场临时用电；

⑧模板支撑；

⑨施工人员安全防护情况；

⑩办公区、生活区安全、防护情况；

⑪建筑工地现场标准化管理；

⑫市政工程安全隐患排查；

⑬水利工程、交通工程、轨道交通工程专业安全隐患排查（从事相关巡查的机构）；

⑭冬、雨期安全隐患排查及其他安全隐患排查；

⑮协助本行政区域建筑职工因工伤亡的统计和上报工作（报至新区规划建设局），统计汇报建筑安全生产动态；

⑯协助执法部门就工程建设中人身伤亡事故的调查处理，并将事故及时上报新区规划建设局；

⑰协助新区建设主管部门组织开展本行政区域建筑安全生产检查，总结交流建筑安全生产管理经验，并表彰先进单位；

⑱检查施工现场、构配件生产车间等安全管理和防护措施，纠正违章指挥和违章作业；

⑲协助新区建设主管部门就本地区的工程安全生产状况，逐步建立工程安全生产信

用档案，及时更新安全生产监督信息。

（4）扬尘环境治理、建筑市场、建筑节能、工程档案整理移交、农民工工资清欠检查：

①项目经理、总监理工程师、全过程咨询项目负责人到岗到位的检查；

②建筑节能的检查；

③工程档案整理移交检查，检查项目档案执行《建设工程文件归档规范》GB/T 50328—2014和有关工程档案管理法规情况；

④协助办理农民工工资清欠处理。

3 项目组织

3.1 第三方巡查机构职责

（1）在质量安全巡查过程中，严格遵守国家及地方的有关法律、法规、规章及执业规范要求，按时限完成巡查任务并出具巡查报告，对巡查报告的真实性、准确性、合法性负责。

（2）第三方巡查机构应建立内部管理机制，对巡查工作成果进行多级复核。

（3）对于巡查工作实施中遇见的重大问题，应及时向新区建设主管部门提供书面报告，并提出对于重大问题的意见和建议。

（4）建立满足工作需要的相关部门，与建设主管部门有效对接，确保有效完成第三方巡查实施及巡查报告编制等工作。

（5）建立严格的项目档案管理制度，完整、准确、真实地反映和记录项目巡查的情况，做好各类资料的存档和保管工作。

（6）未经新区建设主管部门批准，不得以任何形式对外提供、泄露或公开巡查项目的相关情况。保密义务不因巡查工作结束而解除。

（7）巡查业务应采用信息化、大数据、区块链技术，具有科学完善的应用实施方案。

（8）工程质量安全巡查中发现的涉及主体结构安全和主要使用功能的工程质量安全问题或者违法行为应及时向建设主管部门汇报，配合执法机构进行执法行动，并落实整改情况。

3.2 第三方质量安全巡查机构委派质量、安全工程师等专业技术人员素质要求

（1）政治素质好，政策水平和业务水平高，具有丰富的工作经验和符合新区质量安全监督要求的业绩。

（2）熟悉并掌握相关法律法规和工程建设强制性标准。

（3）遵守质量安全巡查工作纪律，服从质量安全巡查工作安排，愿意接受新区建设主

管部门的监督和管理，确保达到质量安全巡查的相关工作要求。

（4）与被巡查机构无工作关系及其他可能影响公正执法的经济利益关系。

（5）具有一定的组织协调能力和良好的职业道德。

（6）具有三年以上工程质量管理或者设计、施工、监理等工作经历。

（7）从事质量安全巡查工作的人员，必须为巡查（包括联合体各单位）机构的正式员工且为专职人员，不得从事兼职工作。

巡查人员符合上述条件经考核合格后，方可从事工程质量安全巡查工作。项目质量安全巡查过程中，新区建设主管部门对委派质量安全巡查人员的人员资质、工作表现进行监督。对于人员资质、工作表现不能满足巡查工作要求的，有权责令退回或通知重新选派。

3.3 巡查机构配置要求

第三方质量安全巡查机构建立以巡查科室为基础单位的组织结构，根据巡查体量增减巡查科室：

（1）质量巡查科室配置不低于4人，1名负责人、1名主项工程师（现场质量及实测实量）、1名辅助专业工程师、1名资料员。

（2）安全巡查科室配置不低于4人，1名负责人、2名主项工程师、1名辅助专业工程师。

（3）其余服务必备科室根据各企业自身条件及企业规定自行设置，但需保证与新区建设主管部门有效对接，保证机构的高效顺畅运行，原则上巡查人员数量占派驻机构总人数的85%以上。

（4）为了保证工作质量、降低成本，根据各省市试点总结经验，每个巡查科室的巡查体量不低于100万 m² 或10个单位工程，但不得大于150万 m² 或15个单位工程，面积和单位工程数值取大者。

4 第三方质量安全巡查过程

4.1 巡查工作要求

4.1.1 基本工作流程

（1）新区规划建设局在施工招标完成后 35 日内将审批后的施工组织设计、各专项施工方案、监理大纲及各专项监理方案、第三方检测方案等送交第三方巡查机构。

（2）第三方巡查机构在收到上述资料后5日内，编制完成《第三方巡查方案》。

（3）新区规划建设局在收到《第三方巡查方案》后3日内完成方案审核及审批。

（4）《第三方巡查方案》审批通过后3日内，由新区规划建设局牵头组织第三方巡查机构对项目巡查进行交底，被交底人员包括建设单位、设计单位项目负责人以及全过程咨询单位、勘察单位、监理单位、施工单位、第三方检测单位等项目主要负责人及业务相关人员。

（5）第三方巡查机构每个月25日将下月《巡查计划表》（需明确巡查部位和内容）交新区规划建设局进行审批，第三方巡查机构按照《巡查计划表》开展巡查工作。

（6）第三方巡查机构应在现场通过移动终端设备将现场数据实时上传至雄安工程建设监管服务平台进行存档，严禁任何人私自修改相关数据和佐证材料；巡查第二日出具巡查报告并录入雄安工程建设监管服务平台。

（7）项目竣工验收合格后5日内，第三方巡查机构编制完成项目巡查工作总结。新区规划建设局收集项目巡查报告、处理意见、整改结果、复查报告以及巡查工作总结等过程资料，并整理归档。

（8）新区规划建设局定期召开新区季度质量安全通报会，委托第三方巡查机构通报当前季度巡查情况，新区规划建设局部署下一阶段巡查工作。

（9）2021年因合同变更由原来质量、安全两个巡查科室变为16人组，主要参加雄安新区管理委员会规划建设局、雄安新区质量安全检测服务中心、新区人防办、新区三县住房和城乡建设局等单位监督检查。分组为：房建市政组、人防组、水利组、安全组。总结为"五个共"，即"共建""共商""共管""共享""共赢"。

共建：由主管部门人员与第三方巡查人员共同建立巡查组。

共商：项目巡查过程中对存在的问题进行技术商讨，并确定最终问题清单。

共管：对巡查每个项目实施进行监督管理。

共享：对于监督检查过程中项目优秀工艺做法进行推介、宣传、分享，进一步推动雄安新区在建项目建设品质持续提升。

共赢：通过第三方质量安全巡查服务，使得新区项目达到质量安全可控，从而提升公司品牌效应。

4.1.2 第三方巡查机构应将巡查时点安排在分部分项工程验收前或重点环节及部位

巡查次数基本要求如下：

（1）单位工程投资为3亿元及以上的项目，项目周期巡查频率不得少于12次/项目。

（2）单位工程投资为1亿～3亿元的项目，项目周期巡查频率不得少于10次/项目。

（3）单位工程投资为0.5亿～1亿元的项目，项目周期巡查频率不得少于8次/项目。

（4）单位工程投资为0.1亿～0.5亿元的项目，项目周期巡查频率不得少于5次/项目。

（5）单位工程投资为1000万元以下的项目，项目周期巡查频率不得少于3次/项目。

4.1.3 日常巡查

在满足以上节点巡查的条件下，第三方巡查机构应满足每月不少于1次的项目全面巡查，如遇特殊情况、特殊天气、节假日、大型活动应增加项目全面巡查频次，具体方案报新区规划建设局批准。

4.1.4 其他巡查

第三方巡查机构根据所巡视项目的具体情况，认为必须进行巡查的相应时点或节点，由第三方巡查机构上报具体方案并由新区规划建设局批准后实施，以保证建设工程的安全、高质量运行。

4.2 第三方巡查的实施情况

方舟工程管理有限公司（以下简称公司）于2019年8月中标新区规划建设局公开招标的雄安新区在建工程第三方质量安全巡查服务项目，开始为期两年的雄安新区在建工程第三方质量安全巡查服务。第三方巡查服务是政府购买专业技术支持服务，在项目绩效评价及项目管理等方面做出的有益尝试，是保障政府投资类项目长期、有效、稳定运行的重要举措。

中标以来公司在雄安新区专设第三方巡查事业部，设总指挥、政委，在第三方巡查项目部设党小组，建立了组织机构、落实体系，奖罚制度，为新区规划建设局提供专业的第三方质量安全巡查服务。

公司始终坚持"廉洁、公正、客观、独立、科学"的原则，为雄安新区管理委员会规划建设局、雄安新区质量安全检测服务中心（以下简称质安中心）、容城及雄县住房和城乡建设局提供专业技术咨询与支撑，弥补了雄安新区在大规模开发建设前期政府监管方面专业技术力量的不足。

两年以来，参与新区在建项目第三方质量安全巡查130余个，累计巡查次数2500余次。每日汇报第三方质量安全巡查问题清单（图1），每月汇报当月问题汇总及预防措施，为新区建设主管部门下一步工作开展提供技术咨询。先后得到新区规划建设局、质安中心，容城及雄县住房和城乡建设局的认可与表扬。将公司雄安分公司负责人吕××借调至新区建设指挥部，参与新区建设指挥部质量保障组有关工作，得到新区党工委、建设指挥部一致好评。

4.2.1 巡查计划的确定

首先由质安中心发布具体质量安全月度巡查计划，由项目巡查项目部安排具体巡查人员对接质安中心人员，按照质量安全月度巡查计划进行统一排查。

4.2.2 在建项目实施巡查

开展雄安新区在建工程第三方质量安全巡查总结为六个阶段，即"启动会、实体巡查、内业检查、问题讲评、巡查报告编制、复查"。

每月汇报当月问题汇总及预防措施，为新区建设主管部门下一步工作开展提供技术咨询。

5 项目管理办法

5.1 例会制度

每日早会布置一天的工作情况，晚会进行总结汇报当天工作情况，每周召开周例会进行总结分享、共同提高。

雄安新区建设工程质量安全第三方巡查

巡查记录表

日　　期	2021年9月7日	项目名称		××项目
天　　气	晴✿　阴□　雨□　雪□　雾□　霾□　气温：最低 16 、最高 28			
建设单位	××公司		标　段	××标段
施工单位	××公司			
监理单位	××公司			
巡查范围 （桩号、部位）	装饰装修			
项目合同人员 履约到位情况	建设单位现场人员：　　　　　　　　　　　　监理单位现场人员： 施工单位现场人员： 施工合同，监理合同要求驻场人员：			
质量、安全、 扬尘等发现 问题	1. 外侧东南出铝板幕墙两块铝板破坏，装饰板污染； 2. 南门东侧顶部幕墙下口缺少铝板； 3. 一层大厅门框与装饰面缝隙未打胶处理； 4. 一层走廊及东侧扶梯处防火卷帘轨道内胶条缺失； 5. 一层玻璃柱板下方石材收口未固定； 6. 一层、三层装饰门限位未做防腐处理； 7. 回风口内软连接过长，不舒展； 8. 二层吊顶内接线盒未盖板封堵，个别电线裸露； 9. 二层扶梯处防火卷帘下口焊接点未做防腐处理； 10. 二层南侧电梯间有一块幕墙玻璃破损； 11. 三层吊顶内保温岩棉破损； 12. 三层南侧平台角部缺少幕墙玻璃； 13. 二层3#楼梯间闭门器安装后影响使用功能； 14. 二层会议室阴角处铝板封闭不严，且防火玻璃破损； 15. 二层茶水间柜门扇合页脱落； 16. 吊顶内风口安装歪斜； 17. 排烟阀按钮上口线管接头脱落			
发现问题的处 理情况简述	问题：1至17条 签发《工程质量整改通知书（119）号》，要求时间2021年9月16日前整改完成			

图 1　巡查记录表

5.2　建立廉洁自律制度

为加强第三方巡查机构人员的监督管理，保证建设工程第三方巡查机构工作质量，依据《中华人民共和国建筑法》《建设工程质量管理条例》等相关法律、法规以及委托合同，制定廉洁自律制度。

凡在雄安新区内从事建设工程第三方巡查机构活动的，必须遵守廉洁自律制度。廉洁自律制度所称第三方巡查机构，是指公司派驻工程项目现场负责第三方巡查的组织。

建设单位应授权第三方巡查机构对建设工程质量、造价、进度、安全、扬尘治理、农民工工资发放等工作进行全面控制和管理，并在合同中予以明确。建设单位应支持第三方巡查机构人员履行岗位职责。被检查单位应接受第三方巡查机构人员的监督管理。

任何单位和个人不得妨碍和阻挠依法进行的建设工程第三方巡查活动。

第三方巡查人员职业道德守则:

(1)认真学习、贯彻国家有关基本建设和建设工程的政策法规。

(2)坚持原则、遵纪守法、廉洁公正,诚实信用。

(3)不接受被巡查单位的礼物和任何报酬及回扣、提成津贴。

(4)不得以个人名义,利用巡查之便,为被巡查单位招揽业务。

(5)坚持科学态度,工作严肃认真,尊重客观事实,准确反映建设情况,及时妥善处理问题。

(6)严格按工程第三方巡查合同(包括合同协议书、合同条件、技术规范等)实施工程第三方巡查,既保护工程投资方利益,又公正合理地对待被巡查单位。

(7)对第三方巡查工作的情况、技术资料,严守秘密,不得有丝毫泄露。

内部奖罚制度:

(1)对工作恪尽职守的第三方巡查人员,将在精神、物质等方面给予适当的奖励。

(2)对玩忽职守、收受回扣、违反劳动纪律的第三方巡查人员,将坚决予以清退,决不手软。

(3)第三方巡查人员工作时不准喝酒,因喝酒造成事故者严格处理。

(4)第三方巡查人员若有以下行为,则被认为是背叛本职,玷污了巡查方的声誉,违反了公共利益,要受到批评、调离、开除、制裁等处分:

①违背了作为建设主管部门忠实代理人、受托人应尽的职责。

②与被巡查单位或其他人,徇私舞弊,左右工程项目的正常作业,坑骗业主或建设主管部门的行为举止。

③行贿受贿,或领取了非建设主管部门所支付的酬金。

6 项目管理成效

6.1 弥补政府主管部门力量不足

因政府主管部门监管机构和监管人员相对受限,受监工程数量不断增加,使得质安中心从事建设工程监督的监管模式难以适应日益扩大的基建规模与先进的建设技术,可能会出现政府监管的薄弱环节、监督工作缺乏专业性与客观性、监督机制不健全等问题。政府购买监理企业等专业性强的社会单位提供的第三方巡查服务,可以很好地弥补政府主管部门力量不足的问题,强壮政府主管部门的"腿"和"眼"。

6.2 促进建设工程管理规范化、标准化

通过第三方巡查服务,制定合理的检查情况表及量化评分表,为政府主管部门统一检查标准、进行施工安全标准化监管工作提供技术支持;第三方巡查单位在汇总安全隐患的同时,借鉴国内外先进的安全管理经验,提出针对性的解决方案,并跟踪施工工地进行改

进，切实提高施工工地的安全管理水平，促进了建设工程管理的规范化和标准化。

6.3 有效协调政府检查机构与参建单位的纠纷

以往检查中，政府检查机构在一些敏感问题中直接硬性管理，可能会出现问题解决得不及时、不充分，也需要第三方巡查机构参与协调解决，以便更好地进行下一步工作；第三方巡查机构接受政府委托进行检查，能够公平公正地协助政府部门开展工作。其处于中立地位，降低了行政色彩。在进入现场检查、要求参建方提供资料、配合检查过程中，与受检方地位平等，易于沟通协商，有利于参建各方与政府检查机构单位减少矛盾，共建精品工程，同时得到新区各级主管部门的认可。

7 交流探讨

7.1 政府购买服务政策的可能性

2013年9月，《国务院办公厅关于政府向社会力量购买服务的指导意见》（国办发〔2013〕96号）拉开了国家立足"顶层设计"、推进政府购买服务工作的序幕。2014年，民政部、财政部发布《关于支持和规范社会组织承接政府购买服务的通知》（财综〔2014〕87号），政府购买服务工作进入全面推进的繁荣发展期，全国31个省、自治区、直辖市均已出台省级或直辖市级政府购买服务的指导意见，政府购买服务被广泛应用于各领域的公共服务供给制度安排之中；2015年1月，财政部、民政部、工商总局印发《关于印发〈政府购买服务管理办法（暂行）〉的通知》（财综〔2014〕96号），为工作的顺利和有序开展提供制度保障。

河北雄安新区管委会规划建设局于2019年7月下发了《雄安新区建设工程第三方质量安全巡查机构管理试行办法》，该办法中明确雄安新区管委会规建局实施政府购买第三方质量、安全巡查服务。

7.2 建设主管亟须购买第三方巡查服务

当前，雄安新区正在大规模项目建设，而建筑业是高危行业，易发生人身伤亡、财产损失。随着工程项目向大型化、复杂化的方向发展，施工过程中质量、安全隐患也在不断增加。

因政府部门监管机构和监管人员相对受限，受监工程数量不断增加，可能会出现政府监管的薄弱环节、监督工作缺乏专业性与客观性、监督机制不健全等问题。方舟工程管理有限公司成立第三方巡查服务专业委员会，可以很好地弥补政府主管部门力量不足的问题。

7.3 政府向社会购买服务的总体形势

建筑业在我国各行业中属于高危行业，每年都有大量的建筑安全事故发生并造成恶劣的影响，如人身伤亡、财产损失。随着工程项目向着大型化、复杂化的方向发展，施工过程中的安全隐患也在不断增加，而一旦发生安全事故，后果将非常严重。

在国家大力推行政府向社会力量购买服务的形势下，建设工程安全生产监管也可以引入政府购买，推行政府购买服务，解决在监管过程中人员和技术力量不足的问题。政府购买服务按照一定方式和程序，交由具备条件的社会力量承担，并由政府根据服务数量和质量向其支付费用。同时引入竞争机制，通过政府购买公开招标，以合同、委托等方式向社会购买。

面向政府购买服务的建设工程第三方巡查的实践意义在于：

7.3.1 检查权与处罚权分离

政府监管过程中，主管部门可以对建设工程进行监督检查和行政处罚。检查权要求权利主体具有较高水平的专业知识技能，行政处罚权则要求权力主体依法行政。主管部门购买第三方巡查服务，即将其"检查权"部分权力委托给相应的专业公司和专家团队，发挥其技术性优势，双方配合，各尽其职。

7.3.2 增强检查专业化

政府购买建设工程第三方巡查服务，引入专业化工程咨询单位，设置"专家组"从事具体工作，让专业的人做专业的事，以弥补政府监管部门在专业技术上的不足，保证检查结果具体、真实，具有参考性。

7.3.3 推进行政体制改革

在"全面深化改革"的大背景下，党的十八届三中全会明确提出了深化行政体制改革的方向，要求转变政府职能，建设服务型政府。在全面推行政府购买服务的环境中，提出购买建设工程第三方巡查服务理念，不仅是大改革之下的一小步，也符合行政改革的"简政放权"思想。

7.4 政府购买第三方服务的需求

第三方巡查是近年来工程咨询行业拓展的新型服务领域，其相关研究文献较少，有文章将其概括为大型房产开发公司总部为便于对各地区公司项目总体施工质量、安全情况、施工进度等进行考察，为保证其公正性和科学性而需要工程咨询公司提供的一项工程服务。目前第三方巡查主要被一些大型房产开发公司采用，如万科企业股份有限公司、华润（集团）有限公司、华夏集团、中海企业发展集团有限公司等，检查范围也大多局限在施工阶段的质量安全检查，但随着建设工程行业的不断发展和项目管理理论的完善，其检查业务和应用范围也将进一步扩大。

监理企业作为独立于建设单位和施工单位的第三方监管单位，常年奋战在建设工程施工监管第一线，在工程质量和安全监管方面有着充足的人力资源和技术储备，随着政府购买第三方服务需求的不断增大，给监理企业转型升级带来了机遇。

高端集成电路封装载板智能制造基地项目信息化管理与智慧化服务的探索与应用

张浩星（河北广德工程监理有限公司）

摘　要：为适应新时期工程监理企业转型升级、创新发展需要，创新企业发展模式，进一步提高企业管理水平，提升企业整体竞争力，河北广德工程监理有限公司在高端集成电路封装载板智能制造基地项目引入项目协同服务系统（PCSS）——项目管理软件等软硬件设施并成立了"智慧监理部"。"智慧监理部"通过信息化监管平台实现了监理工作的信息化管理，改变了传统的监理服务模式。"智慧监理部"通过信息化管理手段为建设单位提供更加专业、规范、高效、透明的智慧化监理服务。

1　项目背景

近年来随着《国务院办公厅关于促进建筑业持续健康发展的意见》（国办发〔2017〕19号）和《河北省人民政府办公厅关于促进建筑业持续健康发展的实施意见》（冀政办字〔2017〕143号）等政府文件的出台，建筑业转型升级呼声不断高涨，工程监理行业更应顺应社会发展，改变传统监理服务模式，不断改革创新，借助信息化管理手段和智慧化服务模式，在日渐激烈的市场竞争中实现企业的可持续发展。

该项目为高端集成电路封装载板智能制造基地项目，项目建成后将弥补国内集成电路半导体芯片封装载板技术短板，有效增强我国集成电路产业链的自主创新能力和供应体系，大大提高半导体芯片载板的自给率；项目主营产品为6/8μm高阶半导体封装载板，产品主要用于高速计算、5G、AI、LOT、车用电子等市场应用，对应高性能的大型数据中心服务器、5G网络设备、无人驾驶、个人计算机及消费性电子产品。

高端集成电路封装载板智能制造基地项目合同工期短，施工难度大，分包厂商众多，设备及管线复杂，建设单位对施工质量要求高等特点对项目监理部监理工作提出了极大的挑战。

2 项目简介

高端集成电路封装载板智能制造基地项目厂区用地面积为72.63亩，项目位于河北省秦皇岛市经济技术开发区，总建筑面积59344.04m²，项目总投资约26亿元。包括标准厂房、机电附房、运筹仓库、资源回收站、化学品仓、废水中转区消防废水收集池等单体建筑。该项目为工程项目总承包模式（设计、施工、材料和设备采购），为河北省、秦皇岛市重点投资工程。

该项目为桩筏基础，框架结构，内墙为加气混凝土砌块墙体（层高7m），外墙采用金属岩棉夹芯板，项目对防潮、防水、防火、保温、防静电、防腐蚀、防震减震、污染物的处理和排放均有很高的要求，项目中高支模（盘扣式架体）、深基坑、幕墙安装等均为超危险性较大的分部分项工程。

3 项目组织

为了适应信息化的需要，监理部的组织架构打破了原有的树形或矩阵形结构，建立了新型层级淡化、平台联网的新型赋能型组织架构。此外，项目"智慧监理部"信息管理平台与企业端信息管理平台能够实时无缝衔接，企业端平台与项目段信息平台可实时互动反馈，为该项目"智慧监理部"信息化应用建设也提供了极大的帮助。如图1、表1所示。

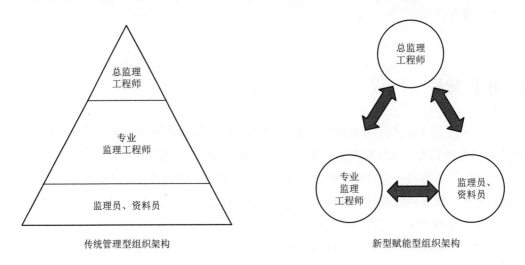

传统管理型组织架构　　　　　　　　　　新型赋能型组织架构

图 1　项目组织架构

项目组织形式对比　　　　　　　　　　　　　　　　　表 1

两种组织形式对比	传统管理型组织架构	新型赋能型组织架构
组织机构	树形或矩阵形	层级淡化、平台联网
信息流（对内）	自下而上收集、自上而下反馈	联通透明、实时同步
信息流（对外）	单一收集和输出通道（部门）	联通透明、实时同步

4 信息化管理与智慧化服务应用过程

4.1 监理工作信息化

项目总监理工程师通过手机端软件进行监理项目的建立与维护（项目信息、项目分解、组织架构、项目人员、参建单位）工作，系统会自动生成所建立的项目群，各参建单位均能够实时参与查看，并通过项目监管大屏实时在线展示现场所做的每一项工作。如图2所示。

手机端   项目监管屏幕

图 2　监理工作信息化

项目监理人员通过手机端软件内置功能模块（材料设备进退场、巡视、旁站、见证取样、平行检验、特种作业人员、危险性较大的分部分项工程、通知单、问题管理、验收等）进行项目的质量、进度、造价控制、合同管理、安全履职工作。平台内功能模块将监理人员在现场的每一种工作行为进行了高度凝练，抓取工作中的关键信息，减少不必要的输入和操作，对项目日常监理工作进行高度的归纳总结，并在系统中每日自动生成个人监理日志、项目监理日志等，项目监理人员在手机端软件的所有活动均生成监理资料自动保存在云端；同时，监理人员在功能界面的引导下，可快速提升对项目的认知能力和专业技能，降低由于人的因素带来的现场信息和内容不一致，更能体现监理人员的专业能力和专业精神。

通过在该项目中"智慧监理部"成员监理信息化工作的不断应用（截至目前发现问题138项，解决问题129项；监理通知27次；联系单18次；巡视790次；验收238次），我们发现监理人员"做"的事越多越具体，所提供信息的确定性就越大，各方对准确信息的依赖性就越强，获得的话语权就越多，也会逐步建立监理单位在项目上的权威以及各参建单位对监理单位的信任。

4.2 项目监理工作协同化

项目"智慧监理部"信息管理平台建立了一个由项目监理机构主导的，建设单位以及各专业施工单位主要负责人共同参与的建设工程项目信息平台，项目监理人员完成每一项日常监理工作后，相关工作信息和图片均推送至监理企业端、建设单位、施工单位、项目监理其他人员组成的项目群。各单位能够在第一时间了解到最新的施工现场信息，并核实是否存在与自身有影响的工作内容，提高项目各方沟通的效率和频率。以"验收"为例，监理人员根据系统平台内置的内容进行填写提交后，如发现问题要求相关单位整改则项目中各参建单位均可见、可查，在整改时间内如未完成整改则系统会及时进行跟踪预警，提醒相关单位进行整改，直至把整改问题解决为止。以该项目中 2021 年 6 月 24 日安全联查发现"现场动火作业未设置消防器材"问题为例，监理人员发出整改问题后，各参建单位在软件项目群中均可查看，待相关单位整改附图监理单位复查后，此问题方可闭合。如图 3 所示。

图 3　项目监理工作协同

4.3 项目监理成果智能化

4.3.1 个人工作——"即做即得"

监理人员从进入现场的第一时间起，在信息化平台内进行巡视、旁站、发现问题、闭合问题、发出监理通知单、收文、安排代办事项、上传文件、验收等日常工作，都可以在平台中"即做即得"，在项目群和系统中实时展现出来，系统会自动抓取每日的工作成果生成个人日志、巡视记录、旁站记录等。在很大程度上避免了监理工作的无痕性，做到现场每位监理人员工作的可追溯性，监理工作成果能够实时、真实地保留。

4.3.2 团队工作——"集合体现"

"智慧监理部"的工作成果通过设置在项目监理部的项目监管投屏，实时展示出当天各单位工程和重点事项的工作进展情况，系统会自动把每位监理人员当天的工作成果进行总结归纳并生成项目监理日志，总监理工程师在系统生成的监理日志中也可进行编辑操作，审批后自动存档。

4.3.3 现场进度——"一目了然"

在该项目中，"智慧监理部"通过安装在塔式起重机上的一对智能高清摄像头及监理成员实时拍摄的照片在项目监管投屏上实时联动播放，项目正在施工、无人施工、进度延误作业面"一目了然"，作业内容、作业人数清晰明了。各单位工程累计进度，历史可查。以"混凝土浇筑监理旁站"为例，监理人员在办公室通过监管大屏可实时查看浇筑进度、现场管理、施工人员数量等信息。

4.3.4 监理通知过程结果——"清晰可见"

项目监理部在项目管理软件中发出的质量、安全监理通知单，系统会直接提取监理发现的质量安全问题，图文并茂地推送至各参建单位。已整改问题、待回复问题，均清晰可见。

4.3.5 各类问题——"跟踪闭环"

在项目管理软件中发现的质量安全问题，未提交、整改中、已整改，在系统中都能实时体现出来，提醒项目监理部每一名监理人员去"跟踪闭环"。

4.3.6 工作成果——"永不丢失"

传统的纸质监理工作成果在工作中易损坏、丢失，而在该项目系统平台中生成的监理工作成果会自动保存在项目云端，可随时调取、随时下载查询打印，监理工作成果将"永不丢失"。如在该项目中监理部个人日志、监理日志已经做到系统生成，打印成册。

4.4 项目人员培训可视化

4.4.1 日常工作指导

河北广德工程监理有限公司（以下简称公司）在企业端系统平台云盘中导入项目监理所需的各类工程图集、验收规范等文件，方便监理人员在日常工作中进行查找；项目手机端软件在日常监理工作模块（巡视、旁站等）中，针对项目特征及工程进展情况，系统页面均有相应指导内容，这样可对监理工作进行指导。如在"巡视"功能模块中，在钢筋绑扎质量检查功能中，系统已给出钢筋质量控制的主控项目及一般项目，监理成员可一目了然地发现现场钢筋应查看哪些项目。现场通过手机端软件中各类图集、规范及工作指导内容，可不断提高员工的业务素质，提升项目监理工作的整体质量。

4.4.2 在线企业学院

公司通过成立在线企业学院，在企业学院中每月发布监理业务的培训视频，项目监理人员可在线实时进行学习，学习任务完成后可进行相关内容的考试或练习。截至目前，本项目已在企业学院中进行了20余次培训学习及考试任务，通过企业学院，项目监理人员学习积极性及业务素质得到了极大的提高，项目学习性组织的建设得到了极大的帮助。项目也可根据现场实际需要向公司提出相关监理业务的培训需求，公司根据需求提供相关方面的业务培训。

4.5　项目监理服务智慧化

项目监理部通过设置在办公室的智慧监理大屏幕，向项目建设单位、施工单位及政府监管部门实时透明地展示项目监理成员每日的现场工作情况；智能视频监控可在智慧监理大屏幕和手机端实时查看项目现场进展情况，项目监理人员可通过智能视频监控设备进行室内巡视、旁站、材料设备进场等工作，随时掌握工程现场情况；监理例会采用幻灯片（PPT）形式组织召开，例会中可实时运用信息监管平台、智能视频监控平台发现的问题、图片等内容，极大地缩短了例会时间，提升了各方沟通交流的效率。

5　信息化管理与智慧化服务的绩效考核评价

对于传统的绩效考核模式，项目成员存在抵触情绪，信息化管理模式下项目的绩效考核评价改变了以往总监理工程师、公司管理者独揽大权、项目成员被动接受的方法。信息化管理模式下绩效考核评价的思路是全员参与管理，员工不再把管理看作是管理者对员工挥舞的"大棒"，而是实事求是地发现员工工作的长处和短处，以便让员工及时巩固、改进、提高。

5.1　项目积分制管理

为了推进信息化建设，项目监理部引进了积分制管理制度，即项目监理人员在信息化系统中每完成一项工作内容均自动得到系统内设置的不同积分，公司根据项目监理人员的工作情况每月进行项目、人员考核积分排名，项目及员工所得积分按名次与评先进、福利、职位晋升相挂钩，从而让项目监理人员有了原动力，主动地去工作、去付出。

5.2　项目满意度调查

除了在信息系统平台内部进行积分制考核评价外，还专门进行项目及人员《建设单位月度满意度调查表》《建设单位季度满意度调查表》，通过建设单位对项目监理及人员的满意度调查，能充分反映出项目监理信息化过程中建设单位是否认可监理工作。这也进一步促进了公司在推进监理工作信息化中的质量与方向。

6　项目信息化监管平台与企业信息化监管平台的互动互联

该工程除在项目端建立"智慧监理部"的同时，项目现场平台应用还与公司监管平台互动互联，公司后台显示大屏对项目监理部的监理工作实时进行监控指导，对现场人员发现的疑难问题能及时进行指导，对现场存在的问题能及时告知、督促整改，有效防范现场质量缺陷、安全隐患的发生，为提高项目智慧监理部的监理工作质量提供了强大的技术支持。

传统的监理模式下，公司与项目监理部之间的联系通过公司管理人员到现场进行检查实现，而新模式下公司与项目间的指导与管控可通过项目与公司间的平台进行，极大地提高了公司与项目间的沟通效率，监理工作的内部管控得到改善，相应的监理工作质量也得到极大的提升。如图4、图5所示。

图 4　项目现场智慧大屏

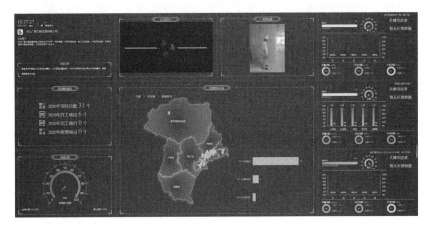

图 5　公司监管智慧平台

7　信息化管理与智慧化服务效果

该项目监理工作通过信息化管理在项目质量控制、进度控制、合同管理及履行、安全生产管理职责等方面均较传统的监理工作模式得到较大的提升，使监理成员在日常工作中的积极性和效率得到极大的提高。

积极性：监理人员在项目管理软件中每进行一项日常工作，个人及项目就会得到相应积分，对项目人员的考核更具针对性；进而员工的工作积极性更容易得到提升。

效率：①项目监理人员的巡视、旁站、材料进场、见证取样、验收等工作能将现场实际情况通过软件直接编写提交，不需要在办公室进行文字整理，公司在该项目中试点淘汰了纸质监理日志，直接启用软件中的电子版监理日志。

②与项目承建各方的沟通协调更通畅更具说服力。例如在监理例会中通过项目管理软件平台中的数据进行每周周例会，极大地压缩了例会时间，提高了例会质量，得到了承建各方的一致认可。

③项目监理工作能够实时进行追溯，软件中图文并茂地保存了从监理进场到竣工的监理工作，做到永不丢失。

通过信息化平台的应用该项目监理成员在监理业务素质方面也得到了提高，专业知识的学习也由被动变为主动，为项目乃至公司学习型组织的建立提供了帮助。

在没有引进项目管理软件前，项目成员的业务培训教育主要在线下进行，时间、人员安排只能在冬闲季节进行，不能达到持续学习的目的；通过引进项目管理软件彻底改变了原有的业务培训模式，项目管理软件"知识学院"模块中学习、练习、考试功能能够以视频、考卷等不同形式实时进行员工业务培训，解决了员工培训时间难统一、标准难界定等难题，培训学习次数增多，学习效果也得到了保障；软件中"企业云盘"模块中的各类规范、图集标准方便项目人员查询学习；通过以上软件功能为公司建立持续性学习型监理组织奠定了坚实的基础。

该项目的信息化监理工作使总监理工程师对项目监理人员的工作及现场的工程质量、进度及施工安全做到实时了解与检查，对现场监理工作安排更易于调控。通过与施工单位协同使用项目管理软件，施工项目单位负责人可随时提取相关信息，减少对监理工作的误会与误解；通过建设单位协同使用项目管理软件，使建设单位全面了解监理的工作动态，清楚地知道监理人员在做什么、管什么，把无形的监理工作变得形象具体。

8 结语

通过在高端集成电路封装载板智能制造基地项目中成立"智慧监理部"及信息化管理和智慧化服务，该项目在工程质量控制、进度控制、安全管理等方面均较传统监理服务模式下有了极大的提高，使项目各参建单位间的沟通、协调得到极大的改善，为项目在较短的工期要求下保质保量地完成提供了极大的帮助。

高端集成电路封装载板智能制造基地项目信息化管理和智慧化服务的成功运用，标志着公司的信息化监理实现了从无到有的突破，为公司在其他项目中实施信息化管理提供了丰富的建设经验，使公司的监理工作正式迈入信息化管理的新时代。

公司今后将紧紧围绕以"打造品质工程"为核心，用信息化、智慧化监理服务打造品质监理，以品质监理促进品质工程，不断提高监理工作的智能化水平，以崭新的监理工作模式融入工程建设监理行业转型升级和创新发展的浪潮中。

河北出入境边防检查总站原办公楼维修改造项目监理工作实践

刘赛杰，李永（河北中原工程项目管理有限公司）

摘　要：本章以河北出入境边防检查总站原办公楼维修改造项目监理过程为研究对象，重点分析本项目的特点和监理措施，作为经典案例供大家参考。

　　　　本章简述了项目特点、管理模式、人员配备、项目重难点和监理控制方法等，通过前期、中期和后期的控制要点，逐项介绍控制方案。列举了文明施工、环境保护措施、场地狭小、新旧规范对接、土方开挖支护等难点问题的监理管控措施，对建筑工程中类似事件管理有一定的参考意义。

　　　　公司圆满完成项目的监理任务，质量合格，无任何安全事故，得到参建各方的认可，最后河北出入境边防检查总站对表现突出的河北中原工程项目管理有限公司驻场监理人员给予了书面表扬。

1　案例背景

1.1　项目概况

（1）占地面积3994.18m^2，总建筑面积5389.82 m^2。

（2）东楼（原办公楼）约建于1989年，共5层，建筑面积2173m^2。

（3）西楼（原招待所）约建于1992年，共4层，建筑面积2900m^2。

（4）北楼（原换热站）约建于1990年，共2层，建筑面积176m^2。

（5）设备用房约建于1989年，共2层，建筑面积140.82m^2。

（6）整个院区各单体建筑建成年份不一致。

1.2　项目特点

（1）该项目位于河北省石家庄市二环里，距离环境监测国控点较近，施工过程中环境保护措施要求高，管理压力大。

（2）该项目为改造项目，不确定性因素较多（例如拆除范围超出图纸范围，内部构造较拆除前预想的情况更加复杂等），同时该项目紧邻二环路，对建筑物外立面呈现的效果要求高，要求从设计环节到施工环节必须严格控制。

（3）该项目可用的场地十分狭小，需要对办公、生活、加工、堆场、库房、机械停放等平面布置进行科学统筹，同时要考虑平面布局的占用、腾挪时间对室外管线、道路施工的影响，对施工单位和监理单位管理水平都提出了极高的要求。

（4）该项目围墙隔壁为某干休所办公楼、省军区老干部休养所和企业办公楼，部分退休干部年事已高，需要安静、洁净的休养环境，施工过程中要严格控制噪声、扬尘。周边环境复杂，有效工作时间少，活动场地受限制，对各方管理要求高。

（5）石家庄市四季分明，但昼夜温差较明显，对装饰装修的质量控制有较高的要求。

（6）该项目周边场地狭小，工程人员办公和住宿用房以及料场、大型机械等布置困难。

（7）旧建筑改造项目，新规范与旧建筑物适用协调难度大。

（8）东配楼需要结构加固，地基需开挖至原结构，再进行植筋加固。

1.3 项目复杂性

项目东侧为某干休所，干休所内住着战争年代为祖国流血流汗的老英雄，南侧为边防局宿舍楼，北侧是某企业办公楼，不能因施工而影响周围居民的生产、生活和休息；国内环境保护政策影响进度控制难度大；场地狭小，工序复杂，需要较强的管理组织能力；新旧规范冲突，主要表现为消防规范的落实，必须尊重现场实际和规范强条的落实。

1.4 组织模式

1.4.1 监理组织机构图

针对该工程特点，根据监理工作内容，河北中原工程项目管理有限公司（以下简称公司）采用矩阵式管理模式，项目采用直线式管理模式，以保证高效、有序地开展监理工作。如图1、图2所示。

1.4.2 监理人员设置

根据该项目监理工作范围，公司分别成立设计阶段监理组和施工阶段监理组。

对于监理工作，公司以总监理工程师为核心，全方面负责设计阶段和施工阶段的监理工作，总监理工程师为土建专业的高级工程师，具有国家注册监理工程师职业资格；管理经验和专业技术功底扎实，能够熟练处理施工现场各类事宜。设计监理组由5名设计师组成，分别为建筑、结构、给水排水、暖通、电气专业，均为高级工程师，5名设计师从事设计工作多年，具有丰富的设计、审图能力，熟悉国家规范、强制性条文等，是公司做好该项目设计监理工作的基石。施工监理组配备7名（土建、电气、给水排水、机电、造价工程师、监理员、造价员）具有丰富驻场监理工作经验的人员。同时，为了做好该项目的造价控制工作，配备了1名国家注册造价工程师，全程负责设计阶段、施工阶段的造价工作。

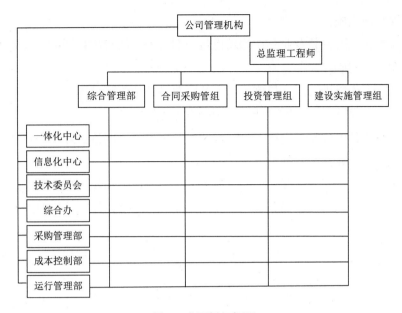

图 1 公司组织框图

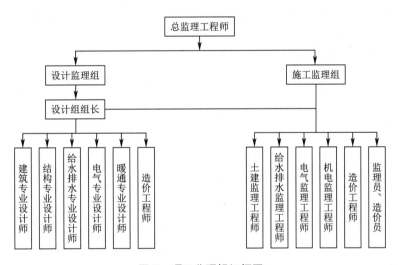

图 2 项目监理组织框图

2 项目重点及监理措施

2.1 拆除工程监理重点

该项目拆除工程包括：拆除原有西楼旁边的一层餐厅建筑；东、西、北楼外挂空调；原有幕墙、门窗；原有室内、室外给水排水系统及消防系统；所有配电线路；铲除原有地面和吊顶；原有建筑屋面的构造层拆除；北楼除上述外再拆除原有换热、消防等设备。

从初步设计文件分析，该项目拆除工作复杂，涉及部位、工序较多，易造成保留部位的破坏。

拆除工程监理措施：

（1）针对拆除范围安装专业存在的新设备与旧管道、线缆的接驳问题，要求设计团队在图纸中予以充分明确。

（2）驻场监理人员进场后，与施工单位共同对各部位拆除范围、拆除内容、拆除前现状等情况进行二次摸排，制定拆除计划，明确拆除先后顺序。

（3）组织参建各单位及时进行拆除工程现场签证办理，明确拆除工程具体工程量，为后期结算做好明确、充分的依据。

（4）拆除作业前，充分掌握建设单位要求，并做好应急措施（如应防止因拆除而破坏建筑物内未在范围内的管线、设备等）；拆除过程中，严格按建设单位要求的时间进行拆除作业。

（5）拆除前，务必关闭给水阀门、电气电源，并做好成品保护和防扬尘措施，拆除过程中实施全过程、全方位安全旁站监理。

（6）施工过程中必须由专人负责监测被拆除建筑的结构状态，并应做好记录。当发现有不稳定状态的趋势时，必须停止作业，采取有效措施，消除隐患，确保施工安全。

（7）拆除前，应先对保留部分采取必要的加固措施，然后再进行分离拆除。

2.2 加固工程监理重点

东楼、北楼建筑物建设时间比较久远，加固工程是延长建筑寿命，为建设单位提供安全办公环境的关键环节。但加固工程对操作人员要求较高（需专业人员），加固施工环境要求苛刻。

加固工程监理措施：

（1）针对加固工程，编制监理实施细则、监理旁站方案。

（2）对加固工程施工实行全过程旁站监理。

（3）重点检查加固部位与设计要求的符合性和施工前的技术交底情况。

（4）严把材料质量关（加固用材料须经验收合格，胶粘剂、钢筋等须按规定做复试），检查加固人员持证上岗，抓好加固前清理、加固施工工艺（顺序）、加固后成品保护三道关。

（5）严格控制加固工程施工环境，做好加固后的见证检测工作（如拉拔试验）。

2.3 防扬尘、防噪声、防扰民

该工程为改造工程，涉及拆除内容多，存在扬尘、噪声等问题，且该项目工期紧张，需要夜间施工；但该工程位于石家庄市市区，周边居民较多，如控制不当，极易对周边居民生活、办公造成负面影响，进而引发投诉、停工等恶性事件。受当地市容市貌政策影响，渣土运输车辆只允许晚上进入施工区（一般时间在23点至次日凌晨4点），每日渣土外运量较少（一般在20m³左右）。

针对文明施工采取的监理措施：

（1）明确控制扬尘、噪声、扰民的责任，建立健全监理规章制度，提高监理水平，监理单位认真履行职责，加强对控制扬尘、噪声、扰民监理工作的现场检查，确保监理人员到位，对施工单位不服从管理的，要及时报告建设单位和主管部门。

（2）组织各有关单位，共同制定实施方案，确保场容场貌统一、协调、干净、卫生。

（3）要求施工单位配置人员、器材，专人负责扬尘、噪声、扰民的管理工作，监理单位监督其执行情况。

（4）要求施工单位对涉及扬尘、噪声、扰民问题的作业班组进行专项交底，将扬尘、噪声、扰民防治工作具体落实到操作层。

（5）建设单位、监理单位、施工单位三方每周定期开展扬尘、噪声、扰民控制检查。

（6）完善奖励、处罚制度，将现场的扬尘、噪声、扰民防止工作结果进行评比，做得好的进行奖励，做得差的给予经济处罚。

（7）建立由建设单位领导、监理单位监督、施工单位实施与自我检查的管理网络，负责施工现场扬尘、噪声、扰民控制的策划、组织、落实，并从财力、物力、人力上实施战略部署，将该工程的施工扬尘、噪声、扰民控制融入整个施工管理中。具体如下：

①清理施工垃圾，必须使用封闭的专用垃圾道或采用容器吊运，严禁随意凌空抛撒造成扬尘。施工垃圾要及时清运，并适量洒水，以减少扬尘。

②拆除旧建筑物时，应配合洒水，减少扬尘污染。

③施工现场要在施工前做好施工道路的规划和设置，可利用园内原有道路。如采用临时施工道路，主要道路和大门口地面要硬化，包含基层夯实、路面铺垫焦砟、细石，并随时洒水，减少道路扬尘。

（8）散水泥和其他易飞扬的细颗粒散体材料应尽量安排库内存放，如露天存放应采用严密遮盖，运输和卸运时防止遗撒飞扬，以减少扬尘。

（9）根据总进度计划，制定拆除工作的完成节点，提前确定每日垃圾量，做到有的放矢。

（10）施工单位编制拆除方案，针对拆除方案组织会议讨论，逐条协商讨论可行性，切实符合该项目的拆除工作（例如晚上清理垃圾噪声问题如何解决、控制防尘措施、如何做好邻里的工作、合理的施工时间等）。

（11）尽最大努力得到周围邻居的支持，慰问周围居民，协调当地相关部门，争取宽松的渣土外运条件，提高每日渣土外运数量。

（12）因场地狭小无法安装专业洗车机，实行人工洗车，由专人负责，确保渣土车辆轮胎上无一点杂土后才能放行。当日渣土运输完成后对路段进行检查，确保无杂土，经过多天的巡查，此方案可行。

（13）场区内由专人指导车辆，做到不鸣笛、进出有序，装载车和渣土车均采用电驱动，无机械轰鸣声。

（14）杂物分类堆放，木质、塑料等材料采用人工装车，轻拿轻放，装载车装建筑石块垃圾前，先装无石块的渣土，再装石块，做到石块不砸车板。

（15）合理安排施工时间，中午、晚上以及中考和高考时间不进行大噪声的施工。

（16）走访周围居民，落实该工程施工对居民有无影响，时刻关注周围居民对该工程的看法，派专人负责在围挡周边洒水、检查，如有工程内杂物落出围挡第一时间通报项目负责人，立刻落实整改，并找出解决方案。

2.4 混凝土工程

受环境保护政策及市内道路影响，商品混凝土进场困难，时断时续。应对混凝土工程的监理措施：

（1）与施工单位共同商议，提前确定混凝土浇筑节点，过程中严格控制各项工序完成时间，确保既定节点时间必须能进行混凝土浇筑。

（2）要求施工单位于混凝土浇筑当日，安排专人进驻混凝土搅拌站，督导混凝土供应问题，保证混凝土能正常供应。

（3）运输途中，准确掌握车辆安检情况和车辆所在位置、预计抵达时间。

（4）现场做好各项浇筑前的准备工作（包括安全防护、人员、夜间照明、工机具、施工通道等），同时要求施工单位实行"人休息、设备不能停"的轮流工作制度，避免人为因素造成的混凝土浇筑停滞问题（22点以后不施工）。

（5）加强混凝土浇筑的交底管理，参加施工单位交底会，实现交底工作及时、准确，保证混凝土浇筑质量。

（6）对混凝土浇筑过程进行旁站监理，及时处理过程中出现的混凝土供应、振捣不到位等问题。

（7）针对混凝土不能按时供应的情况，现场储备一定数量的混凝土原材料，以备不时之需。

2.5 屋面防水工程

屋面防水施工质量较难掌握，一旦发生渗漏，很难找到渗漏点，处理难度高，因此务必进行重点控制。应对屋面防水工程监理措施：

（1）检查施工单位的施工计划，屋面防水施工尽量避开雨期。

（2）检查所有采用的防水卷材，审核材料的出厂合格证和检测报告，并按规范要求进行见证取样送检复试，复试合格后才允许用于工程。

（3）检查防水施工人员持证上岗情况，并重点观察人员的实际操作能力和操作的娴熟度，对于不符合要求的人员，第一时间要求施工单位进行更换，以确保防水施工质量。

（4）联合建设单位、施工单位人员对防水基层进行专项检查，防水基层应满足表面平整光洁、无裂缝、起砂、阴阳角做成圆弧形、干燥等基本要求后，同意进入防水施工。

（5）界面剂涂刷质量直接影响防水施工质量，组织建设单位、施工单位对界面剂的涂刷质量进行专项验收，界面剂应涂刷均匀、不露底，方可进行防水卷材的施工。

（6）防水细部处理是保证屋面不漏、不渗的关键一环，对管道根部、烟道根部、雨水口、女儿墙等部位的防水细部做法进行专项检查，细部处理质量符合要求且验收通过后，方可进行大面积防水施工。

（7）检查卷材防水层所选用的处理剂、接缝胶粘剂、密封材料等配套材料是否与铺贴的卷材性能相容。

（8）检查铺贴卷材的搭接施工，对防水铺贴方向、搭接尺寸、上下层错缝铺贴、封边等进行认真检查，同时检查防水施工过程中以及完成后的成品保护，避免尖锐物体、电焊等作业扎伤、烫伤防水层。

（9）对屋面防水施工实行旁站监理，火焰加热器加热卷材应均匀，不得过分加热或烧穿卷材；厚度小于3mm的高聚物改性沥青防水卷材严禁采用热熔法施工；卷材表面热熔后立即滚铺卷材，卷材下面的空气应排尽，并确保粘结牢固，不得空鼓；卷材接缝部位必须溢出热熔的改性沥青胶；铺贴的卷材应平整顺直，搭接尺寸准确，不得扭曲、皱折。

（10）防水施工完毕后，按规范要求进行24h蓄水试验，蓄水试验中安排专人检查蓄水深度，不定时观察顶板有无渗漏，做好计时工作。

2.6 场地狭小

（1）施工现场场地狭小，无法提供充足的周转场地，材料设备储存数量受限，容易出现材料不足从而导致施工进度慢的问题。

（2）施工区与周边居民生活、办公仅一墙相隔，现场施工噪声、粉尘、施工机械直接影响周围居民的生活、办公。

（3）办公区、生活区、食堂、卫生间、洗浴、仓库等功能性设施布置困难。

应对场地狭小的监理措施：

（1）审查施工组织设计中文明施工措施内容，是否有针对性的管理措施。而在施工阶段，现场监理组应重点落实对噪声、扬尘、交通阻塞等方面的监督工作。

（2）开工前，与建设单位进行充分沟通，了解能提供的场地条件。结合提供的场地条件，分析材料堆放、材料加工区、生活区、办公区等布置的可行性。

2.7 雨期施工

雨期施工对工程有一定的影响，如何减少雨期对工程的影响是监理的重点。

应对雨期施工的监理措施：

（1）审查施工单位编制的雨期施工方案。

（2）雨天施工时，要求施工单位宜搭设临时防护棚，雨水不得飘落在炽热的焊缝上。如焊接部位比较潮湿，必须用干布擦净并在焊接前用氧炔焰烤干，保持接缝干燥，没有残留水分。

（3）吊装时，构件上如有积水，安装前要求施工单位清除干净，但不得损坏涂层。高强螺栓接头安装时，构件摩擦面应干净，不能有水珠，更不能雨淋和接触泥土及油污等脏物。

（4）雨天天气构件不能进行涂刷工作。

（5）雨天由于空气比较潮湿，焊条储存应防潮并进行烘烤，同一焊条重复烘烤次数不宜超过两次，并要求施工单位管理人员及时做好烘烤记录。

（6）检查施工单位施工准备情况及进场的机具设备种类、技术性能是否满足雨期施工要求，直接危及工程质量、安全的机具设备不能投入生产运行。

（7）监督施工单位根据雨期施工方案提前准备雨期所需材料、设备和其他用品，如水泵、抽水软管、塑料布、苫布等。

（8）重要部位的回填土要避开雨期施工，一般回填土要严格控制其含水率，过湿的土料应预晒晾干，当天回填的土要压实。回填部位有积水的要及时排水，被浸泡的回填土要翻挖晾晒后重新夯填，当回填土达到饱和时则须重新换土。

（9）降水系统施工完成后，应试运转，如发现井管失效，应采用措施使其恢复正常，如无可能恢复则应报废，另行设置新的井管。

（10）雨期施工不得使用饱和砖，以免砂浆流淌影响砌体质量，雨后继续施工时，应复核砌体垂直度。

（11）砌体要严格控制砂浆的稠度，砂浆稠度应适当减小。

（12）每班收工时，砌体的立缝应填满砂浆，顶面不宜铺砂浆，应平铺一层干砖，或用编织袋布盖好，防止雨水冲刷砂浆而影响墙体质量。

2.8　变更控制

从公司监理过的工程来看，工程变更一直是工程面临的一个难题，也是监理人员控制的难点：设计阶段参与程度不足，导致实施过程中建设单位针对自身需求提出较多的变更；改造项目现场踏勘不够详细，设计与现场不符或设计不到位。以上引发变更的因素有一定的不可预见性，控制难度较大。

应对变更的监理措施：

（1）总体把握变更，控制变更总造价，把握变更后增加金额不超合同价10%的原则。

（2）任何一个涉及费用的变更，都要严格把关，严格执行先批复后实施的程序，尽可能地减少费用增加。

（3）对于涉及费用的变更，及时组织建设单位、施工单位进行讨论，及时预测变更实施的周期、费用以及对工期的影响等不利因素。

（4）做好变更费用的统计工作，及时向建设单位进行汇报。

（5）在不同设计阶段的成果提交建设单位研提意见时，尽量提示建设单位做到多部门（或以办公室为单位）参与，以便更加全面地了解和掌握不同部门的需求、不同房间的使用需求、平面布局的需求、设备选型的需求、特殊需求等信息，为设计工作提供最直接的保障，最大限度地降低工程实施阶段变更、洽商的产生。

（6）对工程变更建立时限审批和决策制度，确保在施工前及早提出并及时进行过程控制，防止对竣工结算的影响。

2.9　新旧规范适用

该项目为旧楼改造项目，因近些年消防规范更新较多，新规范无法在原结构上全部适用。

应对新旧规范适用的监理措施：

（1）召开图纸讨论会，邀请公司技术组人员针对解决方案进行讨论。

（2）尊重事实，在保证结构安全的前提下，尽量采用新规范。

（3）新旧规范搭接位置，参与讨论解决方案。

2.10　地下基坑开挖及支护

该项目虽是改造项目，但有一部分基础加固内容，需要将原有地面挖除并清理至墙体基础底部，具有工期长、技术要求高、施工难度大、现场施工条件与环境复杂、对环境影响控制要求高等特点，加上该项目施工现场场地狭小，使基坑开挖工程风险相当大。同时，基坑开挖施工与前后施工环节搭接密切，前期支护结构没有保证质量或后期基坑底板没有及时施工，都可能引起工程事故。因此，充分了解该项目基坑开挖工程特点并对其风险进行分析，采用多方面对策和措施，以提高支护技术水平和保证基坑开挖工程的正常施工。

应对地下基坑开挖及支护的监理措施：

（1）基坑工程应按《建筑基坑工程监测技术标准》GB 50497—2019的要求，委托有资质的第三方对基坑实施变形监测。有关基坑变形监测的方法、精度要求、监测点布置、监测项目、监测频率、信息反馈、报警等在上述规范中有详细的规定。监理实践证明变形监测初始值（现状值）的测量尤为必要。因变形初始值测量记录欠规范或因缺少初始值测量，也曾有过法律纠纷和烦恼。为避免这一烦恼，变形监测单位应在基坑土方开挖前进入现场监测工作。由建设单位、相邻单位、施工单位、监理单位会同监测人员共同实地测量并记录既有建筑物的变形现状和初始值。当基坑土方开挖后，基坑周边既有建筑出现裂纹，原老裂纹复活扩大，建筑物产生下沉、倾斜时，初始值能科学定量地证明基坑土方开挖引起的变形量。

（2）基坑变形初始值，在基坑土方开挖之前进行测量，且不少于3次。对基坑周边既有建（构）筑物的变形初始值（现状值）测量，邀请相关（相邻）单位的代表共同检查和测量。将基坑周边既有的建（构）筑物，分区编号，按楼栋部位、测量记录裂缝分布范围、裂缝长度、宽度，同时配以影像记载，在测量记录上相关各方代表签字，监理单位、建设单位、相邻单位、测量单位各存一份。将初始值作为变形计算的起点值。基坑土方开挖以后测得的变形值（增加值或减小值），是由于基坑开挖土方引起的变形。

2.11　施工劳动力的保障

建筑行业是一个劳动力密集的行业，施工进度的快慢很大程度上取决于施工劳动力的保障，而劳动力主要来源于农民工，农民工返乡收种会造成工地劳动力严重缺失，直接影响工程进度。

应对施工劳动力保障的监理措施：

（1）详细了解施工单位的劳务分包资源情况，必要时考察劳务公司，保证施工单位选择的劳务公司实力雄厚。

（2）要求施工单位投标时针对农忙季节劳动力的合理安排进行策划。

（3）建立农民工工资发放监控制度，对施工单位行为进行监控。

2.12 重要材料设备的确定和供货周期

该项目具有施工工期紧、设计周期短、新材料设备多等特点，所以采购工作也变得尤为重要。根据以往的经验，许多工程项目前期主体施工阶段进度很快，到了后期安装和装饰装修阶段经常受材料设备的采购订货影响工程进展。

应对重要材料设备的确定和供货周期的监理措施：

（1）合理进行采购策划，分类进行采购管理；对众多的材料设备按甲供、甲控（认质认价）和乙供材料进行分类采购管理。

（2）多方参与，减少审核审批环节，快速决策，多方法采购。对特殊的材料设备可通过比选、竞争性谈判等方式及时选择"质优价廉"的材料设备，确保施工不受影响。

（3）统筹采购计划和施工计划的协调，避免出现停工待料现象。

2.13 各专业系统调试

该工程系统调试包括消防系统、供暖系统、给水系统、配电系统等，系统调试直接关系到该工程功能的实现、使用效果，应重点监理。

应对各专业系统调试的监理措施：

（1）配电系统：检查漏电保护开关是否灵敏、可靠；检查电缆线路是否有异常发热现象；检查线路电压、电流是否在正常范围内；检查插座回路极性、连续性及对接地回路阻抗进行测试。

（2）火灾报警及消防联动系统：检查烟感、温感、燃气报警探头灵敏度是否满足要求；检查报警位置、火灾显示盘显示位置、消防控制室显示位置是否一致；检查应急照明系统、声光报警装置、强切非消防电源、消防泵启泵、排烟风机、正压送风机联动功能是否按设计要求实现。

（3）供暖系统：检查调试人员资格情况，最好是厂家人员；调试调整的方法是否正确；调试记录是否完整；调试过程是否按方案进行；调试进度是否满足使用需求；检查末端供暖设备区域温度是否符合设计要求。

（4）给水系统：检查调试前的准备情况（系统完成冲洗、消毒、压力试验）；检查阀门的开闭是否符合设计要求；检查变频泵是否运转平稳、控制可靠。

2.14 钢结构施工

随着现代经济的不断发展，钢结构工程以其施工速度快、周期短、强度高、便于预制、安装、适用高层大跨度等的优越性已在工程领域广泛应用，钢结构工程的质量问题也越来越引起人们的重视，因此加强钢结构工程施工质量控制，具有很重要的现实意义和必要性，控制钢框架结构深化加工也是该工程的重点。

应对钢结构施工的监理措施：

（1）施工准备为建设施工创造必需条件，认真、细致、深入地做好施工准备工作，充分发挥人的积极因素，合理组织人力、物力，加快工程进度，提供施工质量，节约投资和材料，对顺利完成钢结构建设任务起着重要的作用。

认真做好施工图纸的会审和交底工作，图纸是工程施工的依据，施工单位项目技术负责人应组织有关技术人员对图纸进行分工审阅和消化，其目的一是使施工单位熟悉设计图纸，了解工程特点和设计意图，找出需要解决的技术难题，并制定解决方案；二是为了解决图纸中存在的问题，减少图纸差错，将图纸中的质量隐患消灭在萌芽之中。同时做好技术交底，做好施工和设计的结合，做好钢结构吊装与土建施工、钢结构和混凝土结构预制的结合。

（2）重视钢结构基础工程的质量控制

钢结构基础工程的质量控制一般是指钢结构基础预埋螺栓的质量控制，预埋螺栓是整个工程施工的第一步，也是非常关键的一步，是整个工程的基础。施工基础预埋螺栓时首先熟悉图纸，了解图纸的意图，再制作安装模板。预埋螺栓用安装模板及钢筋定位在柱子的主筋和模板上，保证预埋螺栓不受土建浇筑混凝土施工而移位。这样每组螺栓之间的距离、高低可控制在允许的误差范围内；同时保护好螺栓丝扣，在混凝土浇筑时不被损坏。土建工程完工后，用经纬仪和水准仪对地脚螺栓的标高、轴线进行复查，做好记录，并交下一道工序验收。

（3）钢结构制作工程质量控制

钢结构工程施工通常要经过工厂制作和现场安装两个阶段。钢结构工程有大部分时间是在工厂车间内部进行，由于钢结构构件在工厂内加工制造的质量好坏，对钢结构工程的现场安装及整体结构的安全稳定至关重要。因此钢结构制作生产厂家必须具备相应企业资质、生产规模、技术能力、机械设备及先进的工艺水平。

在钢结构制作中，应根据钢结构制作工艺流程，抓住关键工序进行质量控制，如控制关键零件的加工、主要构件的工艺及措施、所采用的加工设备和工艺装备等。

（4）重视焊接工程质量控制

在钢结构制作和安装工程中，焊接工程是最重要的环节，必须重视焊接工程质量控制。目前，钢结构在生产过程中大部分采用自动埋弧焊机，部分具备半自动气体保护焊机，个别部位采用手工施焊。

（5）钢构件安装质量控制

钢结构安装前，应对构件的质量进行检查，构件的永久变形和缺陷超出允许值时，应进行处理。钢柱安装要检查柱底板下的垫铁是否垫实、垫平，防止柱底板下地脚螺栓失稳；控制柱是否垂直和有无位移，安装工程中，在结构尚未形成稳定体系前，应采取临时支护措施。当钢结构安装形成空间固定单元，并进行验收合格后，要求施工单位及时将柱底板和基础顶面的空间用膨胀混凝土二次浇筑密实。最后，还要检查钢结构主体结构的垂直度和整体平面弯曲等。

（6）钢结构坚固件连接的质量控制

钢结构紧固件连接的质量控制主要强调高强度螺栓连接的质量控制。

（7）钢结构除锈及涂装工程

钢结构除锈和涂装是目前钢结构工程最容易忽视的环节。钢结构除锈分为人工除锈和机械除锈，施工人员要根据图纸要求以及除锈等级采用不同的除锈方法。涂刷工程质量的控制应做到在钢结构涂刷前，涂刷的构件表面不得有焊渣、油污、水和毛刺等异物，涂刷遍数和厚度应符合设计要求。对涂装材料必须有合格证，防火涂料涂装工程必须由消防部门批准的施工单位施工。

（8）重视选择钢结构深化厂家的实力及服务态度。

（9）审核钢结构深化的专业性、及时性、深度性。

（10）督促钢结构材料供应的及时性、施工配备人员的专业性。

3 项目管理成效

3.1 项目获奖情况

在经历环境保护政策、恶劣天气等不利因素的影响下，圆满完成了对工程质量、投资、进度、安全等的控制任务，使工程顺利通过竣工验收。

3.2 主要成果

建设单位向公司发出书面表扬信，对公司和项目监理人员予以肯定。

3.3 项目经济效益和社会效益

该项目的建成，改善了河北出入境边防检查总站工作环境，发挥了原有临街建筑物的经济效益；同时旧建筑物的焕然一新，在一定程度上提升了西二环的城市形象。

4 交流探讨

4.1 项目启示

（1）该项目按时完工，质量被验收组认定为优良工程，离不开建设单位、施工单位、项目监理单位、设计单位各参与方凝心聚力地付出，任何一方的不作为或敬业心不足，都无法实现项目既定的质量、工期、造价等目标。

（2）作为项目监理单位，要时时刻刻从建设单位角度出发，维护建设单位利益，对于工程质量、进度、安全的管理，在坚持原则的同时，要给予施工单位技术指导和帮助，帮助施工单位抓好各方面管理，赢得施工单位认可、尊重，而不是生搬硬套进行监理。

4.2 项目经验

（1）进场时严抓施工管理团队：一个好的团队是做好工程的保障。

（2）好的制度：施工组织设计、专项方案通过结合现场、规范反复推敲后再实施，会让事情变得更有条理，快而不乱。

（3）好的工作氛围：监理单位作为参建一方，不"吃拿卡要"，还要积极解决问题，建设单位和施工单位都认可，有力一块使，才能让工程更好地实施。

（4）重视细节：充分考虑施工环境、邻里关系、政府政策、环境保护政策，制定细致入微的施工方案，考虑周全，遇到的意外情况就会少。

（5）在质量和施工安全管理，除了抓施工单位的方案编制质量外，首先必须把过程控制这一思想或者原则放在第一位，并付诸实施。

（6）造价控制：对于施工监理项目而言，造价控制的核心是变更控制，须严格按合同约定，严格执行先批复后实施的原则。

（7）进度管理：进度、质量管理同步抓，避免返工影响进度；做好材料物资进场、工序交接等组织运筹工作。

岸上澜湾小学新建项目装配式施工案例实践

王宁，秦涛，王绍洋，刘亘，马楠（秦皇岛秦星工程项目管理有限公司）

摘　要：岸上澜湾小学新建项目位于河北省秦皇岛市某地，工程总建筑面积8000m²，由秦皇岛秦星工程项目管理有限公司实施监理。在项目实施过程中，项目监理部严格按照规范规定，把握施工关键节点，从外场加工制作、施工吊装、对位，到连接部位灌浆料间歇时长、灌浆压力、充盈量以及板梁间铰接钢筋设置、混凝土浇筑等方面采取平行检验、旁站监督等方式严加控制。经各方努力，该工程已通过专家检查和竣工验收并已投入使用2年，各方反映良好，取得了较好的社会效益。

1　项目背景

岸上澜湾小学新建项目工程总建筑面积8000m²，其中地上建筑面积7850m²，地下建筑面积150m²，为地上4层（2号建筑为地上1层，地下1层）建筑，结构形式为装配式框架结构。

该工程框架柱、梁、叠合楼层板均为装配式，经施工单位、建设单位、监理单位反复论证研究，最终选择某专业预制件加工企业进行外场专业化加工，并对外加工企业从资质到加工机具数量、机械化程度以及工作制度、管理水平、内控效果等各方面进行考察，并选择专业单位进行拆分设计。因所有预制构件均在加工厂完成钢筋绑扎、孔洞预留、连接铰筋留置、模板校核、混凝土浇筑等工序，成品的内在质量和截面偏差以及外观效果等必须加以严控，因此秦皇岛秦星工程项目管理有限公司（以下简称公司）在加工过程中派驻监造监理工程师，对各环节进行认真检查、校对，确保合格构件运到现场，以减轻后期安装的难度，确保安装的准确性。在施工过程中存在以下施工难点：

（1）该工程塔式起重机起吊预制主构件重量较大，塔式起重机28.6m末端起重量为4t，其余范围内较重的主构件采用50t汽车式起重机辅助吊装，塔式起重机与汽车式起重机之间的配合是一大难点。

（2）该工程属多层框架结构，层高较高。主体质量控制的重点在于模板工程的加固、支撑，注意梁柱接头、预制柱上下接头部位不允许出现错台、严重漏浆和变形等情况。

（3）该工程属于预制混凝土框架结构，装配式建筑施工难点在于与传统现浇的结合部分，即钢筋混凝土构件的定位、预制柱和梁的节点施工。

公司在监理过程对以上难点均进行严格把关、检查到位，使工程得到有序、可靠、稳定的推进。

2 项目简介

2.1 工程概况

2.1.1 工程建设概况（表1）

工程建设概况表 　　　　　　表1

工程名称	岸上澜湾小学新建项目		
建筑层数	1号楼地上4层，2号楼地下1层、地上1层		
基础形式	1号楼桩基础，2号楼桩基础＋筏板基础	结构形式	装配式框架结构
建筑面积	8000m²		
建设地址	海阳路以东，西港路以西，规划支路以南，上城汤廷以北		
建设单位	秦皇岛市海港区教育局		
设计单位	秦皇岛市永盛建筑设计咨询有限公司		
监理单位	秦皇岛秦星工程项目管理有限公司		
勘察单位	秦皇岛市大地卓越岩土工程有限公司		
监督单位	秦皇岛市海港区建筑工程质量监督站		

2.1.2 建筑设计概况（表2）

建筑设计概况表 　　　　　　表2

结构形式	装配式框架结构	建筑用途	教学公用建筑
总建筑面积	7660m²	楼层	4层
建筑高度	17.7m	层高	4m
建筑耐久年限	50年	建筑耐火等级	2级
建筑类别	丙类	抗震设防烈度	8度

2.1.3 预制构件吊装项目及数量（表3）

预制构件吊装项目及数量 　　　　　　表3

构件名称	数量	构件名称	数量	构件名称	数量	构件名称	数量
混凝土柱	172根	混凝土叠合梁	296根	混凝土叠合板	740块	预制楼梯梯段板	32块

2.2 工程特点

针对该工程拆分设计、加工制作、运输、现场安装等方面，监理单位均进行细致的介入和管理。

2.2.1 拆分设计

预制构件厂二次拆分设计是直接影响构件生产质量的一个环节，拆分设计时一定要仔细研究设计图纸及相关规范，明确设计意图，做到精准化拆分，同时要整合各专业施工图纸，对各专业的预留、预埋、做法、材质要求明确地标注到拆分图纸上。

因该工程预制构件加工单位不具备二次拆分的能力，委托沈阳一家拆分设计公司，在对拆分图纸审查过程中发现多处问题：

（1）预制柱拆分时，未考虑走廊应急照明设施，导致多个预制柱没有预埋电气管线，待现场发现时已晚，只能与原设计沟通将应急照明改至填充墙上，给现场电气预埋及后期布线增加不必要的工作量。

（2）预制梁、叠合板拆分设计时未完全考虑水暖、电气图纸中的预埋，责任心较差。前期建设单位、监理单位、施工单位担心出现此种问题，特意与拆分设计单位组织一次讨论会，但仍有很多问题，给后期施工造成相当大的难度。这点是以后监理单位预控的重点。

（3）因拆分设计单位与预制构件生产单位直接签订合同，图纸拆分完毕后未经原设计单位书面确认便交付给构件厂进行加工，同时梁柱核心区钢筋锚固方式、类型等未与原设计单位沟通完善，导致部分梁构件进场后现场整改。如预制框梁腰筋端部要求采用半锚固板，实际为焊接钢筋头；梁主筋采取避让后不满足钢筋间距1.5d等诸多问题。

（4）拆分图纸设计完成后，部分梁端抗剪槽留设不合理，导致部分预制梁现场进行剔凿。

作为一个结构拆分的专业设计单位，其设计人员责任心较差，对原设计图纸审查不清，拆分设计不仔细。对此，公司监理工程师以自身工作经验和业务素质进行总结归纳，向建设单位和拆分设计单位提出合理化建议，并由拆分设计单位进行了修改和调整，取得了不错的效果。

2.2.2 预制构件加工生产

（1）预制构件厂职能配置不完善，不能独立进行结构拆分，完全依赖第三方拆分单位，存在很多弊端：

①不能及时、准确地将现场图纸变更、设计要求完善到拆分图纸上。

②当预制构件不能满足现场安装需求时，不能及时进行调整、落实到生产上。如预制柱变现浇柱时的钢筋连接形式（已建议直螺纹连接改为电渣压力焊）、预制边柱封顶钢筋弯拐锚固（原为柱顶直螺纹连接锚固拐筋，建议留设足够的锚固长度现场弯折）、预制柱避雷引下线连接点留设。

（2）构件加工质量：

①预制柱：

灌浆套筒内浮浆较多、清理不干净，影响连接质量。

个别预制柱外观质量较差；端部连接面冲刷严重，出现石子松动、裸露过多现象；表面干缩裂缝较严重；个别通气孔不通畅。

②预制梁：

个别型号预制梁端部抗剪槽小，叠合处抗剪槽内清理不到位。

预制梁箍筋保护层厚度偏差较大、不一致。

预制梁主筋避让后间距过小，端部半锚固板安装不符合要求（松动且丝扣长度不够）。

预制梁上预留的电气管线与图纸不符，数量缺少，后期在预制梁吊装完成后现场水钻开孔，因梁截面高度为750mm，开孔难度大且易破坏梁内主筋。

③叠合板：

板面浮浆较多、爆浆皮严重，且拉毛形式存在工艺上的缺陷，效果不理想。

叠合板上预留电气盒位置不准确，数量缺少，部分预留盒材质与设计不符，弱电及消防未采用铁盒。

叠合板尺寸有偏差，尤其是大块叠合板密拼缝一侧平直度误差最大将近1.5cm，拼装后缝隙处理困难、观感差，且直接导致同一开间内最后一块叠合板安装不上。后经沟通由构件厂安排专人现场进行剔凿，效果极差。

根据施工要求，预制楼梯要求踏步及踢面进行凿毛。构件厂前期生产的部分楼梯因凿毛处理较困难，而采用涂刷漏骨料后水冲毛面，导致楼梯观感极差，已做退场处理。

（3）预制构件供应情况：

该工程单层构件拆分设计的规格数量较多，构件厂在加工生产时按相同及相似的规格进行统一加工，然后按构件加工先后顺序进行厂内堆放，导致不能按项目要求的轴线位置进场，造成工地进场构件堆放混乱，无法进行吊装，只能在施工现场重新翻堆后按轴线位置二次码放，给项目部造成工期延误及吊装成本加大。运输车辆安排不合理，不能根据现场需求及时进场，导致因缺少个别构件不能完成吊装。尤其是梁、板构件，往往需要3d以上才能基本齐全。

（4）质量证明文件、资料

监理单位对构件所使用的各种材料的出厂合格证、型式检验报告、复检报告、连接套筒试件检验报告、钢筋机械连接检验报告、构件隐蔽验收影像资料、加工检验批等均进行了严格审查，确保质量齐全有效，对无出厂临时强度证明文件、后期28d强度报告不及时等情况要求及时填报，做到产品和资料同步。

（5）外加工构件的控制

在构件外加工过程中，公司派驻监造监理工程师对预制构件经常出现的问题加以预控，对柱、梁、板进行加工厂内放样预拼，以确保安装的准确性。对出厂构件进行严格验收，对每批、每车、每个构件均进行验收，不符合质量要求的构件不允许出厂，对有瑕疵但不影响结构质量、安全地进行场内整改处理。

2.2.3　现场安装

施工质量控制重点：构件进场验收、预制柱甩茬钢筋定位、灌浆施工、梁柱构件轴线位置控制、叠合板平整度及板缝控制。

（1）预制构件进场时，项目监理部重新组织进场验收，对构件进行二次筛查，保证每个构件的质量完好，对在运输和装卸过程中的损伤，影响结构的构件进行退场处理，有瑕疵但不影响结构质量、安全的可进行整改处理。

（2）该工程无转换层，直接从基础承台进行套筒连接钢筋预留、甩茬，在甩茬钢筋定位、固定过程中项目部付出了很大的精力，监理工程师严格按照监理程序进行平行检验，确保预留钢筋位置、高度、间距、方向等100%符合设计及安装要求。在混凝土浇筑过程中安排专人同步旁站，且在浇筑完成后再次放线复检，确保钢筋预留的准确性。

（3）灌浆施工前，现场需要对灌浆预制柱底进行封仓，开始选用的封仓材料为1：3水泥砂浆，但封堵效果较差，出现两次胀开情况；后采用专用封边料，施工完3h后便能进行压力注浆，强度高，效果不错。柱底封边时注意封边料侵入柱截面情况，不宜超过15mm，避免影响后续灌浆施工。

灌浆施工时，现场采用专用设备进行灌浆料的搅拌，灌浆料搅拌严格控制配合比，搅拌时间宜控制在4～5min，流动性最佳。灌浆料注入采用专用灌浆机，重点控制套筒内是否注满、是否漏注，并跟踪检查。

（4）预制梁柱轴线位置、标高控制：

测量员在混凝土浇筑完成后，及时、准确地施放各梁柱构件的轴线、控制线、边线，构件安装后安装人员根据控制线进行安装、校正，超出允许偏差范围的立即移出构件，进行原因分析并加以微调。

梁、柱构件安装完成后，专业质检员会同测量员对安装构件逐一验收垂直度、轴线尺寸偏差、标高等，并标注于相应构件上。预制梁安装完成后，还应对梁间净距进行复核，为叠合板安装提供数据支撑。

（5）叠合板平整度及板缝控制：

叠合板板缝控制分为两个方面：①叠合板与预制梁之间的缝隙。②叠合板与叠合板之间的缝隙。

影响叠合板平整度的因素：支撑架体顶标高与相邻预制梁标高是否一致，叠合板自身平整度。所以标高引测及预制梁安装的准确性是保证叠合板安装质量的直接因素。

由于预制结构是由板与板相互独立的拼接，必然会产生竖向缝、横向缝等多处缝隙，所以施工过程中要加强叠合板的拼接质量控制。大多数情况下叠合板之间竖向缝的大小不能完全控制，只能尽量缩小；原因为：叠合板的截面尺寸偏差，拼装过程中板与板的挤压，预制梁箍筋的避让，吊装的水平等。叠合板与预制梁之间的横向缝隙，则取决于构件截面的平整度及高度控制，此种缝隙较为容易控制，在叠合板吊装前沿周边粘贴一道木工用密封条便可得到有效控制。

3 项目组织及管理职责

公司承接本项工程的监理任务后，迅速组建由公司技术总工为顾问指导，项目总监理工程师担纲主抓的直线型管理模式的项目监理机构，现场监理工程师全部指派有同类工作经验的人员，并制定详细的责任分工，使每个人工作有方向、操作有制度，协同配合，齐抓共管。

3.1 监理工作职责

3.1.1 总监理工程师职责

（1）确定项目监理机构人员及其岗位职责。

（2）组织编制项目监理规划，审批项目监理实施细则。

（3）根据工程进展及监理工作情况调配监理人员，检查监理人员的工作。

（4）组织召开监理例会。

（5）组织审核分包单位资格。

（6）组织审查施工组织设计、（专项）施工方案。

（7）审查工程开复工报审表，签发工程开工令、暂停令和复工令。

（8）组织检查施工单位现场质量、安全生产管理体系的建立及运行情况。

（9）组织审核施工单位的付款申请，签发工程款支付证书，组织审核竣工结算。

（10）组织审查和处理工程变更。

（11）调解建设单位与施工单位的合同争议、处理索赔。

（12）组织验收分部工程，组织审查单位工程质量检验资料。

（13）审查施工单位的竣工申请，组织工程竣工预验收，组织编写工程质量评估报告，参与工程竣工验收。

（14）参与或配合工程质量安全事故的调查和处理。

（15）组织编写监理月报、监理工作总结，组织整理监理文件资料。

3.1.2 专业监理工程师职责

（1）参与编制监理规划，负责编制监理实施细则。

（2）审查施工单位提交的涉及本专业的报审文件，并向总监理工程师报告。

（3）参与审核分包单位资格。

（4）指导、检查监理员的工作，定期向总监理工程师报告本专业监理工作实施情况。

（5）检查进场工程材料、设备、构配件质量。

（6）验收检验批、隐蔽工程、分项工程，参与验收分部工程。

（7）处置发现的质量问题和安全事故隐患。

（8）进行工程计量。

（9）参与工程变更的审查和处理。

（10）组织编写监理日志，参与编写监理月报。

（11）收集、汇总、参与整理监理文件资料。

（12）参与工程竣工预验收和竣工验收。

3.1.3 监理员职责

（1）检查施工单位投入工程的人力、主要设备的使用及运行状况。

（2）进行见证取样。

（3）复核工程计量的有关数据。

（4）检查工序施工结果。

（5）发现施工作业中的问题，及时指出并向专业监理工程师报告。

3.2 监理控制流程（图1～图4）

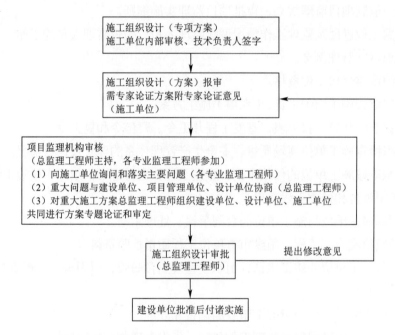

图 1 施工组织设计（施工方案）审核工作程序流程图

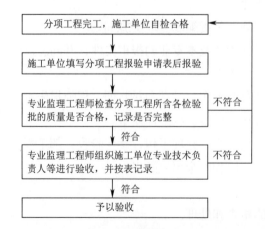

图 2 分项（检验批）工程质量验收工作程序流程图

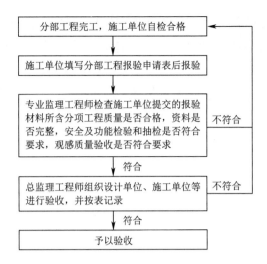

图3 分部（子分部）工程质量验收工作程序流程图

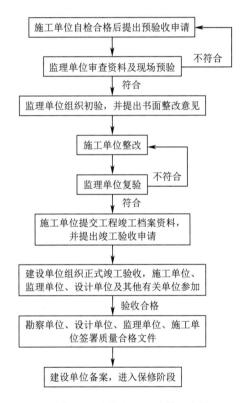

图4 单位（子单位）工程验收程序流程图

4 施工过程中监理控制要点

4.1 预留柱锚固钢筋定位、纠偏

4.1.1 预留柱锚固钢筋位置定位

下层叠合板安装完成后，放出楼层轴线、柱边线，待梁面筋绑扎到位后，进行预留柱筋"位置定位"。混凝土浇筑前预留柱筋初步定位是为锚固钢筋纠偏环节提供便利条件，在混凝土浇筑前进行。预留柱筋初步定位主要是为了减少混凝土浇筑后预留柱筋"纠偏"的难度。

主要操作要点：根据放出的轴线及柱边线，使用与柱子截面相同的定位钢板（定位钢板尺寸与柱截面尺寸相同，相应柱筋位置在定位钢板上开洞），进行预留柱筋定位，调整到位后，采取措施将柱筋与定位钢板固定牢靠，定位钢板起到辅助固定的作用，待混凝土浇筑完成后摘除。

4.1.2 混凝土浇筑后预留柱锚固钢筋纠偏

预留锚固筋位置定位后，浇筑楼层混凝土，待混凝土养护至一定强度时，拆除定位钢板，并进行楼层轴线、柱子边线、控制线的放线工作。混凝土浇筑时难免污染柱预留钢筋，应使用钢刷清理预留锚固钢筋上附着的水泥浆，待打磨干净后进行柱筋"纠偏"。

柱预留锚固钢筋"纠偏"分三步进行：第一步，根据柱轴线及边线，利用定位钢板确定柱筋位置；第二步，钢筋纠偏；第三步，套定位钢板，检查柱筋调整是否到位。混凝土浇筑后柱预留锚固钢筋纠偏与否，是关系柱子安装能否顺利进行的关键环节。

4.1.3 确定柱底标高

柱底标高要高出楼层结构面20mm，即保证柱底接缝灌浆层厚度为20mm，保证上、下两层柱连接牢固。主要操作要点：使用水准仪，从引测到楼层的标高控制线确定柱底标高，柱底位置楼层混凝土高出柱底标高的部分应清除，不足柱底标高的部分用垫块垫至标高处；由于柱底标高高出楼层结构面20mm，一般情况下混凝土浇筑面标高低于柱底标高，通过垫块进行找平，以保证柱安装时柱底稳固及灌浆层厚度，同时避免垫片遮挡住螺栓孔。

4.1.4 测量柱预留钢筋锚固长度

柱预留锚固钢筋长度应达到一定值，保证套筒灌浆连接的可靠性。一般情况下，柱预留锚固钢筋长度由提供套筒的厂家给出，规范要求8d，该数值根据套筒特点及拉拔试验确定（实际操作过程中，预留锚固钢筋顶部距离套筒底部宜留有1～2cm）。

柱底标高确定后，对柱预留锚固钢筋长度进行测量，对超出部分进行切除。

4.2 装配式框架柱吊装

（1）框架柱柱身上下备有两对预埋螺栓孔，顶面备有一对预埋螺栓孔，吊装时使用与预埋螺栓孔配套的吊环或吊钩。

（2）起吊时宜将框架柱竖立吊装，即吊点设置在柱身上端或顶端，便于定位安装；吊运时注意速度平缓，不宜进行大幅度甩臂、旋转、起降。

4.3 就位、安装

（1）吊装前安排监理人员对轴线、标高进行复测，安装人员根据标高控制点使用塑料垫块在混凝土表面柱截面范围内找平，并预留2cm灌浆层。

（2）根据柱底套筒位置，对应插入下层柱柱顶的预留锚固钢筋，待柱子安装到位后，支设固定斜向支撑，进行柱子固定。

（3）调整柱身垂直度。在柱底灌浆之前，使用靠尺，通过调整固定斜撑的长度进行柱身垂直度调整。

（4）柱底缝封模。柱身垂直度调整到位后，使用专用封边料封堵柱底缝，准备进行柱底灌浆。

操作要点：封堵柱底缝时，严禁封堵砂浆进入柱截面1.5cm以内，防止封堵螺栓孔，避免灌浆层出现中断不连续的弊端，同时避免减少灌浆层的粘接面积。

4.4　套筒灌浆连接

上、下相邻两层柱采用柱底套筒灌浆连接。

柱灌浆需要的工具和材料主要有手扶式简易砂浆搅拌器、搅拌桶、盛水桶、注浆机、电子秤、电源线圈、封堵浆孔用塑料锥（或木棒）、灌浆料等。

灌浆人员至少安排5人，1人负责搅拌灌浆料，2人负责注浆，2人封堵出浆孔。注意整个注浆过程只选择一个孔进行注浆，选择的注浆孔宜为下排中间孔，其他孔均为出浆孔，灌浆时仔细观察，发现有孔出浆2s后立即进行封堵，直至所有出浆孔均封堵完后停止灌浆，带压稳定20s后拔出灌浆管，将注浆孔封堵，套筒灌浆完成。套筒孔灌浆前、灌浆后进行封堵。

待注浆料强度达到设计要求后，拆除斜撑，并安排专人将柱周边封堵的砂浆剔除干净。

4.5　装配式框架梁、叠合板安装

4.5.1　吊装工艺

搭设支撑脚手架→调整支撑架体的标高→现浇梁钢筋绑扎、支模→预制梁吊装、就位→预制梁、柱结合点支模→现浇板支模→叠合板吊装→板筋绑扎（含现浇板及叠合板）、线管安装→浇筑混凝土。

4.5.2　支撑脚手架的搭设、标高调整

根据弹好的地面轴线、控制线并结合预制框架柱的位置，搭设梁底支撑及板下满堂脚手架，特别注意：预制梁底增加一排梁底立杆，小横杆间距可根据梁的大小进行调整，并保证梁底小横杆直接与梁两侧立杆连接。架体安装完成后，根据梁底标高调整梁底小横杆高度，并用梁底立杆上的顶丝进行加固支撑。

需要注意的是：①搭设满堂脚手架时，预制框架柱周边30cm范围内不宜设置立杆，以免在后期注浆过程中无操作空间。②当同一个房间的梁既有现浇梁又有预制梁时，现浇梁侧模顶标高一定要控制准确，并与预制梁顶标高闭合，避免在叠合板安装完成后梁板间出现缝隙或板顶标高不一致的情况。

4.5.3　预制梁吊装、就位

预制梁的长度分为两种：主梁长度为柱间净距每端减少500mm；次梁长度为主梁间

距加长20～30mm（梁截面尺寸不一致），便于在吊装后梁端落在承重构件截面内，保证底面无缝隙。吊装时严格控制梁的水平位置，避免出现一端搭接过长而另一端出现缝隙。

需要注意的是：预制梁在预制构件厂加工前，现场技术人员需与预制构件厂技术人员进行沟通：①梁箍筋开口位置设置在梁上部，便于后期穿插梁主筋（如梁上部主筋不能插入时，可以打开箍筋开口，待主筋安装完成后再恢复箍筋）。②在加工厂加工预制梁时，为了方便梁端模板拆除，梁端锚固筋一般不进行打拐，进而导致梁筋锚固长度达不到规范要求，需要现场采取补救措施。一般采用锚固板，不建议焊接钢筋头。

4.5.4　叠合板吊装

叠合板在加工厂加工时，长度一般较梁间净距大3cm（深化设计已定），避免安装完成后出现缝隙。叠合板进场堆放时，堆放高度一般不超过6层，且在板与板之间均匀设置木块支撑，并保证木块平面位置上下一致，避免叠合板发生变形。吊装时，使用4根同长度的专用吊钩进行水平吊运，吊钩可直接吊挂板筋（叠合板加工时，吊装点位置板筋加强且留有记号），叠合板吊至屋面时，将板临时放置在屋面上，将板一侧2个吊钩移至板中间部位，起吊使叠合板倾斜，便于叠合板预甩钢筋插入梁筋内，待插入端就位后塔式起重机落钩，叠合板另一层自然落至另一侧梁上。吊装完成后，吊装工人可用撬棍或其他工具进行微调，保证叠合板水平位置准确，周边无缝隙。

4.5.5　预制楼梯安装

该工程楼梯间平台板为现浇构件，梯段为预制构件，预制楼梯的安装顺序应在本层平台板及叠合板混凝土浇筑完成后进行吊装。

（1）梯段就位前，休息平台板及梁的混凝土须达到一定强度，且梁底支撑立杆不能拆除，待螺栓孔灌浆完成后且自身强度达到75%以上再行拆除。预埋螺栓校正准确，梁剪口清理干净。同时按图纸要求铺设一层油毡及20mm厚M15砂浆找平层，并严格控制找平层高度。

（2）根据梯段两端预留位置安装，安装时根据图纸要求调节安装空隙的尺寸。

（3）根据标高、轴线精确调节安装位置后取钩。

（4）楼梯吊装完成后，安排专人使用模板对梯跑进行覆盖防护，加强成品保护。

4.5.6　楼板钢筋绑扎、管线安装

预制梁构件及叠合板吊装完成后，进行钢筋绑扎及管线预埋作业，验收合格后统一浇筑。

5　施工中遇到的问题及解决方法

（1）问题一：现场采用1：3水泥砂浆封堵柱底缝，在灌浆过程中崩开。

原因分析：砂浆强度不够，灌浆过程中压力较大。

解决办法：封堵材料改为专用封边料，强度高且3h后就能满足灌浆需求；同时在灌浆后期调整灌浆速度，多次间断灌入，以减小灌浆压力。

（2）问题二：叠合板进场验收，发现大多数板面混凝土浆皮爆裂严重，轻轻擦拭便纷纷掉落。

原因分析：混凝土配合比中粉煤灰较多，进入蒸养室时间较晚。

解决办法：现场使用钢刷进行刮、刷，然后用水冲洗干净。已吊装完成的，使用吸尘器进行清理，严禁冲入梁、柱模板内。

（3）问题三：预制梁上预留的吊环高度不够，吊钩无法吊装。

原因分析：工人操作责任心差。

解决办法：现场使用电镐剔凿至吊钩能够进入。

（4）问题四：叠合板侧板不顺直，造成安装完成后密拼缝隙宽度不一致，较大值达到2.5cm。

原因分析：叠合板加工模台边模设计不合理，缺少固定拉杆，工人质量意识差，质量管理疏忽。

解决办法：构件厂与现场同时安排专人使用角磨机进行打磨，效果不是很理想，对于吊装完成的较大叠合板缝隙，现场在板底进行支模，在叠合层混凝土浇筑时一起填充。但拆模后观感较差，需二次处理板底缝。

（5）问题五：叠合板、预制梁上电气预留的管线、接线盒缺少，同时接线盒位置大多数不准确，偏位较大。

原因分析：工人责任心差，质量管理人员未尽职。

解决办法：教室内偏差、遗漏的接线盒安排现场专业人员重新开孔下接线盒；走廊内遗漏的接线盒直接开孔，后期明装铁质接线盒。

6 监理工作总结

该工程装配率达61%，梁、板、柱、梯的预制构件规格尺寸、数量繁多，构件进场速度慢、顺序混乱，构件自身存在缺、漏等问题，此外工人吊装工艺不熟练、班组穿插琐碎且施工困难，造成工程施工进度缓慢，第一个施工段工期24d，第二个施工段工期21d，第三个施工段工期16d，已接近正常。

因该工程装配率较高，现场各种材料如模板、木楞、钢筋、混凝土等用量大大减少，现场较干净、整洁。

为满足构件安装需求，楼内搭设满堂脚手架，相比现浇结构支撑架体，立杆间距、水平杆步距、扫地杆及剪刀撑设置等更加规范、严格。

木工、钢筋工等班组施工人数减少，劳动强度降低。

钢筋放置位置更加准确：叠合层面层钢筋放置于桁架上，保证了钢筋放置位置。

传统现浇结构造价直接费用包括人工费用、材料费用、机械费用等，是总体费用的重要组成部分，所占比例也非常大，间接费用包括管理费用，主要是相关人员在活动中的投入，企业可以根据自身情况做出适当的调整，保证良好地运转。要想降低成本只能从管理费用入手，另外在工程建设中，质量、成本、工期是相互制约的，如果盲目地追求降低成本，势必会对工程的工期和质量带来不利影响。

而装配式建筑除了和传统现浇方式相同的直接工程费用之外，还增加了混凝土构件的生产、运输、安装等多项费用，必须全面考虑。其中只有工程管理费是可以调整的，税金和规费都是比较固定的，要依据实际情况确定，在分析问题时，可以降低该方面对造价产生的影响。显而易见，混凝土构件成为最主要的决定性因素，它的生产费用由材料费、人工费、模具费、生产厂家利润、机械花费、税金等多项内容组成。整体造价还是比较高的，所以要采取有效的措施降低成本，将其控制在合理范围之内，减少企业投入，保证在规定时间内完成任务。

建立完善的标准、法规。企业管理和行政管理之间没有实现有效的配合，无法达到最理想的效果，过程中需要处理的事情非常多，一定程度上提高了建筑成本。关于装配式建筑的法律法规依然不健全，经常出现无法可依的情况，使得出现的问题得不到解决，长此以往必然影响行业的发展。另外即使有相关的法律，但却没有良好的执行，只是一个简单的摆设，并没有发挥出实际的效果。所以建立健全法律法规是必然的选择，可以创建出有序的市场环境，及时纠正过程中出现的问题从而实现整体的优化。同时要对相关内容及时更新和补充，让其始终保持先进性，可以正确地指导现实工作。

降低运输成本。混凝土构件的种类比较复杂，在运输过程中要和厂家沟通，不同类型的构件要摆放在合理的位置上，要尽量保持立放或者平放，这样可以减少对其的损害，方便施工过程中的使用。构件摆放位置一步到位，减少后期变化，从而大大提高运输的效率，降低在这方面投入的资金。以往摆放比较混乱，不仅给使用带来困扰，而且多次运输会增加对构件的损害，直接影响工程质量。对于构件要尽可能一次运输完成，避免多次运输增加成本的投入，降低工程的整体投入，实现资源最合理的配置。

合理安装。安装是装配式建筑的核心内容，安装费主要由人工成本和机械成本两部分组成。市场价格呈现逐年增长的趋势，为了降低资金投入，要对技术进行不断优化，大大提高安装效率。以往使用的机械功能比较单一，而且工作效率不高，采用新技术可以改变这种现状，在相同的时间内完成更多的工作量，同时提高了安装的质量。安装要制定完善的施工组织计划，有的环节可以同时进行，一定程度上节省了时间。当然安装效率提高的前提是质量达标，对每一道工序进行检查，发现有问题的要及时排查，避免情况恶化造成更加严重的后果。安装需要的人力和机械数量减少，投入的成本也会有所下降。

邢台职业技术学院校区扩建汽车、机电系教学实训楼工程实践

李国春（方舟工程管理有限公司）

摘　要：邢台职业技术学院校区扩建汽车、机电系教学实训楼工程，位于河北省邢台市学院路以南，太行路以东。该工程承载了邢台职业技术学院汽车系和机电系两个院系的教学功能，致力于为社会培养生产、建设、管理、服务一线的高素质技术技能人才。该工程分为汽车系和机电系两部分建筑，均采用内院式围合设计，建筑面积44135.14㎡，建筑高度23.55m。方舟工程管理有限公司在监理工作中精益求精，与建设单位、施工单位深度配合，共同打造国家级优质工程；荣获河北省建筑业新技术应用示范工程；获得两项国家实用新型专利：切割防护罩和楼梯踏步模板支架。

1　项目背景

2006年，邢台职业技术学院被教育部、财政部确立为全国首批28所"国家示范性高等职业院校建设计划"立项建设院校之一，是河北省唯一入选的职业技术学院。2006年9月19日河北省教育厅做出了《关于邢台职业技术学院2006年—2015年发展规划的批复》，同意邢台职业技术学院建设邢台职业技术学院校区扩建汽车、机电系教学实训楼项目，方舟工程管理有限公司（以下简称公司）承接了监理任务。

2　项目简介

2.1　工程概况

2.1.1　工程特点

该工程分为汽车系和机电系两部分建筑，均采用内院式围合设计，建筑面积44135.14㎡，建筑高度23.55m。主体5层，局部4层、2层，两区均无地下室，独立基础，框架结构，建

筑设计使用年限为50年。教学实训楼呈组团式布局，既便于院系间适度的资源共享，又可保持各自相对独立，便于校方管理。教学实训楼主要柱网形式为7.5m×8.4m，首层层高设为5.1m，2~5层层高设为4.5m，便于机电系、汽车系实训室布置各种实训设施、使用和操作科学合理。工程建筑风格上属于简洁明快的现代风格。建筑色彩以浅灰色主调，局部以深灰色衬托，层次丰富、现代感强。工程设有土建、给水排水、供暖、通风空调、建筑电气、弱电、智能化及电梯等系统，功能齐全。

2.1.2 工程工期

工程于2015年4月24日正式开工，2018年4月24日通过竣工验收。

2.1.3 工程质量

符合国家相关工程质量验收标准要求。

2.1.4 工程投资

工程竣工决算总价8567.32万元。

2.2 工程重点、难点

2.2.1 超高度、超跨度的大空间设计

该项目主体结构为框架结构，因需满足教学、技能培训实操及美观等多重需求，超高超跨的大空间实训室、装饰连接梁等设计，技术要求高，施工难度大。保证结构质量和安全生产是工程施工的重中之重，特别是高难度的重点、难点部位。

2.2.2 实现主立面设计要求

工程主立面为弧形，展开接近180m，为避免建筑显得过长，楼梯间部位做了局部高塔冲破平直的轮廓线以统领全局，形成本楼的标志。细部采用竖向分隔的肌理，宽窄相间的条窗，突出了韵律感和建筑美；高级灰主色调用橘色条状结构来点缀，沉稳中的跳跃，平静中的波澜，彰显了校园建筑沉稳、简洁、明快的现代风格和活泼创新的学习精神。完美呈现设计意图，是建筑者追求的高级目标。

2.2.3 深化设计技术

工程车间吊车梁及装饰连廊中间的箱型小梁为钢结构。施工前在钢结构设计图的基础上进行深化设计，根据结构构件位置关系、截面尺寸、连接形式等已知条件，结合施工现场实际情况，进行细节设计，求得细部尺寸，提供满足加工需要、安装施工要求的钢结构深化详图。工程中吊车梁、箱梁钢结构使用的是Q345B强度等级钢材，该技术可以承受较大的荷载，使吊车梁稳定性更加平稳可靠，结构更加牢靠。

3 项目组织

3.1 项目管理机构

根据工程类别、规模、技术要求、工期要求等特点，监理单位采用直线制管理模式，组建专业配置齐全的项目监理部进驻现场实施监理业务。该工程项目监理部由项目总监理

工程师及总监理工程师代表负责，分为协调管理层和执行层。总监理工程师和总监理工程师代表负责项目部内外协调、合同履约、相关审批签认等，按国家规定行使总监理工程师职责权利并承担相应义务责任；各专业监理工程师、监理员具体执行工程报验、验收签批、记录等，各职责根据国家规定行使相应职权，并承担责任和义务。

各职责依据《建设工程监理规范》GB/ T 50319—2013及相关验收规范、法律法规及政府要求开展现场监理工作；执行公司各项管理规定，履行《工程监理委托合同》约定，尽到监理职责，并提供超值服务；工程优质，业主满意，为实现投资目标做出努力。

3.2 项目组织架构内部组织管理

3.2.1 明确组织架构，明确职责

工程开工进场，项目组织架构、人员、职责对应明确上墙，定期核查监理人员履职情况、工作积极性。

3.2.2 确保履职到位

监理工作性质为全程跟踪工程，不得漏掉每一个环节、每一道程序、每一个检验批。高度负责、高度认真的工作态度是监理人必备素质，更是做好工程的必备条件。确保执行层工作质量，履职到位，为工程营造良好的工作气氛，是项目监理部建设的重要工作。

3.2.3 项目管理中注重细节管理和交叉协调

优质工程来源于整体方向把控不错位，细节处理要到位。工序之间、专业之间，立体纵向的、横向的，方方面面都要兼顾到，一旦出错，工程中交叉节点繁多且对工程负面影响很大；打造优质工程关键在于细节管理和细部处理。认识到位，行动才能到位，好产品、好工程才能产生。

3.2.4 内部学习常态化，促进知识更新，加强智能提升

建筑行业飞速发展，新技术、新材料、新工法、新规范，时时更新，现场监理人员必须加强学习，提升技能，才能在监理过程中发挥作用，才能为建设单位提供超值服务，才能科学管理工程，实现管理效果，达到各方受益。为此公司组织的月培训、现场组织的周学习，早已形成常态化。

3.2.5 坚守监理人员职业道德自律措施

监理职责要点之一是监督管理施工单位执行图纸、执行规范，纠正其不当的履约行为等。监理自身行为的端正是立足工程的必备条件。杜绝吃拿卡要，杜绝以不当手段介入工程，是项目部建设的重要一环。坚守职业道德自律措施是公正守法、履职到位的必要条件，是对建设单位负责、对施工单位负责、对监理自身负责的正确立场。该工程做到了履职良好，落实到位，建设单位满意，施工单位配合。

4 项目管理实施过程

4.1 做好合同管理、信息管理

4.1.1 充分重视合同管理

（1）工程监理的重要内容之一是合同管理，总监理工程师在监理规划中即组织建立合同管理制度，资料员负责保管合同，总监理工程师负责合同管理。

（2）项目监理部进驻现场后，及时收集与工程相关的合同，并与建设单位联系，掌握工程项目的合同结构（分包商数量、分包专业项目、项目合同等），编制合同管理台账。

（3）总监理工程师组织监理部人员熟悉和研究施工承包合同、专业分包合同等内容，充分理解合同条款，对合同中明显违背国家和地方有关法律法规、规范标准的内容及明显不合理之处，书面提出并反馈给建设单位，并提出合理化建议和意见；熟悉合同，掌握合同内容，作为监理依据，确定监理目标，制定监理规划；从专业角度审视合同中的薄弱环节，适时提出合理化建议，对各方正确履约起到促进作用，避免合同纠纷，有利于工程顺利进展。

（4）根据合同内容检查项目部的工作制度，重点关注与合同内容联系较为密切的工程变更处理、现场签证、工程计量、工程款支付、索赔处理、合同争议等工作制度。

（5）在工程建设过程中，监理工程师应定期检查合同履行情况，填写《合同协议执行情况检查记录》。

（6）根据合同进行工程管理，处理合同争议和索赔事项，按照合同规定审核工程变更、现场签证、计量、工程支付事项。

（7）在工程竣工验收后，对合同文件及时进行收集、整理、存档。

（8）在监理过程中，遵守监理工程师职业道德，不向无关方泄露合同内容，以免损害合同签订各方的利益。

4.1.2 项目多方协同管理信息化应用技术，发挥信息管理的重要作用

（1）虚拟仿真施工技术利用BIM建模和三维可视化功能，实现邢台职业技术学院校区扩建汽车、机电系教学实训楼在工程建设过程中的模拟和三维共同交底。

（2）高精度自动测量控制技术：在施工前期采用GPS定位对该工程进行精准定位，后期采用智能全站仪、电子经纬仪等测量仪器对各个单体进行测量放线。

（3）施工现场远程监控管理：工程远程监管和验收技术在该工程得以发挥应用。通过视频信息随时了解和掌握现场工程进展，现场质量安全状况随时掌控，及时纠偏，及时指导到位，既有利于项目管理，又大大节约了管理人力，增加了管理效率，获得更好的收益。

（4）工程量自动计算技术：该工程采用的工程量自动计算技术是建立在三维模型数据共享基础上，应用于建模、工程量统计、钢筋统计等过程，实现基础、混凝土、装饰装修等各部分的自动算量。通过运用工程量自动计算技术，极大地提高了工作效率，大大节省人力、物力、成本。

（5）项目多方协同管理信息化技术：该工程以Internet为通信工具，以现代计算机技术、大型服务器和数据库技术、存储技术为支撑，以协同管理理念为基础，以协同管理平台为手段，将工程项目实施的多个参与方（投资、建设、管理、施工等）、多个管理要素（人、财、物、技术、资料等）进行集成管理。

（6）该工程通过信息化应用技术、系统化信息管理，在工程变更、专业技术交叉处理、质量和投资控制等方面发挥着重要作用。

4.2 科学监理，积极协调，使"三控"目标平衡发展，互相促进

识别探讨建设工程投资、进度、质量三大目标的辩证关系，服务于工程：

（1）工程质量、成本、进度三者关系是辩证的，既对立又统一。有经验、高智能的监理既要依据合同，又要巧妙引导建设单位、施工单位看到事物背后的辩证关系，从项目整体出发，统筹考虑，解决问题的根本。

（2）工程问题千头万绪，从各自利益出发，纠缠于局部，使工程陷于困境的事情时有发生。一纸合同难以责任分明到延续几年随机发生的每一件事。坚守"守法、诚信、公正、科学"的监理执业准则，高智能的协调处理是监理人员服务水平的体现。例如工程变更/签证/索赔、认质认价、决策延迟影响、人为因素影响、自然因素影响等，都会对工程质量、投资、进度造成影响。抓住问题关键，拿出合理建议，督促恰当处理，为工程营造良好的施工环境，才能确保"三控"目标如期实现。

4.3 制定监理规划，主动指导配合落实项目总体目标，为创优质工程尽职尽责

4.3.1 根据项目的总体规划，依据承包合同，确定工程质量控制和管理目标为"国家优质工程"

1.参建各方统一创优思想，提高创优意识，形成共同创优方案

依据合同创优目标，监理单位主动与建设单位、施工单位沟通协调，及时组织召开创优工作协调会。会议强调工程创优需要参建各方的共同努力，系统严密配合，监督管理和相互支持均要以合同目标为出发点，以相关验收标准规范为准绳，以严密的创优计划、措施、经验为工作落实点，一步一个脚印，思想认识到位并落实到位，工程创优才能到位。各方意见统一后，施工单位制定了创优方案，经建设单位、监理单位共同审核通过后，施工过程中步步为营，逐项审查，各方签认，为最终创优打好坚实的基础。

2.制定监理项目部创优方案

工程创优是系统实施工程，施工过程中人力、财力、物力、精力都应有相应提高，每一个因素、每一环节都要关注到位。特别是具体执行者和各个操作人的质量意识尤为重要。施工单位作为落实主体，管理人员的技术素质、管理思想、对优质工程的标准要求、过程自检要求，监理单位均要一一关注到位。为此在公司的大力支持下，项目监理部制定了严密的创优监理方案。

（1）守法、诚信、公证、科学的监理准则，现场每位监理人员必须严格遵守、不得有违。严格执行国家相关法律、法规、验收标准要求，科学管理工程，以制度约束行为，奖优罚劣。监理人员过硬的技术素质、管理能力、高度的责任心是关键因素。依据公司对现场项目监理部的要求，在监理过程中以日统计、周总结、月评价来体现，总监理工程师和建设单位考评现场人员，公司考评总监理工程师，建设单位考评监理服务水平，月、季、年奖罚标准明细表上墙，实现监理内部的公平公正、奖罚分明。

（2）施工单位作为项目由设计图纸转化为实体工程的主体单位，在施工阶段是管理的重中之重。为此总监理工程师首先与建设单位充分沟通，让建设单位理解到项目目标实现的要点为：合同、图纸、法律法规是各方必须遵守的依据；有针对性、公平、合理、科学的项目管理制度是工程顺利实施的得力工具；总监理工程师与项目经理沟通了项目的法定责任和各司其职的责任要求；与施工单位项目负责人沟通了项目实施过程中，质量、安全、造价、进度既有矛盾对立的一面，又有统一的一面，用尊重科学的管理方法共同寻找它们的交集范围，不能鲁莽蛮干。工程实施过程中影响因素繁多复杂，施工单位作为实施主体，监理单位作为管理主体，建设单位作为投资主体，三方都应以工程需要为出发点，在遵守原则的前提下寻找统一点。经过反复沟通，制定了项目管理制度和管理签认程序，实现了项目认识层面的统一。

（3）监理对事前控制、事中控制、事后控制三环节控制的原则：

事前控制为主要控制措施：事前管理合同各方责任主体行为，有效避免合同争议纠纷；事前制定工程管理制度，避免各方行为过失的发生；事前管控原材料、构配件、成品半成品进场和送检实验检测；事前管控施工设施设备，事前巡视检查材料加工安装；事前管控各工种检验批的形成，尽量避免返工现象的发生；事前避免不合格工程部位的出现；事前审查施工技术文件方案、技术交底等编制的合理合法性，以便有效指导施工；事前审查施工技术管理人员、特殊工种人员素质，避免施工基层管理缺失，形成工程质量安全隐患；事前预防工程中的风险因素，为工程顺利进展服务。

事中控制为重要控制措施：工程施工涉及人、材、机、法、环基本因素，还有地基因素、设计因素、环境保护因素等，每个因素的到来都会对工程造成影响，减少或消除它们是事中控制必须面对的问题，也是工程的重中之重。监理工程师在这一环节发挥着重要作用。坚持执行国家《建设工程监理规范》GB/T 50319—2013、《建设工程质量管理条例》和相关验收标准规定，认真落实监理职业要求，不迁就不放过，为实现工程良性循环、为优质工程创建发挥着重要作用。质量安全问题出现时，监理工程师以负责的态度对待，让施工管理人员认识到事态发展会对工程造成不利影响，加大管理力度，对施工素质差的人员进行调整，减少了工程的不利因素。施工单位自我检查管理到位，监理单位检查验收认真负责，质监站各方大力支持现场工作，建设单位项目人员及时配合检验批验收，使该工程事中控制得到很好的控制效果，为工程评优奠定了基础。

事后控制到位，确保工程顺利进入使用期：事前控制、事中控制、事后控制都是为了投资目的的实现奠定基础。查找疏漏、做好资料信息整理签认、组织好竣工初验，为该工程竣工验收做好准备。

4.3.2　严格过程管控，紧抓关键节点，项目监理部严格执行工序检验和隐蔽工程检查验收制度及分项、分部工程检查验收制度，较好地控制了施工的各个环节

以地基基础、主体结构安全与满足使用功能、节能与能源利用为监控重点，对关键施工工序及节点，采取旁站监督、平行检验的方式进行跟踪管理，重点控制隐蔽验收、检验批、分项工程和分部工程的检查与验收，检查出的问题及时要求施工单位落实。监理单位认真复查问题落实情况，并根据施工团队的执行力，采取相应的监理措施。

4.3.3　经过参建单位共同努力、合理配合，施工过程控制严格到位，该工程各分部、分项、检验批质量始终处于受控状态

工程实体地基与基础及主体结构安全，钢结构质量合格，装饰装修工程、安装工程均符合规范要求，一次验收通过，工程质量整体评价为合格，观感优良。施工过程中无任何安全、质量事故发生。

5　项目管理办法

5.1　建立行之有效的制度体系，用制度约束完善行为

工程施工准备阶段，针对工程特点，结合《建设工程监理规范》GB/T 50319—2013及相关法律法规、验收标准等要求，会同建设单位、承包单位、跟踪审计单位制定了《邢台职业技术学院校区扩建汽车、机电系教学实训楼工程项目管理制度》，对现场参建各方的行为进行规范并设有奖罚（奖罚比例在合同约定范围内），参建各方代表签认并盖章。施工过程中严格要求执行到位，执行方式：公正严明，互有监督。

5.2　事前预控

建筑产品"百年大计""质量第一"是监理工程师做好质量控制工作自始至终应遵循的基本原则。根据工程质量的隐蔽性及终检的局限性，应重视对工程质量事前控制，严格事中监督，防患于未然，这是确保工程质量的有效措施。建设工程质量受多种因素直接或间接的影响，监理工程师在质量控制过程中，必须坚持守法、诚信、公正、科学的职业道德。尊重事实、尊重科学，以数据资料为依据，坚持原则，客观公正地处理质量问题，秉公监理。

5.2.1　施工前的控制

施工前控制就是为实现质量计划目标而进行科学合理地安排预控计划。在实际生产中，应采取多种预控措施。进驻施工现场后，监理工程师依据建设项目的概况，针对工程特点，结合建设单位的要求，按照《中华人民共和国建筑法》《建设工程质量管理条例》等相关法律法规及建筑质量验收标准体系，编制详细的工程质量监理表，明确监控的目标、标准。根据监理目标拟定所监理项目行之有效的组织措施、技术措施、经济措施、合同措施。

5.2.2 承包管理组织预控

（1）审查管理、质量保证体系资料时，人员配备有问题的，纠正到位后，签认开工申请，准许开工。

（2）审查技术交底情况，发现不到位的，限时要求整改后，允许该工序施工。

（3）安全管理人员安全意识必须保持常态。发现责任心不高的，要求更换。

5.2.3 工程实体预控

（1）原材料预控：进场质量合格证明齐全有效，现场目测、实测合格后进场。见证取样送检合格后允许使用，不合格的全部退场。退场时建设单位、监理单位在场，留照片备查。

（2）隐蔽工程按优良标准验收控制，规范钢筋混凝土施工，在钢筋加工、制作、绑扎和混凝土浇筑全过程，严格钢筋验收和过程检查，实测实量符合要求后，按程序签认后进行浇筑。施工过程中，独立基础钢筋出现加工长度超误差、基础钢筋样板不过关、同一部位两次验收不能通过，经深入了解，钢筋工技术交底落实不到位、专业技术力量薄弱、部分工人素质差。为此与施工单位项目经理谈话沟通，并报请建设单位，要求施工单位对施工队伍做出调整，后续实体工程效果有很大提高。

（3）装饰装修工程、安装工程全部样板引路，样板不过关、施工技术水平不达标，不允许大面积施工。

（4）落实规范要求的工程预控方法，如监理例会、监理通知、监理工作联系单、检验批验收等，从技术措施到经济措施，从思想意识到施工方法，力争把问题消灭在萌芽状态。

5.3 事中控制

5.3.1 严格过程巡检，严格检验批/分项/分部/半成品/成品验收

（1）施工现场质量控制监理人员必须抓住重点环节，严格把关，主要是对原材料、构件、设备的质量认证与核验，隐蔽工程及关键部位的质量跟踪检查与验收。

（2）树立监理人员权威，对工程质量达不到标准的生产工序和操作，有权加以停工处理。监理人员应在做好巡视、检查、旁站等工作的同时，把坚持按工作程序办事作为工程质量控制的重点。督促施工单位做好施工技术交底工作。只要施工人员明白下道工序做什么、怎样做，工序质量才有保障。督促施工单位做好自检、互检、专检制度的落实。未实行三检或三检有问题的工序，监理人员不予以检查确认。监理人员要加强对工序质量的巡视、检查、对重点部位、关键环节实行旁站监理，严把工序质量关。因为工序质量是分部分项工程质量的前提和基础，只有工序质量合格，分部分项工程质量和单位工程质量才有保障。监理人员应该检查验收的项目如工序、隐蔽工程、分部、分项工程质量等，一定要按有关要求检查验收，未检查或检查不合格者，不得进入下道工序施工。

（3）原材料、试件、试块的检验报告，是质量保证资料的重要组成部分。监理人员必须按照规范、标准和《房屋建筑工程和市政基础设施工程实行见证取样和送检的规定》要

求，认真做好工程中涉及结构安全的试件、试块和材料的见证取样，发现问题及时解决，真正做到试样的代表性和真实性。对于一般原材料、半成品、构配件的质量应由专业监理工程师检查、确认，但是对于重要原材料、半成品、构配件的质量，总监理工程师应亲自参加并主持检查、确认。

5.3.2 做好信息资料收集、整理、归档工作

监理资料是监理工作质量的反映，是各方责任的文字体现，资料与实体管理同样重要。监理人员在要求施工单位施工技术资料与施工进度同步的同时，一定要做到监理资料与施工进度同步，并随时真实地记录现场监理情况，总监理工程师定期或不定期地加强对监理资料的检查。

5.4 事后控制

在一个单位工程完工后或整个工程项目完成后，施工单位应先进行竣工自检。自检合格后，向项目监理单位提交《工程竣工报验单》，总监理工程师组织专业监理工程师、施工单位等有关人员对单位工程进行预验。针对检查的土建、暖卫、电气和外观等方面存在的质量问题，及时发出整改通知单，整改通知单中应明确内容、部位、要求及整改完成时间。施工单位全部整改后，写出整改报告。预验合格后，报建设单位。监理工程师对施工单位准备提交的竣工资料等申报材料进行审查，若提交的验收文件、资料不齐全或有相互矛盾和不符之处，应指令施工单位补充、核实及改正，要求真实、完整，符合档案整理要求。监理单位参加建设单位统一组织的工程竣工验收工作。实地查验工程质量，听取政府质监部门对监理工作的评价，并在竣工验收报告上签署意见。

6 项目管理成效

6.1 工程实施与验收情况

6.1.1 工程前后期手续

该工程于2009年4月完成项目申请报告，项目立项、报建、招标投标、质监、安监手续齐全，2015年4月手续齐全后正式开工建设。2017年11月进行竣工初验，2018年4月24日竣工验收通过。竣工验收备案文件完备，验收程序合法。

6.1.2 工程观感效果

该工程采用中国传统院落围合式设计，西立面采用半径997m的弧形造型，23.55m高混凝土梁与42根箱型钢梁组合装饰联系，整体造型庄重大气。

6.1.3 工程实体效果情况

施工中应用BIM技术进行综合布置，通过碰撞检测对设备、管线、主体结构等进行优化，保证了工程质量。地基采用天然地基，承载力达到设计要求。基础形式为独立基础。主体结构：钢筋混凝土内在质量可靠，外观线条流畅，几何尺寸准确，轴线、标高、钢筋保护层厚度及结构实体检测满足设计规范要求。砌体工程横平竖直、灰浆饱满，线管预埋

规矩美观。砌体综合观感质量好。11536.1m²的屋面采用双层3+3厚SBS防水卷材。屋面坡度正确，排水通畅，使用至今无渗漏、无积水。排气管选材考究，实用美观。1524块避雷墩排列整齐，笔直成线，纵横成网，布置合理。25544m²的外墙面砖表面平整、色泽均匀、错落有致；整体外墙面砖施工灰缝交圈，窗口周圈整砖对称。门厅及室内房间装饰精美，具有浓厚的汽车、机电专业特色。墙面平整，阴阳角顺直，界面清晰。各种门窗安装牢固，开启自如。36691m²室内地砖排板合理，铺贴平整。细部节点套割精细，美观考究。给水排水等管道介质流向标识醒目。洁具分中对称，安装牢固。电气工程管线、桥架排列整齐，标识清晰。灯具、开关安装排列整齐，标高一致。防雷接地系统安装规范可靠，测试点标识做工考究，实用美观。

6.1.4　工程技术资料

工程技术档案资料与施工进度同步，资料内容齐全、编目清晰、真实有效、可追溯性强。

6.1.5　节能效果

工程顺利交付使用，经各项能耗检查，达到设计的各项指标要求。节能效果：外墙保温采用导热系数 ≤ 0.13 的蒸压轻质砂加气混凝土砌块形成自保温系统，冷热桥处采用导热系数 ≤ 0.11 的蒸压轻质砂加气混凝土保温块。外门窗采用断桥铝合金中空 Low-E 玻璃（6+12A+6）门窗。屋面采用两道3+3厚高聚物改性沥青卷材防水和70mm厚挤塑聚苯板。材料选用符合图纸要求，实现了设计的各项节能指标。

6.1.6　环境保护效果

施工过程中选用合格的绿色环保施工建筑材料，装饰装修的石材、地砖、钢质门、玻璃门窗等均采用工厂化加工、制作，提高制作精度的同时，大幅降低环境污染，实施过程符合图纸设计及现行规范要求，经邢台健宇检测技术有限公司检测，室内环境质量合格。

6.1.7　绿色建筑

该项目选址符合城乡规划，场地内无排放超标的污染源，容积率1.00，绿地率44.4%，周边公共交通系统完善，合理设计地面停车位，不挤占步行空间及活动场所，种植乡土植物，采用乔灌草复层绿化；建筑设计东、南、西、北窗墙比均低于0.5，外窗可开启面积比例达到35%，充分利用可再生能源；建筑单体通过自然采光、自然通风、绿色照明与控制系统等绿色建筑技术体系，达到绿色建筑一星级设计要求。

6.2　技术创新成果

（1）邢台职业技术学院校区扩建汽车、机电系教学实训楼工程荣获河北省建筑业新技术应用示范工程。

（2）邢台职业技术学院项目部2017年发布了提高卫生间防水施工质量合格率QC成果，荣获"2017年度河北省工程建设优秀质量管理小组"。

（3）国家实用新型专利两项：

①实用新型名称：一种切割防护罩，专利号：ZL201620513651.5。

②实用新型名称：楼梯踏步模板支架，专利号：ZL201720457077.0。

6.3　工程获奖情况

该工程经过相关部门复查验收，获得以下荣誉：

（1）河北省结构优质工程奖。

（2）邢台市建设工程"金牛杯"奖（市优质工程）。

（3）河北省建设工程"安济杯"奖（省优质工程）。

（4）河北省建筑业新技术应用示范工程。

（5）国家实用新型专利两项。

（6）河北省工程建设优秀质量管理小组。

（7）国家优质工程奖（2019年）。

（8）省级安全文明施工工地。

6.4　经济效益

邢台职业技术学院校区扩建汽车、机电系教学实训楼工程在施工中积极推广应用了住房和城乡建设部推广10项新技术中的8大项、21小项新技术，一项新材料，两项专利，增加了工程的科技含量，提高了工程质量，加快了工程进度，降低了资源消耗，减少了环境污染。由于工程施工中新技术的应用，共节约资金145.1759万元。通过该工程推广应用新技术的成功经验，起到以点带面的作用，使推广应用新技术在公司所有工程施工中得到进一步的普及和发展。

6.5　社会效益

邢台职业技术学院校区扩建汽车、机电系教学实训楼的建成和投入使用，将会对邢台市及河北省提供更多更好的人才服务和科技支持，改善邢台市的人文环境，为河北省发展提供服务。该项目的建设实施，提高了办学质量，提高了人才素质，促进了职业教育持续发展，适应了国内的经济、企业需求和社会发展，有利于和谐社会建设。该工程承载了邢台职业技术学院汽车系和机电系两个院系的教学、培训和研发功能。搭乘"一带一路"的东风，汽车系与奔驰、路虎、捷豹等多家国际知名企业达成合作，机电系与法国、泰国等国外多家无人机企业进行校企合作，致力于为学生提供国际一流的教学条件和实训平台。该项目的投入使用将为国家培养大批具有国际视野的应用型高技能人才，必将成为邢台市、河北省乃至全国重要的人才培训基地。

7　工程监理启示

（1）参建各方找准自己的位置，尽到义务履好职责，是工程成功的关键因素。

（2）监理单位在工程中的作用很大程度上取决于监理人自己，监理人对规范技术的掌握程度、管理技能、对问题的审视角度、解决问题的办法，在工程中起着重要作用。只有深刻认知监理人的执业准则，认真贯彻到工程中，监理作用自然会显现。

（3）工程总承包的管理机制、项目班子的组织管理力度和技术能力、劳务分包的操作技能水平，决定了工程质量的水平。

（4）前期承包合同签订严密程度，对施工阶段争议协调、事件处理难易起到决定性作用。

（5）初步设计的工程定位、最终设计的水平及严密程度，决定了变更和索赔争议解决的难易度。

（6）BIM等新信息技术应用对助力工程管理实现有效预控。

某高装配率、群体装配式住宅楼项目工程实践

周淑清，佟志新，王羽，吴兴海（河北理工工程管理咨询有限公司）

摘 要：近年来，我国在积极探索发展装配式建筑，装配式建筑的发展对建筑行业的转型升级以及可持续发展有着重要的意义。以往的现浇混凝土施工技术落后、效率低，相比之下预制装配式建筑施工技术有着较高的工作效率，可以实现成本可控制、质量有保证、能耗低、施工安全的特点和优势，符合国家节能、低碳、节约经济的发展要求，符合住宅产业现代化和人居质量提升的发展方向。

预制装配式建筑施工技术是重要的技术应用，该技术在建筑行业施工运用比较广泛，具有较高的应用价值，本文重点分析了预制装配式建筑施工技术的应用特点以及工程监理在预制装配式施工中的管理方法。

1 项目背景

该项目总建筑面积243328.08m^2，预制装配率约60%，是响应《"十三五"装配式建筑行动方案》的装配式建筑项目，地方政府及各部门领导对该项目高度重视，建成后将成为本地区装配式住宅项目建设的示范性项目。

2 项目简介及重点、难点分析

2.1 项目简介（表1）

项目简介 表1

序号	项　目	内　容
1	项目名称	某装配式住宅楼项目一期工程
2	建设单位	××××房地产开发有限公司

序号	项 目	内 容
3	监理单位	××××工程管理咨询有限公司
4	勘察单位	××××工程有限公司
5	设计单位	××××有限公司
6	施工单位	××××有限公司
7	建设地点	××××润泽路东侧、祥云道南侧、康宁路以西
8	建筑规模	含八栋住宅楼、一所幼儿园、一所学校、一个菜市场、一个物业管理经营用房及一个车库（含人防）等，总建筑面积 243328.08m²
9	工期要求	总工期为 594 日历天
10	质量要求	合格
11	工程性质	住宅楼、地下车库、幼儿园、学校、菜市场

2.2 项目概况（表 2）

项目概况 表 2

序号	项 目	内 容					
1	建筑功能	地下室			主楼		
		车库			商业、住宅		
2	各楼介绍	楼号	层数	建筑高度（m）	总建筑面积（m²）	地下建筑面积（m²）	单元数
		1 号	11、30/-2	32.2/87.3	15768.34	1392.95	2
		2 号	30/-2	87.3	29913.98	1832.02	2
		3 号	30/-2	87.3	26368.44	1607.95	2
		4 号	27/-2	78.6	23992.19	1660.08	2
		5 号	30/-2	87.3	33444.14	2138.23	3
		6 号	11、30/-2	32.2/87.3	19896.91	1999.45	3
		7 号	11/-2	32.2	12832.32	1945.59	3
		8 号	11/-2	32.2	8520.68	1285.39	2
3	建筑防火	地下一级，高层一级					
4	墙体工程	外墙	地下	250mm、300mm 钢筋混凝土（P6 抗渗）			
			上部	200mm、250mm 钢筋混凝土、190mm MS 砌块。女儿墙为 150mm 钢筋混凝土			
		内墙		200mm 钢筋混凝土、隔墙 190mm MS 砌块。水暖井、电井、厨卫隔墙为 100mm GRC 隔墙板			

序号	项 目		内 容
5	防水工程	地下	地下室防水等级为二级，地下车库顶板防水等级为一级（种植土），底板3+4厚SBS改性沥青防水卷材 –25° 聚酯胎，350号石油沥青油毡，50厚C20细石混凝土保护层，钢筋混凝土底板加防水剂。侧墙结构加防水剂，3+3厚SBS改性沥青防水卷材 –25° 聚酯胎，50厚聚苯乙烯泡沫塑料板保护层。车库顶板为自防水钢筋混凝土顶板，3厚SBS改性沥青防水卷材 +4厚SBS改性沥青耐穿刺防水卷材，PED14高分子防护排异形片自黏土工布 +HXC虹吸排水槽，种植土
		屋面	高层屋面防水等级为一级，要求二道设防，防水材料采用双层3+3厚SBS改性沥青防水卷材
		楼面防水	卫生间采用1.5厚聚氨酯涂膜防潮层 +1.5厚JS防水涂料，防水层上返300mm高。厨房采用1.5厚JS防水涂料，防水层上返300mm高。水暖井采用1.2厚JS防水涂料，四周延墙上返50mm。2号楼屋顶水箱间采用1.5厚聚氨酯防水
6	节能设计	屋面	85mm厚挤塑聚苯板。防火等级为B1级，密度30kg/m³，导热系数≤0.033W/（m·K）
		外墙	外墙1~4层使用130mm厚挤塑聚苯板，5层及以上使用80mm厚挤塑聚苯板。防火等级为B1级，干表密度30kg/m³，导热系数≤0.033W/（m·K）。每层设置水平防火隔离带，燃烧性能为A级，高度300mm
		楼板	70mm厚HTSL-P2泡沫混凝土
		不供暖地下室顶板	70厚HTSL-P2泡沫混凝土 +100厚钢筋混凝土 +50厚喷涂超细无机纤维
		隔墙	非供暖公共部分：25mm厚FTC保温材料

2.3 项目复杂性（表3）

项目复杂性　　　　　　　　　　　　　　　　　表3

序号	项目复杂性	解决方案及保证措施
1	施工现场场地狭窄	该工程施工的8栋住宅楼均与地下车库相连接，根据现场规划，地下车库与主楼主体结构同时施工。现场南侧紧邻铁路，北侧紧邻道路，无法形成环道。现场钢筋场、木工场、材料堆放场等相对狭小，塔式起重机平行布置，现场施工组织难度大
2	群体建筑施工，塔式起重机布置必须兼顾各种综合因数	合理布置塔式起重机、多机施工；制定群塔施工方案，既要满足群塔安全施工要求，又要确保垂直运输机械发挥最大效能
3	合同划分较多，因专业分包商较多而难以协调；因材料、设备来源渠道较多而引起工期受到影响	强化工程总承包职能，多替建设单位分忧解愁；协助建设单位制定材料、设备影响施工进度隐患目录提纲，提前做好准备

2.4 项目重点及难点

该工程在施工过程中存在以下重点及难点：

（1）大型预制构件对垂直运输设备的高要求。

（2）工程体量大，构件类型多，施工管理难度大。

（3）现场堆场占地面积大，交通组织难度大。

（4）群塔作业施工，工程协调及安全管理难度大。

（5）预制构件的生产、安装、成品保护等环节的精细化管理。

（6）套筒灌浆、坐浆、楼板平整度、板缝控制、外架防护等方面的工作均为施工过程的重点及难点。

由于工期紧、任务重，该项目合同要求预制率达到60%，在运用新技术、新工艺、新材料、新设备的前提下，无论是设计、施工进度、成本、质量都会对项目的实施产生重大影响。

3 项目监理机构组织

3.1 组织形式

项目监理部采用副总经理直管的总监理工程师负责制。项目监理部在副总经理直管的基础上展开监理工作，副总经理负责监督指导项目监理部工作；总监理工程师负责项目具体监理工作，对工程质量、进度、投资进行重点控制，对信息和资料全面管理，负责与参加各方沟通协调，负责落实法定安全生产监理职责。

3.2 监理人员岗位职责及分工

根据《建设工程监理规范》GB/T 50319—2013和河北省监理工作标准的要求，对岗位职责明确分工，分工职责在办公室上墙展示，监理工作标准化、规范化。

项目监理部职责分工明确，按照轴线、交界部位、施工工种等进行分工，并明确了责任范围，避免因分工划分模糊导致交界部位处于无人管理状态。

例如，落实构配件驻场监造的作用，对构配件预埋件、钢筋、保温、混凝土等进行逐项检查验收，记录好养护时间、温度、湿度，所有验收形成纸质资料，作为构配件施工现场进场原始资料并移交给项目监理部。

4 项目监理的管理过程

4.1 驻厂监造

项目监理部选派技术过硬、经验丰富的监理人员对预制构件生产进行驻厂监督，对原材料、隐蔽工程、构件尺寸等进行检查验收，对质量合格的构件进行确认并且准许出厂，未经验收合格的构件禁止出厂。

4.1.1 驻厂监理对预制构件制作过程中的控制内容

（1）方案审查

审核构件加工厂的预制构件生产加工方案和进度方案，方案中要体现质量控制措施、验收措施、合格标准；加工、供应计划是否满足现场施工要求。

审核预制构件的运输与存放方案，其内容应包括运输时间、次序、存放场地、运输线路、固定要求、堆放支垫及成品保护措施等。对于超高、超宽、形状特殊的大型构件的运输和存放，应有专门的质量安全保证措施。

（2）进厂材料控制

①预制构件在工厂生产过程中，钢筋、混凝土及混凝土原材料、保温材料、套筒、拉结件等主要原材料应进行抽样检验。

②保温材料进厂后应对表观密度、导热系数、压缩强度等进行抽样复检，检验结果应符合国家有关标准的规定。

③夹心外墙板非金属拉结件进厂后应对拉伸强度、拉伸弹性模量、弯曲强度、弯曲弹性模量、剪切强度等进行抽样复检，检验结果应符合国家有关标准的规定。

④钢筋连接套筒进厂后应对抗拉强度、延伸率、屈服强度（钢材类）等性能指标进行抽样复检，检验结果应符合国家有关标准的规定。

⑤灌浆套筒进厂后，应抽取套筒与匹配的灌浆料制作对中连接接头，进行抗拉强度检验，检验结果应符合《钢筋机械连接技术规程》JGJ 107—2016的规定。

4.1.2 构件制作质量控制

（1）构件应在明显部位标明生产单位、构件型号、生产日期和质量验收标识。构件上的预埋件、插筋和预留孔洞的规格、位置和数量应符合标准图集或设计要求。

检查数量：全数检查。

检验方法：对照设计图纸进行观察、量测。

（2）构件的外观质量不应有严重缺陷。对已经出现的严重缺陷，应按技术处理方案进行处理和经原设计单位认可，并重新检查验收。

检查数量：全数检查。

检验方法：观察，检查技术处理方案。

（3）构件不应有影响结构性能和安装、使用功能的尺寸偏差。对超过尺寸允许偏差且影响结构性能和安装、使用功能的部位，应按技术处理方案进行处理，并重新检查验收。

检查数量：全数检查。

检验方法：量测，检查技术处理方案。

（4）构件制作模具尺寸应符合规范规定。

检查数量：全数检查。

检验方法：钢尺检查。

4.1.3 预埋件和预留孔洞检查措施

固定在模板上的预埋件、预留孔和预留洞的安装位置的偏差应符合相关规范规定。

检查数量：全数检查。

检验方法：钢尺检查。

4.1.4 钢筋网检查措施

钢筋安装时，钢筋网安装位置的偏差应符合相关规范的规定。

检查数量：全数检查。

检验方法：观察，钢尺检查。

4.1.5 构件尺寸偏差验收措施

构件的尺寸偏差应符合相关规范规定。

检查数量：当同一规格（品种）、同一个工作班生产的构件连续10件检验合格时，可按批检验。同一规格（品种）、同一个工作班为一检验批，每检验批抽检数量不应少于30%，且不少于5件。

检验方法：钢尺检查。

4.1.6 构件外观质量控制措施（表4）

构件外观质量控制措施   表4

名称	现象	质量要求	检验方法
露筋	构件内钢筋未被混凝土包裹而外露	禁止露筋	观察
蜂窝	混凝土表面缺少水泥砂浆而形成石子外露	禁止蜂窝	观察
孔洞	混凝土中孔穴深度和长度均超过保护层厚度	极少量	观察
裂缝	缝隙从混凝土表面延伸至混凝土内部	影响结构性能的裂缝不应有，不影响结构性能或使用功能的裂缝不宜有	观察
连接部位缺陷	构件连接处混凝土缺陷及连接钢筋、连接件松动	不应有	观察
外形缺陷	内表面缺棱掉角、棱角不直、翘曲不平等；外表面面砖粘结不牢、位置偏差、面砖嵌缝没有达到横平竖直、转角面砖棱角不直、面砖表面翘曲不平等	清水表面不应有，混水表面不宜有	观察
外表缺陷	构件内表面麻面、掉皮、起砂、沾污等；外表面面砖污染、铝窗框保护纸破坏	清水表面不应有，混水表面不宜有	观察

4.1.7 构件质量通病原因分析及处理办法

（1）蜂窝

原因：施工时下料不当、振捣不实、模板缝隙不严。

处理办法：先将浮浆剔凿、冲洗干净，设专人采用与结构提高一个等级的细石混凝土加膨胀剂（水泥重量5%的膨胀剂），填塞捣实，表面处理平整。

（2）孔洞、缝隙、露筋

原因：混凝土离析，严重跑浆振捣不到位。

处理办法：将孔洞周围的松散混凝土和软弱浆膜剔除，用压力水冲洗干净并充分湿润，设专人采用与结构提高一个等级的细石混凝土加膨胀剂（水泥重量5%的膨胀剂），浇筑、捣实，表面处理平整。

（3）缺棱掉角

原因：模板拼缝不严，拆模时间过早，拆模时重物撞击，拆模时棱角撬掉。

处理办法：将掉角处冲洗干净，并充分湿润，设专人采用与结构提高一个等级的细石混凝土或同强度等级的水泥砂浆修补整齐。

（4）混凝土裂缝

原因：由变形引起的裂缝，如温度变化、收缩、膨胀等原因引起的裂缝；由外载作用引起的裂缝；由养护环境不当和化学作用引起的裂缝等。

处理办法：在裂缝的表面涂抹水泥浆、环氧胶泥或在混凝土表面涂刷油漆、沥青等防腐材料或沿裂缝凿槽，在槽中嵌填塑性或刚性止水材料，以达到封闭裂缝的目的。常用的塑性材料有聚氯乙烯胶泥、塑料油膏、丁基橡胶等；常用的刚性止水材料为聚合物水泥砂浆。

4.2 预制构件现场安装质量控制

4.2.1 墙体安装质量控制

（1）测量放线：对放样申报首先进行内部复算，同时对放样点进行外业测量工作，监理工程师应进行独立计算，尽量使用与施工单位不同的放样方法（可简化），可以避免相近思维而导致相同错误的发生，对测量工作可以起到真正的监督作用。

（2）剪力墙钢筋校核

按设计要求检查基面墙板预留插筋，其位置偏移量不得大于5mm。对中心位置偏差超过10mm的插筋应根据图纸采用1∶6冷弯矫正，不得烘烤；对个别偏差较大的插筋，应将插筋根部混凝土剔凿至有效深度后再进行冷弯矫正，以确保竖向构件安装及灌浆连接的质量。

（3）结合面清理，灌浆、溢浆孔、套筒检查清理

预制外墙板与现浇混凝土结合面未清理干净，灌浆孔、溢浆孔、灌浆套筒堵塞有杂物，会对预制外墙板安装效率造成影响，大大降低施工速度。

（4）预制墙体安装

①竖向构件吊至预留插筋上部100mm时，将预留插筋与墙板内灌浆套筒一一对应后，再下放就位。

②当钢筋出现偏差、构件无法下落时，可用锤子先侧敲钢筋，或用撬棍轻轻来回撬动构件；待构件一侧套筒就位后再调整另一侧钢筋。

③外伸钢筋插入灌浆套筒后，沿墙板边线缓慢下落至垫片上，根据构件边线、墙板

300mm线调整就位后，安装墙板斜向支撑，用检测尺检测墙板的垂直度。墙板安装合格后，方可摘掉吊钩，安装下一片墙板。

④预制墙板支撑安装。预制墙板支撑体系由斜向拉杆实现，确保预制墙体在底部连接、水平连接未浇筑时稳定，同时可以调整预制墙体的垂直度、两块预制墙体之间的平整度等，斜向拉杆可顶可拉，下端固定于楼地面上（斜支撑与混凝土楼地面打胀栓固定），上端固定于预制墙板上（墙板上留有预埋点，斜支撑与墙板通过螺栓连接）；即每块墙配置两根斜向拉杆，墙体吊装就位后，将斜向拉杆安装于墙体和楼地面上，旋转支撑调整垂直度。

⑤安装外墙板时，应注意先在墙板保温夹层上钉一条宽度50mm、高度30mm的橡塑棉，墙板挤压橡塑棉，避免灌浆浇筑混凝土时漏浆。外装修时，在缝隙内衬直径20mm的聚苯乙烯泡沫塑料棒上打耐候密封胶。

（5）套筒注浆工序控制要点

①连接钢筋检查、构件连接面检查。检验下方结构伸出的连接钢筋的位置和长度，应符合设计要求。钢筋位置偏差不得大于±5mm（可用钢筋位置检验模板）；钢筋不正可用钢管套住掰正或者铁锤敲击矫正。长度偏差在0~15mm；钢筋表面干净，无严重锈蚀，无粘贴物（如水泥渣等）。高温干燥季节应对构件与灌浆料接触的表面做润湿处理，但不得形成积水。

②构件吊装固定。安装基础面可调垫块（约20mm厚）并调平，构件吊装到位。安装时，下方构件伸出的连接钢筋均应插入上方预制构件的连接套筒内（底部套筒孔可用镜子观察），然后放下构件，校准构件位置和垂直度后支撑固定。

③分仓与接缝分封。

分仓：采用电动灌浆泵灌浆时，一般单仓长度不超过1m。在经过实体灌浆试验确定可行后可延长，但不宜超过3m。仓体越大，灌浆阻力越大，灌浆压力越大、灌浆时间越长，对封缝的要求越高，灌浆不满的风险越大。

采用手动灌浆枪灌浆时，单仓长度不宜超过0.3m。分仓隔墙宽度应不小于2cm，为防止遮挡套筒孔口，距离连接钢筋外缘应不小于4cm。分仓时两侧须内衬模板（通常为便于抽出的PVC管），将拌制好的封堵料填塞充满模板，保证与上下构件表面结合密实，然后抽出内衬。分仓后在构件相应位置做出分仓标记，记录分仓时间，便于指导灌浆。

封缝通用要求：对构件接缝的外沿应进行封堵；根据构件特性可选择专用封缝料封堵、密封条（必要时在密条外部设角钢或木板支撑保护）或两者结合封堵；一定要保证封堵严密、牢固可靠，否则压力灌浆时一旦漏浆很难处理。

用密封带封堵：在剪力墙靠XPS保温板的一侧（外侧）封堵可用密封带封堵；密封带要有一定的厚度，压扁到接缝高度（一般为2cm）后还要有一定的强度；密封带要不吸水，防止吸收灌浆料水分引起收缩；密封带在构件吊装前固定安装在底部基础的平整表面。

④灌浆料准备：必须采用经过接头型式检验，并在构件厂检验套筒强度时配套的接头专用灌浆材料。严禁使用未经上述检验的灌浆材料。

⑤灌浆料检验。

流动度检验：在正式灌浆前，逐个检查各接头的灌浆孔和出浆孔内有无影响浆料流动的杂物，确保孔路畅通。

灌注：用灌浆泵（枪）从接头下方的灌浆孔处向套筒内压力灌浆。特别注意正常灌浆浆料要在自加水搅拌开始20～30min内灌完，以尽量保留一定的操作应急时间。

注意：同一仓只能在一个灌浆孔灌浆，不能同时选择两个以上灌浆孔灌浆。

同一仓应连续灌浆，不得中途停顿。如果中途停顿，再次灌浆时，应保证已灌入的浆料有足够的流动性后，还需要将已经封堵的出浆孔打开，待灌浆料再次流出后逐个封堵出浆孔。

封堵灌浆、排浆孔，巡视构件接缝处有无漏浆：接头灌浆时，待接头上方的排浆孔流出浆料后，及时用专用橡胶塞封堵。灌浆泵（枪）口撤离灌浆孔时，也应立即封堵。

通过水平缝连通腔一次性向构件的多个接头灌浆时，应按浆料排出先后依次封堵灌浆排浆孔，封堵时灌浆泵（枪）一直保持灌浆压力，直至所有灌排浆孔出浆并封堵牢固后再停止灌浆。如有漏浆须立即补灌损失的浆料。在灌浆完成、浆料凝固前，应巡视检查已灌浆的接头，如有漏浆及时处理。

⑥接头充盈度检验：灌浆料凝固后，取下灌排浆孔封堵胶塞，检查孔内凝固的灌浆料上表面应高于排浆孔下缘5mm以上。发现问题的补救处理也要做相应记录。

⑦灌浆后节点保护：

灌浆后灌浆料同条件试块强度达到35MPa后方可进入下一道工序施工。

通常：环境温度在15℃以上，24h内构件不得受扰动；5～15℃，48h内构件不得受扰动；5℃以下，须对构件接头部位加热保持在5℃以上至少48h，期间构件不得受扰动。拆除支撑要根据后续施工荷载情况确定。

⑧灌浆注意事项：

A.灌浆施工时，环境温度不应低于5℃；当连接部位养护温度低于10℃时，应采取加热保温措施。

B.灌浆操作全过程应由专职质检人员负责旁站监督，并及时形成施工质量检查记录。

C.按产品使用说明书的要求计量灌浆料和水的用量，并搅拌均匀；每次拌制的灌浆料拌合物应进行流动度的检测。

D.灌浆作业应采用压浆法从下口灌注，当浆料从上口流出后应及时封堵，必要时可设分仓进行灌浆。

E.灌浆料拌合物应在制备后30min内用完。

F.冬期施工使用专用低温型灌浆料，使用环境为-5℃以上。当温度低于5℃时，低温型产品的适用温度为套筒部位温度为-5～10℃，当环境温度小于-10℃或最高温度大于10℃时严禁使用。用电热风机对工作区域加热，确保封闭环境温度为1～10℃。灌浆施工前，每30min测温一次，连续三次温度稳定在0℃以上，预制墙体通过溢浆孔测温温度在0℃以上，方可组织灌浆作业；灌浆过程及灌浆后，每2h测温一次，强度达到35MPa后可停止测温。

为保证冬期施工期间施工质量，采取灌浆作业区全封闭，灌浆区采用纤维保温棉毡保温，在低温灌浆料强度未达到35MPa时，若套筒内灌浆料温度低于−5℃时，立即对灌浆作业区采用工程电热风机进行蓄热保温措施并采用保温棉毡覆盖，加设温度传感器以便控制温度，并根据现场具体情况（测温仪测得相应灌浆套筒内温度）摆放并调整加热设备，若大气温度低于−10℃时则停止施工作业。

4.2.2 叠合板安装质量控制

（1）叠合板支撑架安装前，须在支设好的墙体模板上弹出控制线，地面上放出轴线控制线；根据提供的水平轴线控制线，在地面上放出支撑架的纵横向位置；根据在模板上弹好的控制线测出木梁顶标高，安装支撑架，对偏差部位进行调整，以满足构件安装标高要求。测量标高误差控制：标高偏差 ±3mm。

（2）安装叠合板支撑：根据木梁布置平面图，设置水平构件支撑。根据控制线调节支撑高度，使木梁标高一致；支撑底部安装三角形支架，用来固定竖向支撑；通常情况下，单块叠合板放置2根木梁，特殊情况的叠合板放置3根或4根木梁；每根木梁下设置2根竖向支撑，竖向支撑的位置位于木梁长度的1/5处。

（3）吊装叠合板：吊装用吊具应按国家现行有关标准的规定进行设计、验算或试验检验。

吊具应根据预制构件形状、尺寸及重量等参数进行配置，吊索水平夹角不宜小于60°，不应小于45°；叠合板内桁架筋作为构件吊点，吊装叠合板时，先将构件吊离地面约500mm，检查吊钩是否有歪扭或卡死现象及各吊点受力是否均匀，然后徐徐升钩至构件高于安装位置约1000mm，用人工将构件稳定后使其缓慢下降就位，确保构件的平整度，对个别不平整的部位用撬棍轻微调整，放置垫片或海绵条。

为了增强预制层与现浇层间的整体性，预制层内设置桁架筋。叠合板安装时，深入结构梁或墙10mm，梁或墙侧模模板上表面标高必须和叠合板板底标高一致，支撑用木梁与叠合板板底接触部位必须保证木梁的平整度，侧模、木梁顶面平整度控制在 ±3mm，梁或墙侧模顶标高低叠合板板底−3mm。

（4）叠合板整体式拼缝：该工程叠合板拼缝采用整体式拼缝，接缝处预制板侧伸出的纵向受力钢筋应在后浇层内锚固且锚固长度不应小于l_a；两侧钢筋在接缝处重叠的长度不应小于10d，钢筋弯折角度不应大于30°，弯折处沿接缝方向应配置不少于2根通长纵向钢筋，且直径不应小于该方向预制板内纵向钢筋直径。

（5）拆除支撑、模板及养护：在混凝土强度达到规定强度后才可拆除装配支撑并在有关施工负责人的指导下完成。对新浇筑的混凝土进行养护，保持湿润不少于14d。叠合板上后浇混凝土立方体试件抗压强度达到75%时，可以拆叠合板支撑架。

4.2.3 楼梯安装质量控制

1.定位放线

进行预制楼梯安装的位置测量定位，并标记梯段上、下安装部位的水平位置与垂直位置的控制线。

2. 设置垫片

按照实际标高与安装标高的高差，在预制梁两头垫高强塑料垫片（设计高度20mm），保证塑料垫片顶部高度与楼梯构件底部标高一致；然后按塑料垫片高度在梁上铺1：1水泥砂浆找平层，当水泥砂浆初凝后，可以吊装楼梯构件。

3. 吊装板式楼梯

用2长2短4根钢丝绳（长钢丝绳约4m，短钢丝绳约2m），长钢丝绳吊楼梯底部两个吊点，用5t捯链套2根短的钢丝绳吊楼梯上部两个吊点，楼梯起吊离开地面后，停止起吊，通过捯链调整楼梯至安装角度后再起吊安装。将预制梯段吊至预留位置，进行位置校正。

4. 楼梯连接形式

楼梯节点连接主要有：顶部节点连接、底部节点连接、楼梯与现浇墙体的连接。

楼梯顶部节点：顶部采用销件固定连接，每块楼梯在现浇梁内预埋2根Φ16的连接钢筋，楼梯侧面与现浇梁的缝隙30mm，缝隙内先用聚苯板填充，然后封入PE棒，再注胶封头（注胶尺寸30mm×30mm）；销件孔先用C40级CGM灌浆料灌注密实，再用砂浆封堵。

楼梯底部节点：底部采用销件滑动连接，每块楼梯在现浇梁内预埋2根Φ16的连接钢筋，楼梯侧面与现浇梁的缝隙30mm，缝隙内先用聚苯板填充，然后封入PE棒，再注胶封头（注胶尺寸30mm×30mm）；销件孔内部为空腔，在距销件孔表面60mm的位置用A96×4的垫片和螺母封堵，表面用砂浆封堵。预制楼梯与现浇墙体间缝隙15mm，缝隙用M15砂浆封堵密实，表面打胶处理。

4.2.4 阳台连接质量控制

吊装阳台时，先将构件吊离地面约500mm，检查吊钩是否有歪扭或卡死现象以及各吊点受力是否均匀；然后徐徐升钩至构件高于安装位置约1000mm，用人工将构件稳定后使其缓慢下降，将阳台落到阳台板地面与墙相平的大概位置，用人工把阳台缓缓向里推入，保证钢筋就位，且阳台位置就位时确保构件支座搁置长度10mm，对个别支座搁置长度偏差较大的构件用撬棍轻微调整。

安装前，应将现浇部位墙板顶部、梁的水平钢筋暂时不绑扎，避免阳台板安装时钢筋位置冲突。阳台板安装完成后，再调整此部位的钢筋。

安装完成后调整阳台板标高。

4.2.5 预制构件存放要求

现场存放时，应按吊装顺序和型号分区配套堆放。堆垛尽量布置在塔机工作35m范围内；堆垛之间宜设宽度为0.8~1.2m的通道。

水平分层堆放时，按型号码垛，每垛不准超过6块，根据各种板的受力情况选择支垫位置，最下边一层垫木必须通长，层与层之间垫平、垫实，各层垫木必须在一条垂直线上。靠放时，区分型号，沿受力方向对称靠放。构件堆放场地必须坚实稳固，排水良好，以防止构件产生裂纹和变形。

墙板采用竖放，用槽钢制作满足刚度要求的支架，墙板搁支点应设在墙板底部两端处，堆放场地须平整、结实。搁支点可采用柔性材料，堆放好以后要采取临时固定，场地做好临时围挡措施。为避免人为碰撞或塔式起重机碰撞倾倒，导致堆场内预制构件形成多米诺骨牌式倒塌，堆场按吊装顺序交错有序堆放，板与板之间留出一定的间隔。

5 工程监理的管理方法

5.1 监理内部管理特色

5.1.1 "监理通"系统的应用

以前公司项目一直使用"今目标"管理系统对工地进行实时管理，随着监理业务的扩展和管理的加强，公司明显感觉"今目标"管理系统已不能适应目前项目的管理要求。为进一步加强公司和项目的管理，公司引进了专门的监理管理软件"监理通"，扩大了项目须实时上传资料的范围和要求，便于文件分类整理及检索，增强了项目监理等工作的效率。

根据公司工程管理部《监理通上传要求（2017年版）》，项目监理部有针对性地进行分工优化，特别是落实公司联查、省市主管部门检查重点项，做到实时汇总、实时上传、实时关闭问题。

5.1.2 旁站与记录仪相结合的模式

该项目装配率较高，预制墙、柱、梁、板、楼梯等吊装安装工程较多，预制构件吊装、套筒灌浆等需旁站部位较多，给旁站监理人员带来较多工作，同时也给公司带来人员数量方面的压力。

经与建设单位沟通，同意项目监理部试点进行固定机位巡检记录仪和旁站监理相结合的模式，利用固定机位巡检记录仪全程对需旁站部位进行录像，由一名旁站监理人员同时负责3个部位的旁站。旁站监理人员可在3个部位流动进行旁站，结合3个固定机位巡检记录仪视频及回放进行复核，提高了旁站效率，并且对隐蔽过程进行了全程录像，文件资料具有可追溯性。

5.1.3 巡视、旁站、平行检验、见证取样及监理日志结合记录的管理模式

所有监理工程师、监理员将每日巡视内容写到监理日志上，监理日志要详细记录材料进场、工序报验验收、危险性较大的分部分项工程等相关内容。

重点工序、重点部位应进行全程旁站，监理员负责旁站并填写旁站记录，旁站记录详细记录施工内容以及试验相关内容，旁站记录时间、数据等要与施工单位报审报验的资料相符，旁站记录应后附水印照片。旁站记录的详细内容，应在相应日期的监理日志上详细记录。旁站记录填写完成后拍照上传"监理通"，以便后期检索查阅。

所有监理工程师签署工程报验单、工程材料构配件报验单时，应同时记录一份平行检验记录，平行检验记录与施工单位报审报验频次保持一致。平行检验记录时间、部位等在监理日志中详细记录。

所有工程材料、构配件进场时必须携带质量合格证明材料，质量合格证明材料齐全后

允许进场卸车，应予以复试项目的工程材料、构配件进场后暂时封存，经见证取样送检且送检试验结果合格时允许加工或安装在工程实体上。工程材料、构配件进场、见证取样复试结果合格需要在监理日志中详细记录。工程材料、构配件进场根据监理合同约定也可进行平行检验。

监理日志除详细记录施工单位情况外，应详细记录监理工作情况，包括检查、测量、抽查、安全巡查、试验、验收等内容，无问题项也可以记录，有问题的内容要在监理日志中合理时间进行问题闭合。

5.1.4 施工节点台账

监理进度控制工作，与施工单位、建设单位一起编制施工进度总计划，审核施工单位月施工进度计划，划分施工段、规划工作面、安排流水施工等也作为监理进度控制工作的一部分。

项目监理部重视施工节点管理，每个施工节点都及时上传"监理通"，系统自动汇总成施工节点台账，通过施工节点台账能直接表现出每个重要节点的时间，例如地基验槽时间、筏板防水时间、筏板混凝土浇筑时间、正负零时间、各楼层时间、封顶时间、二次结构介入时间、基础验收时间、主体验收时间、精装修介入时间等。

通过"监理通"数据处理，能查询每栋楼每层施工持续天数，每层楼施工天数超差自动标红，有助于及时采取进度纠偏措施。同时，统计每道工序持续天数，可以计算出项目的劳动定额天数，对于合理安排施工人员有一定的指导意义。

5.1.5 落实公司标准化要求的内部会议、内部培训、内部测试等工作

每月一次定期举行项目监理部内部会议，会上每人总结本月工作及遇到的问题，分享本月监理工作中的个人体会和工作建议；总监理工程师和总监理工程师代表对本月工作进行评价，布置下月监理工作侧重点和要求。

项目监理部不定期举行内部培训，主要针对即将展开的工序进行专项培训，培训采用授课模式，增加了互动环节，有提问有回答，这样既能增强大家的记忆，同时也能相互学习、相互促进、相互提高。

5.2 对施工项目部管理特色

5.2.1 每周质量安全巡检

项目监理部每周对施工现场组织安全巡检，巡检过程中留存照片，巡检结束后对所有问题照片逐一提出整改要求，并形成纸质和电子版巡检报告发放给施工单位。要求施工单位3日内对所有的发现问题进行整改，同时以纸质形式整改报告附同部位整改完成后照片。

按照此模式，施工单位整改更具有针对性，用同部位照片进行回复，避免了"应付差事"式回复，问题整改落实更到位。

5.2.2 监理工程师与施工楼栋号长结组

施工过程中经常会遇到监理工程师现场巡视时发现的问题，需要同时与多个楼栋号长进行交代；施工单位楼栋号长负责的2~3个楼，分别由不同的监理工程师负责，几位不

同监理工程师提出的问题都找同一个楼栋号长。

监理工程师分工与楼栋号长分工一致，避免了工作关系网交叉复杂的情况，并且对施工单位提出的要求、口径达到一致，复查报验时省去很多交叉工作，对于沟通的顺畅和便捷性有了较大的提升。

6　工程监理成效

此项目是中冶某公司首个群体装配式施工工程，项目从施工组织、临建设置、群塔布置、技术管理等多方面属于同行业施工先例，是河北省在建项目装配率最高的工程。

项目监理部本着"严格监理、热情服务"的宗旨，对施工单位进行严格监理，上道工序验收不合格坚决不允许进行下道工序施工；对建设单位热情服务，落实好监理工作服务性的性质，在合同范围和能力范围内为建设单位提供全方位的服务。在整个项目建设期，每季度承包商满意度调查和业主满意度调查均为满分。

通过该项目的建设实践摸索，总监理工程师、构配件厂家驻场监造监理工程师多次为其他项目进行培训，提升了公司和项目监理部整体技术能力和实践经验，为公司人才战略储备增砖添瓦。

通过项目监理部的不懈努力，坚决贯彻公司标准化管理模式，为公司探索新的管理模式开辟了新的方向，为打造学习型、创新型、科技型公司奠定了基础。

目前该项目经建设单位、施工单位、监理单位等各参建方共同努力，已顺利交付业主，获得业主良好的口碑。

7　交流探讨

7.1　工作经验

建筑工业化和装配式建筑应用趋势越来越高，全国各地推广预制技术的热度还在不断增加，从各地反馈的产业化试点示范工程和工厂运营的信息来看，实施过程中存在的问题很多，实际效果较差。在监理该项目的过程中，公司从人员组织上投入了精兵强将，从质量控制、安全管理、工期控制、造价控制等各方面严格按照国家及省市政策规范要求管理。从施工准备阶段、施工阶段到竣工验收阶段都按照合同约定，全力以赴地提供监理服务。尤其是该项目装配率高，装配式建筑在我国尚属于推广阶段，在建设工程中可以借鉴的经验较少，摸索、创新的力量显得尤为重要。项目监理部采取了驻场监造的方式对装配式构件的原材料、施工过程、运输过程等进行全方位监督，构件到达施工现场后由现场监理工程师接力进行堆放、吊装、安装等工序的监督管理，从而保证对构件全过程的监督。

7.2　工作启示

通过对该项目的监理，我们感觉装配式建筑有很大的发展空间，对监理工作也提出了较高的工作要求。以前公司也服务过装配式建筑项目，由于装配率较低，现场混凝土现浇工作仍为主导，装配式施工现场在工序安排、班组配备、机具选择等方面都与现浇结构存在不同。在组织管理、方案设计、施工图深化设计等各方面也与现浇住宅有很大的不同。无论是塔式起重机定位、塔式起重机附着、塔式起重机选择、构件堆放、重型车辆通道荷载控制，还是转换层钢筋定位、注浆施工、冬期注浆施工等方面都是监理管理的难点。专业的施工队伍选择和专业的管理团队选择非常重要。

1. 监理单位及项目监理部对装配式建筑施工的整体质量控制

装配式建筑施工质量监督中，监理单位是监督施工操作以及装配式构件质量和施工全过程监督管理的重要部门。监理单位对装配式建筑质量监督重点在于确保施工方案审核到位，要求施工单位必须按照施工方案、设计图纸、标准规范及监理细则规定进行全过程施工。对于装配式建筑关键部位的施工监理，建立样板先行、五方验收制度，加强全过程管理，将监理资料详细记录与存储。监理单位在装配式建筑用构件驻厂监理期间，必须按照监理实施细则对预制件进行质量检验及隐蔽验收和旁站，发现不规范行为及时监督整改。监理人员坚决履行监督职责，监理评估报告的编辑与整理坚持做到公平、公正、客观、科学。

2. 监理单位及项目监理部对装配式建筑深化图纸设计方面的质量控制

装配式建筑监督质量控制：预制构件制作与构件的安装与拆卸等方面，实际施工中以施工计划、设计图纸及标准规范为依据。因构件生产及装配期间与施工计划之间存在偏差时，施工计划在实际施工中应做出适当调整。装配式建筑深化图设计中应遵循"少规格，多组合"的基本原则，构件形式应力求简单，构件分割后节点部位应便于按原设计确定的构造方式处理，深化图中各预埋件和预埋管线、吊筋、连接件和键槽的位置及数量设置应合理。监督质量的保证：监理人员必须对施工现场十分了解，尤其是设计图纸和构件节点的连接流程，具体到设计图纸规划以及预制构件的安装与拆卸。装配式建筑施工中，监理人员应根据深化设计图纸及相关标准规范，做好细节监理工作。

3. 监理单位及项目监理部对预制构件生产质量的监督控制

认识到预制构件质量的重要性，作为构件质量控制管理主体，预制构件生产企业必须具备专业制造能力，在预制构件制作中能够做到深化构件设计、信息化构件生产以及试验检测能力。秉持着对预制构件质量负责的原则，制定严格的生产技术指标，控制预制构件产品质量。做好预制构件生产监督记录，尤其是材料验收以及质量检验方面一定要做到科学到位，根据装配式施工要求进行制作工艺检验，保证预制构件稳定性、强度与预应力。详细标注预制构件编号、生产时间、名称以及生产数据资料等内容，为预制构件后期施工操作提供参考。

4. 监理单位及项目监理部对预制构件安装质量的监督控制

装配式建筑施工安装质量监督要点：一方面，针对进场的预制构件质量、说明书等进行全面检查，同时还应验收构件进场记录、外观完整性、标识、预留的灌浆套筒位置、注浆孔清洁程度等内容。保温材料质量检测与验收信息、混凝土配合比也需要符合装配式建筑标准。监理人员也需要适时检查门窗材料验收文件。另一方面，抽查成品质量的主要内容通常分为以下内容：其一，检测保护层度与预留钢筋长度；其二，明确构件外观、大小与实际需求存在的差异；其三，明确预留孔和连接套筒实际位置、数量、大小；其四，明确预埋件、预埋线管、线盒环盒位置、数量；其五，明确门窗与夹心板绝缘实际位置。安装施工质量控制中，对部品部件连接、吊装、套筒灌浆、坐浆、后浇混凝土节点施工、外围护部品部件密封防水等关键工序和关键部位实施质量控制，是提高预制构件安装质量的主要内容。开展吊装施工时，工作人员应充分分析吊装质量，当吊装到效应位置时，起重机操作人员需结合实际情况进行调整处理，进而确保安装质量快速提升。

5.监理单位及项目监理部对混凝土预制构件运输安全的把控

（1）强化对运输方案和预制构件运输前的监管。构件加工厂应有预制构件运输方案，运输的平板汽车、预制构件专用运输架、预制构件强度均要达到运输要求。

监理人员要对运输方案进行审查，审查通过后方能实施。预制构件装车前，监理人员要对预制构件再次验收，符合要求后准许出厂，并在预制构件上加盖监理验收合格章。

（2）强化对运输路线的审查。传统的施工过程中，运输的最大设备是进入施工现场的混凝土运输车，包括拉钢筋的运输车辆。由于现场实际条件的限制，存放场地如何选择、卸车点如何设置、如何设置循环道路、限定道路的转弯半径和运输道路的坡度等都是整个现场组织协调的重中之重。

（3）应将公认的重点和难点作为垂直运输设备选用的焦点。装配式建筑的施工和传统施工方法的最大差别在于增加了大量的吊装作业，而吊装作业是需要由运输这些大型预制构件的设备来配合的。大量的实践表明，垂直运输设备的选择与安排应以公认的重点和难点作为关注的焦点，以切实强化对大型预制构件垂直运输的监管。

结语：建筑产业现代化的核心内涵是采用工业化精益建造手段建造高品质建筑，实现节能减排的绿色发展目标。对于装配式建筑而言，目前的建设单位或监理单位投入的人员和资源条件少，对于产业化项目统筹协调能力不足，施工单位的专业化技术和管理水平又比较欠缺，导致项目推进过程中经常出现质量差、工期长、成本高等问题，甚至得出产业化不如传统施工好的结论，制约了预制市场推广应用的健康发展。我们意识到，没有人才和质量做基础，停留在赶工期和大规模复制低品质建筑的做法是不可取也是行不通的。我们作为监理企业的一分子，在装配式建筑的发展中会开拓进取、积极创新，争取为国家的装配式建筑贡献更多的力量。

浅析深基坑土钉墙支护的特点和监理要点

——某市医院创伤诊疗中心工程案例

李巍（张家口正元工程项目管理有限公司）

摘　要：深基坑工程属于危险性较大的分部分项工程，加强对深基坑质量与安全的控制是现场监理工作的重中之重，是确保深基坑安全、避免群死群伤重大事故的必要手段。土钉墙支护是深基坑边坡支护的一种挡土结构方式，因其结构简单、安全可靠，可用于多种土质，适应性强，施工机具简单，操作简便，施工灵活，噪声低，污染小，对周围环境影响小，可与土方开挖同步进行，施工速度快，造价低，加固效果显著。作为施工现场的监理工程师如何做好此部位的监理控制呢？本文通过对土钉墙支护及其特点、支护机理的分析，浅析监理控制的重点，以共同做好此部位的监理工作。

1　项目简介

（1）工程名称：某市医院创伤诊疗中心工程。

（2）建设规模：占地面积 16294.49m²，总建筑面积 68340m²，其中地上建筑面积 47940m²，分为地上裙房、北侧主楼、南侧主楼，联体剪力墙结构，在南侧主楼顶层搭建直径 30m、承载力 13t、可起降大型直升机的停机坪，地下为人防工程，建筑面积 20400m²。

（3）工程地质条件

场地内从上而下划分为 3 个岩土工程土层，分述如下：

①层杂填土：杂色，松散，稍湿，以人工回填粉土为主，混砖块、碎石，含大量生活垃圾，层厚 0.6～3.5m。

②层黄土状粉土：黄褐色，稍密～中密，稍湿～湿，虫孔发育，偶有大孔，较纯净，局部砂性较强，摇振反应中等，断面无光泽，干强度及韧性较低，具中等～高压缩性，具轻微～强烈湿陷性，层厚 1.0～6.7m。该层局部分布有 2 层粉砂，粒径大于 0.075mm 的

颗粒占比60%左右，主要矿物成分为石英、长石，圆形，分选性好，不良级配。局部颗粒粒径较大，相变为细砂。

③层卵石：杂色，稍湿，密实以粒径20～100mm的为主，混粒径100～500mm的颗粒，最大可见粒径600mm的漂石，粒径大于20mm的约占60%，颗粒呈亚圆形，母岩成分为花岗岩、粗面岩等硬质岩石，中等风化，分选性较差，级配相对较好，其间中粗砂充填。最大揭露厚度为31.0m。

（4）项目特点：该项目为冬奥保障医院。医院建筑在满足医院卫生学要求及绿色环保要求的前提下，做到了人性化及智能化，并满足各医疗学科发展的专业要求。"医疗功能"重新整合、调整，达到"整体功能"分区科学、合理；横向、竖向交通（包括人流、物流、车流）科学、合理，建筑设备的设置科学、经济；医疗设备仪器、医疗专用设施设置科学、合理：新的设备设施（如空中急救直升机坪台等）设置，能加强医院整体功能。

该项目规模大、体量大、施工配合面广、工期紧，如何优质、高效、低耗、按期、安全、文明地建好该项工程，是本项目监理的重要课题。为此，张家口正元工程项目管理有限公司全面调度人、财、物资源，并实施有效的项目监理和管理策略、程序及措施，以达到最高水平的质量、进度、投资、安全控制目标；同时应用先进管理制度，使项目管理达到先进水平，通过科学、严谨的组织管理，使该项目在投资、进度、质量、安全四大目标及其他方面均取得最佳综合效果，达到合同约定的控制目标，并于2019年取得河北省结构优质工程。

结合项目工程特点，本文通过对土钉墙支护及其特点、支护机理的分析，浅析土钉墙在施工过程中监理的控制要点。

2 土钉墙支护的作用机理及特点

土钉墙支护是以尽可能保持、显著提高、最大限度地利用基坑边壁土体固有力学强度，变土体荷载为支护结构体系的一部分的方法，土钉的锚孔压注浆体可使被加固的土质的物理力学性能大大改善并使之成为一种新的复合土质体，其内固段深固于滑移面之外的土体内部，其外固端混凝土喷网面层联为一体，可把边壁不稳定的倾向转移到内固段及其附近并消除。混凝土在高压气流的作用下高速喷向土层表面，在喷层与土层间产生"嵌固效应"，并随开挖逐步形成全封闭支护系统。喷层与嵌固层具有保护及加固表层土，使之避免风化和雨水冲刷、涂层坍塌、局部剥落以及隔水防渗等作用。钢筋网片可使喷层具有更好的整体性和柔性，能有效调整喷层与土钉内应力分布。

土钉墙支护具有如下特点：

（1）能合理地利用土体的自承能力将土体作为支护结构不可分割的部分。

（2）结构轻巧、柔性大，有非常好的抗震性能和延性。

（3）施工不需单独占用场地，适用施工场地狭小、放坡困难地段，对场地土层的适应性强，特别适合有一定黏性的砂土和硬黏土。即使是软土，在采取一定措施后也有可能采用土钉墙支护。

（4）施工快捷、安全可靠，土钉的制作与成孔简单易行、灵活机动，土钉的数量较多，并作为群体起作用。个别土钉出现问题失效时对整体影响不大。

（5）施工设备轻便，操作简单，有较大的灵活性，对周围环境干扰也很小，特别适合城区施工。

（6）费用低、经济，材料用量远低于桩支护和连续墙支护，与其他支护类型相比，工程造价降低10%～40%。

（7）总工期短，可随土方开挖支护，土钉墙支护的施工速度比其他支护方式要快得多。

3 土钉墙施工过程中监理的质量控制要点

3.1 基础介绍

该项目±0.000绝对高程716.10m，现地面平整后标高714.4m，拟建1号急诊楼、1-1号门诊楼、1-2号住院部及地下车库基础标高为−13.1m、−13.7m，则基础埋深约11.4～12.0m，基坑西南侧有宽约4.5m的台阶，基础标高为−0.8m，则台阶基础埋深6.3m。基坑采用排桩加锚索支护、土钉墙支护。本次工作主要内容包括土钉墙施工、护坡桩施工、基坑面层挂网喷面层施工等。土钉墙支护及挂网喷护面积约6514m²，护坡桩混凝土约2536m³，冠梁施工混凝土约274m³，锚索施工总延米1848m。

3.2 土方开挖施工监理控制要点

（1）土方开挖前应检查土方开挖边线，施工过程中应校核平面位置、水平标高和边坡坡度。

（2）督促施工单位做好平面控制桩和水准控制点的保护措施，定期复测和检查。

（3）土方开挖监理控制目标值：

①符合设计图纸和施工方案要求。

②施工质量应符合土方开挖工程质量检验标准（表1）。

土方开挖工程质量检验标准   表1

项目	序号	检查项目	允许偏差或允许值（mm）					检查方法
			柱基基坑基槽	挖方场地平整		管沟	地（路）面基层	
				人工	机械			
主控项目	1	标高	−50	±30	±50	−50	−50	水准仪
	2	长度、宽度（由设计中心线向两边量）	+200 −50	+300 −100	+500 −150	+100	—	经纬仪，用钢尺量
	3	边坡	设计要求					观察或用坡度尺量检查
一般项目	1	表面平整度	20	20	50	20	20	2m靠尺和楔形塞尺检查
	2	基底土性	设计要求					观察或土样分析

3.3 土钉墙施工监理质量控制要点

1.土钉墙施工工艺流程

土钉墙施工主要包括钻孔、安装钢筋、注浆、安装钢筋网、喷射混凝土面层等工序，土钉墙具体施工工艺如下：开挖工作面、修整边坡→安设土钉（包括成孔、插钢筋、注浆）→绑扎钢筋网、加强筋、土钉与加强筋焊接→喷射混凝土→土方开挖……如此循环至设计深度。

2.土钉墙施工工艺要求

（1）土方开挖必须与土钉墙施工密切配合，土钉墙施工时必须分段分层进行土方开挖，每段长度最长不超过15m，预留工作面宽度10m；每层挖土深度与土钉垂直间距相匹配，保证每层土方开挖的超挖量不超过50cm，一则便于土钉施工，二则避免超挖造成边坡塌方。

人工修整边坡时，坡面平整度偏差不大于20mm。

（2）修坡结束后采用全站仪、水准仪、钢卷尺等进行土钉放线确定钻孔位置，孔位误差不大于100mm。如遇特殊情况需要移孔位，应由现场技术负责人审定。土钉施工采用锚杆机，施工中严格按操作规程钻进。土钉杆体长度不小于设计长度，孔径允许偏差−20～5mm，钻孔倾角误差不大于3°，土钉入射角为15°。

（3）安装钢筋：土钉钢筋制作应严格按施工图施工，使用前应调直并除锈去污。土钉原则采用通长筋不接驳，如需接长时，采用双面搭接焊接长，每条焊缝不小于5d。土钉定位按图施工，保证土钉钢筋保护层厚度。

土钉安装之前进行隐蔽检查验收。安放时，应避免杆体扭压、弯曲，以保证注浆饱满。施工结束后在孔口部位可进行补浆以保证孔内浆液饱满。

（4）在土钉钢筋上每隔2m设置对中支架，以确保钢筋在孔内居中。

（5）注浆用水灰比0.45的纯水泥浆，水泥采用32.5矿渣水泥。注浆前，将孔内残留及松动的虚土清理干净，注浆开始或中途停止超过30min，应用水或稀水泥浆润滑注浆泵及管路。将注浆管插至孔底，且注浆管端部至孔底的距离不宜大于200mm，注浆及拔管过程中，注浆管口应始终埋入注浆液面内，应在新鲜浆液从孔口溢出后停止注浆：注浆后浆液面下降时，应进行孔口补浆。

（6）安装钢筋网：采用直径8mm单排间距200mm的钢筋网。钢筋网按照每层支护高度制作，坡面面层上下段钢筋搭接长度不小于300mm，面层插入基坑底面以下的深度不小于300mm。钢筋网采用绑扎连接，钢筋网间距允许偏差为±30mm。钢筋网与坡面保留一定间隙，钢筋保护层厚度20mm。

（7）喷射混凝土应分段分片依次进行，同一分段内喷射顺序应自下而上，一次喷射厚度不小于30mm；喷射时，喷头与受喷面应垂直，宜保持0.6～1.0m的距离，喷射手应控制好水灰比，保持混凝土表面平整、湿润光泽，无干斑或流淌现象。

喷射混凝土混合料应拌合均匀，随拌随用，存放时间不应超过2h。

细骨料选用中粗砂，含泥量应小于3%；粗骨料选用粒径不大于20mm的级配砾石；水泥采用32.5矿渣水泥，砂率为50%，水灰比0.45。喷射混凝土配合比按水泥∶砂∶砾石=1∶1∶2（重量比）。

（8）喷射混凝土终凝2h后，应采用草帘覆盖保温养护。面板混凝土强度等级C20，土钉墙面板应在基坑上口处向外翻边1.0m作为护顶。

（9）每进行下一层土方开挖，必须在本层坡面土钉墙护坡施工结束后并达到设计强度的70%后进行，并在下层土方开挖时注意对上层面层及土钉的保护，避免碰触已施工完的护坡面混凝土面层及土钉。

（10）由于地质条件的复杂性，如施工现场实际情况与方案不统一、土层情况与勘察报告不符、成孔遇地下障碍物时，边坡土钉的实际排数、长度和间距可根据实际情况由设计人员现场进行相应调整。

（11）土方开挖到土钉位置时，及时施工土钉，如不能及时施工应注意留土护壁，以减少对周围土层的扰动。

（12）泄水管的埋设。采用人工成孔泄水孔，孔深500mm。将打好孔眼的PVC管外侧包裹一层40目试网，安装包裹好的PVC管至孔内，埋设角度为10°，入土长度400mm，结构面外露100mm，采用5mm石屑滤料回填空隙。

（13）土钉抗拔承载力检测。土钉抗拔承载力的检测数量不少于土钉总数的1%，且同一土层错索检测数量不少于3根；检测试验应在注浆固结体强度达到10MPa或达到设计强度的70%后进行。

①宜采用单循环加载法，其加载分级与土钉位移观测时间按表2进行。

单循环加载试验的加载分级与土钉位移观测时间 　　　　　　　　　表2

观测时间（min）		5	5	5	5	5	10
加载量与最大试验荷载的百分比（%）	初始荷载	—	—	—	—	—	—
	加载	10	50	70	80	90	100
	卸载	10	20	50	80	90	—

②初始荷载下，应测读土钉位移基准值3次，当每间隔5min的读数相同时，方可作为土钉位移基准值。

③每级加、卸载稳定后，在观测时间内测读土钉位移不应少于3次。

④在每级荷载的观测时间内，当土钉位移增量不大于0.1mm时，可施加下一级荷载；否则应延长观测时间，并应每隔30min测读土钉位移1次；当连续两次出现1h内的土钉位移增量小于0.1mm时，可施加下一级荷载。

⑤土钉试验中遇下列情况之一时，应终止继续加载：

从第二级加载开始，后一级加载产生的单位荷载下的土钉位移增量大于前一级荷载下的土钉位移增量的5倍；土钉位移不收敛；土钉杆体破坏。

3. 锚索施工

（1）锚杆施工工艺：采用锚杆机成孔，锚杆施工应和挖土紧密配合，挖土给锚杆施工留出施工工作面。施工采用隔一打一、跳打施工顺序；对准孔位，调整好角度，由质检员检验合格后方可施工，倾角允许偏差为3°，成孔孔深偏差50mm，孔位水平间距偏差不大于100mm，垂直方向偏差不大于100mm，孔底部倾斜尺寸不大于锚固体直径的3%。钻孔完成后，以聚乙烯管复核孔深。若孔内沉渣过厚，应重新清理钻孔，且孔深不小于设计孔深时，拔出聚乙烯管，塞好孔口。

（2）锚索加工、安装。自由段加工：该段采用直线形状，将钢绞线穿进ϕ16mm的PVC管套中（端部预留0.8m便于张拉锁定），管套两端及接头部位用胶带封闭，防止水泥砂浆侵入。锚固段加工：将钢绞线顶端与加工好的钢板用螺母焊接牢固，钢板中间与边缘打孔，边孔直径大于钢绞线直径1~2mm，中间孔直径大于钻头直径3~5mm。

成孔完成后，将加工好的钢绞线安放至设计长度，锚索安装即可完成。

（3）注浆。孔内放入1根ϕ22mm聚乙烯注浆管，一次注浆采用水灰比0.5的水泥浆，用注浆泵进行注浆，边注浆边以小于浆面上升的速度缓慢均匀地抽出注浆管。待孔口返出水泥浆后，立即封堵孔口。一次注浆完毕24h后进行二次注浆，注浆压力控制在1.5~2MPa，注浆用水泥浆水灰比0.55。

（4）安放槽钢。待浆体强度达到设计要求后，在预留自由端锚索上下安放2根20a槽钢。

（5）锚索张拉锁定。锚索施工完成后，待锚固体强度达到设计强度的80%（约7d）方可进行张拉。

预应力锚索张拉锁定时，应对腰梁与护坡桩接触面进行修平处理。为防止腰梁变形，对于同一段腰梁内的预应力锚索，应按照同时逐级张拉的方式进行张拉，严禁单根张拉至设计荷载。

正式张拉前先用20%锚杆设计荷载预张拉二次，再以50%、75%、100%的锚杆设计荷载分级张拉，然后张拉至100%锚杆设计荷载，对黏土层保持15min，观测锚头无位移现象后再按锁定荷载锁定。锚索张拉控制应力不应超过杆体极限承载力的0.8倍。

锁定时锚杆拉力考虑锁定过程的预应力损失量，损失量宜通过对锁定前、后锚杆拉力的测试确定，缺少此数据时，锁定时的锚杆拉力可取锁定值的1.1 ~ 1.15倍。

锚杆锁定应考虑相邻锚杆张拉锁定引起的预应力损失，当锚杆预应力损失严重时，应进行再次锁定。锚杆出现锚头松弛、脱落、锚具失效等情况时，应及时进行修复并对其再次锁定。

（6）锚索抗拔承载力检测。锚索抗拔承载力的检测数量不少于锚索总数的5%，且同一土层锚索检测数量不少于3根；检测试验应在注浆固结体强度达到15MPa或达到设计强度的75%后进行。

①宜采用多循环加载法。

②初始荷载下，应测读锚头位移基准值3次，当每间隔5min的读数相同时，方可作为锚头位移基准值。

③每级加、卸载稳定后，在观测时间内测读锚头位移不应少于3次。

④在每级荷载的观测时间内，当锚头位移增量不大于0.1mm时，可施加下一级荷载；否则应延长观测时间，并应每隔30min测读锚头位移1次；当连续两次出现1h内的锚头位移增量小于0.1mm时，可施加下一级荷载。

⑤锚杆试验中遇下列情况之一时，应终止继续加载：从第二级加载开始，后一级加载产生的单位荷载下的锚头位移增量大于前一级荷载下的锚头位移增量的5倍；锚头位移不收敛；锚杆杆体破坏。

4.桩间土防护施工

桩间土防护措施采用内置2mm厚钢板网，钢板网片采用膨胀螺检固定在桩上，上下层根长为200mm，与锚固装置连接牢固。喷射混凝土时网片不得晃动，喷射50mm厚细石混凝土面层。

5.排水沟施工

（1）施工参数：该工程在基坑顶面砌筑挡墙，用砖砌筑，高300mm，宽120mm，水泥砂浆抹面。在挡墙外侧设置排水沟，沟宽300mm、深300mm，采用水泥砂浆抹面。

（2）施工过程控制：

①定位放线测量测定排水沟的中心线，在沟槽的起点、终点和拐角处，钉一根较长的木桩作为中心控制桩，用两个控制点控制此段。根据基坑上口线到挡墙外墙距离1m确定挡墙位置。

②挡墙砌筑。

砂浆：砂浆强度等级应符合设计规定；砂浆的配合比应采用质量比，采用搅拌机拌合砂浆，拌合时间宜为1~1.5min，已经拌合好的砂浆应在初凝前使用完毕。

砌砖：翻沿面层混凝土强度满足要求后，在面层上挂线确定走向，将面层清扫干净；砖使用前应浸水，不得有干心现象；砌砖前根据中心线放出基线，摆砖摆底，确定砌法；砌砖体应上下错缝，内外搭接，随砌随将挤出的砂浆刮平；砌砖时，砂浆应满铺满挤，灰缝不得有竖向通缝，水平灰缝厚度和竖向灰缝厚度应为10mm。

抹面：砌体表面粘结的残余砂浆应清除干净，将砖墙表面洒水湿润；抹面水泥砂浆强度等级应符合设计规定，稠度满足施工需要，厚度应为20~30mm；水泥砂浆抹面完成后应进行养护。抹面砂浆终凝后，应保持表面湿润，宜每隔4h洒水一次，养护时间宜为14d。

6.喷锚支护与土钉墙质量控制点设置（表3）

喷锚支护与土钉墙质量控制点设置表　　　　　　　　　　　　　表3

序号	质量控制点	质量预控措施
1	现场质量管理检查记录	质量管理制度，质量责任制，主要专业工种操作上岗证书；地质勘察资料；施工组织设计、施工方案及审批记录；施工技术标准；工程质量检验制度；混凝土搅拌（级配填料拌合站）及计量设置
2	进场设备	检查设备规格型号、性能、数量是否满足施工质量、进度要求

序号	质量控制点	质量预控措施
3	进场材料质量控制	工程材料、半成品的质量证明资料；各种试验检验报告、各种合格证；材料、试块、钢筋接头等实施见证取样前要通知负责见证取样的监理见证人员，在现场监督下，按相应标准完成取样、送样。按照《岩土锚杆与喷射混凝土支护工程技术规范》GB 50086—2015 每 $100m^3$ 混凝土为一组，每组做 3 个试块
4	锚杆管制作	现场检查是否按设计方案制作
5	分段分片开挖支护	是否按施工方案组织施工；边坡坡度是否符合设计要求；基坑随时观测边坡沉降及位移情况。第一排为 9m，第二排为 12m，第三排为 9m，水平间距 1.1m
6	锚杆设置及注浆	严格按设计方案进行锚管布设，间距允许偏差 ±100mm，倾角偏差 ±5%；注浆：严格按设计水灰比进行；压力控制在 0.4~0.6MPa，每米锚管注浆水泥用量不少于35kg；注浆时，注浆管要插至孔底 250~500mm 处
7	安放钢筋网片	钢筋网片在喷射一层混凝土（厚 30~40mm）后铺设，钢筋与坡面的间距宜大于30mm，间距允许偏差 ±20mm，钢筋网片通过加强筋与锚管连结牢固，钢筋网绑扎的搭接长度不小于 40d
8	喷射混凝土	射流应垂直喷射面，射距为 0.6~1.0m；二次喷射前应清除面层上的浮浆和松散碎屑，并喷水使之湿润；喷射混凝土终凝 2h 后，应喷水养护，养护时间宜为 3~7d；喷射混凝土强度等级为 C20，总厚度 100mm
9	基坑监测控制	目测巡检，对倾斜、开裂、膨突等迹象进行丈量、记录，埋设测斜管；定期沉降、位移观测，特别加强雨天和雨后的监测；基坑渗水、内外地下水位的变化
10	其他	严禁在基坑边堆放重荷载；锚杆抗拔力不够，重新调整设计；如出现基坑不稳定等，应采取紧急措施处理
11	锚管试验	先挖区域第二排、第三排各选 3 根做拉拔试验

3.4 基坑支护监理质量控制方法及措施

1.基坑支护专项方案的审查

基坑支护专项施工方案是由施工单位（工程项目技术负责人）结合工程实际（工程类别、规模、施工难易程度、开挖深度、工程地质条件、工程周边环境情况、合同工期、气候等）编制的用以指导工程施工全过程的技术、经济文件，也是进行施工全过程科学管理的重要技术手段。

（1）工程实际操作中，常见的施工方案有以下几种情况：

①找同类型的工程施工方案套用；

②参照施工方案编制书籍直接抄袭或拼装；

③将招标投标时的技术标稍作修改；

④不全面研究设计文件，凭经验编制，施工方案无针对性、无操作性，内容中白话、错别字等较多。

以上方案根本没有针对性，对实际操作无指导意义。认真审查施工方案是监理单位进行事前控制、主动控制的一项措施。

（2）审查施工方案的要点：

①拟用的机械设备是否具有针对性，机械设备台班数能否满足承包合同；

②原材料供应计划和应急措施能否保证施工高峰期正常连续施工的需求；

③施工用电、用水等能否满足施工生产需求，消防措施能否满足规范要求，有无配备满足施工生产的备用电源（发电机）等；

④投入使用的工程材料、设备、构配件能否满足设计图纸、规范要求；

⑤事先是否制定相关的施工技术措施，如保证工程质量、进度、投资、安全生产等措施是否具有针对性和较强的可操作性；

⑥开工前施工准备工作是否到位；

⑦施工方案是否由施工单位负责人签字和加盖公章；

⑧施工总平面布置是否切合工程实际情况，是否具有可操作性；

⑨应急救援预案是否具有较强的可操作性等。

编制有针对性的施工方案，对施工方案中的不妥当部分及时补充完善并重新报审，施工中督促施工项目部严格按施工方案实施，以达到预期目标。

深基坑支护属于危险性较大的分部分项工程，需有关专家共同会审认可施工单位编制的基坑支护施工组织设计，保证支护结构安全牢固，同时控制支护投资费用是必不可少的环节。

2.基坑支护监理工作管理方法及措施

（1）会同建设单位和施工单位选择合格的队伍进行施工，保证施工效果良好。

（2）基坑支护施工列入项目监理机构施工质量监控范围，重点审核施工顺序、工艺流程、保证质量的措施、进场机械的正常使用保养维修制度、劳动组织和施工进度计划。审核时应根据土层情况和土钉参数、直径等分析判断施工单位选取的钻孔机具及钻进方式是否合理。对施工单位引测的水准点及坐标控制点进行复核，确保测量基准点的同时检查测量基准点的保护措施是否有效。

（3）监控施工质量和施工进度，对土钉墙混凝土搅拌施工，监理实行24h质量监控，严格控制三项指标，保证施工质量。

（4）基坑土方开挖时，施工单位要有开挖方案，基坑支护符合设计要求，并保证开挖施工中支护结构位移在许可范围。基坑开挖前围护结构四周应做好位移和沉降观测点，建设单位应请有资质的监测单位进行沉降和位移监测，发现情况及时纠偏，保证开挖和基坑施工及周围建筑的安全。

基坑开挖严格按照"时空效应"理论分层、分段挖土，力求减小对支护结构的变形影响。根据监测反馈信息调整挖土计划。

（5）钻孔前，应复核钉孔的位置、水平及垂直方向孔距；钻孔过程中，应检查钻孔角度；钻孔完成后，应督促施工单位清孔，消除孔底沉道，并检查钻孔深度是否符合要求。下土钉时，应把注浆管、土钉和止浆袋一起放入孔内。注浆要严格控制配合比，并根据注浆情况多次注浆，使土钉具有较高的抗拔力，土钉孔内锚固体强度达到设计强度的70%以上且不小于3d，方可开挖下一层土方。

（6）在注浆阶段应实行旁站监理，主要控制以下几点：

①检查土钉表面是否有油污及锈膜；

②杆体安放时，应避免杆体扭转、弯折和部件松脱，杆体插入孔内的深度不应小于成孔深度的98%，也不得超深；

③杆体安放时，若注浆管被拔出长度超过500 mm时，应将杆体拔出，修整后重新安放；

④应根据设计要求检查注浆材料的灰砂比和水灰比，水灰比一般为0.8～1，所用水不得为污水；

⑤注浆材料应搅拌均匀，随搅随用，并应在初凝前用完；

⑥应检查注浆泵的工作压力是否符合设计要求，注浆压力宜控制在0.8MPa以上，土钉终了注浆压力不小于0.3MPa并维持2min，注浆量不小于8L/m；

⑦注浆过程中，若发现注浆量减少或注浆管破裂时，应将杆体及注浆管拔出，更换注浆管，再放下杆体，若耽搁时间超过注浆材料的初凝时间，应重新清孔后再放下杆体，重新注浆。

（7）喷射混凝土阶段：主要检查钢筋网的钢筋直径和间距是否符合设计要求，钢筋网绑扎随开挖进度分层进行时，搭接长度要符合要求，一般不小于一个网格边长；喷射混凝土要按设计配合比搅拌均匀，垂直作业面尽量从底部向上部施喷，一次喷射厚度不宜小于40 mm，利用埋设的厚度控制标志对喷射混凝土厚度进行控制，每500m喷射面留置试块一组，每组不小于3块。

（8）施工监测。监测工作中监理人员控制的重点：一是监测方案的审核，包括是否满足设计要求，测量布置是否合理，测量频率是否恰当，选用手段是否适用等。二是控制好测试工作是否正常、有序开展及施工中的妥善保护。三是根据设计要求，合同参建各方确定合理的警戒值，加强控制。四是随时掌握、分析监测数据，研究、控制变化趋势。会同参建各方分析基坑及周围环境的状况，分析、评价基坑工程的安全度，分析问题原因，提出相应对策。如遇重大问题，必要时邀请专家专题研究解决。

（9）实施安全旁站监理工作：为保证深基坑顺利进行并保证作业安全，根据现场情况，对深基坑支护搅拌桩、锚杆、基坑开挖及回填进行安全旁站监理。

①检查施工单位是否已制定各项安全生产规章制度和保证施工安全的各项措施。

②检查施工管理人员是否全部到位，特种作业人员是否持证上岗，管理人员是否组织工人进行三级教育，是否有安全技术交底。

③检查施工场地是否平整，是否有排水措施，道路是否硬化及畅通，是否设置安全通道。

④检查深基坑周围材料堆积高度、位置是否符合要求。

⑤检查深基坑周围是否设置护栏及危险警示标志。

⑥检查电缆电线是否架设正确，严禁电缆下施工。各机械电器是否符合"一机、一

闸、一漏、一箱"的规定。

⑦检查施工单位工作人员是否佩戴安全帽等问题。

（10）平行检验控制要点

①检查施工单位人工成孔记录、开挖标高、完成标高、挖孔深度、地质情况描述。

②人工成孔到位后，检查成孔记录和设计文件是否相符。

③混凝土灌注前查看混凝土开盘鉴定，做好坍落度检测，浇筑过程中留置混凝土试块，并进行标准养护。

④浇筑混凝土时，要求施工单位做好混凝土浇筑措施，现场监理旁站时要经常检查记录。

⑤钢筋网制作场地应平整，不得污染钢筋，严格控制钢筋现场施工工艺。

⑥检查承包人钢筋下料表的数量规格，配料长度应与设计图对应，钢筋制作完成后挂标识牌注明，以避免用错。

⑦检查锚杆的型号、尺寸、壁厚、强度、位置及深度等。

（11）质量安全问题的处理方法：土钉与人工成孔灌注桩复合支护工程施工重在过程控制，一旦出现质量问题，事后纠正和补救都十分困难。因此，监理工程师必须严格控制，确保施工质量。

3.加强基坑支护施工隐患管理

（1）土方开挖、支护施工应分段进行，土方开挖后应尽量减少基坑边坡暴露时间，遇雨天应大面积覆盖，同时在坡脚堆载以防止滑坡。

（2）成孔时遇砾石、砖块、管网或地下构筑物时，孔位及其下倾角可以调整，如遇到砾石层可改用钢管做锚杆。

（3）护坡坡脚的处理：喷射混凝土面层伸入基坑底标高下至少0.2m，以形成护脚。

（4）基坑支护完毕，施工单位应及时进行后序施工，同时做好有序排水，防止水浸渗入坡脚底下。

4.加强应急预案及措施管理

（1）基坑水平位移、周边地面、周边建筑物沉降达到报警值时，督促施工单位采取以下应急措施：

①注意观察坑顶是否出现裂缝，发现有裂缝时应及时进行修补，防止地表水大量从裂缝下渗而进一步危及基坑安全。如裂缝较大，可打入$\phi48mm$钢管并采用高压灌浆加固。

②当坑顶位移、沉降较大且发生速度较快时，可在基坑内及时用挖土机覆土回填，堆填砂包，先保持基坑边坡稳定，然后再采取高压注浆固化土体、增加预应力锚杆等处理措施。若基坑内土方已挖走，可开挖基坑顶的土方覆土回填，在增加被动土压力的同时减少主动土压力。

③在建筑物基础周围采用水灰比为0.5的纯水泥浆进行灌浆；在建筑物四周采用回灌措施调整降深。

④加大观测密度，分析变形趋势，同时分析原因，采取上述应急措施。

⑤支护变形超过报警值时应调整分层、分段土方开挖施工方案，加大预留土墩，坑内堆砂袋、回填土，增设锚杆、支撑等。

⑥当支护变形超过报警值时，应发出预警，停止施工，撤离人员，并按上述预案措施进行处理。

（2）支护施工完成至基坑回填之前，如遇暴雨洪水等，施工单位必须将施工人员、设备撤离现场，支护坡面上需覆盖篷布以免造成塌方，同时增加监测次数，并做好相应的措施，如临时回填或在坡脚增加堆载等防止滑坡。如遇重物垂落，需要修复的地方重新喷射混凝土或水泥砂浆，防止雨水灌入以免造成损失。

（3）土钉墙支护施工时，总监理工程师应安排好现场监理人员进行施工全过程跟踪管理，把握好施工的每一道工序质量，并切实监督施工单位做好基坑监测的实施，从而确保基坑、施工作业人员、邻近道路、建筑物、地下管道等安全。

4　监理在危险性较大的分部分项工程中的控制要点（表4）

初步认定的危险性较大的分部分项工程一览表　　表4

分部分项工程名称	危险性较大	工程规模	工程部位
基坑支护与降水工程	开挖深度超过5m（含5m）的基坑（槽）并采用支护结构施工的工程	开挖深度达5m的基坑（槽）支护工程	基础、地下室工程
土方开挖工程	开挖深度超过5m（含5m）的基坑（槽）的土方开挖工程	开挖深度达5m的基坑（槽）工程	基础工程
模板工程	水平混凝土构件模板支撑系统	支撑高度达4m的模板工程	首层、二层大厅
起重吊装工程	起重吊装工程	起重量达30t，或起重高度达10m的吊装工程	设备吊装
脚手架工程	高度超过24m的落地式钢管脚手架	搭设高度达30m的落地式脚双排手架	首层～五层

在住房和城乡建设部《关于落实建设工程安全生产监理责任的若干意见》（建市〔2006〕248号）中，明确了监理在建设工程中的安全生产职责。2018年6月1日起施行的《危险性较大的分部分项工程安全管理规定》（住房城乡建设部令第37号）、2018年5月17日发布的《住房城乡建设部办公厅关于实施〈危险性较大的分部分项工程安全管理规定〉有关问题的通知》（建办质〔2018〕31号）、各省发布的《危险性较大的分部分项工程安全管理实施细则》规定了危险性较大的分部分项工程中参建各方的职责、程序、法律责任。作为施工现场的监理人员对危险性较大的分部分项工程进行如下控制：

4.1　事前控制

危险性较大的分部分项工程施工前的准备工作以及项目监理部的事前控制是危险性较大的分部分项工程管理的重点，无论是施工单位还是监理单位都要做好充分、扎实的准备工作，从而有效地预防安全事故，监理人员事前控制的重点是完善自身的管理和检查施工单位的各项准备工作。

（1）组织机构。成立总监理工程师总负责、安全监理和专业监理工程师参与的项目安全监理机构，明确各级成员的安全管理职责，签订各级安全监理责任书。

（2）规划与细则。总监理工程师组织编制安全监理规划，专业监理工程师编制危险性较大的分部分项工程监理实施细则，在细则中要明确控制的要点、方法、措施并具有针对性，使细则成为项目部开展具体工作的可操作性文件。

（3）图纸会审、设计交底。监理人员参与图纸会审和设计交底以及今后与设计单位沟通时，应当做到：把握重点、统领大局。面对问题需要与设计单位协商时，监理单位和施工单位工作的侧重点既有相同点又有区别，相同点是通过会商解决技术问题，区别是监理单位不仅要站在公正客观的立场上，而且要充分照顾到建设单位的需求，在不违反规范要求和施工可行的前提下，综合考虑质量、造价、进度、安全以及危险性较大的分部分项工程实施过程对工程总体的影响，对设计单位的确认和回复做出应有的作为。

（4）第一次监理例会、安全专题会。利用这两个会议，对工程安全控制思路、控制方法、措施、安全控制的关键部位、重点等进行交底和沟通，从而统一参建各方的思想，达成共识。

（5）施工组织设计、专项方案。在审查施工组织设计时，要注意其中不仅应当包括危险性较大的分部分项工程安全管理措施和技术保障措施，并且按规定程序进行审批，对于超过一定规模的危险性较大的分部分项工程要求施工单位组织专家论证，专项方案要求有针对性和可操作性。

（6）其他。审查施工单位安全生产许可证、三类人员安全考核合格证、特种作业人员上岗操作证，检查施工单位三级安全教育记录、危险性较大的分部分项工程的应急预案以及安全文明施工措施费的使用计划等。

4.2　事中控制

事中控制即危险性较大的分部分项工程实施过程中的监督管理，是监理安全生产管理的核心内容。项目监理部应采取巡视、旁站等方法，做好以下工作：

（1）检查施工单位的管理人员到岗、物资到位情况，施工工序、施工方法是否与施工方案一致，能否满足危险性较大的分部分项工程正常开展。

（2）项目监理部对施工单位的设施设备、管理行为、环境因素、检测设备进行检查，尤其是对危险性较大的分部分项工程进行安全检查，并做好检查记录，对发现的问题以书面形式告之，要求整改。

（3）严格各级报验和验收制度，建立验收台账，对违反程序的行为，项目监理部应当拒绝签字。

（4）对关键部位、关键工序进行旁站监理，并在旁站监理方案中明确部位、程序，旁站方案提前告之施工单位。旁站监理的主要内容是检查对专项方案的执行情况，其中包括施工管理人员到场、特殊工种作业人员持证上岗、个人劳动防护用品使用、设置危险操作区域警戒区域、操作人员安全技术交底、塔式起重机、施工升降机、吊篮等设备的使用合格证等方面。

（5）监理人员应当每日进行巡视检查，巡视重点是针对人的不安全行为、物的不安全状态以及异常环境因素。通过巡视及时发现影响工程的不安全状况。

（6）执行监理报告制度。在危险性较大的分部分项工程施工过程中，对于项目监理人员发现的安全危险状况和事故隐患，应当立即要求施工单位进行限期整改，并且下发《一般隐患整改通知单》，当事态严重时，总监理工程师应当签署下达《重大隐患暂停令》，要求施工单位暂停施工、消除隐患同时向建设单位报告，施工单位接到《重大隐患暂停令》后拒不整改且不停止施工的，监理人员应当立即向当地建设主管部门报告。

（7）应急预案。项目监理部应审查施工单位报审的应急预案，并对应急预案的落实情况进行检查，包括人员、物资、演练等。

（8）验收。在施工单位对危险性较大的分部分项工程自检合格的基础上，监理人员组织勘察、设计、施工、检测等单位的相关人员对该分部分项工程进行验收，验收合格后可以进行下一道工序的施工。

5　结语

随着城市建设的快速发展，城市内可利用的土地资源越来越少，高层、超高层建筑大量涌现，因高层建筑构造的要求和对地下室空间的开发利用，大开挖深基坑工程越来越普遍。又因城内建筑密度较大，经常有基坑挖土较深且邻近有建筑物、构筑物、地下管线等而不能放坡的情况，这时只能对基坑边坡进行支护，以稳定基坑边坡，保证深基坑土方开挖过程中的安全；保证周边建筑物、地下管线的安全；保证地下基层工程的施工安全。基坑边坡支护工程虽不是最终的建筑产品，但它却是建筑产品生产过程中必不可少的非常重要的临时工程，是建筑产品生产过程中的安全施工工程。

深基坑土钉墙支护施工中，施工单位在基坑开挖时随意性大，若监理单位不严格控制分层、分段开挖，严禁超挖的强制性条文难以实现，如基坑周边堆载、超载时有发生，若监理单位不到位，"确保支护结构安全和周围环境安全"的强制性条文也难以实现。基坑支护虽有设计图纸和专项方案，但施工过程中的随意性也很难避免，再加之基坑地质本身也存在很多不足和不安全因素，施工中监理单位的责任风险很大。因此，作为现场监理人员要充分了解土钉墙支护的特点，熟知其边坡支护的机理，熟悉基坑土钉墙支护的施工工法，作为施工的监理依据。严格控制施工安全，方能做好深基坑土钉墙边坡支护的监理工作。

某建设工程第三方安全文明施工巡查服务

常荣波，陈艳宝（鸿泰融新咨询股份有限公司）

摘　要：政府购买的监理服务、第三方安全文明施工巡查，相关案例表明监理企业应紧跟
　　　　政策导向，创新发展，突出建章立制，规范第三方巡查服务的管理，发挥资质、
　　　　专业、人才优势，切实提升巡查实效，为政府做好服务。

1　项目背景

党的十八大强调，要加强和创新社会管理，改进政府提供公共服务方式。国务院更是明确要求在公共服务领域更多利用社会力量，加大政府购买服务力度。国家有关部门随后相继出台了《国务院办公厅关于政府向社会力量购买服务的指导意见》（国办发〔2013〕96号）、《政府购买服务管理办法》（财政部令第102号）、《国务院办公厅转发住房城乡建设部关于完善质量保障体系提升建筑工程品质指导意见的通知》（国办函〔2019〕92号）、《住房和城乡建设部办公厅关于开展政府购买监理巡查服务试点的通知》（建办市函〔2020〕443号）等一系列指导性文件和管理办法，引导政府购买第三方服务的业务开展。

《住房和城乡建设部办公厅关于开展政府购买监理巡查服务试点的通知》（建办市函〔2020〕443号）要求通过开展政府购买监理巡查服务试点，探索工程监理服务转型方式，防范化解工程履约和质量安全风险，提升建设工程质量水平，提高工程监理行业服务能力，并在江苏省、浙江省、广东省等多地开展为期两年的试点。服务定位：监理巡查服务是以加强工程重大风险控制为主线，采用巡查、抽检等方式，针对建设项目重要部位、关键风险点，抽查工程参建各方履行质量安全责任情况，发现存在的违法违规行为，并对发现的质量安全隐患提出处置建议。主要服务内容包括：市场主体合法、合约有效性识别；危险性较大的分部分项工程巡查；特种设备、关键部位监测、检测；项目竣工环节巡查或抽检等。

《深圳市住房和建设局关于进一步转变政府职能大力实行强区放权的通知（试行）》（深建法〔2016〕10号）第十二条提出，启动工程监管购买服务试点。经过试点，建设工

程安全文明施工状况有一定程度提升，第三方巡查服务得到一致好评。

为探索监理咨询企业创新发展的新思路，实现企业发展的新动力和新的增长点，鸿泰融新咨询有限公司在全国咨询企业发展的战略前沿广州市设立分公司，积极参与粤港澳大湾区建设，大湾区规划纲要多次提到创新的首要原则就是创新驱动、改革引领，大湾区的创新涵盖多元主体、多样形式、多种层次、多个领域、多种内容，创新型经济体建设可以看作是大湾区建设的重要特色之一。作为全国监理咨询企业创新改革方向之一的"政府购买的工程建设领域第三方巡查服务"在此发展得早，也日趋成熟。有幸参与其中，使内陆三线城市的企业在接受此发展理念的同时，学习、培养、形成一套有效的第三方服务模式具有很强的借鉴意义。

2 项目简介

2.1 项目概况

（1）项目名称：2020年××区管建设工程第三方安全文明施工巡查服务Ⅰ标。

（2）服务范围：巡查××街道、××街道、××街道、××街道辖区甲方监管范围内的在监工程，跨街道项目由甲方指定承包人。

（3）具体服务内容如下：

对合同范围内在监工程的施工安全和文明施工全过程的实体及行为进行专业巡查，发现存在的各类问题并督促落实整改。包括但不限于：

第一类：危险性较大的分部分项工程（不含基坑工程）：

①模板工程及支撑体系；

②起重吊装及起重机械安装拆卸工程；

③脚手架工程；

④拆除工程；

⑤暗挖工程。

第二类：施工用电、内外脚手架、模板工程、桩基础工程、工地消防安全（包含施工现场和生活区）、高处作业、安全通道及作业防护棚、施工机具、各类卸料平台和操作平台，建筑幕墙安装工程，钢结构、网架和索膜结构安装工程，人工挖孔桩工程，水下作业工程，装配式建筑混凝土预制构件安装工程，采用新技术、新工艺、新材料、新设备可能影响工程施工安全，尚无国家、行业及地方技术标准的分部分项工程等普遍性项目。

第三类：建筑工地围挡、出入口封闭管理、材料管理、施工场地和道路、施工区、办公区和生活区的分隔布置及安防措施、卫生责任制度的落实、扬尘污染防治、泥头车管理、废弃物处置、防噪声扰民措施、智能化管理等安全文明施工项目。

第四类：对施工单位安全生产责任制的落实、责任人（项目经理、安全员、技术负责人）的配置和履职、特种作业人员持有效操作证上岗、三级教育检查、危险性较大的分部分项工程管理（包括方案审批、论证、交底、验收、检查闭合、应急预案及演练）、班前安全活动、分包工程管理、安全标志、安全防护用具和设备进场前查验登记等方面。

第五类：对建设单位履行安全职责情况进行检查。

第六类：对监理单位履行安全职责情况进行检查。

第七类：对合同范围内在建项目进行工地扬尘污染防治专项巡查。

第八类：台风、暴雨等特殊天气及特别防护期等紧急情况下，按甲方要求提供检查、巡查服务。

第九类：上级文件和交办的各项检查。

（4）巡查频率：合同期内区管项目巡查总数不少于750项次，每个季度巡查不少于250项次；市管项目巡查不少于30项次，每个季度巡查不少于10项次。

（5）工作周期：9个月（以合同签订日期为准）。

（6）服务成果要求：

①制定符合项目特点的巡查工作实施方案、评价体系；对检查发现的问题拍照并记录，出具经参建各方签字确认的现场检查单（含文字、图表与照片等形式），并及时形成检查快报，对存在严重安全隐患的项目立即向区安监站书面上报，经第三方巡查机构盖章及项目负责人签字形成检查报告；书面提交上个月的巡查指导分析报告，对服务中存在的问题做出积极响应和改进；合同期满10个工作日内向甲方提交该项巡查服务的年度总结报告。

②安排专人在甲方办公场所驻点工作，对检查计划、检查结果向甲方进行汇报，及时将检查组的检查情况向甲方进行反馈，对相关的检查资料、数据、结果进行整理分析，并协助甲方完成相关工作。

（7）人员配备及要求：巡查项目组设项目负责人1人；下设2个巡查工作组进行日常巡查，每组巡查人员为3人，要求土建、电气、机械专业各1人；另外派驻安监站1人；设资料员1名；共计9人。

（8）绩效考核：

甲方对巡查工作组工作质量及巡查人员进行督查考核，督查频次为每月不少于3次（甲方每组每月督查不少于1次）。督查时限定于乙方对工程项目巡查当天或次日。督查内容包括：乙方巡查发现现场隐患数量及准确性、隐患真实性和对危险性较大的分部分项工程、各专业（土建、机械、电气）必查项、上级文件（时效范围内）要求专项巡查的巡查覆盖率等。

按照对危险性较大的分部分项工程数量和内容、各专业必查项隐患、一般隐患的缺、漏、错情况予以扣款；按照合同要求对所配备各专业巡查人员的出勤情况予以扣款；按照巡查频次扣款；属于应发现安全隐患而没有发现，或未报告的，最终导致出现事故情形的予以扣款甚至解除合同。

2.2 项目的复杂性、重点及难点

所服务项目的数量多、专业类别多、区域分散、涉及除项目安全文明施工以外的所有住房和城乡建设局行政性指令配合检查，使本次巡查服务的实施具有一定的复杂性和困难性。

针对上述内容需重点做好如下工作：

第一类项目施工周期较短、危险性较大，需根据施工周期及进展情况制定合理的施工全过程检查计划，重点从行为和实体进行检查和跟踪，深入查找各类安全隐患和违法行为，提出具体合理的整改意见并跟踪落实整改完成。

第二类项目施工周期长，须根据项目情况制定专项检查计划，从行为和实体两个方面对各项目的关键点进行有针对性的检查，查找各类安全隐患和违法行为，并对这些具有共性的安全隐患和违法行为进行研究分析，提出专业整改意见和措施，从根源上减少和避免再次发生。

第三类项目应全面检查，查找各类隐患和违法行为，督促落实整改完成。

第四类项目重点对施工现场安全生产管理资料进行专业化、规范化诊断与检查，完善项目建筑安全生产管理资料。

第五类项目重点检查建设单位是否提供地下管线资料、是否有安全文明施工措施费的拨付计划、拨付记录和监管使用情况、是否履行合同工期、是否人员履职、是否参与对重大危险源和危险性较大的分部分项工程的管控。

第六类项目重点检查监理单位安全监理制度、监理机构的设置和履职、监理规划及监理实施细则编写审批、资格审查、方案审查、检查验收、旁站监理、安全文明施工措施费的监控、监理报告和资料归档。

第七类项目重点检查六+两个百分之百落实情况。

3 项目组织

3.1 项目的组织模式

根据合同要求及所服务项目的实际情况，建立直线职能型组织结构，具体组织结构图见图1。

3.2 工作职责划分

3.2.1 项目负责人

（1）代表公司对巡查机构进行管理。

（2）制定适用于本项目的管理办法和制度，对各级巡查人员进行检查和考核。

（3）确定项目机构人员分工和岗

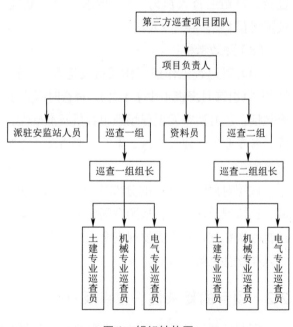

图1 组织结构图

位职责，并以书面形式上报甲方。

（4）组织巡查组人员按照招标文件规定的巡查频率对被巡查单位进行检查，检查和监督项目巡查人员的工作，协调处理各专业巡查业务。

（5）主持内部巡查工作会议，签发各类报告、周报、月报、总结。

（6）组织编写巡查方案，待业主审批后组织巡查人员严格实施。

3.2.2 巡查组组长

（1）在项目负责人的授权范围内，组织巡查人员依据合同、图纸、规范、标准，对分管的巡查范围实施有效、全面的安全巡查，对相应的安全巡查结果负责。

（2）协助项目负责人制定安全巡查方案、管理制度、建立并有效运行安全巡查管理体系。

（3）负责制定本巡查组的每周巡查计划，并组织本组巡查人员开展对施工现场安全进行独立的全过程安全巡查，对参建主体各方的安全履约行为实施巡查。

（4）负责整理巡查工作中发现的问题，现场填发监督检查意见书和责令整改通知书。

（5）负责组织编写本组巡查报告（每次）、周报、月报、半年总结、年度总结，并进行归纳和分析，跟踪复查。

（6）在安全巡查中发现有可能造成安全事故的隐患，负责第一时间通知项目负责人，并立即向有关部门报告。

（7）按要求填写巡查日志，并且每周检查本组巡查人员的巡查日志不少于一次。

（8）负责指导和检查分部巡查文件、资料、工程照片的日常管理和归档管理及档案移交。

（9）组织召开质量安全巡查工作经验交流会和业务学习，检查和考核巡查人员的工作质量。

3.2.3 专业巡查员

（1）按批准的巡查方案中的巡查程序、巡查制度、巡查方法和巡查措施，对在建项目的施工安全进行巡查；对参建各方安全履约情况进行巡查。

（2）按要求填写巡查日志，对巡查出的问题现场填发监督检查意见书和责令整改通知书，形成巡查报告，及时向项目负责人汇报。

（3）定期对巡查中发现的问题，以质量安全巡查报告（每次）、周报、月报、半年总结、年度总结的形式进行汇总，并进行归纳和分析，跟踪复查。

（4）定期对巡查工作情况进行小结，巡查报告、小结附以文字、图片、录像等相结合的证据方式记录质量、安全巡查情况。

（5）对安全巡查过程中的安全巡查日志、巡查单、巡查报告、周报、月报、半年总结、年度总结、图片、录像等资料及时整理归档。

3.2.4 资料员

（1）负责资料的收集、整理及管理工作。

（2）负责文件的签收、登记、传阅、处理、分类、组卷、存档。

（3）负责拟发文稿的核对、编号、登记后呈报相关人员会签和领导签发，并对签发的文件排版打印、用印、分发、签收确认，并组卷归档。

（4）负责软件系统网络的操作，指导巡查人员使用并开发、应用计算机。

（5）负责信息系统的编码。

（6）负责制定网络管理的各项制度，保证网络信息系统的正常运行。

（7）负责对信息的整理、分析、保管，并及时向项目负责人和建设单位报告。

（8）负责会议纪要整理。

4　项目管理过程

4.1　准备阶段

（1）组织准备：成立项目管理的组织机构，明确职责分工，建立考核、奖惩机制，签订廉洁协议。

（2）技术准备：与××区安监站进行了两次见面交底会，对于巡查服务的内容、范围、覆盖频次、××智能监管App的注册使用、巡查深度及质量要求等进行了沟通交流。制定《巡查服务方案》，由第三方巡查团队项目负责人根据《巡查服务方案》组织分组进行了巡查服务合同交底、技术交底以及业务培训工作。根据安监站提供的项目清单编制总体巡查计划。

（3）基础设施准备：巡查团队统一服装的购置、劳动保护用品的配备、便携式工器具和办公器材的配置，为每位成员配备了执法记录仪，以及办公住宿场所及基本生活用品的配置。

4.2　实施阶段

根据合同要求，结合业主方提供的《在建项目一览表》，鸿泰融新咨询有限公司第三方巡查团队本着危大优先、规模优先的原则，考虑季节性因素和安监站检查任务的临时性安排，在总体巡查计划的基础上根据分组地域要求以及安监站的临时安排，编制了《巡查线路图》，同步制定了相应的专项检查计划、周检查计划、月度检查计划，对检查结果及时形成日报、快报、专报、月报，并在巡查服务整体结束后编制年度巡查总结报告。专项检查包括六个百分之百、工地围挡公益广告的占比、防台防汛、防疫等，根据安监站的总体工作要求还安排了阶段性的夜查、××项目的全天候检查等。

4.2.1　巡查流程

第三方巡查团队两个巡查组按照细化的周巡查计划，分别按计划组织巡查。一般每个巡查组一天检查两个项目，采取飞行检查的模式，巡查组到达项目之前，仅提前半个小时通知受检项目总监或者项目经理做好迎检准备。到达项目后先召集受检项目参建各方主要负责人召开巡查前工作会议，参建单位介绍项目情况，巡查组通告巡查步骤、要求和分工，并强调廉政纪律。会后巡查人员按分工进行现场实体和资料检查，形成书面评分和检查意见，并在检查过程中实时留存影像资料。检查后召集巡查总结会议，各巡查人员分别通报检查中发现的问题，将安全隐患问题分类汇总，填写在《第三方巡查隐患记录》上，并由施工单位、监理单位签字确认。对于现场检查中发现的安全和文明施工隐患及违法违规行为，检查组及时向委托方进行书面汇报，并提出整改意见。由委托方督促建设单位、施工单位、监理单位进行整改，整改闭合后，建设单位、施工单位、监理单位将由三方批准的整改报告提交给委托方。巡查单位根据委托方要求进行复检，直至合格为止。巡查工作程序流程图见图2。

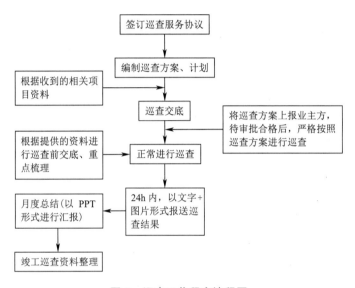

图 2 巡查工作程序流程图

4.2.2 巡查服务工作要点

××区政府购买的第三方巡查服务已开展多年，政府的监管职能以及结合监管信息平台的监管体系日臻成熟，地方配套法规文件齐全，以安全文明施工为例，有《××市建设工程安全文明施工标准》。鸿泰融新咨询股份有限公司第三方巡查团队只需发挥自身专业及管理优势，秉承"立足现场、抓牢重点、配合复查、紧靠政策、服务业主、廉政第一"的巡查理念，在××区的政府整体监管框架内开展工作即可。由于第三方巡查的管理模式和理念已深入项目现场各参建单位心中，所以检查的配合度是极高的。

按照安监站要求，巡查人员提出的问题要有深度，如对于危险性较大的分部分项工程要能及时发现可能会马上产生生命财产损失的安全隐患。要根据工程项目的特点、重点以及难点（如大型机械、外脚手架以及深基坑、高大模板等容易发生重大安全事故的部位就是巡查的重中之重）开展检查。建立危险性较大的分部分项工程台账、安全文明施工台账，同时上传监管系统进行提示、跟踪、整改落实。

巡查过程中除了国家相关的法律、规范、标准外，对地方规范、标准、文件也要做到及时学习、熟练掌握，这样才能使得整个巡查工作立体、生动。

巡查服务是为安监站同时也是为项目各参建单位提供的一项监督服务。既然是服务就要以服务对象的客户满意度作为服务评判标准。第三方巡查团队在巡查过程中会在每月对项目出现问题的部位、隐患的多寡、隐患的严重性进行纵向和横向的对比。将繁琐的问题转变成清晰的对比数据，提出整改以及下一步的工作建议，为业主提交了一份满意的答卷。

巡查工作如何保证公平性，其廉洁工作建设为重中之重，签订廉洁协议，定期召开廉洁会议，不定期地抽查，到被巡查单位进行走访，了解第一手的真实情况。鸿泰融新咨询股份有限公司未收到一起业主方、施工单位以及其他建设单位的投诉。

4.3 总结阶段

总结分为阶段性总结和服务结束后的总体总结，甚至还有专项总结。

根据不同阶段的总结要求，服务过程中的总结要注重巡查发现问题的分类，采取统计方法对问题进行分析，并提出重点关注的点及整改建议。对于服务完结后的总结要有对整个服务过程的详细描述，巡查机构自身存在的问题及解决办法，下一步需要改进提高的方面等，并作为业主方考核的依据。

5 项目管理办法

5.1 巡查工作手段

5.1.1 审查核验

安全巡查工作组及时督促被巡视检查单位报送相关文件和资料，及时审查核验。提出审核意见，对不符合要求的应要求参建单位完善后再次报审。主要包括安全生产相关资质证书、安全隐患整改回复单的审查核验。

5.1.2 巡视检查

巡视检查应包括下列内容：

（1）参建单位安全生产保证体系人员到岗履职情况。

（2）在建工程施工现场与施工组织设计中的技术措施、专项施工方案和安全防护措施费用使用计划的相符情况。

（3）在建工程施工现场存在的安全隐患，以及按照项目监理机构的指令整改实施的情况。

（4）在建工程项目监理机构签发的联系单、通知单、工程暂停令实施情况。

5.1.3 告知

以监督检查意见书形式告知在建工程参建单位在安全履职上的工作要求、提示和建议以及相关事宜。

5.1.4 通知

（1）在巡视检查中发现安全事故隐患，或违反现行法律、法规、规章和工程建设强制性标准，未按照施工组织设计中的安全技术措施和专项施工方案组织施工的，及时下发责令整改通知书，指令限期整改。

（2）建立安全隐患台账，对巡查发现的问题督促落实整改闭合。

（3）参建单位整改后填写责令整改通知书回复单，安全巡查工作组核查整改结果。

5.1.5 会议

在安全巡视检查后，及时召集各参建单位参加检查总结会议，分析评价安全履职情况，同时提出整改要求，并及时传达有关主管部门的安全规范、标准和文件规定，贯彻落实安全生产标准化要求。

5.1.6 报告

（1）安全巡查工作组针对所有在建工程进行量化考核与模块巡查，定量分析与定性分析相结合。

量化考核执行《建筑施工安全检查标准》JGJ 59—2011。

模块巡查执行某市住房和城乡建设局制定的《××市（建筑施工类）安全隐患巡查基本指引》（共11个模块100个巡查项目）。

（2）针对在建工程项目的量化考核中，及时将70分以下不合格项目列为一级风险监控点，向安监站综合办公室报告。

（3）施工现场发生安全事故，安全巡查工作组获悉后，应立即向安监站综合办公室报告。

（4）安全巡查工作组对参建单位不执行安全整改指令，对施工现场存在的安全事故隐患拒不整改的，及时向安监站综合办公室报告。

（5）以安全巡查工作周报、月报、季报、年度总结形式向安监站综合办公室报告。

5.2 巡查工作方法

5.2.1 定期巡查、专项巡查、机动巡查相结合

定期巡查即对所有在建项目进行安全生产工作情况检查，巡查频次每个季度巡查不少于250项次；市管项目每个季度巡查不少于10项次。巡查内容包括人员在岗履职情况、安全生产管理行为、施工现场安全状态。

专项巡查即针对某一特殊时期（如汛期或台风来袭期间）或某一安全生产文明施工重点工作，如专项整治、隐患排查、文明创优、环保治理、疫情管控、重大节日活动、住房和城乡建设局指令性安排等，开展有针对性的检查巡查，还包括夜间施工的检查。

分组分专业巡查。第三方安全巡查组拟分为两个日常巡查小组和一个内业资料小组，分组时按专业合理调配小组成员。

两个日常巡查小组须保质保量地完成所有在建工程项目的日常安全巡查工作，并将当日巡查工作情况及时反馈给内业资料小组。

内业资料小组须及时汇总两个日常巡查小组当日巡查安全隐患问题并形成巡查日报，如实向安监站综合办公室主管人员报告当日巡查工作情况，并按周形成周报，按月形成月报，按季形成季报，客观地反映所有在建工程的安全生产形势，以便安监站领导及时决策，保证工程安全生产。

两个巡查小组同时对××区在建工程进行巡查，目前在建工程233个，每个巡查小组巡查约117个在建工程项目。在没有专项巡查和临时巡查任务时，两个巡查小组按当月巡查计划完成各自小组所有在建工程项目的巡查与重点复核工作。

为保证安全巡查工作质量，两个巡查小组实行交叉巡查和交叉复核制度。即次月甲小组巡查和复核上个月乙小组巡查的在建工程，乙小组巡查和复核上个月甲小组巡查的在建工程，以避免"山头主义"和徇私舞弊。

在出现专项巡查和临时巡查任务时，两个日常巡查小组与内业资料小组须各自抽出一名专业人员配合总工程师室完成巡查任务，如果情况比较紧急或比较重大，两个日常巡查小组须暂停日常巡查工作，完成紧急任务后再恢复日常巡查工作。

第三方安全巡查组对服务范围内的所有项目巡查时，各工程师按不同专业进行分工巡查，巡查组组长现场汇总各专业工程师检查出的隐患问题，并就每个项目发现的安全隐患及时下发监督检查意见书和责令整改通知书，按隐患轻重缓急情况合理确定整改回复期限。

完成当日巡查工作后，及时将当日下发的监督检查意见书和责令整改通知书交到内业资料组，由内业资料组及时抄送安监站综合办公室一份。与安监站共同督促在建工程项目完成安全隐患整改工作。

内业资料组负责建立安全隐患通知单台账及重大危险源管理台账，及时提醒巡查组跟踪落实。

在建工程项目回复纸质回复单后，由安全巡查小组组织核查，形成闭环，确保检查覆盖率达到100%。

在每次检查中，安全巡查人员一旦发现施工项目存在较大以上等级（分一般、较大、重大）安全隐患，立即出具责令整改通知书，并在8h内报告××区安监站处理。

5.2.2 精准排查、及时发现、及时治理、长效跟踪、根除隐患

安全巡查经过了两个阶段，从最初查找违反法规、规范、操作规程的教科书式排查阶段到基于上述基础上的灵活运用阶段，就是要回归安全管理的本质"安全第一、预防为主、综合治理"。

（1）精准排查，及时发现：对于违反法律、规范、标准，尤其是强制性条文的安全隐患都是应排查的对象，但是有可能立即产生人员伤亡、经济损失的安全隐患应作为首要被发现的选项，即精准排查、及时发现。

（2）及时治理：现实当中事故的发生归结于人的不安全行为、物的不安全状态、管理缺陷，管理缺陷是造成安全隐患不能及时治理的主要因素，安全意识淡薄、重生产轻安全、侥幸心理以及本位思想不作为，抑或是安全主管权限受限均造成了安全隐患，即使被精准发现，也不能及时治理，本次巡查政府主管部门建立了政府、第三方、参建单位的联动机制，通过第三方软件公司提供的App平台整合问题的记录及整改反馈，通过后台统计及时产生对责任人、责任单位的处罚、排名，甚至对个人从业、企业开展业务产生影响，从而有效改变项目安全管理结构，由被动安全管理变为主动安全管理。

（3）长效跟踪，根除隐患：App平台更注重安全管理的基础管理建设和过程管理，如项目经理、安全主管、总监线上刷脸签到以保证主要管理人员的驻场管理；网格化管理以保证安全管理横向到边、纵向到底，覆盖全面；总包单位的自查自纠、监理的日常履职要求平台同步以保证其落实日常安全管理，此即为长效跟踪。在此基础上经常组织各种专项巡查，如塔式起重机、脚手架、施工升降机、深基坑、防疫、雨期防台风等更具针对性、有效性，从而做到根除隐患。

5.2.3 专业、计划、高效、服务

第三方巡查作为该种系统化安全管理的重要一环，要求做到专业精、服务意识强、高效，有计划性。

（1）专业性：巡查组建立了定期、不定期的学习、研讨制度，通过深入了解地方规章、标准，提升专业水平，通过已检查项目的总结提炼，积累摸索高效成熟的巡查经验。

（2）计划性：因为巡查是以四不两直的形式开展的，检查计划仅报政府主管部门，项目上均是突击检查，所以计划制定的合理性和与政府指令性检查结合的灵活性尤为重要，行之有效的检查计划才能保证检查的效果。

（3）参加由政府主管部门组织的沟通协调会，及时发现巡查中存在的问题，虚心接受，积极改进。在巡查中利用好App平台中内置的安全检查相关专业、大类术语，检查用语、文书规范化；建立危险性较大的分部分项工程管理台账，同时上传平台，危险性较大的分部分项工程管理同步管理、持续跟踪，并在平台上设置提醒、警示点，到期关注，做到高效巡查。

（4）服务：服务意识，服务不仅代表着第三方巡查机构巡查的主旨是为政府主管部门做好服务，还代表着政府主管部门职能的转变：从管制到服务、由"官僚"变"公仆"，由传统的"行政"向"治理"转变，"以人为本，市场导向、企业自治"是新时代安全管理的主旋律，人为干涉变主动管理才是抓好安全的必由之路，所以这种政府管理服务意识的转变也时刻灌输在巡查组的脑海中。

5.2.4 标准化运作

巡查工作形成日记、周记、月报和年报，以及安监站安全评分并对外公布。安监站根据报告联动有关执法部门督促项目的责任主体进行改进。安全管理平台通过整合各施工安全信息子系统，变被动预防为主动预警，初步实现施工安全的智能化、信息化和一体化监管模式。重点突出对深基坑、高支模、脚手架、垂直运输设备等重大危险源的监管，实行安全风险分级管理，重点监控，提前预警，防患于未然。

6 项目管理成效

6.1 基本成效

第三方巡查机构完成区管项目巡查总数870项次，第一季度巡查292项次，第一季度某特色文化街区建设代建工程项目专项检查17项次，第二季度巡查277项次，第三季度巡

查284项次；市管项目巡查36项次。

第三方巡查机构按每日、每周、每月节点编制日报、周报、月报上报××区安监站，将巡查情况及时反馈到安监站。共上报日报278份，其中夜间巡查日报229份、周报40份、月报9份。开展第三方安全巡查以来，共出动巡查人员2494人次，检查872项次，监督检查意见书853份，责令整改通知书616份，发现安全隐患5479项（表1）。

项目管理基本成效统计表　　　　　　　　　　表1

隐患类别	合计（项次）	占比
基坑工程	117	2%
模板工程及支撑体系	105	2%
起重吊装及起重机械安装拆卸工程	12	0.2%
脚手架工程	163	3%
暗挖工程	2	0.03%
人工挖孔桩	6	0.1%
其他危险性较大的分部分项工程/管理	12	0.2%
高处作业	1442	26%
施工用电	1075	20%
消防隐患	389	7%
危险化学品	1	0.02%
有限空间作业	3	0.05%
地下管线保护	1	0.02%
特种作业人员	12	0.2%
安全管理	324	6%
其他安全隐患	1087	20%
扬尘防控	433	8%
围挡宣传画	53	0.9%
爱卫消杀	4	0.07%
泥头车管理	2	0.03%
其他文明施工问题	236	4%
合计	5479	100%

现场巡查发现主要安全隐患高处作业占总数的26%、施工用电20%、消防7%。分析安全隐患原因并提出相应对策：

（1）粗心大意和重视程度不足，对工作面条件和危险性认识不到位。

（2）危险源辨识不全面，风险评估不准确。

（3）安全生产过程控制不严格，现场管理不规范。

（4）问题整改不彻底，表现为：对发现的安全隐患没有深入分析原因；制定的纠正、预防措施，不能防止类似问题再次发生。

（5）人员不安全行为管控不到位。施工人员思想、素质、业务技能参差不齐。开展安全教育和培训，通过培训有力地提高了员工的安全知识水平。

6.2 成效亮点

每周五晚上与法定节假日（例如劳动节）增加夜间巡查活动，第三方巡查机构共完成夜间巡查 50 项次。根据监督组的指示，共完成 22 项专项检查：施工现场安装、拆卸施工起重机械和整体提升脚手架、模板等自升式架设设施。

通过上述有效的巡查，在保证巡查队伍廉洁的基础上，配足配齐专业技术人员，保证巡查工作的专业性，同时做好与安监站的沟通协调，确保发现的安全隐患能够得到及时处理和闭合，通过建立节假日、夜间巡查机制、强化危险性较大的分部分项工程关键节点的巡查力度等措施，逐步建立了巡查工作清单化、体系化及各方联动机制。

6.3 效益

第三方巡查机构巡查监管的项目没有发生一起安全事故，获得参建单位和政府主管部门的一致好评，同时社会对这种模式的认知、认同感加强，取得了良好的社会口碑。在此基础上，鸿泰融新咨询股份有限公司相继开展了很多第三方巡查业务，给公司带来了相应的经济效益。

7 交流探讨

7.1 第三方检查服务存在的问题和改进建议

截至目前，全国31个省、自治区、直辖市均已出台省一级或直辖市区一级政府购买服务的指导意见，政府购买服务被广泛应用于各领域的公共服务供给制度安排之中。

（1）政府购买的监理巡查服务是基于政府监督体制基础上的补充完善，第三方安全监管机构虽然有一定的监管权，但目前没有明确的法律条文定义其法律地位。检查权与处罚权的分离，虽然赋予了项目检查结果的公平、公正、专业，但对于隐患的治理及整改落实效率还需赋予第三方巡查机构相应的权利并予以提升，使第三方巡查的效果更高效。

改进建议：委托方给予第三方巡查机构直接下达限期整改通知的权利，为了避免第三方巡查机构滥用此权利，委托方可采取监督和考核的措施。

政府购买监理巡查服务试点刚满一年，政府购买的第三方巡查服务虽然经历了一定时期的发展，但因为无相关的国家和行业管理标准以及有关规范制约，造成第三方巡查人员水平参差不齐，本次第三方巡查委托的是监理企业，由于监理行业的工资标准相对较低，其所招募的人员技术水平参差不齐，因此，难免出现参与第三方巡查人员水平参差不齐的现象。

改进建议：第三方巡查服务是专业性强、技术水平要求高的服务项目，监理企业要转型升级参与第三方巡查服务，就必须转变思想和观念，而且要舍得付出更多成本，委派专业水平过硬、能够独当一面的专业人员组成巡查队伍。同时建议适当提高第三方巡查项目取费标准，使得第三方巡查机构愿意花更多的钱聘请高水平的人员。

（2）政府购买服务的酬金，既然定位是监理转型升级的一个方向，应该赋予其高附加值，高智能、专家级、保姆式服务在保证质量的前提下，应该统一收费标准，防止无序、低价竞争，重新走回监理的老路。

（3）宣贯力度不到位，二、三线城市及县一级城市的政府部门不了解、不认可、无财政资金的出处等造成至今还未布局该项工作的开展，政府对于工程的监管无法顾及，产生监管盲区，监管力度不够，无法做到消除安全质量风险。

7.2　未来展望

随着政府机构"放管服"改革进入深水区，现代行政理念日益凸显，政府从直接的微观管理转向间接的宏观调控，从行政垄断到市场导向的理念转变，政府简政放权，推进行政体制改革，激发各类市场主体的发展活力和创造力。

对于监理企业而言，此次住房和城乡建设部试点政府购买监理巡查服务是机遇，更是挑战。

（1）通过委托第三方专业机构开展质量和安全方面的咨询服务的同时，第三方专业机构既提升了自身的技术水平和服务质量，又为购买方提供了优质高效的咨询服务。通过第三方服务，及时总结检查出的各项问题，并作为案例或培训材料在企业内部组织培训。项目监理人员结合案例分析和工作实际，尽量做好事前控制的相关工作，以减少施工过程中的相关问题；同时不断丰富和提升监理工作经验和业务水平，更好地体现监理服务成效，同时也为监理企业转型升级储备人才、积累专业知识。工程全过程工程咨询是监理企业转型升级的大方向，需要大量的全方位复合型人才。尤其是监理工作不甚熟知的业主端工作，如工程施工手续的办理、与规划和城市配套部门的衔接、物业公司的管理流程及出现的问题处理等内容，在住房和城乡建设局开展政府购买第三方服务时都会有不同程度的涉及。

（2）拓展了工程管理的视野。对工程管理的视角由"仰视""平视"提升为"俯视"的角度，拓展了工程管理的视野。第三方服务能让从业者摆脱监理行业的传统束缚去看问题，从旁观者的角度客观观察监理在工程建设中的作用和地位，为进一步细化监理工作、提升监理工作品质打下基础。同时，以不同的身份和角度对工程建设进行管理，不仅拓展了工程管理方面的视野，还能为工程监理向工程管理转型打下基础。

（3）及时了解行业发展信息。由于第三方服务能在第一时间接触和掌握政府主管部门的相关政策等信息，对政府主管部门的阶段性管控重点、责任主体的责任界定和管控措施会有更直观地了解。

监理企业需进一步提高技术水平和服务水平，具备为市场提供特色化、专业化监理服务的专业能力。未来，监理企业亦可向"上下游"拓展服务领域，向全过程工程咨询迈进。

工程项目监理案例实践

张琥，王延，崔绍珉（秦皇岛秦星工程项目管理有限公司）

摘　要：在工程项目监理过程中，做到了事前控制、事中控制，保证工程的顺利进行，圆满地完成了工程，使工程提前1个月完成竣工，项目争创安济杯、省文明工地等奖项。

1　项目背景

该工程是经河北省发展和改革委员会批准，为支持学校"双一流"建设的公用工程，是秦皇岛市2020年开工的重点项目之一；建成后将极大地缓解某学校现有办学条件下实验实训项目场地不足的困境，促进学校的均衡发展。

该项目为某综合实验训练中心，建设地点位于秦皇岛市开发区长江西道与天山南路交叉口某学校西区院内。项目开工时间为2020年4月21日，项目竣工时间为2021年9月16日。该工程场地面积较大，占地约8万 m^2。该项目要求始终是高效优质的监理，同时要求项目监理组必须以最有力的监理手段、优质高效的监理服务严格控制工程进度，保质保量地完成整个工程，使工程提前1个月完成竣工，项目创安济杯、省文明工地等奖项。

2　项目简介

该工程包含4个建筑物以及室外工程，总建筑面积54996 m^2。其中1号楼建筑面积11514 m^2，地上5层，建筑高度23.65m；2号楼建筑面积17181 m^2，局部地下1层，地上5层，建筑高度24.75m；3号楼建筑面积15076 m^2，地上5层，建筑高度24.75m；4号楼建筑面积11225 m^2，地上5层，建筑高度21.75m。1号楼建筑、2号楼建筑、3号楼建筑 ±0.000 相当于绝对标高29.45m。4号楼建筑 ±0.000 相当于绝对标高35.95m。

3 项目组织

工程项目实行总监理工程师负责制。总监理工程师依据工程特点组建直线型监理组织机构（图1）。

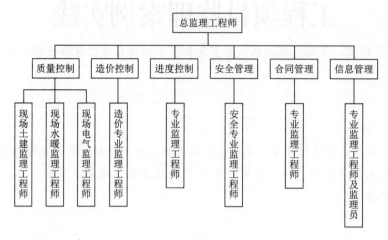

图 1 监理组织机构

4 工程项目管理过程

4.1 工程进度控制

依据建设工程施工合同要求确定施工的工期目标。

4.2 设置进度控制的关键点

（1）依据施工前期资料和施工场地的交付时间。

（2）掌握工程项目建设投入（包括人力、物力、资金、信息等）及其数量、质量和时间。

（3）审查进度计划中所有可能的关键路线。

（4）判断施工中薄弱环节及可能导致较大工程延误的环节。

（5）分析施工中各种风险的发生。

（6）完善进度计划的编制、调整与审批的程序。

4.3 进度控制内容

4.3.1 事前控制

（1）审核施工单位提供的施工总进度计划，要求在工程开工前将施工总进度计划报现场监理工程师审查，在监理工程师审查合格后，报总监理工程师审批。

（2）现场监理项目部审核施工单位提交的施工月进度计划。

施工单位根据施工合同约定的时间将施工总进度计划分解，再将月进度计划上报现场监理工程师审查，现场监理工程师审查合格后，由总监理工程师审批。

（3）项目监理工程师从以下几个方面对进度计划进行审查：

①审查进度安排是否符合工程项目建设总进度计划中总体目标和分目标的要求，是否符合施工合同中开竣工日期的规定。

②重点审查进度计划中的主要工程项目是否有遗漏，总包单位、分包单位分别编制各单项工程进度计划之间是否相协调。

③审查施工顺序的安排是否符合施工工序的要求。

④合理判断工期是否进行了优化，进度安排是否合理。

⑤检查劳动力、材料、构配件、设备及施工机具、设备、施工用水用电等生产要素供应计划是否能保证施工进度计划的需要。

⑥核对由建设单位提供的施工条件（包括资金、施工图纸、施工场地等），供应时间是否明确、合理，核实是否有造成因建设单位违约而导致工程延期和费用索赔的可能。

4.3.2 进度的事中控制

（1）由监理工程师和监理员跟踪检查工程项目的实际进展情况。

（2）由监理员记录，监理工程师分析劳动力、材料（构配件、设备）及施工机具、设备、施工图纸等生产要素的投入和施工管理、施工方案的执行情况。

（3）通过下达监理指令、召开工地例会、各种层次的专题协调会议，督促施工单位按期完成进度计划。

（4）当实际进度滞后进度计划要求时，总监理工程师应指令施工单位采取调整措施。

（5）项目监理部通过工地例会和监理月报，定期向建设单位报告进度情况，特别是对由于建设单位原因可能导致工程延期和费用索赔的各种因素，要及时提出建议。

4.3.3 进度的事后控制

（1）项目监理部及时组织分项、分部工程验收工作，以确保下一阶段施工的顺利开展。

（2）项目监理部根据实际施工进度，及时修改和调整进度计划及监理工作计划。

4.4 进度控制的方法

（1）明确进度控制任务和管理职责分工。

（2）审查施工单位编制的进度计划，根据形象进度的进展情况，追踪进度进程，发现问题并及时与施工单位协调，要求施工单位提供解决方案。

（3）及时跟进审核施工单位按时进行的月支付申报，专业监理工程师认真及时做好计量工作，以保证工程款的到位，确保工程进度。

（4）检查劳动力配置及机械设备、机具是否满足计划需要，发现问题，要求施工单位及时制定解决方案。

（5）检查材料设备的订货进场情况，既要合理使用资金又要确保工程进度。

（6）实行例会制度，检查计划完成情况，分析产生偏差的原因，制定措施，协调解决存在的问题。

4.5 进度控制措施

（1）组织措施：落实进度控制的责任，建立进度协调制度，积极做好内外协调工作，按总进度表分解工程进度。

（2）技术措施：

①建立网络计划和施工作业计划体系。

②做好工序合理搭接，平行作业。

③采用高效能的施工机械设备。

④采用施工新工艺、新技术，缩短工艺过程时间和技术间歇时间。

（3）经济措施：

①确保资金的及时供应，避免或减少施工单位窝工、停工待料的时间。

②依据合同对工期提前者实行奖励。

（4）合同措施：依据合同及时协调有关各方的进度，控制拨款条件，以确保工程项目的形象进度。

4.6 质量控制

4.6.1 控制依据

（1）工程总承包合同。

（2）设计文件。

（3）国家及政府有关部门颁布的有关质量管理方面的法律、法规性文件。

（4）相关施工质量验收规范。

（5）相关工程材料及构配件质量控制的专门法规性依据。

（6）控制相关施工工序质量方面的技术法规。

4.6.2 工程质量控制原则

（1）重点为主动控制，对工程项目实施全过程进行质量控制及管理。

（2）根据工程项目建设的人、机、料、法、环等生产要素，实施全方位的质量控制。

（3）该工程严格执行开工申请程序、工程变更复核签审程序、工程质量事故处理等各类程序。

4.6.3 根据工程需要设置工程质量控制关键点

质量控制关键点是施工质量控制的重点，监理项目部根据项目工程需要及工程特点，选择重要的部位、工序为质量控制点，控制程序和手段详见表1。

控制程序和手段 表1

序号	分部工程	子分部工程	分项工程	质量控制点	质量控制手段
1	地基与基础	无支护土方	土方开挖、土方回填	基坑（槽）尺寸、标高、边坡、土质；分层压实系数、分层夯实厚度	事前、事中、平行检验、巡视、旁站
		有支护土方	排桩、降水、排水	基坑（槽）尺寸、标高、边坡、土质；分层压实系数、分层夯实厚度	事前、事中、平行检验、巡视、旁站
		混凝土基础	模板、钢筋、混凝土、后浇带混凝土、混凝土结构缝处理	模板及支架承载力、刚度、稳定性、内部清理及润湿情况；钢筋品种、规格、尺寸、连接、安装、预留洞；水泥品种、强度等级，砂石质量，混凝土配合比，外加剂比例，混凝土振捣	事前、事中、平行检验、巡视、旁站
		砌体基础	砖砌体、混凝土砌块砌体、配筋砌体、石砌体	材料质量、砂浆配合比及强度、留差、砌体轴线，皮数杆	事前、事中、平行检验、巡视
2	主体结构	混凝土结构	模板、钢筋、混凝土、现浇结构	水泥品种、强度等级，砂石质量，混凝土配合比，外加剂比例，混凝土振捣；钢筋品种、规格、尺寸、连接；预留洞、孔及预埋件规格、数量、尺寸、位置	事前、事中、平行检验、巡视、旁站
		砌体结构	砖砌体、混凝土小型空心砌块砌体	砌体轴线，皮数杆，砂浆配合比及强度，预留洞孔、预埋件位置、数量，砌块排列	事前、事中、平行检验、巡视
3	建筑装饰装修	地面	整体面层：基层，砖面层（陶瓷锦砖、缸砖、陶瓷地砖和水泥花砖面层），花岗石面层，料石面层（条石、块石面层），实木复合地板面层（条材、块材面层），中密度（强化）	材料质量、配合比、混凝土强度，施工工艺	事前、事中、平行检验、巡视
		抹灰	一般抹灰、装饰抹灰	材料质量、配合比、施工工艺	事前、事中、平行检验、巡
		门窗	木门窗制作与安装、金属门窗安装、特种门安装、门窗玻璃安装	门窗品种、类型、规格、开启方向、安装位置及牢固性、连接；玻璃色彩、图案、涂膜朝向	事前、事中、平行检验、巡视

序号	分部工程	子分部工程	分项工程	质量控制点	质量控制手段
3	建筑装饰装修	饰面板（砖）	饰面板安装、饰面砖粘贴	孔、槽的数量、位置、尺寸；预埋件及连接件位置、数量；牢固性	事前、事中、平行检验、巡视
		涂饰	水性涂料涂饰、溶剂型涂料涂饰、美术涂饰	颜色、图案、透底、起皮、反锈；脱层、空鼓、安装牢固；栏杆预埋件数量、规格、位置	事中、平行检验、巡视
4	建筑屋面	卷材防水屋面	保温层、找平层、卷材防水层、细部构造	材料质量、排水坡度、保温层含水率、防水层渗漏、密封材料施工质量	事前、事中、平行检验、巡视、旁站
5	建筑给水、排水及供暖	室内给水系统	给水管道及配件安装，室内消火栓系统安装，给水设备安装，管道防腐、绝热	材料质量；管穿外墙接口处防水质量；水压试验、灌水试验、通水试验、生活给水系统冲洗和消毒；通球试验；消火栓试射试验；卫生器具接口严密；排水管道安装坡度	事前、事中、平行检验、巡视
		室内排水系统	排水管道及配件安装，雨水管道及配件安装		
		卫生器具安装	卫生器具安装、卫生器具给水配件安装、卫生器具排水管道安装		
		室内供暖系统	管道及配件安装，辅助设备及散热器安装，系统水压试验及调试，防腐、绝热		
		室内给水管网	给水管道安装，消防水泵接合器及室外消火栓安装，管沟及井室		
6	建筑电气	供电干线	裸母线、封闭母线、插接式母线安装，桥架安装和桥架内电缆敷设，电缆沟内和电缆竖井内电缆敷设，电线、电缆导管和线槽敷设，电线、电缆穿管和线槽敷线，电缆头制作、导线连接和线路电气试验	接地连接形式；各系统的交接试验；接地；重复接地；绝缘电阻；接地电阻的测试	事前、事中、平行检验、巡视
		电气照明安装	成套配电柜、控制柜（屏、台）和动力、照明配电箱（盘）安装，电线、电缆导管和线槽敷设，电线、电缆导管和线槽敷设，槽板配线，钢索配线，电缆头制作、导线连接和线路电气试验，普通灯具安装，专用灯具安装，插座、开关、风扇安装，建筑照明通电试运行		

序号	分部工程	子分部工程	分项工程	质量控制点	质量控制手段
6	建筑电气	防雷及接地安装	接地装置安装,避雷引下线和变配电室接地干线敷设,建筑物等电位连接,接闪器安装	接地连接形式;各系统的交接试验;接地;重复接地;绝缘电阻;接地电阻的测试	事前、事中、平行检验、巡视
7	智能建筑	通信网络系统	通信系统,卫星及有线电视系统,公共广播系统	计算机信息系统安全专用产品销售许可证;与因特网连接时网络安全系统必须安装防火墙和防病毒系统;检测消防控制室向建筑设备监控系统传输、显示火灾报警信息的一致性和可靠性,监控系统的接口对火灾报警的响应及其火灾运行模式,现场模拟发出火灾报警信号;早期烟雾探测火灾报警系统,大空间早期火灾智能检测系统、大空间红外线图像矩阵火灾报警及灭火系统,可燃气体泄漏报警及联动控制系统;安全防范系统中相应的安全监控、门禁、停车场管理系统等对火灾报警的响应及火灾模式操作等功能的检测,现场模拟;电源与接地系统必须保证建筑物内各智能化系统的正常运行和人身、设备的安全;风管、防排烟系统材料的不燃性;防爆风阀必须符合设计要求;风管穿墙板处预埋管或防护套管;风管内严禁其他管线穿越;输送危险品的风管应有良好的接地;室外立管的固定位置要正确;通风机进出口位置的安全防护装置;系统调试	事前、事中、平行检验、巡视
		办公自动化系统	计算机网络系统,信息平台及办公自动化应用软件,网络安全系统		
		建筑设备监控系统	空调与通风系统,变配电系统,照明系统,给水排水系统,热源和热交换系统,冷冻和冷却系统,电梯,中央管理工作站与操作分站,子系统通信接口		
		火灾报警系统及消防联动系统	火灾和可燃气体探测系统,火灾报警控制系统,消防联动系统		
		安全防范系统	电视监控系统,入侵报警系统,巡更系统,出入口控制(门禁)系统,停车管理系统		
		综合布线系统	缆线敷设和终接,机柜、机架、配线架的安装,信息插座和光缆芯线终端的安装		
		智能化集成系统	集成系统网络,实时数据,信息安全,功能接口		
		电源与接地	智能建筑电源,防雷及接地		

序号	分部工程	子分部工程	分项工程	质量控制点	质量控制手段
8	通风与空调	送排风系统	风管与配件制作，部件制作，风管系统安装，空气处理设备安装，消声设备制作与安装，风管与设备防腐，风机安装，系统调试	计算机信息系统安全专用产品销售许可证；与因特网连接时网络安全系统必须安装防火墙和防病毒系统；检测消防控制室向建筑设备监控系统传输、显示火灾报警信息的一致性和可靠性，监控系统的接口对火灾报警的响应及其火灾运行模式，现场模拟发出火灾报警信号；早期烟雾探测火灾报警系统，大空间早期火灾智能检测系统、大空间红外线图像矩阵火灾报警及灭火系统，可燃气体泄漏报警及联动控制系统；安全防范系统中相应的安全监控、门禁、停车场管理系统等对火灾报警的响应及火灾模式操作等功能的检测，现场模拟；电源与接地系统必须保证建筑物内各智能化系统的正常运行和人身、设备的安全风管、防排烟系统材料的不燃性；防爆风阀必须符合设计要求；风管穿墙板处预埋管或防护套管；风管内严禁其他管线穿越；输送危险品的风管应有良好的接地；室外立管的固定位置要正确；通风机进出口位置的安全防护装置；系统调试	事前、事中、平行检验、巡视
		防排烟系统	风管与配件制作，部件制作，风管系统安装，防排烟风口、常闭正压风口与设备安装，风管与设备防腐，风机安装，系统调试		
		空调风系统	风管与配件制作，部件制作，风管系统安装，空气处理设备安装，消声设备制作与安装，风管与设备防腐，风机安装，风管与设备绝热，系统调试		
		空调水系统	管道冷热（媒）水系统安装，冷却水系统安装，冷凝水系统安装，阀门及部件安装，水泵及附属设备安装，管道与设备的防腐与绝热，系统调试		
9	电梯	电力驱动的曳引式或强制式电梯安装	设备进场验收，土建交接检验，驱动主机，导轨，门系统，轿厢，对重（平衡重），安全部件，悬挂装置，随行电缆，补偿装置，电气装置，整机安装验收	井道；层门关闭装置；层门锁钩灵活；限速器；电气设备接地；试运行	事前、事中、平行检验、巡视

4.6.4 工程质量控制内容

1. 工程施工前准备阶段的质量控制

（1）审查某施工单位提交的施工组织设计及施工方案。

审查施工组织设计，监理工程师应掌握的重点：

①该施工单位的组织体系是否健全，特别是质量管理体系是否健全，监理项目部对该企业进行重点审查，主要审查了施工项目管理机构的质量管理体系、技术管理体系和项目质量保证的组织机构、质量管理制度、技术管理制度、专职管理人员和特种作业人员的资格证、上岗证是否满足该项目要求。

②审查该项目的施工现场总平面布置图中的现场布置是否合理，是否有利于保证施工的正常进行，是否能有利于保证质量。

③监理项目部重点审查该项目的施工组织技术措施是否有针对性。

④监理项目部认真审查该工程地质特征及场区环境状况，核实可能存在的对质量和安全带来不利影响的事件，要求施工单位制定相应方案及有针对性的保证质量、安全的措施等。要求该施工单位对基础降水、地下防水施工、通风和空调系统安装、消防报警控制系统、电梯安装、涉及专业性强的分项、有特殊要求的装饰装修工程等分部（项）工程应单独编制施工方案。施工方案随工程进展程度报专业监理工程师审核。

监理项目部审查专项施工方案，重点审查以下几个方面：

①该项目的施工程序安排是否合理。

②施工机械设备是否能够满足该工程需要。

③主要项目的施工方案是否经济合理。

（2）审核施工单位选择的分包单位：

①核查了分包单位的营业执照和企业资质等级证书及特殊行业施工许可证。

②检查了分包单位的业绩。

③核实了拟分包工程的内容和范围。

④检查了特种作业人员的资格证、上岗证。

（3）监理项目部对该工程所需原材料及半成品进行了质量检查。

①监理项目部检查材料、半成品、设备的采购是否符合施工合同的约定，对到场的材料、半成品、设备进行了检验，协同建设单位对生产厂家进行实地考察，确定了订货厂家。

②在安装前检查了进场的给水排水、供暖、电气设备。

（4）监理项目部重点核查了施工机械的质量。

①监理项目部对进场的主要机械设备的规格、型号及性能进行了核查。

②核查了项目施工中使用的水准仪、经纬仪、衡器、计量装置、量具等设备，均核实是否有计量部门出具的检定证明。

（5）全面掌握图纸和规范。

①由项目总监理工程师组织各专业监理工程师熟悉施工图纸，了解工程特点、难点，

并对施工图纸中的问题进行整理、汇总，及时报建设单位，由建设单位提交给设计单位，以便完善设计。

②了解现行建筑安装工程质量验收规范。

③核实工程中是否有特殊要求质量指标和验收标准。

④及时参加建设单位组织的设计交底及图纸会审，真正了解设计意图，明确关键部位，提出图纸中的技术难点。

（6）监理项目部对施工中的试块、试件和材料均实行见证检验，并编制见证取样计划。

2.施工过程中的质量控制

（1）对施工单位施工过程的质量监控

①施工单位在完成轴线、标高的测量放线后，填写《施工测量放线报验申请表》，并附上放线的依据材料及放线成果表，监理项目部专业监理工程师实地查验放线精度是否符合规范及标准要求，经审核、查验合格后，方能签认报验申请表。

②认真核验每道工序，验收合格后方可允许进行下一道工序施工。

③监理项目部采用试验、检验的手段对分项工程进行抽检、核查，对于隐蔽工程做好旁站监理工作，并及时组织分部工程验收，由专业监理工程师编制《基础工程质量评估报告》《主体工程质量评估报告》，对分部工程质量进行客观评价。

④监理项目部对一般工序采用现场巡视检查的方式，对关键工序、特殊工序、重要部位和关键控制点进行旁站监理，并留有旁站记录。

（2）监理项目部对于施工过程中出现的质量缺陷，由专业监理工程师及时下达监理工程师通知，并要求施工单位及时整改，由专业监理工程师检查整改结果。核查是否需要返工处理或加固补强，若有质量事故由总监理工程师责令施工单位编制质量事故调查报告及经设计单位认可的质量处理方案，并由监理项目部对质量事故的处理过程和处理结果进行跟踪检查和验收。

（3）严格对半成品、成品保护的质量检查：监理项目部专业监理工程师对施工单位的成品保护措施进行检查，发现问题及时纠正。

3.组织工程完成后的质量核查

及时组织竣工预验收、验收：

（1）在施工单位完成分部工程后，由监理项目部专业监理工程师对施工单位报送的竣工资料进行审查，并由总监理工程师组织对工程质量进行竣工预验收。对存在的问题，已要求施工单位进行整改。整改合格后由总监理工程师在此基础上编制工程质量评估报告。

（2）监理项目部参加了由建设单位组织的竣工验收，并提供相关监理资料。由总监理工程师会同参加验收的各方签署了竣工验收报告。

（3）专业监理工程师整理了竣工监理资料。

4.7　监理项目部对工程造价的控制

4.7.1　依据

（1）工程设计图纸、设计说明及工程洽商。

（2）工程施工合同、协议条款、施工合同的变更条款。

（3）国家、省、市有关经济的法律、法规和规定。

（4）省、市工程预算定额、取费标准等。

（5）经监理工程师签认合格的工程质量报验单。

4.7.2　该工程的造价控制关键点

（1）主要技术经济指标。

（2）审查该工程的预算、总承包合同价、工程决算的编制。

（3）重点核查了计量支付的程序。

（4）对工程的设计变更和工程变更的程序进行了审批。

（5）没有造成索赔与反索赔的处理。

（6）详细核查了材料的采购与支付环节。

4.7.3　造价控制工作主要内容

做好工程造价控制是工程顺利进行的保证工作。监理项目部对施工单位报送的《工程款支付表》进行审核，并会同建设单位对现场实际完成情况进行准确计量，针对验收手续齐全、资料符合验收的分部分项工程，在施工合同约定的计量范围内予以核定。

4.7.4　监理项目部对该工程的造价控制

（1）认真熟悉设计图纸、招标文件，了解合同价格，认真分析合同价格构成，找出工程量最易突破的工程合同价、最易发生索赔的部位，防止施工单位提出不合理扩大工程量，以便监理项目部控制工程总造价。

（2）控制工程变更，严格控制设计变更及工程签证，按照监理程序，监督施工单位实施，并留有记录。

（3）通过签发"监理工作联系单"，与建设单位、施工单位沟通信息，提出工程造价控制的建议。

4.7.5　造价控制措施

（1）组织措施：建立健全监理组织，落实人员，完善职责分工及有关制度，落实造价控制的责任。

（2）技术措施：通过审核施工组织设计和施工方案，合理开支施工措施费，以及按合理工期组织施工，避免不必要的赶工费。

（3）经济措施：除及时进行计划费用和实际费用的比较分析外，鼓励监理人员对原设计或施工方案提出合理化建议。

（4）合同措施：

①按合同条款支付，防止过早、过量的现金支付。

②全面履约，减少对方提出索赔的条件和机会。

③正确处理索赔。

4.7.6 质量控制措施

（1）组织措施：建立健全监理组织，完善职责分工及有关质量监督制度，落实质量控制的责任。

（2）技术措施：严格施工过程中事前、事中和事后的质量控制措施，为工程配备必要的材料、设备、检测仪器、仪表。

（3）经济及合同措施：严格质检和验收，不符合合同约定质量要求的拒付工程款；达到质量优良者，按合同约定给予奖金。

5 项目管理办法

5.1 严把工程质量关

（1）为用户交一个满意的工程，是我们的宗旨和原则；做精做细，创优夺奖是我们追求的目标。在各参建方共同努力下，秦皇岛秦星工程项目管理有限公司已经实现了几个阶段性的创优目标，目前4个单体已申报"河北省优质结构工程"，并全部进行验收。

（2）该工程监理项目部人员对施工过程中加强现场质量管理，内外墙为200厚加气混凝土砌块，强度等级A3.5，墙体顶部设置抗震卡子，公共区域抹灰层内按要求设置$\phi 4@150$钢筋网片，走廊管线支吊架采用抗震综合支吊架，满足建筑抗震要求。

（3）监理项目部对屋面施工质量进行重点检查，屋面找坡排水顺畅，排气管纵、横排布均匀、对位，屋面防水层为3+3弹性（SBS）改性沥青防水卷材Ⅱ型，防水搭接顺排水方向，施工前经过排版，搭接缝平直，外观质量较好。

（4）该工程2号楼建筑首层个别实验室地面为环氧树脂自流平地面，经监理项目部人员重点要求，地面基层处理平整，自流平漆涂刮均匀，色泽一致。

5.2 图纸管理

技术管理部分，共上传57份图纸，包括4个建筑的结构图、建筑图、水施图、电施图、弱电施工图及外线图等，方便监理人员及时查看。

5.3 方案审批

严把方案审批，由总监理工程师组织专业监理工程师对施工组织设计（专项施工方案）进行审查。专业监理工程师对涉及本专业有关内容的技术可靠性和工艺性进行审查并签字，需施工单位修改时，由总监理工程师签发书面意见，退回施工单位修改后再报审，总监理工程师重新组织审查并审核、签认。

5.4 应用 BIM 技术管理

积极推进施工单位 BIM 技术在工程中的应用，先后在场地布置、结构建模、建筑排砖、管道综合排布中进行应用，提高了相关作业施工质量的一次合格率。

5.5 技术质量

（1）该工程经监理项目部人员要求，先做样板，再进行大面积施工后，外墙保温采用岩棉板保温材料，保温施工表面平整。外墙装饰为水性多彩漆，白色、灰色面漆喷涂色泽一致，彩点喷涂均匀。

（2）外窗采用 70 系列断桥铝合金型材、三玻两中空玻璃（6+12+6+12+6-Low-E）。局部外围护结构为玻璃幕墙，经深化设计后按深化设计图要求进行施工。

（3）该工程经监理项目部人员质量控制后，室内公共区域（走廊及楼梯间）地面采用天然花岗石块料地面，铺装平整，排砖合理；墙面为白色乳胶漆墙面，喷涂均匀，干净整洁；楼梯间扶手栏杆安装牢固，分隔美观。

（4）该工程经监理项目部人员质量控制后，房间内铺设陶瓷地砖，表面平整，排布整齐，无空鼓，乳胶漆墙面表面平整，涂刷均匀，门窗洞口边角顺直。墙面开关箱水平安装同高，插座无歪斜，距地尺寸一致，间距均匀。

（5）卫生间采用 300×300 地砖。经监理项目部人员质量控制后，地砖铺贴施工前，全部进行了排砖。

（6）1 号楼建筑首层大厅及 2 号楼建筑、3 号楼建筑报告厅为吸声板墙面，经监理项目部人员质量控制后，墙面表面平整，拼缝严密。

（7）该工程经监理项目部人员质量控制后，吊顶排版整齐，表面平整。走廊内灯具、末端设备安装成线，间距均匀。房间内灯具、末端设备安装纵、横排布合理，整齐对位。

（8）该工程经监理项目部人员质量控制后，走廊管线支吊架采用抗震综合支吊架，管道综合排布在施工前使用 BIM 技术进行建模优化，布局合理，排布整齐。

（9）该工程经监理项目部人员质量控制后，变配电室设备安装整齐，配电间布局合理，配电箱安装整齐，箱体内接线规范，桥架标识清晰。

（10）该工程消防水系统采用消火栓，配备一个泵房，经监理项目部人员质量控制后，泵房内水泵排布合理，管道应用 BIM 技术进行优化，标识清晰，消火栓箱设备配备齐全，干净整洁。

5.6 资料管理

（1）该工程设立专人负责技术档案和施工管理资料的收集归档工作，构成结构实体和使用功能的主要原材料的各种质量证明资料正确、齐全。所有需要复试材料的复试程序和要求均符合有关规定。各种资料齐全，归档正确，符合资料管理规定。

（2）严格按照《建筑工程施工质量验收统一标准》GB 50300—2013 划分检验批、分项工程和分部工程，经验检，每个检验批均合格，由检验批组成的分项工程为合格，地基与基础分部、主体结构分部、建筑装饰装修分部、屋面分部、建筑给水、排水与供暖分部、通风与空调分部、建筑电气分部、智能建筑分部、建筑节能分部、电梯分部，经查10个分部、42个子分部、135个分项、3318个检验批全部合格；质量控制资料核查共49项，全部合格；安全及主要功能核查及抽查共23项，均合格；观感质量验收共24项，全部合格。

6　项目管理成效

自该工程监理项目部成立后，监理项目部进行了切实有效的工作，取得了较好的监理工作成效，以踏实勤恳的工作态度取得了建设单位的好评，并在各参建方的努力下，本项目取得了安济杯、省文明工地等奖项。建成后将极大地缓解了某大学现有办学条件下实验实训项目场地不足的困境，促进学校的均衡发展，为该学校的升学率及本市的经济发展提供了有力的支持。

7　交流讨论

在监理项目部的工作中，总监理工程师的工作特点决定了监理部的工作能力，没有好的工作方法，监理项目部难以完成一个出色的项目监理工作。

（1）预控是监理项目部工作的重中之重，监理工作的特点和性质决定了预控在监理工作中的重要作用，只有事先有准备，才能在监理过程中避免发生不可挽回的损失，才能把质量问题发生的概率降至最低。

（2）协调工作在监理工作中尤为重要，日常做好各单位间的协调工作，加强相互交往与意见沟通才能把质量及安全问题消灭在萌芽中。监理内部更应该同心同力、团结一致，最重要的是专业、公正地处理现场问题，以自身的高管理水平及专业水平，树立监理工作的权威性。

某雨污分流改造工程EPC总承包项目监理案例实践

田红伟（方舟工程管理有限公司）

摘　要：本案例是一个城区雨污分流改造项目EPC总承包工程的监理。监理部在开展监理工作过程中，以施工阶段的监理为基础，抓进度取得建设单位的信任，抓质量保安全，夯实监理的立身之本，在建设单位的支持下，积极主动地向设计、招标投标、设备采购、安装和联合试运转等领域拓展，不断完善监理服务内容，提高服务水平，走出了一条全过程监理的创新发展之路。

1 项目背景

在建筑业持续深化改革的形势下，转型升级是监理企业生存发展的必由之路。EPC总承包工程监理综合勘察、设计、施工、采购和联合试运转各阶段的内容，给了监理单位一个很好的拓展监理业务范围、锤炼业务能力的平台和机会，是监理人从传统的施工阶段监理向全过程服务拓展，寻求转型升级的突破口。随着建筑领域供给侧结构性改革持续向纵深推进，工程总承包管理和全过程工程咨询是建筑业深化改革重点推广的两项内容。监理单位和监理人应该抓住机遇，以此为契机，努力向上下游领域延伸，综合勘察设计、招标投标、造价和施工技术，全方位提高监理服务水平，提升监理的社会地位。

2 项目简介

该工程是一个城区雨污分流改造项目，政府募集专项债券资金，建设内容包括新建污水主干管约10km，新建雨水主干管18km，新建雨水箱涵800m，管线总长约28.8km。新建污水提升泵站1座，雨水排放泵站1座；改造现状雨污分流管线约4km。项目总投资约2.6亿元，建设周期340d。该项目为联合体EPC项目总承包，总承包方为一家中央企业与两家勘察、设计单位组成的联合体，监理单位为方舟工程管理有限公司。

3 项目组织

3.1 项目组织模式

该项目为联合体EPC工程总承包。总承包方在现场设立总指挥部,负责3个项目的勘察、设计施工管理,方舟工程管理有限公司负责监理的工程是其中一个施工标段。建设单位由一名行政副职担任项目负责人,负责日常的管理协调工作。监理工作为总承包合同的全部工作内容。监理部设总监理工程师1名、专业监理工程师4名、监理员1名、资料员1名。如图1所示。

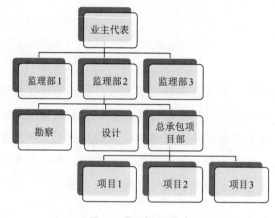

图 1 项目组织模式

3.2 项目监理机构工作职责

项目监理单位负责本项目勘察设计及施工过程全方位的监督工作,代表建设单位负责工程进度控制、质量控制、造价控制和安全文明施工管理,配合政府主管部门做好扬尘治理的监督管理工作。该项目建设单位专业技术人员比较少,对施工单位的管控主要依靠监理机构来执行,建设单位代表主要负责与政府相关部门和地方关系的协调工作。正确理解建设单位的意图、监督落实各项管控目标,是做好监理工作的前提。结合现场实际工作情况,灵活机动地贯彻落实业主方的总体预控目标,贯彻落实工程建设强制性标准,保证工程质量安全是项目监理单位履行监理职责的具体工作。

4 管理过程

4.1 抓进度现场果断处置,见成效初显监理作用

工程进度历来是建设单位关注的焦点问题。项目开展前期,正值雨期施工,城区主干道全面断路施工,市民出行受阻,道路两侧的商铺生意严重受损。上级领导不断给建设单位施压,要求尽快完工通车,给建设单位造成很大的政治压力和社会压力。项目监理部组建之后,总监理工程师立即着手对项目的具体情况进行摸底,对分包队伍的施工力量和现

场工作面进行了摸排分析，根据建设单位提出的工期节点要求，联合建设单位现场代表和总承包方项目负责人，结合当时的天气情况，牵头制定出具体的分段施工节点计划要求，要求分包单位按节点计划组织劳务力量，限期完工。同时，运用PDCA管理方法，亲力亲为抓落实，保证了进度目标的实现，当年7月底，本段施工任务基本完工通车，建设单位对监理单位的作用和能力有了初步认识。

4.2　立足工程实际，转变工作思路，主动关注设计问题，提出合理化建议

传统施工阶段的监理工作，对于设计问题，常规的思路就是照图施工、照图监理，监理人员对设计中存在的问题很少主动关注。EPC总承包工程把设计内容也纳入了监理的工作范围，所以，主动关注设计工作是更好地完成监理工作的必要性内容。

4.2.1　初始设计思路存在弊端

该项目是雨污分流改造工程，规划设计城区主干道新建污水主管道一条，原污水主管道在新建管道完工后改为雨水主管，工程完工后，城区雨水收集后经过管道直接排向河流。监理人员刚拿到图纸时就对该设计存在疑问，在施工过程中不断地同施工单位的技术人员研究探讨，雨水直接排放到河流，从环境保护角度水质不能受污染，大家都认为新建管道接入支管的情况容易控制，用作雨水管比较合理；老管道支管情况复杂，有大量不明管线接入，排查困难且水质难以保证，用作污水管道比较合理。监理单位及时通过工作联系单与建设单位进行沟通，但未能引起建设单位足够的重视。

但是，监理单位的建议在后续工作实践中证明是合理的。施工过程中不断发现新建管道与老旧管道交叉以及图纸中未标出的井室和管道出现，不仅给施工造成很大困难，也再次验证了旧有管道支管情况复杂、难以把控的情况。施工完成后，原有污水支管按设计内容全部接入新建管道，排入污水处理厂，老管道负责雨水收纳，雨期直排河道。第二年雨期，由于雨污分流工程完工，城区内涝现象明显减少。但是，当地环保部门检测河流水质，发现水体污染指标明显超标，再查看城区雨水排放口，排出的都是污水。上级主管得知后立刻批示，要求立即排查原因，必须彻底实现雨污分流。施工单位、监理单位不得不重新逐井、逐段地排查旧管道的接入管，找出污染源，进行封堵和引流，无形中既增加了工程造价，又延长了工期。最后查明原因如下：（1）老管道本身作为污水管已使用多年，管底沉积大量污泥，一到雨期受雨水冲刷后会大量排入河道，加重了雨水排放的污染程度。（2）老管道存在很多不明排污口，勘察设计过程中很难全部发现，并在施工中截断分流，所以雨污分流工程完工后，还有很多排污口在向雨水管道排污。

以上问题如果改变思路，用新建管道作为雨水排放管，施工时只接入雨水收集支管，与旧管道不做连接，既没有淤泥污染，又不会产生不明排污现象；旧管道内本就是污水，不用排查，用作污水排放就会更加合理。所以，监理人员在工作中既要有技术自信，还要善于沟通。

4.2.2　设计出图进度迟缓

按照合同约定，该项目设计图纸应该在EPC总承包合同签订后75日内提供。但是施

工过程中正式图纸迟迟未能交付，提供的白图或电子版图纸频繁变更，让施工单位不知所措，并且图纸变更后也未及时通知监理单位，监理单位经常没有图纸可借鉴。施工单位虽然是联合体的牵头人，但是组成联合体的各方没有隶属关系，又属于初次合作，协调起来也很困难。对于这种现象，监理单位建议建设单位给总承包方上级单位、设计单位发函，并多次约谈相关方上级领导，对督促设计出图和加快施工进度起到推进作用。

4.2.3 局部结构设计问题有待商榷

在施工过程中，施工人员和监理人员从实施的角度发现设计图纸有很多不合理之处，多次与设计沟通，但设计人员始终不肯接受各方提出的建议。例如，该项目的泵站筏板，水平钢筋到筏板边缘全部截断，筏板边缘无封边构造措施，井室和水池壁板顶端也无封边构造措施，监理人员曾和设计人员多次沟通，设计的回复是钢筋穿过剪力墙满足锚固长度要求即可，混淆了构造要求与锚固长度的概念，监理单位提出与16G标准图集设计做法和设计理念不符，但设计人员不予采纳。此类设计问题在房建领域无论工程大小都是极少出现的。雨水泵站层高13m多，墙筋顶端也是如此处理的。在这里提出这个问题，也愿意与有兴趣的设计人员、专家共同探讨，墙板竖向钢筋究竟弯锚好还是直锚更合理。

4.2.4 质量保证措施缺失

该项目有三分之一的工作量是顶管施工，而顶管施工过程中超挖现象是不可避免的，原设计中没有对超挖问题的控制措施和解决办法提出要求，监理人员在监理例会中多次提出，要求设计单位对超挖问题给出具体的处理办法，这既是对施工行为进行约束，同时也是为后期避免出现地面沉陷而进行管道注浆的依据。经过总承包方和建设单位多次出面协调，设计人员最后在设计总说明中给出了管道注浆的具体做法，为施工行为和监理工作提供了依据。

4.2.5 多方沟通，灵活处理实际问题

该项目因为在老城区施工，地下管线复杂，又没有完整的档案资料，在施工过程中经常遇到不明管线被挖断或漏水等突发事件，由于设计人员不了解现场实际情况，出图不及时，施工单位急等方案施工却无图纸可依据，遇到这类问题，监理单位会联合施工单位、建设单位一起协商一个合理的方案，在征得设计同意后继续施工，事后补办设计变更。

比如路基回填，原设计为素土回填，但是施工期间正赶上雨期，经常下雨，方圆百公里内找不到干土，也无法晾晒，工期又很紧，后来同施工单位、建设单位商议采用山皮石替代素土回填，监理单位在经过反复考察并征询专家建议后，同意了此方案。事实证明，此方案质量可靠，经过一年多的使用，路面没有出现沉陷现象。

4.3 质量控制严格把关

4.3.1 监理人员要敢于碰硬，坚持原则

在施工过程中，监理人员为了保证顶管基坑的回填质量，对施工单位的回填厚度严格把控，现场实际施工的分包队不服从管理，EPC总承包方的质量意识不强又疏于管理，现场监理人员就自己在筒壁上画出分层控制线，要求施工人员按控制线回填，并每层检验压

实度。在检验压实度时，要求现场施工人员挑选边角部位检测，因为这些部位过关了，大面部位必然合格。

由于监理单位的控制措施比较严格，现场返工次数比较多，引起了基层分包队伍的不满，矛盾有可能进一步激化。在现场管理过程中，与管理对象发生冲突是常有的事，如果不能及时有效的处理，可能会严重妨碍监理工作的正常开展。事情发生后，总监理工程师立刻跟建设单位的现场代表反映，如果监理人员的人身安全得不到保障，监理单位就无法正常开展工作，工程的质量、安全更无从谈起，也无法继续工作下去，请建设单位出面协调。之后，总监理工程师又和建设单位主要领导汇报了上述情况，表达了监理单位的态度。经过建设单位主要领导及EPC总承包方的积极协调，分包负责人承认了错误，事情迅速得到有效解决，现场管理得到有效控制。

4.3.2 一切从实际出发，协助建设单位解决现场问题

顶管施工路段是城区外环线，通行车辆以大吨位载重货车居多，对路基路面的承载力要求比较高。对此，监理单位主动与设计人员协商，看能否出一个加强措施，设计人员积极配合，给出了局部素土换填灰土、结构层加钢筋网片并外扩50cm的措施，对保证路基施工质量起到很好的作用。

另外，对于检查井原设计部分采用了混凝土模块砌筑工艺，在施工过程中监理人员发现现场施工队技术水平和质量意识很差，采用现场搅拌砌筑砂浆和灌孔细石混凝土，既没有配合比，又没有计量措施，施工质量难以保证。这既不符合质量监督部门的要求，又无法实际管控现场施工质量。鉴于EPC总承包方的现场管理力度比较小，为保证工程质量，监理单位建议建设单位和设计人员，检查主井全部改为现浇混凝土结构，这一建议得到建设单位的认可。

4.3.3 认真看图审图，坚决撤换与设计不符的设备

在雨水泵站吊车梁安装过程中，监理人员发现吊车轨道型钢型号与设计不符，现场与安装单位沟通，安装人员说他们的图纸就是这样的。对此，监理人员给总承包方发文要求与设计人员沟通，确认吊车梁的具体规格，再进行下一步施工。经过与设计人员沟通，最终确认是安装错误。但是，几十吨重的钢梁从制作到安装完成，发生的费用不是小数，返工重做是要付出不小代价的，如果没有确凿的证据和坚决的态度，施工单位是不会答应返工的。最后，在监理单位的坚持下，施工单位把已经安装到位的吊车梁拆除，更换了吊车梁型钢。

4.3.4 严把进场材料关

钢筋混凝土排水管是该项目使用的主要材料，管道进场时，材料供应商经常无法提供材质单等质量证明文件。监理人员坚持不提供质量证明文件不允许卸车，每批到场管道必须由分包单位、总承包方、监理单位和建设单位联合验收，对管道的外观和强度进行现场检查，不合格的，当场让供应商拉走退场。

检查井井盖，设计为五防井盖，施工过程中有的分包队伍擅自使用不具备五防功能的井盖，监理单位坚决要求施工方更换，否则，不予验收。

4.4 安全问题毫不放松

该项目污水泵站开挖深度13m，原设计方案为SMW工法桩，开挖方案经过专家论证。在施工前，施工单位以不便施工为由临时改变施工方案，改成拉森钢板桩加三道钢支撑，并且施工单位想要用以前的论证结果代替现有方案，不再进行专家论证。监理单位坚决不同意，在多次与施工单位交涉无果的情况下，与建设单位沟通后监理部下达了局部停工通知。施工单位看到监理态度坚决，再次组织了专家进行论证。在论证过程中，监理单位发现设计单位提供的工况验算与施工顺序不符，并且缺少钢板桩在局部钢围檩非闭合状态下受力的验算内容，论证会上专家也提出了计算书中存在的问题和解决办法，设计人员通过远程视频会议接收到专家及各方意见后，表示重新修改设计方案。参与论证的专家对监理单位高度负责的态度和专业精神也表示赞赏。该设计方案在经过二次修改后通过专家论证。

4.5 严格监督采购过程

该工程包含两个泵站：一个雨水泵站和一个污水提升泵站。泵站的设备设计和采购均由总承包方负责。在管道施工过程中，监理单位就提出主要设备的采购应该由建设单位考察后确定，招标结果应该向建设单位备案。但是，建设单位因为种种原因没有采纳，也没有考察。最后，在总承包方内部招标采购完成后，才进行建设单位、设计单位、施工单位、监理单位四方会商。会上，监理单位根据建设单位提供的设计图纸对订货厂家和采购设备进行了详细比照分析，发现总承包方订购的雨水泵站电控设备技术参数与设计不符，该项目水泵控制柜设计采用的是10kV干式可移磁无级调压一体化软启动技术，而总承包方采购的却是可控硅技术控制柜，并且供应商本身不具备生产高压电器的资质，说明总承包方的招标采购存在问题。除此之外，在进行市场调查后发现，设计单位有指定产品生产厂家的嫌疑。所有这些疑点监理人员都正式向建设单位、施工单位、设计单位提出，要求设计单位提供排除嫌疑的证明，要求施工单位与设计单位沟通，所采购的产品必须符合设计要求，否则不予进场、不予验收。监理单位的专业能力再一次赢得建设单位的认可。

4.6 抓住主要矛盾，有效发挥监理作用

抓住对人的因素的管控，做好主要人员的协调管理是做好监理工作的基础。该项目总承包方为中央企业，分包单位既有国有企业也有地方队伍，成分比较复杂。有一家二级分包单位是国有企业，分包的工程量也很大，下面还有分包队，分包队与上级公司关系比较复杂，现场管理起来难度很大。二级分包项目经理管理经验少，工作缺乏力度，该分包项目部有一名管生产的副经理，工作雷厉风行，经验丰富，技术扎实。但是，这个人中途有可能被调走。经过短暂的合作，监理单位认为此人作风干练，技术过硬，如果把他调走，这家分包队伍就会很难管理。于是总监理工程师就和总承包方项目经理协商，让他与二级分包的上级领导沟通，一定要想办法把这个人留下来。经过一番努力，这个人最终留在了

分包项目部，在现场管理中发挥了不可替代的作用。

还有一次，总承包方因为内部机构调整，主管单位发生了变化，连带该项目的现场负责人也要更换，在没有征得监理单位和建设单位同意的情况下，总承包方公司领导带拟派驻的现场负责人和建设单位见了面，算是确认。总监理工程师知道后认为总承包方做法不妥。按照《建设工程施工合同（示范文本）》GF—2017—0201 中第 3.2.3 条：承包人需要更换项目经理的，应提前 14 天书面通知发包人和监理人，并征得发包人书面同意。未经发包人书面同意，承包人不得擅自更换项目经理。所以总监理工程师首先找到建设单位，汇报了施工单位的错误做法，说明工程正处于抢交工阶段，此时换人对工程不利，新项目经理到现场后对工程情况和三方的人员都需要一个熟悉的过程，另外新项目经理的素质和水平我们也不了解，此时换人风险很大。同时，总监理工程师把建设单位、监理的权利也做了说明，征得建设单位的支持。之后在监理例会上，总监理工程师再次向新来的项目经理和现场总指挥（该项目备案项目经理）表明了监理单位的态度，对原来的现场负责人，监理单位和建设单位是认可的，工程交工在即，不适宜更换项目经理。经过监理单位的坚持，最终留任了原来的项目经理。

5 项目管理办法

5.1 急业主之所急，全心全意为建设单位服务是提高服务水平、取得建设单位信赖的基石

监理工作归根结底是为建设单位的利益服务，传统意义上的工程监理"三控两管一协调"是有机的集合，不是死搬硬套，要靠实施者灵活掌握、具体落实。传统监理工作侧重于质量安全的监管，是监理的立身之本。但是，在不同的地方，不同的工程或工程的不同阶段，实行者的工作重点要有所侧重。如果监理工作同建设单位的需求割裂开来，那么监理工作就失去了存在的依托。所以，站在建设单位的角度看问题，想办法，和建设单位的思维同步，就会最大限度地赢得建设单位的信赖与支持，如此一来，施工单位会易于管理，监理单位的管理工作就会顺风顺水。

该项目在监理过程中，工程施工前期急建设单位之所急，下大力气抓进度保交工，就是站在建设单位的角度，为维护建设单位的利益而采取的措施。监理工作采取的几次重大的管理举措，如与地方分包队伍的交锋、对总承包方主要管理人员的协调、对设计工作的质疑和监督都是在建设单位的大力支持下才得以实现的。离开了建设单位的支持，监理工作就会寸步难行，最终只会流于形式而被市场所淘汰。

5.2 专业化的服务和敬业精神是取得建设单位信任的关键

监理工作的本质是监督管理与技术咨询服务，管理与咨询服务的基础是技术，一个不懂施工技术的人，在现场发现不了问题，就没有发言权，监理工作就不知道从何下手，更解决不了实际问题，监理单位在现场管理中也就发挥不了实际作用。

该项目在回填山皮石过程中，因为压实度没有法定的标准依据而被施工单位现场质疑时，如果现场监理人员不能有理有据地回应，监理单位的权威就会大打折扣；在雨水泵站设备采购过程中，如果监理单位提不出总承包方在招标过程存在的问题，讲不出设计人员有指定品牌的嫌疑，建设单位也不会对监理单位另眼相看；在总承包方更换项目主要人员时，如果监理单位不能据理力争，建设单位和施工单位也不会认识到监理单位的作用。所以，做好监理工作首先要有敬业精神，因为敬业才会努力工作和主动学习，掌握了专业知识和技术，才能够做好本职工作。

5.3　勤沟通，多汇报，取得建设单位的支持是顺利开展监理工作的前提

从工作性质讲，监理工作是管理和技术服务，用现在的词语称为"咨询"，监理工作是出主意，为建设单位决策提供理论和技术支持。所以，监理单位不能越俎代庖，擅自做主，对工程上的重大问题首先要征得建设单位的意见。监理人员要时刻牢记我们是建设单位的服务人员，建设单位关心哪些问题，我们就时刻关注哪些问题，并就这些问题及时跟踪反馈，如此才会得到建设单位的信任与支持。当然，如果建设单位技术水平不是很高，监理人员则更需要展现出自己的专业技术水准。

5.4　加强同政府主管部门的沟通，协同作战，积极推动监理工作有效进行

做好质量和安全管控是监理的立身之本。当前，我国建筑行业的技术水平和管理水平整体不是很高，施工单位从上层管理人员到基层操作人员的质量意识、安全意识不强，自我约束能力和履约诚信力不强，这也是监理存在的基本市场需求。在该项目，对监理单位的施工质量管控措施，施工单位的高层管理人员曾经颇有微词。这充分说明施工单位管理者本身没有很高的质量意识，对工程管理和工程质量缺乏严格要求。虽然施工单位是监理单位的管理监督对象，但实际上无论是从经济实力还是社会关系，施工单位都要高于监理单位，所以，单靠监理单位自身的力量管控施工单位，的确是力不从心。因此，在工程实施过程中，加强同地方政府行政主管部门的沟通，利用政府的力量推动监理工作是一个行之有效的办法。该项目在安全管理工作中以及施工质量控制上，项目监理人员都积极尝试这种做法，事实证明是有效的。

我国的监理工作本身也带有部分替政府分担质量安全监管的职能，工程质量和安全出现重大问题，监理单位不向政府主管部门汇报，监理单位是要被追责的。所以，同政府主管部门加强沟通，取得政府的支持，协同工作，是很有必要的。

5.5　加强学习，努力提升自身素质，提高业务能力，提高监理服务水平

中国人有句俗语，活到老学到老，学无止境。作为监理人员，一生可能会遇到各种结构类型、各种专业的工程，既要懂监理专业知识，又要懂施工技术；学电气的要向给水排水、通风空调专业拓展，房建专业的要向市政专业、道路桥梁专业延伸，专业有界限，学习无界限，只有不断地学习新知识，时刻警醒自己还有很多不懂不会的知识和技术，才能

够及时主动地补充新知识、新技能以备不时之需，更何况，我们很多人连自己本专业的技术知识都还没搞清楚。作为监理人，我们要经常提醒自己，在遇到一个新项目时，如果我们对其专业一无所知，再没有积极学习的主动性，我们应如何开展工作。所以，监理人加强自身学习、提升自身素质是一个终身任务。改革开放40多年来，监理行业饱经市场风雨的洗礼，监理人面对各种困境，始终自立自强，自我革命，紧跟时代步伐，自我完善，制度创新，技术创新，走出了一条不寻常的发展道路。

5.6　强化内部管理，加强廉洁自律，自我约束，改善监理形象

作为监理人员，一方面为建设单位服务，是建设单位利益坚强的维护者，另一方面还承担着政府质量安全监管的职能，是工程质量安全的卫士。监理人承担着社会的双重责任，肩负的责任重大，尤其要提高自身素质，加强行业内部管理，强化自我约束。面对市场浪潮的不断冲击，监理人应该严格要求自己，洁身自好，在利益诱惑面前始终保持清醒的头脑，坚持职业操守，坚定不移地履行监管职能，为自己、为行业开创出一条风清气正的光明大道。

该项目监理部始终坚持自觉自律，同施工单位保持应有的社交距离。监理部的办公室、宿舍都是自己租赁的，自己做饭，日常的交通工具也是自己配备的，和施工单位既和谐相处，又保持一定的距离。如此，就避免了很多和施工单位利益纠缠不清的因素。当然，首先是项目监理费有足够的利润空间，监理企业才可能这样投入。其次要看企业负责人的态度和眼光。有很多项目监理费的标准并不是很低，但是有的监理公司领导唯利是图，只顾眼前利益，过分缩减项目开支，聘用人员标准和办公经费极度压缩，变相地推动现场监理人员走旁门左道，大大损坏了监理行业的整体形象。监理人员要想在施工单位面前说话有分量、有底气，技术过硬是基础，自身行事端正是根本。加强行业自律，既是从业者个人形象提升的需要，也是企业和行业形象地位提升的要求。所以，作为监理人个体，我们应该自尊自爱，自立自强；作为企业，要有长远眼光，在经费允许的情况下，尽可能聘用高素质员工，给予项目合理的办公经费；监理行业和企业，要建立约束和淘汰机制，让那些不良的从业人员和企业远离监理行业，让那些敬业爱岗的监理人和监理企业脱颖而出，这才是监理行业长盛不衰的光明大道。

当然，该项目监理部的工作也不是尽善尽美，由于总监理工程师工作的不细致、不深入，在工作中也曾出现过一些失误，比如部分检查井底标高的复核不及时、现场存在问题的整改落实情况不彻底等，所幸没有造成大的损失，施工单位顾全大局，及时整改了相关问题，建设单位没有深究监理单位的责任。对此，监理部深刻汲取了经验教训，对相关人员进行了严肃批评，在后续工作中决不允许发生类似问题，同时，总监理工程师也深深感到自责，要求自己对于关键问题必须做到亲力亲为，眼见为实，避免出现大的失误。

6 项目管理成效

该项目的建成，有效缓解了城区雨期内涝的弊病。实现雨污分流，减轻了城市污水处理压力，提高了雨水排放的环保指标，有效改善了城市水体环境。工程开工前的雨期，主城区大面积内涝，道路积水严重，严重影响车辆和人员通行，项目完工后，主管道覆盖范围内，没有出现大范围积水，内涝基本消除，这是广大市民明显感受到的变化。

7 交流探讨

7.1 项目监理过程的收获

该项目总监理工程师原本是以房建项目土建专业为主，这次做市政项目也是边干边学，所幸施工技术在很多方面有相通之处，所以干起来也比较顺利。该项目在专业领域涉及管道施工的大部分专业内容，有大开挖，有人工顶管，有机械顶管，还有半机械化顶管作业；路面恢复工程，有路基路面施工，水泥混凝土路面和沥青混凝土路面都包含在内；有箱涵和设备机房，也有设备安装，而且采用的设备都是比较先进的技术。在安全管理上，深基坑支护喷锚技术、H 型钢钢板桩支护和拉森钢板桩支护技术都有所涉及，专家论证进行了 5 次，由于建设单位的信任，监理部还接受过其他项目招标和施工合同签订等方面的咨询工作，在项目监理实施过程中，监理部人员的专业素质得到了很大的提升。

7.2 全过程咨询对从业者的要求

目前，全过程咨询试点工作，有些地方推行建筑师负责制，有些地方推行咨询工程师牵头，推行建筑师负责制的全过程咨询项目可以不必单独聘请施工监理，这些都是政府在进行不同方向的尝试。全过程咨询要求项目牵头人必须是复合型人才，既要了解勘察设计，又要熟悉施工，对造价和招标投标也应该有所了解。无论是监理企业还是设计公司，技术全面、经验丰富的人都是稀缺人才。造价的控制重点在前端——投资咨询和设计阶段，而工程质量和安全控制，则侧重于施工阶段。但实际操作过程中，大多数建设单位对设计阶段的造价控制并没有引起足够的重视，如在工程的结构类型和施工工艺比选上没有经过深思熟虑和技术论证，而在施工阶段的各项费用却锱铢必较，结果往往是因小失大。各类职业人员技术专长各有千秋，建筑师明显缺乏施工经验和现场管理经验，监理人员在勘察设计方面的知识结构上有显著不足，投资咨询人员则基本不懂技术，当然这只是概括而言。所以，推行全过程咨询，首先要培养一批以某一阶段某一专业的知识技术能力为主，对其相关领域的技术和知识内容有所通晓的复合型人才，如果没有合适的人做前提，无论采用哪种方式，效果都不会理想。并且，不是所有的项目都适合采用全过程咨询方式。国家的大型、重点工程项目采用这种方式，集中一些优势人才强化管理是有必要的，目前，很多大型政府投资项目采用 EPC 总承包方式，这些项目都聘请监理服务，这是锤炼队伍、培养人才的机会。

7.3　监理人的转型升级之路

　　监理行业转型升级，作为企业要结合自身特点找准发展方向，积极寻找突破口，不断提升自身综合素质和业务能力是生存发展的基石。

　　从工程项目管理体系和职能上讲，施工单位与建设单位从各自利益角度出发永远是对立的双方，专业化的技术人员提供的监督和咨询服务职能，从维护建设单位利益的角度来讲是必不可少的，从国家保证工程质量和安全、维护社会稳定的大局出发也是必不可少的。监理行业30多年的发展历程曲折多变，监理行业要在改革的大潮中生存发展下去，需要依靠自立自强、自我创新、自我突破，要有凤凰涅槃的勇气和决心，才能够乘风破浪，扬帆远航！

中央商务区北区地下公共空间项目监理案例

张英伟（河北工程建设监理有限公司）

摘　要：中央商务区北区地下公共空间工程是一个集景观、商业、交通、管廊等多项工程于一体的综合性工程。该工程最大特点是体量大且全部为地下工程，单层最大面积约 60000m²，全过程深基坑（14m 深）/坑中坑（24m 深）超过一定规模的危险性较大的分部分项（以下简称超危大）工程，可以说该工程监理需管控的重点、难点多，对监理人员的专业技术水平及业务能力要求都非常高，项目监理部在每道重要工序实施前都必须认真审核施工方案、编写监理实施细则，严格督促施工单位落实技术交底制度，严查特种作业人员是否持证上岗，施工过程中严格监督施工单位按照审批的施工方案及通过的专家论证方案进行施工，项目监理部通过"专项、循环、动态的质量控制和检查模式"，有针对性地进行专项检查，督促落实整改，动态管理，反复循环，对质量及安全的管控起到很好的效果。

1　项目背景

石家庄中央商务区作为石家庄市委、市政府重点建设的"一号工程"，起点高、分量重，是落实"京津冀协同发展"战略的重要举措，是加快现代省会、经济强市建设的重要抓手，是全市倾力打造的"城市客厅"。从起步开始，石家庄中央商务区就主动对标世界一流城市，强金融、强科创，定制化打造石家庄 CBD，助推石家庄市屹立于京津冀世界级城市群。组织国内一流设计单位，对规划设计进行优化完善，用以彰显城市新韵，突出产业特色；同时强调环境营造，解决了若干的实际问题。

项目位于规划支路以东、星光路以南、解放街以西、北后街以北，这里既是城市的原点，也是石家庄城市近代文化的起源地和新旧文化交融的核心，把石家庄中央商务区建在这里突显项目价值。公共交通十分便利，石家庄地铁1号线在商务区核心地带设解放广场站，数十条公交线路遍布商务区四周。石家庄中央商务区的住房和城乡建设部署，承担着带动石家庄市作为石保廊国家创新发展示范区、"一带一路"西通道和中通道重要枢纽、京津两大城市产业转移与人口疏解重要载体等使命，备受省、市政府重视与支持，已成为石家庄全市城市建设工作的"一号工程"（图1）。

图1　石家庄中央商务区轮廓

2　项目简介

2.1　项目概况

中央商务区北区地下公共空间工程是石家庄中央商务区的首开工程，总建筑面积13.7万m²，是一个集景观、商业、交通、管廊等多项工程于一体的综合性工程，涵盖了商业、公寓办公、体育馆、公园景观、地下停车、轨道交通、智慧控制中心、能源中心等功能，通过车行通道、人行通道、市政管廊接口与周边地块相接。项目总占地约105亩，设地下3层，其中地下一层为商业、下沉广场和人行交通层，地下二层为停车场，地下三层为地铁7号线预留工程和综合管廊。该工程也是省内首例兼顾人防建筑面积超6万m²的工程。

2.2　项目重点、难点及应对措施

全过程深基坑（14m深）/坑中坑（24m深）超危大作业、全工序模板支撑体系超危大作业、超厚超高单侧墙体支模以及单侧支模内侧预铺反粘防水卷材施工。单层面积大（6万m²），含7处下沉广场，层次节点丰富，超多施工段，需要周详的施工部署及组织安排。地铁车站工程作为坑中坑，含有9000m²的超高（7.5m）、超厚（900mm厚）墙体单侧支模，而且两岸均是施工面使得汽车起重机站位受限，垂直运输困难。全过程超限高大模板支撑体系，地下空间顶板厚度大多为450mm厚，层高6.5~7.5m，均属于超过一定规模的危险性较大的分部分项工程。

监理措施：项目监理部严格审核施工组织部署，分标、分区、分段组织立体流水施工，形成了多流水段起步、多作业面展开的施工局面。在施工过程中巡视检查施工单位是否严格按照审批后的施工方案、危险性较大的分部分项工程专项方案及专家论证方案进行施工，做好检查验收记录并留存影像资料。全过程超限高大模板支撑体系，根据最不利条件，认真核算施工单位上报的架体搭设参数，通过专家论证把关和建议施工单位采用BIM建模放样及施工模拟，生动预演施工方法及顺序，对施工质量和安全起到很好的预控效果。施工过程中项目监理部严格按照设计图纸、现行施工验收规范、施工组织设计及各项方案交底的要求进行检查验收，并实行样板引路制度，秉承"策划在先、样板引路、过程控制、一次成优"的理念，采取三方验收举牌制度，严格履行验收程序，把控技术风险。

3 项目组织

3.1 项目组织团队建设

该项目体量大，根据招标文件要求配备的监理人员数量多（18人），项目中标后，河北工程建设监理有限公司与建设单位签订书面委托合同，根据建设单位委托的监理范围和工作内容及工程特点，公司组建了项目监理部，并制定了分阶段人员进场计划。项目监理部三分之二以上人员属于高级职称，专业监理工程师均为国家注册监理工程师，经验丰富，专业技术水平强，监理员也均培训合格持证上岗。该项目监理部人员多，许多人员未在一起合作过，要想高质高效地开展工作，自身团队建设非常重要。首先项目监理部按照河北省工程建设标准《建设工程监理工作标准》DB13（J）/T 161—2014要求及该工程特点制定了监理人员的岗位职责，以总监理工程师为首的项目监理部各专业监理工程师从工程建设实际出发，以贯彻、落实有关政策、严格履行《建设工程监理合同》、认真执行有关技术标准、规范和设计文件为原则，以建设质量高、投资合理、速度快的工程为控制目标，以"守法、诚信、公正、科学"为行业标准，以事前预控、事中检查、事后验收等为工作方法，全面开展监理工作。项目监理部秉承"同心才能走得更远，同德才能走得更近"的信念，要求项目监理部所有员工团结一致，踏踏实实做事、实实在在做人，遵守职业道德，高效有序、积极主动地开展监理工作。项目团队的凝心聚力、相互配合对项目监理工作的顺利开展起到至关重要的作用。

3.2 组织管理模式（图2）

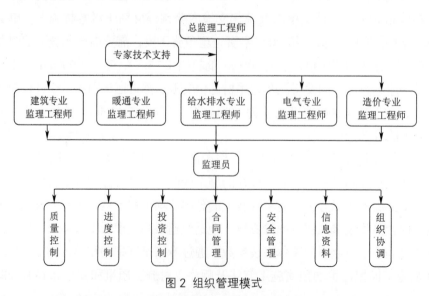

图 2 组织管理模式

3.3 组织协调措施

在该项目实施过程中，项目监理部把工地会议作为组织协调的一种重要形式，监理工程师通过工地会议对工作进行协调、检查，并督促落实解决下一阶段的工作任务。

3.3.1 第一次工地会议

第一次工地会议在工程正式开工前进行，通过会议使建设单位、施工单位、监理单位相互了解各方现场组织机构、人员及其分工，确定参加监理例会的主要人员及例会的周期、地点及主要议题，了解工程施工准备情况，建设单位代表和总监理工程师对施工准备情况提出意见和建议。

3.3.2 图纸会审与设计交底会

通过图纸会审与设计交底会使监理人员和施工人员明白设计主导思想、设计构思；设计文件对主要工程材料、构配件和设备的要求，对该工程所采用的新材料、新工艺、新技术、新设备的要求，对施工技术的要求以及涉及工程质量、施工安全应特别注意的事项。

3.3.3 监理交底会

在工程正式开工前，由总监理工程师对施工单位、建设单位进行监理工作交底，明确监理单位在该工程对质量、进度、投资、合同、信息的控制和管理方法及检查验收程序，监理工作制度，明确报验表格填写内容，使各单位之间配合密切。

3.3.4 监理例会

监理例会是工程各参建单位交流信息、组织协调、处理工程建设实际问题的重要手段，通过监理例会总结上周生产计划的完成情况、完成施工部位的质量情况等，施工单位提出下周施工计划和需要协调解决的问题。监理单位提出现有存在的问题，质量、进度等方面完成情况的检查。建设单位回复施工单位需要解决的问题，并提出进度要求。

3.3.5 协调会

根据工程实际进展情况组织召开总包单位、分包单位会议，使总包单位和分包单位之间在工程进度、成品保护、安全文明施工方面做到有效配合，保证工程质量、进度、投资达到预期目标。

3.3.6 专题会

根据工程特殊情况召开有关各方参加的专题会，解决工程施工中存在的技术问题、质量安全等问题。

3.3.7 特殊的工序、单项工程验收会议

根据工程情况，召开建设单位、设计单位、施工单位、监理单位参加的分项、分部、单位工程、危险性较大的分部分项工程验收会议，把好工程质量最后一道关。

3.3.8 监理内部会议

每周在监理例会之前，召开一次监理内部会议，主要解决工程质量、进度、投资、安全、合同存在的问题；落实各专业工作进展情况；总结本周监理工作，布置下周工作要点，保证项目监理部工作顺利、有序、高效进行。

4 项目管理过程

4.1 事前控制

4.1.1 核查施工单位的质量管理体系

核查施工单位的组织机构设置，人员配置、职责、分工落实情况；各级专职质检人员配备到位情况；各级管理人员和专业操作人员（特别是特殊工种人员）持证上岗情况；质量管理制度、质量保证体系是否健全。

4.1.2 审查主要部位（工序）施工方案

对于关键、重要工序、工程重点部位（包括基坑开挖支护、临时用电、大体积混凝土施工、模板工程、脚手架工程、起重机安装与拆卸等），在施工前要求施工单位编制专项施工方案，填报《施工组织设计／（专项）施工方案报审表》，报项目监理部审批。审核重点为：施工方法、工艺是否正确；材料、机械及劳动力是否满足要求；安全、质量保证措施是否完备。

对于采用的新技术、新工艺，审查其提供的鉴定证明和确认文件。

冬期施工、雨期施工季节性施工方案应提前报项目监理部审批。

上述方案未经总监理工程师批准签发，该分项（工序）、分部工程不得施工。

4.1.3 审查分包单位资质

施工单位填写《分包单位资质报审表》，报项目监理部审批。核查分包单位营业执照、资质等级、业绩、专业许可证、岗位证书等。经核查合格后，签批《分包单位资质报审表》。

4.1.4 审查施工实验室和见证实验室

审查施工实验室和见证实验室资质是否符合要求。

4.1.5 查验施工单位的测量放线

查验施工导线点和水准点、测量控制网、施工放线等测量成果。复核合格后签认施工单位的《施工测量放线报验表》。

4.1.6 工程材料、构配件、设备的验收

所有用于该工程的材料、构配件、设备，必须报项目监理部验收，监理单位验收合格后报建设单位质安科进行备案。施工单位按有关规定对原材料进行复试，并将复试结果、出厂质量证明材料随《工程材料、构配件、设备报审表》报项目监理部签认。必要时可会同建设单位到材料厂家实施考察。

4.1.7 检查进场的主要施工机械和设施

施工单位主要施工设备进场并调试合格后，填写《施工机械和设施／计量设备报审表》报项目监理部。

监理工程师审查施工现场主要设备的规格、型号是否符合施工组织设计的要求，施工机械和设施的安全许可验收手续，计量设备的检查和鉴定报告是否齐全。对需要定期鉴定的设备（如仪器、仪表及计量设备等），施工单位按期向项目监理部报送鉴定证明。

4.1.8 审查混凝土、砌筑砂浆

审查混凝土、砌筑砂浆配合比申请单及混凝土浇灌申请，并对现场搅拌、计量设备及现场管理进行检查；对预拌混凝土单位资质和生产管理能力进行考察。

4.2 事中控制

4.2.1 对施工现场进行有目的的巡视检查和旁站

在巡视、平行检验过程中发现不符合质量要求的，及时下发监理通知并督促施工单位落实整改。对施工过程中的关键工序、关键部位设立控制点，进行重点控制、全过程旁站监理，做好旁站记录，留存影像资料。

4.2.2 验收隐蔽

施工单位按有关规定对隐蔽工程进行自检，在自检合格的基础上将《隐蔽工程报审、报验表》报送项目监理部；监理工程师对其验收内容到现场进行检测、核实。

对不合格的隐蔽工程，由监理工程师签发《监理通知》，要求施工单位限期整改，整改合格后报监理工程师复查。对隐蔽工程检验合格的工程，监理工程师给予签认，并准予进行下一工序施工。

4.2.3 检验批、分项工程验收

施工单位在一个检验批或分项工程完成后填写《检验批/分项报审报验表》报项目监理部，监理工程师对报验的资料进行审查，并到施工现场进行抽验核查，符合要求后，监理工程师签认。对不符合要求的工序，监理工程师签发《监理通知》，要求施工单位限期整改，整改合格后报监理工程师复查。对检验批/分项验收合格的工程，监理工程师给予签认，并准予进行下一工序施工。

需进行施工试验验证的工序，须完成检测，数据合格后给予签认。

4.2.4 分部工程验收

施工单位在分部工程完成后，根据监理工程师签认的分项工程质量评定结果进行分部工程的质量等级汇总评定。填写《分部工程报验表》，并附《部位工程质量检验评定表》，报项目监理部签认。

4.3 工程竣工验收

（1）工程达到竣工条件时，项目监理部组织各专业监理工程师对各专业工程的质量情况、使用功能进行全面检查。发现影响竣工验收的问题签发《监理通知》，要求施工单位限期整改。

（2）对需要进行功能试验的项目，监理工程师督促施工单位及时进行试验，并认真审阅试验报告。对重要项目进行现场监督，必要时请监督管理部门、建设单位、设计单位参加。

（3）总监理工程师组织竣工预验收

施工单位在工程自检合格达到竣工验收条件后，填写《单位工程预验收报审表》，并

将全部竣工资料（含分包单位的竣工资料）报项目监理部申请竣工预验收。监理工程师进行核查，对发现的问题督促其完善整改。

总监理工程师组织专业监理工程师对施工单位的竣工资料进行检查验收，经验收需要进行整改的，应在整改符合要求后再进行复验。复验合格后，总监理工程师签认《单位工程竣工预验收报审表》。

预验收合格后，监理单位提出《工程质量评估报告》，并经总监理工程师和监理单位技术负责人审核签字。

（4）竣工验收

参加建设单位组织的竣工验收，并提供必要的监理资料。对验收中提出的问题，项目监理部督促施工单位整改。竣工验收合格后，总监理工程师会同参加验收的各单位签署竣工验收报告。

5 项目管理办法

5.1 质量控制方面

项目监理部坚持每日的汇报制度、交接班制度、每日巡查要求，在确保高效工作的同时，保证每日工作巡视有针对性，并且能够做到有跟踪、有检查、有落实、有反馈。

5.1.1 测量放线及钢筋施工质量控制

严格对施工平面轴线及标高进行复测，钢筋施工质量控制重点检查钢筋制作、直螺纹套丝成型效果。钢筋绑扎验收采取全数检验，主要控制点：主筋数量、间距，箍筋尺寸、间距、锚固长度等。剪力墙、顶板（梁板）验收：主要控制墙柱垂直度、平整度和梁板几何尺寸、钢筋锚固和数量等内容。监理工程师对剪力墙、顶板验收采取全数检验，大部分一次验收合格，能满足设计与规范要求，部分经整改后达到验收要求。水平施工缝止水钢板：主要控制止水钢板焊接位置及材料几何尺寸，确保满足设计与规范要求。

5.1.2 模板工程质量控制

严格控制模板的水平度及垂直度，支模时要求施工单位拉水平、竖向通线，并设竖向垂直度控制线。在封模前，检查模内垃圾清理情况。梁底支撑间距应能够保证在混凝土重量和施工荷载作用下不产生变形，支撑底部应落在实处，以确保支撑不沉陷。梁底模板应按规范规定起拱。混凝土浇筑前，对模板轴线、支架、顶撑、螺栓进行全面认真检查、复合，发现问题及时督查施工单位处理。

5.1.3 防水卷材施工质量控制

防水卷材进场前严格对原材料产品合格证和检验报告、防水施工单位施工资质进行审核，防水卷材的规格、性能必须按设计和有关标准采用并及时取样送检复测，确保材料质量。铺贴防水卷材前，应将基层清理干净，两幅卷材短边和长边搭接长度均不应小于100mm，且搭接缝应粘结牢固，密封严密。严禁出现空鼓、损伤、滑移翘边、起泡、皱折等缺陷。防水层验收合格后应及时浇筑细石混凝土进行保护。

5.1.4 抗渗商品混凝土施工质量控制

项目监理部重点把控防水混凝土的原材料、配合比及坍落度必须符合设计要求，粉煤灰掺量应严格控制在10%，并加强检查商品混凝土膨胀剂的掺量。严格审查施工单位制定的混凝土浇筑方案并督促落实，混凝土应及时供给，现场机械设备准备必须到位，避免在浇筑时出现冷缝而影响自身防水质量。混凝土浇筑完成后要求施工单位必须派专人及时养护。底板浇筑应保证钢筋保护层厚度及混凝土平面平整，标高达到设计要求。剪力墙浇筑完成后控制拆模时间，保证混凝土自身防水质量。

5.2 安全、防汛、消防、扬尘治理管理

5.2.1 危险性较大的分部分项工程管理

（1）基坑开挖与支护：中央商务区北区主体部分南北向长度为409.5～520.6m，东西向宽度为130.9～201.6m。顶板覆土厚度约为3.1m，商务区段底板埋深约为15.4m，地铁段底板埋深为24.14～24.68m（北侧端头井深约为26.18m），采用明挖法施工，主体基坑围护结构采用多级放坡、土钉墙支护、围护桩＋钢支撑和围护桩＋锚索支护体系。

基坑开挖与支护作为该工程监理管控工作的重点，重点审查编制依据的准确性以及施工方案的完整性(包括施工工艺、施工机械设备、进度保证措施、安全保证措施和应急预案等)。根据住房和城乡建设部印发的《危险性较大的分部分项工程安全管理办法》（住房和城乡建设部令第37号）规定，要求施工单位对已编制的专项施工方案进行专家论证审查。施工单位根据专家意见对方案进行完善，由施工单位技术负责人审批、签字后报项目监理部审批。如在施工过程中设计方案或施工方案发生变化，应及时督促施工单位对变更调整部分再次进行专家论证。审查基坑监测单位的监测方案，重点控制开挖过程中的成品保护、排水沟及集水坑的设置，基坑及周围邻近建筑物的变形观测。督促施工单位按照基坑开挖边坡支护设计文件、施工方案及专家论证方案进行施工，监理人员加强巡视与旁站，定期复测和校核其平面位置、水平标高和边坡坡度，做好数据记录和留存影像资料。

（2）高支模：该项目8m以下采用轮扣式架体，8m以上采用盘口式架体。高支模过程中监理重点管控：材料到场检查，材料进场后查验产品合格证、检测报告等有关资料，测量架管壁厚，加强对钢管、扣件的进场验收。资料不全和未按标准要求铸有商标的产品不得进场。架体搭设过程中检查场地障碍物清除情况，作为模板支撑基础地基必须达到设计强度的95%以上才能搭设。搭设的架体三维尺寸应符合设计要求，搭设方法和斜杆设置符合规程规定；可调托撑和可调托座伸出水平杆的悬臂长度应符合设计限定要求；水平杆扣接头与立杆连接盘的插销应击紧至所插入深度的标志刻度；检查抱柱是否牢固。脚手架验收合格后，由现场施工单位安全员专门负责检查巡视，未经项目安全部、技术部同意，不得随意改动，不得任意卸掉架子与柱连接的拉杆和扣件。使用过程中检查地基是否沉降，架子是否位移，龙骨是否变形，立杆是否变形。脚手架的垂直度与水平度允许偏差符合规定要求。水平安全网等相应安全措施符合专项施工方案的要求；搭设的施工记录和质量检

查记录应及时、齐全。

高大模板支撑系统应在搭设完成后，由项目负责人组织相关人员进行验收。验收合格，经施工单位项目技术负责人及项目总监理工程师签字后，方可进入后续工序的施工。该工程架体超过8m的验收分为三个阶段：第一阶段验收为基础完工后及模板支架搭设前；第二阶段验收为超过8m高的高支模架搭设至14m高度后；第三阶段验收为搭设高度达到设计高度后和混凝土浇筑前。

5.2.2 汛期防汛管控

每年7月~9月是石家庄市主汛期，中央商务区北区地下公共空间项目为地下结构，防汛工作作为监理管控重点不能有任何放松，项目监理部根据项目实际情况认真编写防汛监理实施细则，严格审查施工单位的防汛方案及应急预案。督促施工单位落实防汛物资，组织建设单位、监理单位、施工单位三方召开防汛工作专题会并督促落实施工单位进行防汛演练。

5.2.3 消防管控

消防安全无小事，项目监理部组织了多次防风险、除隐患、保安全的消防联合大检查和隐患大排查，项目监理部将明火作业作为一项常态化管理的主要工作，安排专人负责。对于有明火作业的施工区域，监理人员第一时间检查有无动火证，并检查动火区域是否具有灭火器等应急处置措施。

5.2.4 扬尘污染防治管控

在扬尘治理方面，项目监理部重点对以下几个方面进行管控：要求施工单位对工地主要道路必须进行硬化处理且道路承载力应能满足车辆行驶和抗压要求。非主要道路及生活、办公区也均进行硬化处理。建筑工地材料堆放区、加工区及大模板存放区等场地采用硬化防尘措施。在土方施工作业过程中，合理控制土方开挖和存留时间，作业面采取洒水、喷雾等防尘措施，对已完成的作业面和未进行作业的裸露地面采取表面压实、遮盖等防尘措施，要求施工单位指派专人负责建筑工地道路、裸土覆盖区域等易产生扬尘部位的定期保洁、洒水，并做好记录。建筑工地使用的砂、石等建筑材料露天堆放时，定期洒水并用扬尘防治网覆盖。建筑工地主出入口处设置成套定型化自动冲洗设施，建筑垃圾、混凝土罐车等运输车辆驶离建筑工地前必须冲洗干净方可上路。建筑垃圾按不同的产生源、种类、性质进行分类收集，易产生扬尘的建筑垃圾及时湿润并用扬尘防治网覆盖。工地现场配备小型洒水车、喷雾降尘器、高压清洗车等降尘设备。工地道路、围挡、脚手架等部位均安装喷淋降尘装置。通过项目监理部的高要求、严管控及各参建单位的共同努力，该项目获得石家庄市扬尘治理五星级工地荣誉称号。

6 项目管理成效

经过项目监理部与各参建方的共同努力，该项目取得以下荣誉，部分成果及奖项正在申报审核过程中：

（1）已列入2020年度第二批河北省创建智慧工地示范工程名单（评价等级为三星）。

（2）已列入河北省第二十七批建筑业新技术应用示范工程计划项目（河北省住房和城乡建设厅）。

（3）4项河北省建设科技研究计划已填报申请书，其成果正在总结中（河北省住房和城乡建设厅）。

（4）已申报河北省建筑业科技项目（河北省建筑业协会）。

（5）QC质量管理成果现已完成5项（河北省质量协会），其中1项已获得中国建筑业协会证书。

（6）申报了河北省建筑业协会的绿色建造水平评价（河北省建筑业协会）。

（7）住房和城乡建设部建筑科技示范工程（绿色施工类）已申报，正在审核中。

（8）中央商务区项目被评为2022年度河北省结构优质工程。

7 交流探讨

石家庄市中央商务区项目得到河北省省委、省政府及石家庄市市委、市政府的高度关注，项目监理部的每一位成员都感到非常自豪，在倍感压力的同时也收获颇丰。在项目实施过程中，项目监理部高度重视预控及程序管理，做好图纸会审、方案审核、技术交底等各项工作。对进场使用的材料、设备、构配件严格把关，实测实量并查看检测报告、材质单等资料是否齐全、合格，是否是合同约定的品牌，需复检的严格按照要求进行见证取样送检。监理工作的开展要有理有据，验收结论要清晰明确。按照"专项、循环、动态"的质量控制和检查模式，监理团队每一位同志用"心"去工作，把项目建设当成自己的一份事业和自己的事情去做，主动开展工作，主动发现问题，主动解决问题，在工作中做到"长计划、短安排"，每日巡视现场时，做到心中有目标、有针对性，做到勤汇报、勤沟通，及时跟踪落实问题整改情况，最大限度地提高了工作效率与成效，圆满完成了该项目的质量、进度、投资等控制目标，得到建设单位的高度认可。

全过程工程咨询篇

某高校新校园建设项目全过程造价咨询服务案例

李海彬，张培华，李国瑞，王树艳，马杰（河北汉丰造价师事务所有限公司）

1 项目基本概况

1.1 总体规划

某高校新校园位于××生态城，规划用地4500亩，总建筑面积约100万 m^2。校园内规划了理工、医学、管理、××四个学院组团，共84栋单体建筑，主要建设内容包括各类教学实验及科研用房、办公用房、学生宿舍、食堂、图书馆、体育场馆以及室外管网、场区道路、绿化等附属配套工程。由某院负责新校园的规划设计，某公司为主体进行投资建设。建设资金来源为企业自筹和银行贷款。

1.2 咨询项目信息

全过程造价咨询项目为某大学新校园部分学院组团中的19栋单体建筑工程，总建筑面积353637.19 m^2，详见表1。

全过程造价咨询项目组成情况表　　　　　　　　　　表1

序号	工程名称	建筑面积（ m^2 ）
1	公共教学楼 A 座	13886.48
2	公共教学楼 B 座	13886.48
3	公共教学楼 C 座	14831.86
4	公共教学楼 D 座	14831.86
5	公共教学楼 E 座	14922.16
6	科技园大厦	24464.49
7	行政办公楼	24067.80
8	会堂	11439.66
9	图书馆	80864.86

序号	工程名称	建筑面积（m²）
10	体育部教学楼	2958
11	创新教育及分析检测中心	12745
12	体育馆	11790.85
13	艺术学院	9939.04
14	信息学院、电气工程学院、海洋学院	21536.69
15	机械工程学院、专业教室	22975.5
16	经管学院	10753.79
17	文理学部、阶梯教室	18055.66
18	计算机中心	15882
19	公共实验楼	13805

2 服务范围及咨询模式

2.1 项目咨询服务范围

该项目为全过程造价咨询，包括项目发承包阶段造价咨询服务、施工阶段造价咨询服务和竣工阶段造价咨询服务。

2.1.1 发承包阶段主要咨询服务内容

（1）编制工程量清单和最高投标限价。

（2）审核工程招标文件中相关商务条款，提出合理化建议。

（3）协助发包方签订施工合同，对施工合同中相关商务条款提出合理化建议。

2.1.2 施工阶段主要咨询服务内容

（1）协助发包方做好进度款支付，出具中（终）期工程款支付审核意见。

（2）协助发包方做好暂估价和发包方供应材料（设备）的招标和采购工作。

（3）根据发包人要求，测算或审核变更洽商及索赔事项费用。

（4）其他造价管理工作。

2.1.3 竣工阶段主要咨询服务内容

（1）审核工程竣工结算，编制工程结算审核报告。

（2）配合发包人完成工程竣工决算。

2.2 咨询服务组织模式

2.2.1 总体思路

该项目咨询服务紧紧围绕以质量控制为核心，根据该项目单体工程较多的特点，组织模式采用统一质量管理、分组具体实施的方式开展咨询服务。严格执行以过程管理为中心，咨询服务各阶段均通过计划（Plan）→实施（Do）→检查（Check）→处理（Action）的管理循环步骤展开控制，提高造价咨询各个环节的工作质量。在开展业务过程中，做好项目数据积累、归类和分析工作。

2.2.2　项目小组划分

根据单体项目类型、规模等情况，合理进行分组和配置人员，分组和人员配置情况见表2。

全过程造价咨询项目分组情况表　　　　　　　　　　　　　表2

项目小组	工程名称	建筑面积（㎡）	人员配置（人）
项目小组一	公共教学楼A座、公共教学楼B座、公共教学楼C座、公共教学楼D座、公共教学楼E座、科技园大厦、行政办公楼	120891.13	12
项目小组二	会堂、图书馆、体育部教学楼、创新教育及分析检测中心、体育馆、艺术学院	129737.41	12
项目小组三	信息学院、电气工程学院、海洋学院、机械工程学院、专业教室、经管学院、文理学部、阶梯教室、计算机中心、公共实验楼	103008.65	12

2.2.3　项目咨询组织机构

项目咨询组织机构按照"一编两审"的模式设置，项目负责人由具备高级职称的注册一级造价工程师担任，配备土建、安装注册一级造价工程师担任分项负责人，团队下设三个项目小组，项目团队在公司总工办的指导下开展咨询工作。具体组织机构见图1。

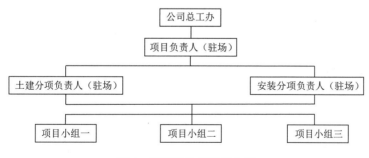

图1　项目咨询组织机构图

2.3　项目咨询人员工作职责

2.3.1　项目负责人工作职责

（1）全面负责该项目的整体协调和组织管理。

（2）在公司总工办的指导下编制项目实施方案，对实施方案深度和风险规避能力负责。

（3）对专业负责人执业全过程负责技术指导，主持研究重要技术问题的原因分析及处理意见，针对工程造价咨询业务开展过程中遇到的专业问题，提出相应的解决途径和办法。

（4）项目负责人是咨询成果的审定人（二审），对工程造价咨询成果的全部内容进行审定，包括工程量清单和最高投标限价文件、进度款支付文件以及工程结算审核文件等，并对咨询成果文件的质量负责。

2.3.2 专业分项负责人工作职责

（1）负责编制项目咨询实施细则，组织本项目组专业人员对实施方案和咨询细则的学习与落实。

（2）对委托方提供的咨询资料进行审核，并办理资料交接。

（3）按照实施方案拟定的原则、计价依据等要素，规范地开展咨询工作。

（4）具体负责业务实施过程中相关单位、相关专业人员间的技术协调、组织管理和业务指导工作。

（5）对咨询过程中尚未解决的疑难问题，须及时向项目负责人报告，并在初步成果文件形成前加以解决。

（6）专业分项负责人是咨询成果的审核人（一审），对其专业范围内的咨询成果内容进行审核，咨询成果审核后，负责组织对审核意见的修改，并对其审核专业内的造价咨询成果文件质量负责。

2.3.3 专业造价工程师工作职责

（1）按照批准的咨询实施方案和实施细则规范地进行咨询工作。

（2）对编制过程的相关过程资料进行整理和留存。

（3）对编制过程中发现的问题，及时向项目专业负责人汇报。

（4）专业造价工程师是咨询成果的编制人（一编），按其专业分别承担其工作范围内的工程造价咨询工作，编制初步成果文件。

（5）对送审的咨询初步成果按审核意见进行修改，并对承担的咨询初步成果质量负责。

3 咨询服务运作过程

该项目单体工程较多，且分不同咨询小组进行咨询服务，因此分工协作、统一思路尤为重要。各阶段造价咨询业务统一操作流程见图2。

3.1 发承包阶段咨询服务运作过程

3.1.1 审核工程招标文件

招标文件作为工程项目实施全过程的纲领性文件，应力求在文字上表达清楚，同时与工程量清单相互衔接、口径一致。特别是相关商务条款，它将直接影响工程造价的确定与控制，商务条款制定不严谨，会成为承包人追加工程价款的突破口，从而造成纠纷，引起索赔，也可能因此而造成损失。审核招标文件时重点关注以下几个方面：

（1）招标范围是否与图纸相对应；范围界定与表述是否准确；总承包与其他专业工程承包人的工作界面是否清晰；有无重复和遗漏。

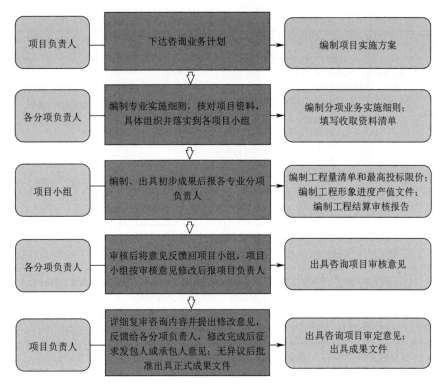

图 2　项目操作流程图

（2）招标文件中涉及报价、计量计价方式是否清晰准确；商务条款中约定的计价方式、计价标准应与规范相统一；变更和索赔的计价标准与招标项目的计价标准相统一。

（3）招标文件合同格式中工程造价调整因素和调整方法是否正确可行。特别是材料设备价格的市场波动调整。主要材料价格约定合理风险幅度。通过商务风险的合理承担，保证项目建设能够顺利进行。

（4）合同格式条款中的变更估价、暂估价、暂列金额、计日工、价格调整、合同价格、计量与支付、竣工结算等商务部分是否根据项目特点进行编制，是否存在相互矛盾之处。

3.1.2　编制工程量清单和最高投标限价

（1）编制工程量清单和最高投标限价前，项目负责人和分项专业负责人通过翻阅图纸，了解项目情况后，针对该项目制定了工程量清单和最高投标限价编制注意事项，本文归纳见表3。

工程量清单和最高投标限价编制注意事项　　　　　　　　　　　　　　　　表 3

事项/子目	注　意　事　项
总体注意事项	1.工程名称要统一。从土建到安装，严格按图纸名称书写，如××工程–土建、××工程–供暖…… 2.取费类别和税金要统一。 3.项目特征描述序号为1.2.3…… 不使用1、2、3……

事项／子目	注 意 事 项
总体注意事项	或 a\b\c\……更不能两者混用。 4. 特征与特征值要对应，例如，空心砖墙中，软件自动生成的特征为：空心砖、砌块品种、规格、强度等级，特征值描述为 A3.5 加气混凝土砌块，这种情况应把特征中空心砖、规格去掉，使特征与特征值相对应。再如，给水排水中特征输送介质（给水、排水），特征值为给水，这种情况括号内（给水、排水）全部不要。 5. 工程量清单中计量单位每个清单号只允许有一个。 6. 封面要注明编制时间
土方子目	1. 挖土方，工程量清单特征取土运距：自行考虑（有特殊要求时除外）。 2. 回填土方，工程量清单特征取土运距：自行考虑（有特殊要求时除外）
砌筑子目	1. 砂浆强度等级工程量清单特征描述与定额套用强度等级要一致。 2. 砌筑材料工程量清单特征描述与定额人材机中材料名称要一致
混凝土子目	1. 使用预拌混凝土，要求工料机中注明预拌混凝土含泵送费，格式为：预拌混凝土（含泵送费），价格按造价信息价加 ×× 元 /m³ 泵送费（有特殊要求时除外）。 2. 所有装修子目中使用的混凝土，特征描述应为预拌混凝土，并在定额套用时注意套预拌混凝土（有特殊要求时除外）
钢筋子目	1. 钢筋种类、规格。一级钢筋 ϕ10mm 以内 / 连接方式：绑扎。 2. 钢筋种类、规格。二级钢筋 ϕ20mm 以内 / 连接方式：< 16mm 绑扎，≥ 16mm 机械连接。 3. 钢筋种类、规格。 二级钢筋 ϕ20mm 以外 / 连接方式：机械连接。 4. 墙拉筋增加描述。一级钢筋 ϕ10mm 以内 / 连接方式：预留或植筋。 5. 钢筋接头（单独列清单项）：机械连接 / 直径 20mm 以内
金属子目	普通油漆和金属结构组在一起，防火涂料和金属结构分开组价
屋面防水保温子目	屋面保温单独列项，屋面防水和其他屋面做法并在一起组价
装饰装修子目	1. 装修做法按图纸或图集顺序排列。 2. 内、外墙涂料或乳胶漆子目，均要求在特征描述上加满刮腻子二遍。 3. 大理石板、花岗石板在材料名称后面注明位置，如花岗石板 – 台阶。 4. 主要装饰材料（除非发包方要求不列）列为暂估价，如地砖、地板、墙砖、壁纸、石材、吊顶面层、门窗幕墙、合成树脂乳液涂料、保温材料、防水材料等。 5. 墙面保温单独列清单项，保温板和保温颗粒外抗裂砂浆和保温板组在一起。 6. 成活价的项目在暂定价表中要注明
安装子目	1. 补充设备时，注意计取安装费，否则综合单价显示为 0 元。 2. 补充主材时，注意含量是否正确，否则清单项错误。 3. 汇总工程造价时，注意查看是否包含设备费。 4. 电气计取检查接线调试费时，注意按功能及功率列清单项及套定额。 5. 计取操作高度增加费时，注意超过部分工程量计取，并且在安装费用中逐条计取。 6. 工程量清单调整完毕后，注意措施费重新计取，否则措施费计取不全。 7. 计取安全生产、文明施工费时，注意调整临路面数
其他注意事项	1. 工程量清单编制完成后首先自查，检查综合单价是否有超常价格，如混凝土 300 元 /m³ 左右，若组出 3000 元 /m³ 肯定不对；单位是否正确（包括主材表），如 kg 和 t 区分、项和元区分、m 和 m³ 区分等。 2. 装饰垂直运费工程量清单单位按 m²，定额按工日。 3. 打印之前工程量清单要排序。

事项/子目	注意事项
其他注意事项	4. 补充项目的编码，一至六位应按《建设工程工程量清单计价规范》GB 50500—2013 的附录 A、附录 B、附录 C、附录 D、附录 E、附录 F 和《建设工程工程量清单编制与计价规程》DB13（J）/T 150—2013 附录 A 的规定设置，不得变动；第七位设为"B"；八、九位应根据补充清单项目名称结合《建设工程工程量清单计价规范》GB 50500—2013 和《建设工程工程量清单编制与计价规程》DB13（J）/T 150—2013 由工程量清单编制人设置，并应自 01 起按顺序编制；十至十二位应根据拟建工程的工程量清单项目名称由工程量清单编制人设置，并应自 001 起按顺序编制，不得出现重码。 5. 补充工程量清单组价若为补项，其工料机单位为元，需要与工程量清单单位调成一致。 6. 工程量清单描述内容尽量与工程量清单特征对应。 7. 部位描述除特殊部位外，其他不描述部位。 8. 工程量清单项目能合并在一起的，不要分开。如抹灰，基层有混凝土面的、有砌块面的，工程量合并列项，如单独列项，容易造成超 5% 重新组价，给结算带来麻烦
文件明细顺序及注意事项	1. 封面（整个工程的，不是土建或安装的）按公司格式。 2. 填表须知。 3. 工程量清单编制说明（含土建及安装）按公司格式。 4. 工程项目总价表（软件表 1-3）。 5. 单项工程费汇总表（软件表 1-4）。 6. 单位工程费汇总表（土建，软件表 1-5）。 7. 分部分项工程量清单与计价表（土建，软件表 1-6）。 8. 单价措施项目清单与计价表（土建，软件表 1-7）。 9. 总价措施项目清单与计价表（土建，软件表 1-8）。 10. 其他项目清单与计价表（土建，软件表 1-9）。 11. 暂列金额明细表（土建，软件表 1-10）。 12. 暂估价表（土建，软件表 1-11）。 13. 总承包服务费计价表（土建，软件表 1-12），要基数，不要费率。 14. 主要材料、设备明细表（土建，软件表 1-15），该表不提供数量，材料设备数量从人材机中选择，不用软件自动生成的 20 项，安装调整完毕后注意重新勾选主要材料及设备。 15. 安装工程要单位工程费汇总表、分部分项表、措施表、暂估价表、主要材料设备明细表（要求同土建）。 16. 如果单出某项安装工程，发生暂列金额的，打印表格为封面 1、填表须知、工程量清单编制说明、工程项目总价表、单项工程费汇总表、单位工程费汇总表、分部分项表、措施表、其他项目清单与计价表、暂列金额明细表、暂估价表、总承包服务费计价表（要基数，不要费率）、主要材料、设备明细表（该表不提供数量，材料设备数量从人材机中选择，不用软件自动生成的 20 项）。 17. 清单计价不发生费用的，该表可不打印（如其他项目清单与计价表）

（2）初步成果文件编制完成后，经过审核、审定以及与发包人、设计单位沟通交流，对不能确定或影响工程造价的因素进行梳理，为保证投资控制，降低项目合同风险，建议发包人将暂时无法确定的事项，在编制招标文件时做出详细说明，并明确约定计量计价规则，减少中标后的合同纠纷。本文就工程量清单和最高投标限价编制时发现的问题以及与相关方沟通交流后的处理意见举例说明，见表4。

部分工程量清单和最高投标限价编制问题及解决方法　　　　表4

问题事项	处 理 意 见
土方工程	土方全部采用机械开挖，不考虑土方外运；考虑人工回填土，外购土材料价按虚方35元/m³暂估
桩基界面	不包括桩基础，包括截桩头（预制管桩按单位工程桩个数的30%考虑）、灌注混凝土桩芯（按图纸要求）
砌筑砂浆	砌筑砂浆采用预拌砂浆，装饰装修砂浆采用现场搅拌砂浆
商品混凝土	所有混凝土按商品混凝土泵送考虑，运距按15km考虑
墙地砖	所有地砖地面无地砖规格的，暂按800×800计入；卫生间地砖无规格的，暂按300×300计入，卫生间墙砖无规格的，暂按300×600考虑
幕墙	断桥铝合金玻璃幕墙（含骨架）、铝单板幕墙（含骨架）均按1200元/m²暂估
铝合金型材墙面	按1500元/m²暂估
钢骨架玻璃雨篷	按1000元/m²暂估
设备	所有配电箱（柜）、泵类、风机、水箱、空调机组及其他设备均按暂估价计取
图书馆首层地面	做法参照建施说明中的装饰装修工程做法，去掉结构说明中的首层地面刚性层做法
图书馆供暖房间底板面	接触室外空气的钢筋混凝土楼板下保温，按挂贴110厚岩棉考虑
图书馆右侧群房变电站三层演艺厅	DL3电缆两个系统图不相符，按WDZB-YJY-5X95+1X50考虑
图书馆首层弱电	平面图中电子信息系统、机房门禁系统、红外入侵系统，仅计入配管预留预埋

3.2 施工阶段咨询服务运作过程

3.2.1 合同管理

该项目分包专业较多，各类暂定材料和设备需在施工阶段确定，由于招标时事先做好采购策划，制定了不同采购类型的采购合同，因此，该项目合同管理重点是做好合同统计工作，及时梳理合同中与造价咨询服务内容相关的条款，组织项目团队进行合同宣贯，确保以合同为依据开展造价咨询服务。

3.2.2 工程进度款审核

该项目施工总承包人按照月形象进度进行计量与支付，专业分包工程与材料设备（单独签约合同）计量支付按合同约定执行。施工总承包人每月上报当月完成产值明细表，经公司咨询人员审核后出具形象进度产值审核文件。审核完成当期工程支付款后，重点比较是否存在重大工程造价变化，掌握总体概算情况，分阶段与概算进行对比，关注概算执行情况。

3.2.3 变更签证测算与审核

做好设计变更和签证费用管控，对重大设计变更做好测算与分析，供发包人决策参考。对正常设计变更依据合同约定进行计量，列入当期工程进度支付款。

3.2.4　材料设备询价

该项目暂定材料和设备较多，做好材料设备询价能够为发包人提供科学决策与参考，也是控制投资的重要手段。根据施工进度情况，为该项目所涉及的暂定材料和设备提供分类咨询服务，如装饰类材料、强弱电线材和设备、水暖通风类材料和设备等，对其不同厂家、不同档次等均提供了价格信息。对于各类非标设备，进行设备价格组成分析，有效节约了建设资金。例如，该项目配电柜（箱）设备，数量多达上千种，价格差异也较大，为做好配电箱采购工作，项目咨询人员对不同种类的配电柜（箱），按其组成配件进行了组价分析，科学编制了最高投标限价。配电柜（箱）组价分析模式举例见表5。

配电柜（箱）组价分析表　　　　　　　　表 5

设备名称及规格型号：低压配电柜（A2 电容补偿 90kVar）

使用部位：创新教育及分析检测中心（详电施 -02）　　　　　　单位：元

序号	组成配件名称	规格型号	数量	单位	单价	合价	备注
1	熔断式隔离开关	HH15(QSA)-400A/30	1	台	487.00	487.00	正泰
2	电流互感器	LMZJ1-0.2 300/5	3	只	66.00	198.00	永泰
3	多功能表	SPM33	1	只	680.00	680.00	派诺
4	熔断器	NT00-100A	3	只	55.00	165.00	正泰
5	接触器	BMJ2-32/C-5M	1	只	90.00	90.00	明日
6	接触器	BMJ2-30/C-5M	1	只	132.00	132.00	明日
7	接触器	BMJ2-115F/5M	1	只	702.00	702.00	明日
8	无功补偿模块	BSTSF-Z-15/0.33-1P+BSTSF-Z-15/0.525	1	只	9525.00	9525.00	邦世
9	避雷器	FYS-0.22	3	只	10.00	30.00	华通
10	弧光保护	DPR342ARC	1	只	8500.00	8500.00	弘毅
11	电容柜体（ENDR）	600*2200*100	1	台	2400.00	2400.00	
12	主母排	TMY-4(50*5)+1(40*4)	0.8	套	517.00	413.60	
13	分支排	3×25	5.5	m	34.00	187.00	
14	辅材		1	台	2000.00	2000.00	
15	人工费		1	台	1000.00	1000.00	
16	运杂费					1060.00	
17	税管及其他费用					11579.23	
18	合计（设备价）					39148.83	

3.2.5　二次优化设计

在项目咨询服务过程中，项目咨询团队配合设计院对施工图纸中需深化设计的部分进行了不同方案的投资测算对比，为发包方选择最优方案提供参考。

（1）例如，幕墙工程深化设计，因设计院需整体考虑建筑设计风格，所以原方案与优化后方案表现在单项工程中可能会出现造价提高，但整个项目优化后方案工程造价是降低的，见表6。

幕墙工程深化设计原方案与优化后方案工程造价对比表　　　　表6

项目名称	原方案造价（元）	方案优化后造价（元）	节约资金（元）
公共教学楼 A 座	1309411	1495393	−185982
公共教学楼 B 座	1309411	1495393	−185982
公共教学楼 C 座	1237503	1537706	−300202
公共教学楼 D 座	1178880	1537704	−358824
公共教学楼 E 座	1712372	1806624	−94252
科技园大厦	3053344	2705696	347648
行政办公楼	3166991	2664777	502214
会堂	0	0	0
图书馆	10431615	8839205	1592410
体育部教学楼	259388	257117	2271
创新教育及分析检测中心	1219528	1118332	101196
体育馆	9250600	7400437	1850163
艺术学院	385444	194199	191244
信息学院、电气工程学院、海洋学院	1106249	906627	199622
机械工程学院、专业教室	1452647	1296424	156223
经管学院	827536	1044663	−217127
文理学部、阶梯教室	875338	1082594	−207255
计算机中心	955166	1164084	−208918
公共实验楼	913899	1399169	−485270
合计	40645323	37946142	2699181

（2）项目整体深化设计部分原方案与优化后方案工程造价对比见表7。

项目整体深化设计部分原方案与优化后方案工程造价对比表　　　　表7

项目名称	原方案造价（元）	方案优化后造价（元）	节约资金（元）
公共教学楼A座	3313135	2888609	424526
公共教学楼B座	3231713	2795237	436476
公共教学楼C座	4038870	3356667	682203
公共教学楼D座	3584611	3099389	485222
公共教学楼E座	3796828	3067690	729139
科技园大厦	8645409	6471498	2173911
行政办公楼	9509015	6853056	2655959
会堂	2838748	1661154	1177594
图书馆	26557981	18753970	7804010
体育部教学楼	1174981	615156	559825
创新教育及分析检测中心	4055322	3218556	836766
体育馆	15825319	9926167	5899151
艺术学院	2091626	853491	1238135
信息学院、电气工程学院、海洋学院	4148057	2946816	1201241
机械工程学院、专业教室	5048218	3697072	1351146
经管学院	3081927	2187810	894117
文理学部、阶梯教室	6430440	3787458	2642982
计算机中心	5081556	4145728	935827
公共实验楼	2204529	2257332	−52803
合　计	114658285	82582856.87	32075428.13

3.2.6　施工阶段工程造价与概算对比

动态掌握影响工程造价变化的信息情况，编制工程造价动态管理报告，评估重要设计变更对合同价款的影响，并将此情况向委托人及时反馈。

3.3　竣工阶段咨询服务运作过程

3.3.1　工程结算审核准备

（1）总结前两个阶段的造价咨询服务情况，结合施工阶段发现的问题和争议事项，围绕该项目审核重点，编制工程结算审核工作方案。

（2）项目负责人和分项专业负责人组织审核前专门会议，统一审核原则，统一审核方法，统一审核成果格式等，针对该项目制定工程结算审核注意事项。

（3）梳理发包人送审资料，将上报资料与项目咨询团队建立的跟审台账进行比对，保证资料的准确性和完整性。

（4）该项目全体咨询人员结合前期咨询情况，对招标投标文件、工程发承包合同、主要材料设备采购合同、施工组织设计以及设计变更等进行梳理，做好现场踏勘复验记录，核实实际施工情况与施工图纸的对应性。

3.3.2 工程结算审核实施要点

（1）审核项目结算范围、内容与合同约定的一致性，注意总承包与专业分包之间的界面划分及相关配合费的计取方法。

（2）审核工程量计算的准确性，该项目因变更量较大，核实变更工程量是该项目的重点。

（3）审核结算单价特别是变更签证部分是否依据合同约定的调整原则计取。

（4）合同价格的调整是否按照合同约定的调整因素和调整方法调整，注意价格调整时商业风险调整是否符合合同约定。

3.3.3 工程结算的审定

（1）工程结算审核初稿编制完成后，召开由发包人、承包人等共同参加的会议，听取意见并进行调整。

（2）该项目专业分项负责人对结算审查的初步成果进行审核，由该项目负责人进行审定，审核过程中要对各单项工程费用指标、单位工程费用指标、分项工程费用指标、分项工程人工费指标以及分项工程主要材料消耗量指标等进行计算和分析。

举例1，××工程分项工程人工费指标分析见表8。

公共教学楼 E 座分项工程人工费指标分析表　　　　　　表8

建筑面积：14922.16（m²）

序号	分项工程名称	人工费用（元）	经济指标（元／m²）
1	土建工程	7114493.97	476.77
2	电气工程	795060.95	53.28
3	给水排水（含消防水）工程	78015.03	5.23
4	暖通工程	118341.92	7.93
5	火灾报警工程	96970.44	6.50
6	合计	8202882.31	549.71

举例2，该项目各单项工程经济技术指标见表9。

单项工程经济技术指标 表9

序号	工程名称	建筑面积（m²）	结算价款（元）	经济指标（元/m²）
1	公共教学楼A座	13886.48	35690158	2570.14
2	公共教学楼B座	13886.48	35642771	2566.72
3	公共教学楼C座	14831.86	39311466	2650.47
4	公共教学楼D座	14831.86	38501967	2595.90
5	公共教学楼E座	14922.16	44872028	3007.07
6	科技园大厦	24464.49	92326908	3773.92
7	行政办公楼	24067.8	94530480	3927.67
8	会堂	11439.66	102704500	8977.93
9	图书馆	80864.86	353647622	4373.32
10	体育部教学楼	2958	8243284	2786.78
11	创新教育及分析检测中心	12745	45394250	3561.73
12	体育馆	11790.85	77280741	6554.30
13	艺术学院	9939.04	25441958	2559.80
14	信息学院、电气工程学院、海洋学院	21536.69	49220627	2285.43
15	机械工程学院、专业教室	22975.5	61757283	2687.96
16	经管学院	10753.79	28508436	2651.01
17	文理学部、阶梯教室	18055.66	48408928	2681.09
18	计算机中心	15882	54101151	3406.44
19	公共实验楼	13805	38435346	2784.16

3.3.4 咨询服务结束后工作

（1）做好档案资料的整理与归档，包括纸质版与电子版。

（2）对咨询过程中产生的数据资料进行归纳整理，包括建筑物详细技术经济指标、分部分项消耗量指标、材料设备价格数据等。

4 咨询服务的实践成效

4.1 建立健全沟通制度

全过程造价咨询的成效离不开健全的沟通交流制度，发包人非常注重各阶段的交流与沟通。如前期咨询阶段，因该项目设计时间仓促，图纸不确定问题较多，项目咨询团队提出建立沟通协调机制后，发包人迅速制定了临时沟通制度，由发包人主导，设计单位、造价咨询服务单位以及招标代理单位等参加，各单位均设置专人参与协调会议，项目咨询过程中各方提出的建议或问题都能及时准确地知悉，并做出反馈意见，保证了项目顺利推进。

4.2　发承包阶段咨询成效

（1）经与发包人充分沟通，项目咨询团队在编制工程量清单和最高投标限价的基础上，对不同专业分包、暂估价材料和设备以及设计图纸深度等都做出明确界面划分和说明，审核招标文件时，对招标文件中的上述问题没有载明或模糊的地方，均提出了咨询意见，后期咨询过程中，承包人、专业承包人等均没有因此产生异议，避免了经常出现的因界面交叉所产生的造价纠纷和索赔现象的发生。

（2）招标文件合同格式中，项目咨询团队对材料设备价格的市场波动，提出约定明确的风险幅度，以保护发承包人双方利益，避免法律纠纷。

（3）因该项目建设时间较紧，前期设计图纸存在大量不确定问题，设计深度有待施工阶段完善，因此，项目咨询团队对招标文件合同格式中工程价款的调整因素和调整方法进行了明确约定，特别是对施工过程中发生的变更签证计价进行了详细约定，保证了竣工结算的顺利进行。

4.3　施工阶段咨询成效

（1）施工阶段的中期进度款计量与支付，近似过程结算，中期计量能够很好地结合当时的施工现状，及早发现结算问题，特别是涉及隐蔽工程的计量，如不体现在施工图纸中的措施筋。因此做好中期计量能够为高质量完成最终结算审核创造有利条件。

（2）该项目施工阶段咨询难点之一是材料设备价格的确定。例如，该项目包含的各类配电柜、配电箱、控制柜等，数量种类多达1820余套，均为非标设备，涉及造价2300多万元，询价过程中，按箱柜体整体询价，价格约为2720万元，经过对柜体器件的拆分询价，然后再进行单体组合计价，得出的总价为2360余万元，节约资金约360万元。

（3）该项目施工阶段，设计院对施工图纸中幕墙、弱电、照明、纤维布风管、冷媒管、消防、通风空调等内容进行了二次深化设计，项目咨询团队对不同设计方案、设备选型等进行了造价对比分析，为发包方提供了最优方案选择，节约资金3200余万元。

4.4　竣工阶段咨询成效

前期咨询是控制项目投资的重点，该项目在发承包阶段能够制定科学合理的招标文件，签订严谨细致的施工合同，即便设计图纸深度不足，后期变更事项较多，但施工阶段的高质量咨询服务规避了很多投资风险，为竣工结算创造了有利条件。竣工结算审核阶段，除解决个别疑难问题外，审核过程实际上是对过程支付的再审核。该项目审核完成后，政府审计部门再次介入该项目的工程造价审计。经政府部门审计，河北汉丰造价师事务所有限公司出具的工程造价结算报告结果被政府审计所采纳。

4.5 充实了公司数据库

该项目因暂估价材料、设备较多，咨询过程中对各类材料设备的询价，不仅丰富了公司数据库，同时也获得了询价途径和询价方法。

5 项目咨询服务的启示

通过参与该项目全过程造价咨询服务，深刻体会到做好前端咨询服务是控制项目投资的有效手段。我们认为全过程造价咨询服务的范围应向前进一步延伸，发包人可以委托造价咨询企业为项目前期或设计阶段提供造价咨询服务，依据批复的投资概算，配合设计单位做好设计方案的比选、限额设计和优化设计等，更好地实现项目成本目标。

某市艺术中心项目全过程投资控制案例

郭建淼，庞红杰，刘艳肖，郑敬伏，王丽丽（瑞和安惠项目管理集团有限公司）

1 项目基本概况

1.1 项目位置

H省H市。

1.2 地块范围

H省H市。

1.3 层数

博物馆地下1层、地上6层，大剧院地下2层、地上9层（含3个局部夹层），图书馆及城市规划展览馆地下1层、地上7层（含1个局部夹层）。

1.4 建筑高度

博物馆、图书馆最高高度35.15m，大剧院最高高度45.15m。

1.5 总建筑面积

总建筑面积118321m²。

1.6 结构形式

（1）主体为框架—剪力墙结构，地上分为4个结构单元，地下不分缝。

（2）屋面、主体外围结构、支承外围结构的悬臂结构及剧院顶层结构为钢结构。

（3）三叉柱为钢管混凝土柱、与悬臂桁架相连及相邻一跨柱为型钢混凝土柱。

1.7 基础形式

主体建筑采用桩基础加抗水板方案，无地下室的入口平台纯框架部分采用天然地基的独立柱基方案。

2 服务范围及组织模式

2.1 服务的业务范围

造价咨询公司为建设单位提供施工阶段全过程造价控制服务的具体内容包括以下内容：

（1）编制总承包及分包工程量清单、最高投标限价（或标底）。

（2）提供工程施工阶段全过程投资控制服务，包括与其他机构或施工单位核对最高投标限价中工程量的工作。

（3）根据需要参加各类涉及工程造价的现场会议，参与确定与造价相关的事项。

（4）施工阶段的工程计量、进度款付款控制工作，要求每月按甲乙双方及监理单位共同认定的已完工程界面，编制工程量预算（或综合单价），经与施工单位核对后，按核定的工程预算，提交主要材料的品种、规格和数量清单及进度款的拨付依据。

（5）进行工程变更测算。对设计变更提供工程造价费用经济分析，作为设计变更投资控制上的依据和参考。

（6）提交阶段性投资控制分析报告，包括已完成工作与概算的比较、投资预控建议、资金使用计划等。

（7）处理工程索赔。协助委托人审查、评估承包商提出的索赔。

（8）进行合同造价条款的变更和管理，提供相应合同条款的变更依据。

（9）招标时提供材料、设备参考和价格咨询。

（10）协助委托人的工程造价管理部门完成委托人需要的工程造价管理工作。

（11）概算调整。

2.2 服务的组织模式

从事投资控制的造价咨询公司项目团队组织架构图见图1。

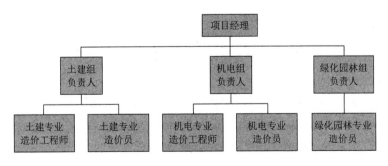

图1 项目团队组织架构图

2.3 服务工作职责

全过程造价咨询服务业务的工作范围包括以下内容：

（1）目标成本的测算与确定。在施工图纸不完备的情况下，根据建设单位同类项目相关图纸、数据、资料，结合项目所在地类似项目的消耗量指标及现行的建筑业市场价格，科学、合理、准确地进行项目开发全部科目的目标成本的测算与确定。

（2）设计方案优化前后成本测算。根据方案设计图纸测算对应的成本，与确定的目标成本对比，为建设单位提供多个方案成本数据，为建设单位提供决策依据。

（3）跟踪设计。与设计同步或慢半拍进行指标测算，例如在精装修、智能化、景观、设备安装设计过程中，编制方案图测算，随着图纸的深化逐渐细化，测算内容也实时调整出具参考数据并提供给建设单位，使其前期阶段的成本管控到位；在供配电、热力、燃气、自来水等配套工程的设计方面，收集同地区同类项目的结算书，整理消耗量指标，为建设单位向主管部门提供参考依据。

（4）参与招标采购工作。负责编制工程量清单文件，协助建设单位制定招标文件中的部分商务条款，负责标函分析，并协助建设单位进行招标答疑及澄清疑问卷。

（5）工程量的计算与核对。

（6）根据建设单位及合同的有关要求分阶段、分部位结算。含编制工程结算书，并与施工单位（供货单位/服务单位）进行核对，结算的工程范围包括所有负责地块的总承包、分包工程、材料设备采购工程、服务类工程等。

（7）设计变更和现场签证、洽商及索赔金额的计算及确定。

（8）材料、设备类市场询价及确价。

（9）建设工程竣工结算审核。

（10）对于建设单位与工程承包方存在的争议项，向建设单位提供现行的依据（包括国家、地方政策、法规、标准、定额解释，必要时取得当地省、市定额站的书面咨询意见），协助建设单位解决问题。

（11）在整个咨询工作结束后，对工程项目有一个完整的成本分析和后评估报告。

3 服务的运作过程

3.1 前期准备

负责该项目的项目部全体成员进驻现场后，首先对项目总承包合同、成本管理操作手册、标准分析模板等文件进行学习。与建设单位成本部充分沟通，了解和熟悉对瑞和安惠项目管理集团有限公司出具咨询报告的内容、形式、格式等细节要求，了解建设单位部门之间（工程部、设计部、招标采购部、财务部、营销部等）与其他合作单位之间（设计单位、监理单位、总承包和分包单位）等的沟通、流转程序。熟悉建设单位管理模式中对于现场设计变更、现场签证的办理流程。

3.2 确定项目沟通机制

3.2.1 建设单位沟通管理计划

（1）项目启动会确定投资控制工作成果文件内容、格式，以及建设单位成本部之前的工作流程和相关制度文件，明确管理理念，做到体系化管理。

（2）制定详细合理的项目实施计划和制度并报送建设单位。定期上报投资控制工作进展，让建设单位随时把控。

（3）定期（每季度）举办一次技术交流会，不同的造价咨询企业就上一阶段工作中出现的问题、解决的办法以交流会、讲座形式进行分享。

（4）周例会。每周一上午由建设单位成本副总召集召开周例会，各方汇报上周完成情况、存在的问题，以及下周的计划。

（5）月总结例会。每月最后一周的周五上午进行本月投资控制的工作总结。主要检查各阶段的进度是否完成、存在问题的汇总整理及处理措施。

（6）高层会晤。每季度一次，建设单位成本总与瑞和安惠项目管理集团有限公司总经理当面沟通交流。主要为咨询公司项目部的总体表现、存在的问题、需要咨询公司内部协调解决的事项，以及需要建设单位协调的事宜。主要是保证项目工作顺利开展，及时解决项目进行中出现的问题与困难。

3.2.2 政府建设行政管理部门沟通管理计划

（1）招标项目工程量清单及最高投标限价的备案。了解省、市造价管理部门的备案要求，在招标环节及时报送备案资料并获得审批。

（2）不定期沟通。对于项目实施过程中存在的一些造价方面的分歧，与建设单位、施工单位一起咨询省、市造价管理部门及时解决。解决的方案、措施及结果及时向造价管理部门备案。

3.2.3 施工单位沟通管理计划

（1）项目启动会。建设单位召集相关各方参加，确定造价咨询单位的工作范围和职责，以及与施工单位相关的投资控制工作的流程和相关制度文件。

（2）月例会。每月定期召开建设单位、造价咨询单位、施工单位针对成本管理方面的例会。主要检查各阶段互相协调配合的进度是否完成，存在问题的汇总整理及处理措施。

（3）专项会议。不确定周期及日期，针对投资控制过程中涉及价款较高的变更、对后期施工及结算产生较大影响的，及时召开专项会议洽商解决。

该项目沟通机制在项目实施过程中起到不可多得的作用，把所有的风险及预想到的问题通过定期或者不定期的沟通及时提出来并协商防范措施，避免过程中多个单体的招标采购、成本控制、合同制定、结算审核等工作预计出现的问题，提高了管理效率，成功控制了成本目标。

3.3 项目前期准备阶段的工作

完成了项目目标成本的测算，总承包现金流量图的编制；完成了政府行政事业性收费项目名称、收费标准和收费文件的收集整理；根据《施工用电工程》《施工用水工程》的图纸进行工程量计算、计价、对审并对比分析，完成了市政消防管线接入工程的成本确定；配合相关监督、监管（政府）部门、参建单位等沟通事宜，协助总承包单位备案。

3.4　清单限价编制

主要内容是模拟清单编制或根据施工图纸工程量清单编制,根据模拟清单出具合理价或者根据工程量清单完成最高投标限价。整个项目实施过程中严格执行招标采购计划,提前7~10d完成招标工程量清单及最高投标限价、招标文件的编制,之后严格执行项目公司的部门会审流程后进行发标、答疑澄清、回标、标函分析、定标、合同谈判,完成各个分项的合同签署。该项目体量大且为分期、分批建设,根据工程开工先后顺序,依次进行分析汇总。

3.5　结算审核

建设单位对于项目的要求是"当年入伙、当年结算"。这意味着整个项目在施工期间成本控制的工作量是十分饱满的。根据项目实际情况,合理安排与总承包、分包单位的结算审核,共出具结算审核报告405份。审核要点为:

(1)审查结算书编制说明是否完整、详细,其基本内容应包括审核依据、计费标准、人工补差、材料价格、其他特殊情况等。

(2)审查编制结算书的各种原始资料是否有效,相关结算手续的资料是否完备。

(3)该项目约定结算的工程量以施工图、设计变更、现场签证为准,竣工图不作为结算的依据,但结算时可以参考(该项目出图版次多,结算部位不同,图纸应用版次不同)。

(4)按合同确定的结算方式计算结算总价。由造价人员负责审核结算书并与施工单位核对,并参照合同进行甲供材、工期奖罚、质量奖罚、安全奖罚、水电费、扣款项目、配合管理费、总承包服务费、保修金等费用的计算和扣除。

(5)为防止施工单位高估结算,在结算中应强调承包方报送的结算造价最终核减额在审核总价5%以内(含5%)的投资控制酬金由建设单位支付,若结算造价最终核减额超出5%,则因超出部分而引起的投资控制酬金增加部分由承包单位支付。

3.6　材料设备询价限价

限价是在保证质量的前提下,事先限定乙供材料设备的结算价格,并由乙方认可执行的一种成本控制措施。该项目中限价的材料设备范围包括钢材(包括钢筋、钢管、型钢)、商品混凝土、水泥、桥架、电线、水暖管材等。限价的方式有以下几种:

①甲方、乙方及监理三方联合进行市场询价。

②采用本地区当期信息价与投标时信息价的相对关系及投标单位的投标报价确定材料设备的价格。

③材料设备限价应参照现行招标投标管理制度,组成限价小组,发布限价文件,各投标单位密封报价,统一组织回标、开标。其中单位考察、开标及商务洽谈必须保证至少两个部门3人共同参与。

为了满足工程施工和结算的需要,造价咨询单位根据合同约定并经与总承包单位协商，对材料、设备限价操作流程制定管理办法。对需要询价限价的材料、设备类别和流程进行了详细约定，这样保证了后期材料、设备结算的准确性，并在询价限价过程中完成了成本管控目标。

（1）确定限价范围

①土建类：楼梯防滑条、墙地砖、室外铸铁格栅盖板、内外石材、屋面及外墙保温材料、轻质墙板、成品烟道、止水带、踢脚线、防水板等材料。

②机电设备类：机电类管材、管件及保温材料、消火栓箱、灭火器、水泵接合器、喷头、报警阀组等部件、全自动水处理器、灯具等。

③装饰类：铝板、型材、玻璃、五金件、墙地砖、石膏板、胶、壁纸等。

④景观市政类：广场、道路面砖。

（2）成立限价组织机构

成立评审小组，负责人为建设单位成本控制部成员，其他小组成员从建设单位设计部、工程部、成本部、总承包单位、监理单位、造价咨询单位等抽调相关专业人员。

（3）制定限价流程、操作步骤

施工单位根据施工进度计划提前一个月将限价材料/设备采购计划报至建设单位工程部，工程部、设计部和监理单位确认，2d内转发至成本部。

协助建设单位成本部负责完成材料/设备限价询价（招标）文件，限价询价（招标）文件应包括项目概况、材料/设备规格型号、数量、技术要求、付款方式、材料/设备调差价方式等相关条款。

根据询价文件要求，总承包单位、建设单位各自寻找符合要求的潜在供应商。

供应商将样品、密封报价文件送至成本部（大宗样品留存图像文件）。

在报价截止时间由总承包单位、建设单位成本部及工程部当场拆封、评审。

建设单位成本部组织评审小组共同进行价格谈判，会签询价报告，上报《限价材料/设备审批表》由项目公司总经理批准。

建设单位出具《乙供材料/设备审定表》印发工程部，由工程部向施工单位、监理单位发出，完成限价单的发放。

如施工单位对品牌提出异议，则由工程部牵头进行协商；如施工单位对价格提出异议，则由成本部牵头进行协商。

在此期间，造价咨询单位协助成本部完成了询价、确价工作，并及时整理确价资料，把确价计入预算中实施把握对目标成本的影响，做到动态成本管理。该项目全过程形成材料/设备限价共计89个大类434个小分类，为后期类似项目提供了可靠的价格依据。

3.7 中期支付审核

根据合同约定，该项目总承包、分包单位的中期付款需由造价咨询单位审核。首先造价咨询单位根据项目实际情况制定了中期支付审核流程及审核报告文档模板。然后依据合同约定按期进行中期付款审核、确定等工作。自项目开工到结束，造价咨询单位负责的范围内无一项目出现超支、漏支等现象。该项目共计完成总承包、分包单位中期支付审核报告964份。

3.8 变更签证费用审核

该项目制定了严格的《设计变更管理办法》。设计变更执行多级审核，要经过二级及以上的审核。第一级为建设单位设计部、工程部、成本部；第二级为主管设计副总经理。通过施工合同的相关限定控制设计变更，实行严格的权限规定。设计变更实行归口管理，设计单位负责编制《设计变更通知单》；设计部负责编制《设计变更审批单》，负责发放《设计变更通知单》并负责除《设计变更确认单》外的其他设计变更表单的编号；工程部（监理单位）负责《设计变更确认单》的事实确认；成本部负责《设计变更确认单》的费用确认及编号。实行严格的时间限制，实行一单一算，严禁事后补办。

工程洽商签证实行分类管理，按照金额实行分类审批。该项目一类是5万元以内（项目总审批），一类是5万元以上（建设单位总部审批）。作为造价咨询单位，所有工程洽商签证根据安排及时去现场，能够现场计量的现场计量，不能现场计量的，复杂项目要留下现场记录及勘测印迹，回来后需要根据合同约定计算发生的金额，一般出具成果不超过3日，要及时出具成果提交成本部，并及时计入动态成本，计算对目标成本的影响。

3.9 合约规划

合约规划是指项目目标成本确定后，对项目全生命周期内发生的所有合同大类及金额进行预估是实现成本控制的基础。合约规划也可以理解为以预估合同的方式对目标成本的分级管理，将目标成本控制科目上的金额分解为具体的合同。合约规划涉及从招标投标到最终工程结算的整个规划，其最重要的特性是适用性。针对项目特点，造价咨询单位和建设单位经过几番反复、多版修改而最终形成了适合该项目的合约规划，详见图2。

3.10 绩效考核和团队激励

该项目团队经历了组建团队、齐心协作、共同战斗、完美收官几个阶段。期间项目团队成员在过程中遇到了很多问题和困难，大家不气馁，相互携手，一起面对。该项目造价咨询团队多次被评为优秀团队，被集团公司认可，同时也被建设单位所认可。团队各位成员在项目上付出了辛勤的汗水和泪水，当然付出总有收获，项目团队每一个成员也在这个项目中积累了丰富的经验，对个人工作成长经历也增添了亮丽的一笔。

在该项目上，结合集团公司的绩效考核办法，在团队激励中采用了责任状制度和工作量考核制度。

1.责任状制度

每年年初集团公司根据造价咨询合同、项目组成员情况与该项目团队签订责任状，对项目团队年度的应收款金额、年度费用目标、质量目标等制定相关目标，集团公司将针对这些目标进行考核，年底根据制定目标的完成情况，对项目团队以奖金形式给予奖励。

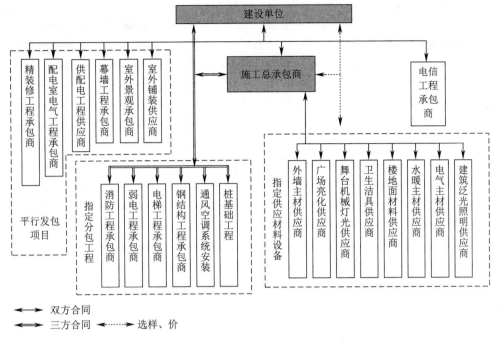

图 2 某市艺术中心项目合约结构图

2.工作量考核制度

结合项目全过程投资控制工作的特点和内容，造价咨询团队对各项工作进行了工作量标准的限定。原则是定量计算考核，根据完成的分项成果造价额、复杂程度、耗时、对接的对象数量等制定标准进行核算。下面给出项目团队考核的样表（截取一部分），见表1。

项目部绩效考核工作量标准样表　　　　　　　　　　　　　表1

工作内容	系数类别	系　　　　数				需提交的成果文件
		专业	土建		安装	
		标准工作量	2个工作量		2个工作量	
建安工程费中期付款审核	规模系数（单项造价额度）	1000万元以内	1	100万元以内	1	中期付款证书，机电部分设备价按20%
		5000万元以内	1.1	500万元以内	1.1	
		10000万元以内	1.2	1000万元以内	1.2	
		10000万元以上	1.3	1000万元以上	1.3	
	时间系数	3d	1	3d	1	
		每提前1d	加0.1	每提前1d	加0.1	
		每拖后1d	减0.1	每拖后1d	减0.1	

工作内容	系数类别	系 数				需提交的成果文件
工程建设其他费用中期付款审核		专业	土建		安装	审核报告
		标准工作量	1个工作量		1个工作量	
	时间系数	2d	1	2d	1	
		每提前1d	加0.1	每提前1d	加0.1	
		每拖后1d	减0.1	每拖后1d	减0.1	
材料设备询价		专业	土建		安装	出具询价报告、汇总各家询价表格
		标准工作量	1个工作量		1个工作量	
	询价单位数量	3家	1	3家	1	
		每加3家	1.1	每加3家	1.1	
	同类别不同型号的询价条目数量	10条以内	1	10条以内	1	
		每增加10条	加0.1	每增加10条	1.1	

3.11 风险管理

风险管理贯穿造价咨询服务的全过程，重视风险的识别、防范对于项目的进度、质量、费用的把控至关重要。风险应对措施见表2。

风险应对措施一览表　　　　　　　　　　　　　表2

序号	风险类型	风险事件内容	风险来源	应对措施	措施分类
1	进度风险	造价咨询单位人力资源不足、人员能力不足、考虑不足、协调不够导致工期拖延	组织	团队组建后项目经理加强沟通，及时调整人员及时间安排	预防
		建设单位提供的图纸材料不及时、不准确导致工期拖延	外部	与建设单位签订合同，明确发生此类事件的应对合同条款	预防
		建设单位与造价咨询单位对接人员变动，导致工期拖延	外部	与建设单位签订合同，明确发生此类事件的应对合同条款	预防
2	质量风险	清单特征不清、工程量误差大	技术	及时加强阶段审核和最终审核	减少
		询价不准确	技术	建立内部考核制度	减少
		建设单位提供的资料不清晰、不准确	外部	与建设单位签订合同，明确发生此类事件的应对合同条款	预防
3	费用风险	人员工资上涨、成本上涨、费用超支	组织	制定费用计划时，预先考虑此类风险	自留
		建设单位资金不按时到位	外部	与建设单位签订合同，明确发生此类事件的应对合同条款	预防

序号	风险类型	风险事件内容	风险来源	应对措施	措施分类
4	人力风险	项目组成员任用不当	组织	在进行人员任用时，从人员能力、经验、责任心、未来发展规划等多个方面综合考虑	预防
		人员调岗、离职、入职、休假等变动	项目管理	与人员签订劳动合同，明确劳务合同条款	预防
5	安全风险	驻施工现场人员安全风险	外部	对进场人员进行安全知识培训、需经考核合格后进场	预防
				为进场人员配备安全设施	减轻
				为进场人员购买保险	转移
6	财务风险	咨询费不能及时回收	外部	按照合同付款节点提前请款	预防

4 服务的实践成效

对总承包、分包单位进行投资控制的成果见表3。

某艺术中心项目投资控制成果 表3

序号	项目名称	限价（万元）	暂列金额（万元）
1	施工总承包	44936	7500
2	屋面钢结构工程	6076	300
3	桩基础工程	3107	0
4	通风及空调系统安装工程	3204	300
5	消防工程	2461	200
6	精装修工程（大剧院、图书馆）	9892	500
7	室外铺装工程	6507	300
8	室外绿化工程	2241	100
9	建筑泛光照明	508	50
10	广场亮化	896	50
11	电梯工程	1195	
12	幕墙工程	13889	
13	高低压配电设备、变压器及外线路工程	2444	
14	舞台机械	4637	
15	舞台灯光	1589	

序号	项目名称	限价（万元）	暂列金额（万元）
16	舞台音响	1551	
17	冷水机组	368	
18	空调处理机组	443	
19	冷却塔	44	
20	多联机	220	

该项目原概算是按照《某省建筑工程概算定额》（2005年版）和《某省建设项目概算其他费用定额》（2004年版）编制的，信息价格采用2008年6期某市造价信息。工程自2009年9月开工，至2012年竣工，时间跨度4年，材料、设备、人工费涨幅较大，以及政策性调整、地质条件发生变化，概算价总体来看明显偏低，满足不了实际工程建设所需，特别是幕墙工程、精装修工程、变配电工程、室外广场铺装、绿化、亮化等工程项目，按照深化设计图纸编制的清单限价及实际招标中标价大大超出概算投资，而建设规模和建设标准按批复的初步设计文件未做过调整。对于项目超概算问题，市财政局根据市领导要求，派专人对工程超概算问题进行了现场调研，但没有形成最终意见。

2011年9月，核心工程项目组对初步设计文件及深化施工图纸进行了分析比较，并着手编制调整概算文件。期间组织省发展和改革委员会专家库专家对调整概算文件进行了初步审查，又组织市发展和改革委员会、财政局、审计局、纪委监察局、规划局、文广新局等部门，专门召开了调整概算问题座谈会，会上形成的意见是：同意调整概算，调整的项目要科学分类处理，并按程序上报审批。同时，鉴于项目工程浩大、工期紧，为确保实现建设目标，可边进行调整概算边组织工程推进。

4.1 概算调整原因分析

由于建设时间跨度长，市场材料设备及人工费价格上涨、政策性调整、地质条件发生重大变化等原因导致原概算不能满足工程建设实际需要。具体原因归纳如下：

（1）主体结构：原概算额为17148万元；调整后概算额为26947万元。概算额增加的主要原因为：①由于该工程是综合性文化艺术类建筑物，造型独特，结构复杂，按常规建筑的定额项目估算，造成钢筋含量及措施费用明显不足。一是钢筋含量预估不足，施工图纸钢筋含量与初步设计概算差距1851万元；二是混凝土工程量不足，施工图纸混凝土含量与初步设计概算差距850万元。②在施工过程中施工方案增加措施钢筋（如马凳筋、垫铁、贴模箍、梯子筋）调增761万元。③设计图纸变更，钢筋调增709万元。④物价上涨，钢筋价格调增1369万元、混凝土价格调增545万元。⑤设计变更防火封堵约26万元。⑥由于该项目建筑结构形式复杂，超高大空间，脚手架在搭设上增加高大空间作业安全措施，高大空间支撑模板的使用也相应增加了人工成本及人工安全费用，该费用调增1000

万元。

（2）钢结构工程：原概算15055万元（含主体钢结构及屋面钢结构），中标价为主体钢结构5468.4万元、屋面钢结构5235.6万元。设计变更及增加项目共增加费用2010万元，该部分调整后的概算金额为12714万元。降低概算2341万元，原因为：优化设计减少用钢量及概算误差。

（3）桩基础及施工降水：原概算4845万元，调整后概算3171万元，调减概算金额1673万元，该部分目前已经由市建设工程造价站审核完成，审定金额为3171万元。

（4）外幕墙装修：原概算9032万元，中标价13889万元，设计变更2200万元，调整后概算16089万元，调增概算7057万元。主要原因：受物价上涨因素影响较大，并且该建筑在外部造型上采用曲线形式，导致施工难度增加，设计所用材料市场局限性较大，非标产品需要特殊加工，从而造成材料费用增加。

（5）室内普通装修：原概算8743万元，调整后概算3979万元，调减4764万元。主要原因：由于招标时界面划分与概算划分有区别，花岗石石材部分由普通装修划入精装修范围，调减2792万元；另外，部分房间根据功能需要由普通内装修做法调整至精装修，调减1972万元。

（6）室内精装修：原概算4159万元，中标价9450.63万元（不含卫生洁具、博物馆及规划馆精装修），卫生洁具暂估费用214万元，调整后概算10445万元，调增概算6286万元。其中博物馆及规划馆精装修按照原概算为789万元不调整。主要原因：初步设计阶段精装修只是概念性的意见，深度不够，材料品质不明，估算投资只相当于普通装修费用。作为城市地标性文化建筑，精装修应具有一定的文化品位、装修档次和独特风格。精装修工程本身材料价格及人工费普遍较高。

（7）排水雨水系统：原概算329万元，调整后概算534万元，调增概算205万元。主要原因：①设计变更排水管雨水管材质变化，调增概算105万元，由于管材变化致使相应管材支架、保温调增分别为7万元和14万元。②物价上涨，水泵等设备价格调增79万元。

（8）供暖系统：原概算123万元，调整后概算307万元，调增概算184万元。主要原因：①物价上涨，聚苯乙烯板材料价格调增9万元。②设计增项，增加换热站及管线调增175万元。

（9）通风空调系统：原概算4845万元，中标价4228万元，变更增加约1000万元，调整后概算5228万元，调增概算金额383万元。主要原因：①物价上涨，风口、阀门、镀锌钢板、设备调增概算153万元。②设计变更增加风管、消声器等约230万元。

（10）消防系统：原概算1998万元，调整后概算2396万元，调增概算398万元。主要原因：①物价上涨，消防喷嘴、报警线、管材等调增概算278万元。②设计增项，高压细水雾泵组调增概算120万元。

（11）变配电系统：原概算1562万元，调整后概算2443万元，调增概算881万元。经与市供电公司共同招标，确定中标价格，调整概算额为合同额。

（12）动力照明系统：原概算2447万元，调整后概算5661万元，调增概算3214万元。

主要原因：物价上涨，尤其是国际市场铜价格的上涨，电线、电缆的价格上浮比例较大，电线调整277万元，电缆调增2090万元，管材、桥架、灯具等调增592万元。

（13）弱电系统：原概算2640万元，中标价为2778万元，调增概算138万元。主要原因：物价上涨，管材、设备等调增概算138万元。

（14）舞台设备：原概算10345万元，调整后概算8126万元，调减概算金额2219万元。经公开招标，舞台机械、舞台灯光、舞台音响中标价总额为8126万元。

（15）室外广场铺装：原概算2462（含园路）万元，不含园路的中标价为6234万元，园路中标价为768万元，调增概算4540万元。主要原因：①室外广场铺装概算组价时按广场砖计算，现施工图按花岗石施工，此部分相比原概算调增3448万元。②园路部分由于物价上涨，园路工程变更调增409万元。③人工湖，花岗石石材铺装调增683万元。

（16）室外绿化及城市花园部分：原概算569万元，调整后概算1339万元（不含园路768万元），调增概算770万元。主要原因：初步设计阶段室外绿化工程只按普通绿地估算，概算额（估算价）偏低。①作为某市地标性文化建筑，绿化面积、苗木品种及规格均要达到一定的绿化效果，调增482万元。②绿化喷灌系统设计增项，调增288万元。

（17）建筑泛光照明、室外广场景观照明：原概算分别为200万元和250万元，中标价分别为477万元和844万元，调增分别为277万元和594万元。主要原因：物价上涨因素，作为地标性建筑，建筑夜景亮化作为建筑物重要的表现手段，应能够充分展示建筑效果，以提升整个城市夜生活品质。

（18）工程建设其他费用：原概算13340万元，调整后概算14911万元，调增1571万元。主要原因：国家政策性调整及建设单位必须支出的费用，如桩基检测费、检验试验费、工程投资控制费、结算审查费等。

（19）预备费：原概算5243万元，调整后概算2360万元，调减2883万元。主要原因：工程已经开始实施，部分工程已经施工完毕，对施工完成部分不再计取预备费，正在实施的部位考虑2%预备费，未实施的按5%预备费计入。

（20）人工费调整：根据《河北省住房和城乡建设厅 河北省发展和改革委员会关于调整现行建设工程计价依据中综合用工单价的通知》（冀建质〔2010〕553号）（以下简称〔2010〕553号文件）规定，人工费调增693万元。

4.2 概算调整原则

（1）已实施的工程项目按照已经发生的费用据实计入，未招标实施的按概算额度计入。

（2）材料价格：依据工程施工期间各期《工程建设造价信息》。

（3）工程建设其他费用：已发生的据实计入，未发生的或实施过程中的项目按相关文件规定标准计入。

（4）图书馆内书架、阅览桌椅、办公设备、数字图书馆设备等现按原概算投资计入，开馆前，由使用单位根据需要另行上报审批。

（5）基本预备费计入原则：已经实施完成的项目不再计算预备费，招标完成正在实施项目按照合同金额的2%计入，工程未招标部分按概算造价的5%计入。

4.3 其他问题

（1）人工费调整问题：按照2011年1月1日施行的河北省〔2010〕553号文件规定，整体工程调增人工费额度693万元。当前，人工费市场价格与定额单价倒挂比较严重，但因为没有政策性调整文件，所以调改文件未按市场信息人工价格调整。目前某省造价管理部门在酝酿新的"关于人工单价调整"的文件，预计短时间内就会正式颁布实施。因此人工费待另有相应政策文件调整时再作调整。

（2）根据2011年12月20日和12月31日两次召开的文化艺术中心功能调整专题会议精神，该项目由原来的"一院三馆"改为"一院一馆两中心"，实施"两改一缩减"，即博物馆改为文化展览中心、规划馆改为文化娱乐中心，缩减约10000m²的图书馆面积纳入规划馆，并由文化局牵头进行此项调整的策划、实施工作。原概算中规划馆、博物馆展陈装修、标识系统、特殊安防及报警的概算额分别为1190万元、4879万元。2012年2月7日，市政府专题会议研究确定，文化艺术中心文化展示中心、文化娱乐中心，由市文广新局负责确定精装规划设计、工程招标投标、组织实施及编制工程概算，另报市政府审批。故此次调整不含该部分内容。

（3）该工程施工合同中已经按照"鲁班奖"的质量标准要求写入合同约定，工程实际实施也是按照"鲁班奖"的标准组织实施。根据《关于建设工程实施"优质优价"的通知》（冀建质〔2011〕756号）中"采用优质工程等次与建安工程造价、监理费用挂钩的办法，对施工企业及监理企业成本予以适当补偿奖励"。其中："获得国家级优质工程奖，建设单位按工程造价的3%～3.5%给予施工企业补偿奖励，按监理总费用的4%～4.5%给予监理企业补偿奖励"及"建设项目支出的补偿奖励资金，其费用列入工程总概算；已开工的项目追加总概算"的规定，该优质优价的补偿奖励亦应考虑进本次概算调整中，金额约为4100万元。此次概算调整金额中也不包含该部分的调整额。

4.4 概算调整结果

调整后项目总概算为139881万元，原批复概算116675万元，较原概算增加23206万元，调增幅度19.89%。其中：政策性调整占总调整比例的0.59%；物价上涨调整占总调整比例的10.66%；设计变更调整占总调整比例的5.19%；其他调整占总调整比例的3.45%。

某园林博览会 PPP 项目施工阶段造价咨询服务

刘敏，陈慧敏，杨玉浩，曹永铁，黄哲（河北秋实工程咨询有限公司）

1 项目基本概况

1.1 基本信息

某园林博览会 PPP 项目占地面积 4300 亩，是一个集园林艺术、文化景观、生态休闲、科普教育于一体的大型公益性城市公园。采用 PPP+EPC 建设模式，由项目所在地政府发起，某市旅游发展公司作为政府方出资代表，项目公司为某园林建设有限公司，总投资约 32.65 亿元，其中建安工程投资约 23.76 亿元，项目开工日期为 2018 年 6 月 5 日，竣工日期为 2019 年 8 月 28 日。

政府成立该项目筹委会，审计监督小组由财政、审计、纪委、建设单位等部门人员组成。经公开招标河北秋实工程咨询有限公司承接该项目施工阶段造价咨询服务。

1.2 项目特点

1.项目概况

咨询项目位于中心城区的边沿、采煤塌陷区，利用原采煤作业形成塌陷的地势，再造山水之境，重塑城市风貌。园区布局为"一核、两岸、五区、多园"，"一核"即以人文山水为核心，"两岸"即活力右岸展现多样城市滨水景观，生态左岸展现纯粹的花海山林风貌，"五区"即燕赵风韵区、城市花园区、创意生活区、怀古区、山水核心区，"多园"共有 13 个城市展园。

2.建设内容和规模

建设内容包括：土方基础工程，园林博览馆等基础建筑、山水林居等古典建筑，以及园林绿化景观工程等，五大展园面积约 17.8 万 m²，建筑物工程面积约 8.7 万 m²，园区停车场工程面积约 1.74 万 m²，道路硬化工程面积约 22.8 万 m²，水体工程面积约 115 万 m²，绿化工程面积约 121.7 万 m²。

分项工程主要包括：土方挖填平衡，闸站、桥梁，道路及广场硬质铺装，现代建筑，古典建筑，水体工程，绿化工程，亲水栈道、木挑桥，硬质、景石驳岸，小品、廊架、景亭、景石、标识标牌、主题雕塑、情景雕塑，园区给水、排水、喷灌、电力等配套管网，大型水秀、光影秀、水体净化、布展、科技创新、儿童乐园、智慧园博等。见图1~图3。

图 1　项目效果图

图 2　主展馆效果图

图 3　古典建筑效果图

2 咨询服务范围及组织模式

2.1 咨询服务的业务范围

该项目造价咨询单位经公开招标确定，按照咨询服务合同约定，服务范围为施工阶段造价咨询服务，主要内容包括：

（1）工程施工期间，结合项目进度派驻不同的专业人员驻场，参加工地例会和技术协调会，以及与投资控制相关的会议。

（2）协助制定投资控制管理制度、工作流程。

（3）定期向筹委会审计监督小组汇报项目进展中影响投资的事项，提交跟踪服务工作建议。

（4）根据PPP合同中有关的计量周期、合同价款支付等约定，进行工程计量与工程进度款审核，并建立相应的工程计量台账。

（5）设计变更、工程签证的合法性、合规性、合理性、必要性、可行性、有效性、经济性评价及价格调整审核。

（6）协助处理工程索赔。审核索赔事项的时效性、程序的有效性，索赔理由的真实性和正当性，索赔资料、相关手续的全面性和完整性，索赔依据的关联性，索赔数据的准确性。

（7）材料设备价格询价与核价。对工程使用主要材料、设备进行市场调查、询价、核价，出具相应的市场调查报告、询价意见，特殊材料编制专家论证方案。

（8）配合政府审计机关对工程竣工结算审计。

2.2 咨询服务的组织模式

1.项目管理组织架构

为加快推进该项目建设工作，某市委、市政府办公室联合发文批准成立园林博览会筹委会及各工作组，由政府办公室、财政、审计、规划、住房和城乡建设、城市管理、国土资源、建设单位等人员构成，划分综合协调组、前期手续组、工程建管组、审计监督组、展会活动组、宣传工作组，明确各组工作职责。审计监督组下设认质认价小组，对造价咨询单位的服务进行全程监督、管理。

项目管理组织架构如图4所示。

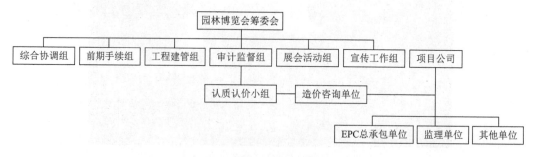

图4 项目管理组织架构

2.咨询机构内部组织架构

河北秋实工程咨询有限公司承接业务后，以总经理统领，副总经理担任项目技术负责人，按照"以投资控制为重点"服务思路，在咨询服务过程中，重视项目前期策划，充分考虑项目特点、实际情况组建项目部、组织结构，制定对应的岗位职责。

（1）项目部人员构成

针对该项目工期短、投资金额大、功能全面、涉及专业较多，公司安排具备注册一级造价工程师、咨询工程师（投资）、注册一级建造师、监理工程师等资格、相关专业执业经验丰富的人员组成项目部，并结合工程进展和现场咨询服务工作的需要，随时调整、增加跟踪驻场、后台专业人员，确保咨询服务工作时效、质量，见表1。

项目部人员构成表　　　　　　　　　　　　　　　　　　　表1

序号	拟任岗位	人数	执业资格、职称或专业
1	项目负责人	1	注册一级造价工程师、咨询工程师（投资），高级工程师
2	技术负责人	1	注册一级造价工程师、咨询工程师（投资），高级工程师
3	跟踪驻场人员	13	土建、装饰、安装、市政、园林等专业注册一级造价工程师、注册一级建造师9人，材料、设备咨询工程师3人，资料员1人
4	后台专业人员	10	各专业工程师6人，信息化管理3人，档案管理1人

（2）项目部组织机构

在职能分工上以项目负责人为统领，分为外业跟踪驻场咨询服务人员、内业公司后台各专业配合咨询服务人员，下设土建装修专业组、安装专业组、市政园林专业组、询价认价专业组、档案资料管理组、综合组等，形成项目前沿由项目团队现场跟踪实施，公司后台团队全方位业务支持和管理，如图5所示。

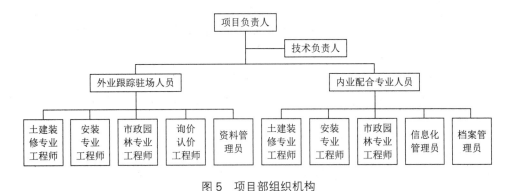

图5　项目部组织机构

2.3　咨询服务工作职责

1.项目负责人职责

项目负责人是本次咨询服务的最高管理者，负责项目的全面工作，代表公司履行咨询服务合同义务，全权处理一切事务，负责对内、对外沟通、协调和处理工程相关事宜，解决咨询服务过程中的技术问题，签署咨询服务成果文件。

项目负责人的主要工作包括：

（1）签订委托合同，商定咨询服务范围、原则、质量及时限要求等。

（2）编制实施方案，分析项目服务风险，组建项目组，编制人员计划，对进度计划及人员安排进行调整或修改。

（3）按照公司业务操作、信息化系统控制流程管控业务，对分派项目工作目标的实现和质量负全面责任。

（4）全面组织项目的实施，动态掌握业务实施状况，根据咨询服务项目状况，建立项目管理模式、职责分工，进行现场管理、非现场管理的协调，协调业务中各子项、各专业进度及技术关系。

（5）负责监督、检查项目组内业、外业人员的工作，研究解决存在的问题，重大疑难问题及时与技术负责人沟通。

2. 技术负责人职责

（1）对咨询服务业务人员的岗位职责、业务质量的控制程序、方法、手段等进行监督管理，对出具的成果文件质量进行全面复核把关。

（2）监督咨询项目组遵守公司管理制度，政府和行业主管部门有关工程造价咨询的法规、规范、标准和指导规程。

（3）审定咨询服务实施方案、实施条件、服务原则。

（4）指导项目负责人运行企业质量保证体系，贯彻落实质量控制制度，保证咨询成果技术可靠、数据准确、结论科学和公正。

（5）复核咨询服务成果文件，主持项目咨询活动中重大技术和质量问题的研究和分析，提出解决方案。

3. 现场跟踪人员职责

（1）按咨询服务合同约定及公司管理要求，对其负责的各子项、各专业技术条件进行分析，负责技术协调、组织管理、质量控制。

（2）根据咨询服务实施方案，有权对各专业交底工作进行调整或修改。

（3）动态掌握各专业实施状况，负责审查及确定各专业界面，协调各子项各专业进度及技术关系，研究解决存在的问题。

（4）将项目进展中存在的问题、需同有关方沟通事项，及时上报、审批。

（5）采取分析论证、重点抽查、全面复核等方式对各阶段成果进行校核，确保跟踪服务过程资料合规、合理、有效，成果资料正确、完整。

（6）建立跟踪服务业务档案。

4. 专业工程师职责

（1）遵守行业标准和准则，对所承担的专业工作质量和进度负责。

（2）负责本专业的业务实施和质量管理，指导和协调咨询专业助理人员工作。

（3）在项目负责人的领导下，组织本专业咨询人员参与咨询服务工作，拟定咨询服务实施细则、执行作业计划，核查资料使用、咨询服务原则、计价依据、计算公式、软件使用等是否正确。

（4）动态掌握本专业咨询服务业务实施状况，协调并研究解决存在的问题。

（5）检查咨询服务成果质量是否符合规定，负责审核和签发本专业的成果文件。

（6）编写本专业的咨询服务成果文件、说明和目录等。

5.询价认价工程师职责

（1）编制询价、认价工作实施细则。根据项目需要提供材料、设备询价服务。

（2）收集设计图纸和施工过程中的材料技术参数，提前联系生产厂家或经销商进行价格摸底。

（3）督促总承包单位上报材料认价计划，核实报审材料规格参数是否与现场一致。

（4）建立询价、认价工作台账。

（5）按照认价管理办法规定的流程和时间，对材料、设备进行询价，提交市场调查报告或询价报告，认价。

3　咨询服务运作过程

咨询服务运作过程主要基于各参建单位、监督管理部门、造价咨询单位的工作协同，通过建立控制流程、信息及时传递和共享，实现项目运作投资控制目标投资价值最大化，施工质量达到申报省级、国家级奖励标准。

3.1　制定咨询服务实施方案

为保质保量、按时完成委托项目，项目负责人在充分搜集、掌握项目基本情况、资料后，认真分析咨询服务的重点、难点、风险事项，制定切实可行的造价咨询服务实施方案，包括：咨询业务概况、技术要求、咨询依据、咨询原则、方式、方法，质量控制措施，总体进度计划、分项进度计划控制措施，专业分工、项目组人员配置，内外部沟通、联络、汇报机制等。实施方案经技术负责人审定后在项目部进行交底。

3.2　建立咨询服务控制流程

该项目参与监督、管理部门众多，为提高项目审批、工作效率，造价咨询

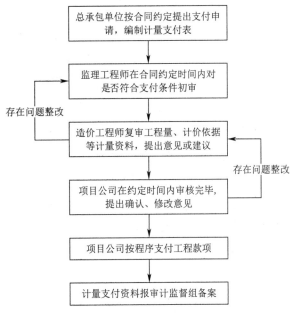

图 6　进度款支付审批控制流程图

单位协助制定各项投资管理、控制流程，规范并保障项目顺利实施。参考格式见图6、图7。

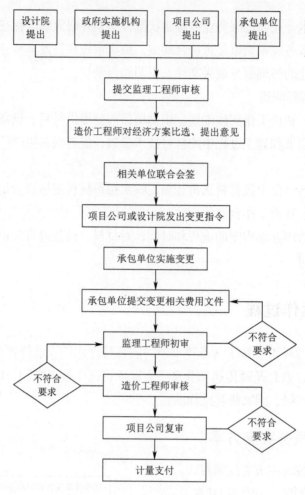

图 7 工程变更审批控制流程图

3.3 工程进度款审核措施及典型实例

该项目PPP合同价款确定方式为依据项目所在省约定版本的建筑、安装、市政、园林绿化等相关定额计价，特殊材料设备、稀有、珍贵苗木、雕塑、小品等价格执行认证价，并考虑社会资本方投标报价让利率。单体工程多，建设功能涉及展园、展馆、停车、服务、休闲、游览、观光等各种功能，兼顾生态园、文化园多项功能，结构类型多样（砖混结构、木结构、装配式钢结构、钢筋混凝土框架结构等），专业类型涉及仿古、文化布展、市政、园林、水利、桥梁等，内容复杂。因此进度款审核需依据完工进度详细计量，材料设备价格认定与进度有效匹配，使用量较大、价格较高的材料设备价格准确性对进度款认定影响较大。

1.计量统计方式创新

在每月的工程量计量、进度款审核中采用传统计量方式，既要复核现场实际情况，又要计算单体工程完成的工程量，工作量会很大，极易造成跟踪服务工作滞后，无法实现控制目标。采取多种方式确认工程进度完成情况，提高批复效率。

该项目建设工期短，建设面积大，建设内容多，对进度款的审核批复要求急，有针对性地制定审批程序、缩短审批时间是跟踪控制的关键目标。一是建立分片区审核小组，合理分工合作，各小组分别对范围内的项目提前进行工程量计算和计价。二是造价咨询单位联合建设单位、监理单位、施工单位共同勘验已完工进度，并出具节点现场勘验记录，四方签字，避免流程作业总体工作时间延长。

案例1：植物数量计量。针对工作量最繁琐的绿化工程800多个植物品种、万余株乔灌木、近百万平方米土地被等短时间很难清点核实，采取无人机空中清点总数量、名贵品种重点现场核实的方案。对分布广泛的照树灯、草坪灯等，采取查询配电箱电缆路数，实行夜间"打开一回路清点一回路"的工作思路。

案例2：景石重量确认。该项目设计景石驳岸、假山、景观置石等，品种有千层石、精品千层石、太湖石、黄石、草坪石、大卵石等，图纸采用效果和示意方式，实际重量需过程跟踪确认，否则后期无法核实工程量。跟踪服务专业工程师制定景石称重实施细则，监理单位、总承包单位、造价咨询单位组成计量小组，现场监督地磅站称重，建立景石称重台账，累计称重3400余次，认证景石重量12万余吨，称重凭条各方签署、一式四份，分别保管，最终以磅单汇总数据作为计量、计价依据。

2. 引入全流程信息化管理手段

河北秋实工程咨询有限公司实现ECMS全流程信息化管理系统（图8），对咨询服务项目实施各阶段通过管理软件对大量数据进行实时汇总、统计、分析，提前分解各项工作，在每月的工程计量、审核时能够快速、高效地将各项数据对接。

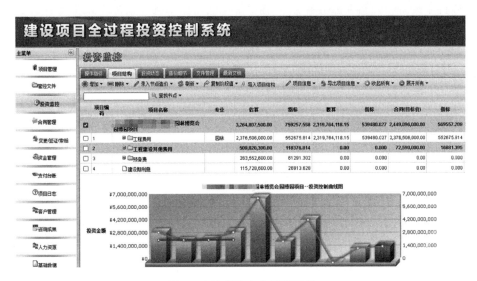

图8　全流程信息化管理系统

3. 加强关联数据的审核

工程进度款支付审核要严格进行计量和付款控制，核实各专业组之间是否存在重计、多计、漏算及计算错误，做到及时、准确，保证项目顺利实施。

4.现场勘验与设计数据的对比分析

驻场专业组人员通过现场勘验核实现场实际工程做法与设计图纸是否一致，或未按图纸内容施工，施工方案、施工工艺、施工机械、安全文明设施投入等措施是否存在超标准、不合理投入，是否存在变相增加投资费用情况。

案例3：钢结构防火涂料涂刷厚度与设计图纸不同的审查。第七期进度款审批，图纸设计"所有钢柱包覆50mm厚涂型防火涂料，吊顶内钢梁采用包覆30mm厚涂型防火涂料"，现场核实钢柱防火涂料30mm厚，钢梁15mm厚，工程量4.9万m^2，报审金额1392.23万元，审减金额623.86万元。

5.分项工程执行定额子目的审查

核查实体性项目工程套项是否准确，措施性项目是否根据施工进度分摊计取，工程量录入及单价、总价是否准确。

6.规费、税金等执行标准文件的审查

取费类别及费率是否与计价规范、定额标准、工程所属类别等一致，规费、安全文明施工费、税金、政策性调整及材料设备价格确认及差价计算是否符合要求。

7.合理选择暂估价

案例4：价格确认进度无法与进度款审批衔接。对工程设计选用的大型水秀、光影秀、布展、科技创新、儿童乐园、智慧园博、特殊、新型材料、雕塑等，市场价格竞争不充分，认价结果短时间内无法同发包人、项目公司、总承包单位达成一致意见的，结合工程进度在不同计量周期中按暂估价计入。

如某部位设计采用黑金砂石材品种，黑金砂石材分为进口和国产，二者价格差异巨大，由监理工程师进行施工现场采样，确定选用国产黑金砂石材即可实现设计效果，同时节约工程投资，在进度款批复中对其价格进行了合理暂估。

3.4 工程变更、现场签证过程控制及典型实例

河北秋实工程咨询有限公司在过程控制中建立估算、概算、合同价款、预算、进度款动态投资控制体系，定期对投资变动情况进行分析，发现偏离投资控制严重事项，及时提出纠偏措施、整改建议，有效控制工程总投资。

（1）对影响投资变更签证做到事前控制，发生变更时现场跟踪人员首先分析其合规性、合理性、必要性、经济性。

（2）通过审查变更签证发生实质原因、资料完整性、一致性分析，审核变更事项与原设计图纸、审图修改意见、会审纪要等资料是否重复或矛盾，变更是否引起其他相应费用调整等，保证变更真实、有效。

（3）各专业工程师按照专业分工对不同材料、数量与施工图、设计变更单及工程现场实物逐一对照核查，通过现场测量、取证、拍照等方式，做好跟踪工作记录，作为变更签证计价和结算的依据。

（4）特别是对隐蔽工程部分可能发生的索赔事件做到实时跟踪记录。

（5）咨询服务中将有关资料形成必要的工作底稿，便于复核审查和存档。

案例5：设计图纸技术参数合理性审核。协同监理工程师结合实际情况、设计图纸技术参数，提出设计优化建议。如某平台铺装使用陶瓷花岗石，图纸原设计为40～80mm厚，提前与生产厂家联系，陶瓷花岗石为再造石材，生产厚度一般为18～20mm厚，将完善建议及时向建设单位反馈，变更材料技术规格。

案例6：止水帷幕淤泥工程量确定。主展馆止水帷幕施工采用高压旋喷桩施工，旋喷桩施工产生的大量淤泥需要外运，图纸设计为暂估数量约15000m³。造价咨询单位驻场人员根据现场情况、实地跟踪测量，确认工程量为9500m³，节约投资约23.5万元。

3.5 材料设备询价、认价控制

项目采用PPP+EPC项目运作模式，合同价款采用定额计价方式，没有工程量清单报价单、承包单位对材料设备的报价，设计选用了大量新材料、新技术、新工艺，对材料设备的询价、认价工作量、质量标准远高于一般项目，也是本次咨询服务工作的重点、难点和关键工作。按专业划分需认价的主要材料设备见表2。

按专业划分需认价的主要材料设备　　　　　　　　表2

序号	分类	材料设备主要品种
1	建筑主体	钢筋、混凝土、砌体、保温、防水等
2	建筑装饰装修	大理石、铝单板、地板砖、墙砖、吊顶、门窗、幕墙、油漆涂料、金属屋面板、外墙再造石板等
3	建筑安装	管材、阀门、灯具、洁具
4	道路、广场硬化铺装	花岗石、沥青混凝土、路沿石、汉白玉、便道砖等
5	景观、小品	景石、廊架、栈道、雕塑等
6	绿化	乔木、灌木、花卉、地被、水生植物等
7	智能化	水秀、水景、光影秀、智慧系统等
8	其他	儿童乐园、水净化、布展

1.合理分工，安排执业经验丰富的人员

为做好询价、认价工作，成立询价认价专业小组，安排业务素质高、经验丰富的人员，明确岗位职责，建立材料设备询价、认价台账及工作日志记录。驻场专业工程师结合每期的工程计量对各期使用的材料、设备进行详细计量、分析、汇总，统计各种材料的使用数量，记录各种材料的实际使用时间。询价认价工程师按照控制流程，结合专业工程师提供的资料开展工作。

2.制定询价认价控制与管理办法

咨询服务项目部人员牵头制定询价认价控制与管理办法，多次征求发包人、项目公司、设计院、监理单位等的意见，经园林博览会筹委会办公室批准，将管理办法下发至相关单位执行。主要内容为：

（1）认质认价组成员。由审计、财政、纪检、发包人、项目公司、设计院、监理单位、咨询服务机构人员构成，市审计局牵头组织。

（2）内部控制程序。规范设计标准，坚持采用通用标准原则，避免特殊设计标准；新增设计内容、变更事项等由设计院报发包人初审，园林博览会筹委会办公室研究确定；其他特殊例外事项按照一事一议原则集体研究确定。

（3）材料、设备、苗木认质认价的控制与管理。划分为通用、非通用、特殊技术要求的不同类别进行管控，详见表3。

材料、设备分类 表3

序号	分类	包 括 类 别
1	通用材料	钢筋、钢管、钢板等钢材；混凝土、沥青混凝土、沥青、水泥、砂石料、砖、加气块；花岗石、大理石、路沿石、地板砖、内外墙砖、草坪砖、便道砖、透水砖、环保砖、仿古瓦；门窗、幕墙材料，普通栏杆材料；给水排水、暖通管材，防水材料，保温材料、卫生洁具；灯具、电线、电力、控制箱、开关、插座
2	通用设备	变压器、泵，照明、电力设备，监控、广播、智能化、水处理设备、暖通设备、充电桩
3	非通用材料、设备	景石、置石、廊架、亭子、景墙、成品桌凳、垃圾箱，宣传栏；非通用石材、雕刻石材、仿建材料、门窗和幕墙材料、创意布展等；雕刻等装饰、仿古栏杆材料；定制栈桥、栈道材料
4	通用苗木	一般规格及要求的乔灌木、花卉、草坪
5	特殊技术要求的材料、设备	专门创意的水秀设备、灯具、音响、雕塑、小品；造型油松、造型紫薇、造型卫矛、桂花等特殊规格、技术要求的乔木、灌木，特选苗木、盆景等

（4）采购计划的申报、审批。按照管理办法，在各种材料、设备安装前至少提前2个月由总承包单位提出采购计划、认价办法，见表4。

材料、设备、苗木采购计划表 表4

序号	名称	使用部位	单位	数量	规格、技术参数等	预计安装时间	拟选用品牌、厂家	拟采购价格	价格确定方式	备注
1										
2										
3										

（5）通用材料、设备价格确定。规格、技术参数、标准要求等与工程所在省、市颁发的《建设工程造价动态》有完全相同的，首先执行市价格信息，其次执行省价格信息。

省、市《建设工程造价动态》没有相同价格的：数量较大、单价较高、市场竞争较充分的，通过招标、政府采购程序，分类、分批次确定其价格。数量较小、单价较低、市场竞争不充分的，经发包人、监理单位、造价咨询单位审核后，由认质认价小组通过市场考察、询价、比价、认价确定。

（6）非通用的材料、设备及通用苗木。能够形成充分市场竞争的，通过招标、政府采购程序，分类、分批次确定其价格。不能形成有效竞争、供应商有限的，经发包人、监理单位、造价咨询单位审核后，由认质认价小组通过市场考察、询价、比价、认价确定。仿古材料在其采购地区域有相关政府行业主管部门公布的材料信息价的，参考采购地区域内公布的价格信息作为认价依据。非通用材料、设备认价控制流程范例见图9。

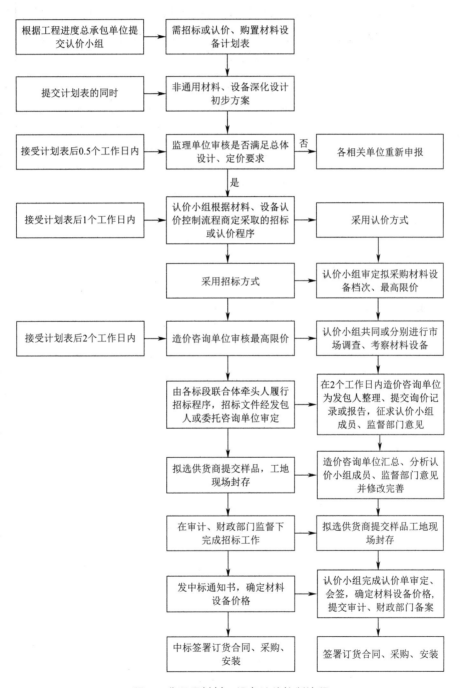

图 9 非通用材料、设备认价控制流程

（7）特殊技术要求的材料、设备、苗木。

市场上有可对比参照的类似价格，经发包人、监理单位、造价咨询单位审核后，由认质认价组综合分析后确定。

市场上没有可对比参照的材料、设备、苗木等，由总承包单位提出申请，报发包人同意，经认质认价小组核实后，总承包单位安排各标段承包单位直接采购，提供三流合一（购买合同、合法发票、资金支付凭证一致）资料作为认价依据。

（8）认价程序无法落实或没有执行的特殊情况。询价、认价过程中各方意见分歧较大、无法达成一致意见等特殊情况，在不影响工程施工进度的情况下，另行协商定价方式。

（9）形成询价、认价联合审查表，见图10。

工程名称		时间	
询价方式			
询价参加人员：			
询价记录： 1.材料（设备）名称： 2.生产厂家： 3.供应商： 4.供应方式及供应单价： 5.材料规格、品种、质地、颜色、等级： 6.单价包括内容： 7.拟购数量： 8.供应商报价、付款条件、优惠政策： 9.附件资料：			
总承包单位或联合体牵头单位（章）： 项目经理： 日期： 年 月 日			
监理单位意见： 监理工程师： 监理单位（章）： 日期： 年 月 日			
造价咨询单位意见： 造价工程师： 咨询单位（章）： 日期： 年 月 日			
建设单位意见： 现场负责人： 建设单位（章）： 日期： 年 月 日			

图 10 联合审查意见表

3.区分不同材料类别采用不同的认价、定价方法

依据询价认价控制与管理办法，结合项目特点，区分不同材料类别采用不同的认价、定价方法。实施过程中因工期紧、材料需求量大，未采取招标方式定价。

（1）材料价格信息定价。本地常用材料钢筋、混凝土、水泥、砂石料、砖、加气块、防水、保温材料、水暖管材、电线等依据施工期间本地信息价定价。不锈钢板、卫生间隔断、地毯、防火涂料、氟碳漆、矿棉板等本地信息价没有的，依据施工期间当地省信息价定价。

（2）采购地信息价定价。该项目古典建筑采用苏州园林风格，白墙黑瓦徽派木结构，主要材料从苏州市采购，屋面小青瓦、滴水瓦、地面刨面方砖、木构件、油漆九五青砖、花岗石柱顶石、鼓磴等参考苏州市信息价，考虑苏州市至工程所在地运费定价。

苗木油松、雪松、白皮松、法桐、国槐、白蜡、朴树、栾树、银杏、七叶树、樱花、海棠、玉兰、各种草花等规格大、技术要求高，完工后即开园展示，需达到最佳观赏效果，工程所在省、市苗木价格为普通苗，参考济南市信息价中的大规格、高标准苗木价格，考虑济南市至工程所在地运费、装卸费、税金定价。

（3）市场询价定价。通过网站询价平台、电话询价、造价咨询单位市场考察等方式，每种材料取得3家及以上供应商报价，对供应商报价进行整理、筛选、综合分析后，确定合理价格。

（4）联合考察定价。对市场价格差距大、用量大、新材料、新技术、技术标准要求较高的特殊材料，经园林博览会筹委会批准，由发包人、财政、审计、纪检、项目公司、造价咨询单位、监理单位等各单位代表联合考察材料价格。

分为4个考察组，采取总承包单位、造价咨询单位推荐和随机选择经销商形式，奔赴7省（市）21个县（市、区）93个考察点进行实地调研考察。各考察小组对供应商报价汇总、整理，形成考察报告，经认质认价小组集体讨论确定定价原则。

①石材定价。常规石材认价以考察结果为依据；异形石材以考察报告内各类常规石材价格为基础，考虑异形加工费、出材率等因素综合取定价格；特殊异形石材、定制加工产品采取专项询价方式定价。

②苗木定价原则。经综合分析对比考察河南省、山东省、河北省、天津市等不同地域供应商报价，因南北方气候差异，相同品质、品种的苗木价格差别较大，山东省作为全国较大的苗木、花卉种植、集散地，与项目所在地气候相宜，易于成活，济南市《工程造价信息》苗木种类、技术规格、参数、品质划分等较齐全，价格基本合理，结合该项目实际，大多数采购了山东省苗木，苗木定价优先采用济南市信息价，特殊规格苗木采用北京市、天津市信息价；上述信息价均没有的，采取专项询价方式定价。

（5）三流合一方式定价。留香阁铜瓦、铜饰，绿雕、标识标牌、儿童乐园、景石、智能化系统采取此定价方式，要求承包单位签署承诺书，提供真实可靠的购买合同、合法发票、资金支付凭证等资料作为认价依据。造价咨询单位对提供的发票通过税务系统平台核验，金额较大的由项目公司向供货方发送询证函，回函确认后出具认价单。

（6）专家论证方式定价。针对部分项目采用高科技、新工艺、技术创新、产品定制化开发等特殊情况，经认质认价小组批准，智慧园博、花卉展、布展、反季节种植苗木成活率，以及特选骨里红、特型梅花、丰后、淡丰后等梅花，貂蝉、西施、贵妃、昭君樱花，采取专家论证方式定价。

制定专家论证方案，从专家库建立、论证申请提交、审核批复、论证会议召开等程序进行规范管理。

3.6 配合完成竣工结算审计

结算审计需要依据项目的立项审批资料、PPP项目实施方案、物有所值评价报告、财政承受能力论证、PPP项目合同、EPC工程总承包合同、专项分包合同，材料、设备采购合同，材料、设备认价资料，设计施工图纸、竣工图纸、变更签证资料，原地形地貌、标高勘验资料，索赔证据资料，竣工验收资料等。只有各项资料完整、齐全、规范，才能保证审计结果正确、可靠。

为此，造价咨询单位在过程跟踪中所做的各项工作充分考虑为日后的结算工作做好铺垫。进场后全面收集项目的立项、审批资料、设计施工图纸、招标投标资料、项目各种合同，咨询服务过程中协助做好变更签证、索赔事项审核、材料设备认价，及时、有效地搜集工期延误、质量不合格处罚等反索赔证据。协助做好结算资料搜集、整理、上报工作，在政府部门审计过程中将现场人员掌握的项目实际情况如实反映，通过电话反馈、当面沟通汇报、重大问题专题汇报等解答审计人员提出的工程问题。

4 咨询服务的实践成效

4.1 项目投资效益

该项目审核进度款8次，投资估算建安工程投资为23.76亿元，截至项目完工后累计审定进度款预算金额约22.63亿元，通过咨询服务各种措施控制，将总投资控制在投资估算范围内，见表5。

进度款计量支付　　　　　　　　　　　　　　　　表5

序号	计量批次	审定预算金额（万元）	审减金额（万元）
1	第1次进度款	86397.25	9503.70
2	第2次进度款	13603.19	2720.64
3	第3次进度款	50688.84	5575.77
4	第4次进度款	19767.83	3755.89
5	第5次进度款	33365.49	4003.86
6	第6次进度款	14731.65	1178.53
7	第7次进度款	7286.66	364.33
8	第8次进度款	454.81	63.67
	合计	226295.72	27166.39

4.2 材料、设备认价

该项目通过信息价认定、市场询价、"三流合一"、专家论证等不同形式，完成材料认价334份，共计7436项，对合理控制工程投资起到重要作用，见表6。

材料、设备认价情况统计分析表　　　　　　　　表6

序号	定价方式分类	出具认价单数量（份）	认定材料项数（项）	实现控制效益
1	造价信息定价	129	2810	核减1500万元
2	市场询价定价	177	4097	核减3500万元
3	"三流合一"定价	20	481	核减200万元
4	专家论证定价	8	48	核减560万元
	合计	334	7436	核减5760万元

4.3 工程变更、洽商确认

通过变更签证资料与设计图纸对比分析，现场测量、取证、拍照等方式核实，累计出具69份签证单，做好各项服务工作记录，为工程管理、结算提供有力支撑。

对比省内外类似项目的投资控制情况，大多数因布局调整、设计变更、现场签证的大量发生，材料、设备技术规格调整、价格上调等，实际投资金额远超估算数据。该项目变更签证数量相对不多，通过过程控制实现良好的投资效果。

4.4 工程获得的荣誉

（1）荣获中国风景园林学会科学技术奖规划设计一等奖。
（2）国际风景园林师联合会荣誉奖。
（3）荣获2020年度河北省建设工程安济杯奖（省优质工程）。
（4）荣获2020年度河北省建筑业科学技术奖二等奖。
（5）2021年河北省工程勘察设计项目一等成果奖。

4.5 工作成效获得政府部门认可

经过咨询服务人员与项目发包人、财政、审计监管、项目公司、承包单位等部门工作人员从磨合到支持认可的过程，以实践取得了发包人认可，投资管理以咨询服务单位为核心，才能实现政府对该项目投资管控目标，规避、减少项目管理风险。该项目咨询服务的显著成效也为河北秋实工程咨询有限公司后续承接政府投资大型、疑难项目树立了标杆。

5 咨询服务的启示

1.专业事由专业人完成

该项目为施工阶段造价咨询服务，河北秋实工程咨询有限公司充分发挥"建立专项控制制度""现场技术指导""熟悉工程所在地材料价格行情"等技术优势，通过专业技术人员施工期间全程跟踪服务，动态投资分析、控制，提出纠偏措施、整改建议，通过各参建单位的通力合作，有效控制了变更签证的发生，合理确定了材料设备价格档次，将工程总投资控制在估算范围内。

2.咨询企业转型升级的思考

按照《国家发展改革委 住房和城乡建设部关于推进全过程工程咨询服务发展的指导意见》（发改投资规〔2019〕515号）文件精神，如果能将服务阶段延伸至投资决策结算的估算、概算编审、设计方案经济比选，工程建设阶段的最高投标限价编审，运营阶段的绩效评价等项目全生命周期角度，投资控制效果会更佳。面对工程建设组织模式改革的大趋势，通过该项目施工阶段全过程咨询服务实践，充分印证了全过程工程咨询服务是未来市场需要的必然选择，也是咨询行业努力发展的方向。造价咨询企业需对自身在产业链中能发挥的作用重新定位，在做精做专传统业务的基础上，做好组织、人才、资源的各项准备，提升集成服务能力，通过全过程工程咨询服务等业务模式延伸，占领产业链有利地位。

某文体艺术中心工程项目全过程造价咨询实践

张欣，胡昌琦，郑司晨，刘青，王亚松（鸿泰融新咨询股份有限公司）

1 项目基本概况

1.1 项目背景

近年来某地社会经济快速发展，但随之而来的是精神层面文化缺失，文化和体育事业的发展面临前所未有的困境。对此，某地进行机构改革，将文化体育委员会和教育局合并为文化教育体育局，负责文化体育事业的发展和管理。努力打造文化实体，发展图书馆等基础服务设施，截至2012年年底，对县剧场内部及两侧广场进行全面维修改造，在县行政服务中心新建图书馆，使用面积1500m²，藏书2万余册，并建设多个综合文化站，建立农家书屋等各项文体设施。在此基础上，某地"十三五"规划中提出：建立健全公共文化财政保障机制，建成覆盖城乡的现代公共文化服务体系。某文体艺术中心工程项目应运而生。

1.2 项目简介

该项目地点为某地，全部为框架结构，建筑结构安全等级为二级；设计合理使用年限为50年，抗震设防烈度为7度，设计基本地震加速度值为0.10g，地震分组为第二组。该项目总用地19.40hm²（折合291.00亩），总建筑面积58709.31m²，主要分为某文体艺术中心主体工程及配套广场道路，占地14.01hm²，总建筑面积55239.91m²，建设内容包括：图书馆，文化馆，规划展览馆，档案馆，体育馆，会议中心，老年大学，青少年发展中心，体育馆、游泳馆、训练馆，公共设备用房、公共及配套服务设施用房，以及配套广场道路（含停车场）等。室外体育场：占地5.39hm²，建筑面积3469.4m²，可容纳3000人。

2 服务范围及组织模式

2.1 服务的业务范围

该项目全过程造价咨询包括：制定造价控制实施方案；工程量计量；审核工程预付

款、期中结算及其价款支付；工程变更、签证及索赔管理；材料、设备的询价，提供核价建议；审核及汇总期中结算，形成竣工结算；工程技术经济指标分析。

2.2 服务的组织模式

全过程造价咨询流程图见图1。

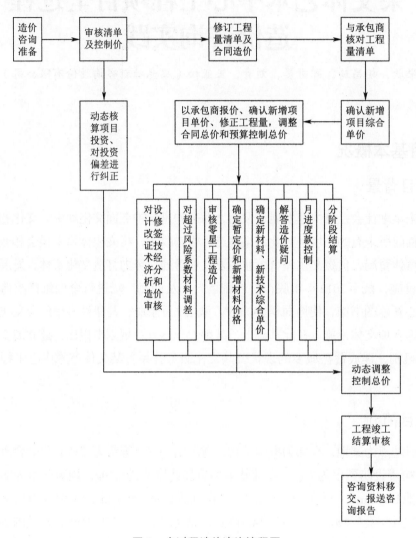

图1 全过程造价咨询流程图

2.3 服务工作职责

1. 施工阶段的服务内容

（1）及时对经施工单位、监理单位确认的施工合同中增补工程量清单综合单价的价格进行审核、确认。

（2）及时审核、确认、统计施工过程中发生的设计变更、工程洽商等经济费用，有效控制因工程变更引起的投资变化，每月进行成本变动分析并形成书面报告。

（3）负责月工程进度款支付的审核工作，并对月工程进度款拨付进行审批。

（4）对设计变更可能对工程造价、进度产生较大影响事项进行分析，并出具书面报告提请建设单位决策参考，有效控制因工程设计变更引起的造价成本增加。

（5）对重大工程变更、洽商进行现场核实，并预测其费用。

（6）必要时，参加建设单位组织的造价工作相关会议，并提出意见或建议。

（7）针对争议性问题，提议由建设单位主持，召集监理单位、审计方、施工单位等主要人员进行四方会审，按照实事求是、协商一致的原则，确定解决方案。

（8）协助建设单位处理施工过程中其他有关工程造价的问题。

2. 竣工结算阶段的服务内容

（1）协助建设单位按照国家规定的结算办法及施工合同中约定的结算原则，监督施工单位及时按规定组织编报竣工结算资料。

（2）进行工程竣工结算审核，依据国家建设行政主管部门颁发的工程计价相关文件、规范规程、国家有关法律法规以及施工合同，通过审查、对比、查证等方法，对照招标投标文件及国家相关法律法规审查施工合同的有效性，变更、签证手续的完备性、真实性、有效性，工程量计算的准确性，各项取费是否符合相关要求，单价确定是否合理合法，材料设备价格是否合理合法等，合理确定工程竣工结算价格，并出具竣工结算报告。

（3）编制结算审核报告，并保证竣工结算真实反映工程项目的实际造价，具体内容根据项目实际情况确定。

3. 工程量清单及最高投标限价的审查

工程招标结束后，该项目咨询小组应及时与承包商核对工程量清单及最高投标限价，修正合同造价。核对工程量清单及最高投标限价按下述程序进行。

（1）修订工程量清单

造价工程师应参与图纸会审和技术交底，并依据形成的会审纪要和交底记录，结合招标用图纸和工程师图纸（施工图纸），按工程量清单编制程序，修订招标工程量清单，并按中标人投标报价调整合同承包造价。

（2）修订的工程量清单与招标工程量清单对比分析

造价工程师用修订的工程量清单与原招标工程量清单进行对比，查清两个清单在工程量、工作内容、项目特征上的差异，并将差异项目及数量一一列表反映出来，为与承包商核对工程量、进行新增项目和相似项目综合单价确认做好准备。

（3）与承包商进行工程量清单核定

造价工程师在清楚清单工程量差异后，应与施工单位就施工图纸内的清单工程量共同核定，核定结果成为月进度款支付、预算执行情况、工程分阶段结算、竣工结算依据。

（4）保证清单工程量核定工作高效完成的措施

基于核定后的工程量清单造价，在不出现其他合同造价调整的情况下，构成项目结算造价，它是月进度款支付、工程分阶段结算、竣工结算的重要依据，是预算执行情况的重要指标，对投资管理具有重要作用，为了保证这项工作高效完成，建议在招标文件或承包合同中明确相应措施。措施可以包括：①核对工作时间在合同约定中明确；②合同特别约定，清单工程量核定完毕是进度款支付的前提。

4. 施工合同相关造价条款的审查

工程施工合同签订得好坏常常直接影响工程造价及各种经济指标。对施工合同的审查主要是审核合同中主要经济条款的合法性与合理性，审核其真实性和计取的正确性。具体可分为两个步骤：

（1）招标阶段

对招标文件中有关合同价格的调整方法、新增综合单价和材料单价的确定方法、设计变更的处理方法以及结算方法等，将根据工程具体情况及实际特点做出一定的建议和意见，力求在招标文件发出前能做到主动控制及有力控制。

（2）正式签订施工合同阶段

对施工合同中涉及工程结算价款的条款，要逐条核查并提出合理化建议：对其经济性、表述的完整合法性、对其可控性、对结算的影响性等均做出分析供建设单位决策。同时对其他不合法或对建设单位不利的有关条款及时提出意见和建议。

3 服务的运作过程

3.1 施工阶段造价控制实施方案

建安工程投资是项目总投资的主要组成部分，能否在施工过程中实施有效的控制，直接关系投资计划的全面实现，影响整个项目的投资效果。因此，施工过程造价控制应作为造价工程师的工作重点。

3.1.1 月进度工程款支付审核办法和程序

1. 月进度工程款支付审核的范围

要实现工程竣工时竣工结算已完成的目标，月进度工程款支付的审核范围应包含工程造价的所有组成部分，具体包括：工程量清单造价，新增项目增加的造价，设计变更、签证增减的造价，可调材料价格调整引起的增减造价，暂定价确认后增减的造价，零星工程和返工工程增加的造价，索赔费用等组成。《建筑工程施工发包与承包计价管理办法》（住房和城乡建设部令第16号）规定，"发承包双方应当按照合同约定，定期或者按照工程进度分段进行工程款结算和支付"，即对已完工程的产值结算。

2. 月进度工程款支付审核办法

（1）每月15日召开计量会，建设单位现场代表牵头，施工单位、监理单位、咨询公司参与，由施工单位提交书面形象确认单初稿，建设单位现场代表、施工单位、监理单位、造价咨询单位、咨询公司进行现场确认范围与内容，形成正式月进度形象确认单。

（2）施工单位根据正式月进度形象确认单准确编制月进度工程款申报表，报送监理工程师审核。报表中应按工程量清单造价、新增项目增加的造价、设计变更和签证增减的造价、可调材料价格调整引起的增减造价、暂定价确认后增减的造价、零星工程和返工工程增加的造价、索赔费用，分别编制并进行汇总。

（3）监理工程师在收到报表后7日内审核申报表中的工程量是否属实、质量是否合格，发表书面意见。

（4）造价工程师应在收到资料后14个工作日内，及时核实情况，与施工单位共同确认工程量，按确认工程量、施工单位月进度款报表、合同清单价及其他价格确认条件，复核申报表，确认月进度工程款。

3.1.2　控制进度工程款支付审核有效进行的措施建议

月进度工程款支付审核工作量大，要达到工程竣工的同时竣工结算也已完成的目的，建设单位、施工单位、监理单位、咨询公司各方必须全力配合，分工负责，共同努力才能实现。因此须采取以下措施：

（1）造价工程师应在月进度支付以前，完成与承包商工程量清单的核对工作，完成变更签证费用、新增项目综合单价确认等基础性工作。

（2）建立严谨、科学、操作性强的支付申报、审核程序，严格按规定程序和时间开展月进度工程款申报和审批工作。

（3）各单位落实专人负责该项工作，保证申报、审核、审批各环节工作顺利进行。

（4）设计制作清晰、方便的月进度工程款支付申报、审核、审批表格。

3.1.3　工程变更和签证的评估和审核

工程变更和签证的审核程序：

工程变更和签证的造价审核确认，造价工程师必须按下述设计变更及签证的审核程序进行。

（1）设计变更的程序

①由施工单位提出的设计变更程序

由施工单位提前14d填写《工程施工联系单》，并以书面形式将变更工程价款和（或）顺延工期报告提交给建设单位，建设单位填写《设计变更审批表》，《设计变更审批表》通过后，监理单位、建设单位签发《工程施工联系单》，并同时将变更工程价款和（或）顺延工期报告提交给施工单位确认，施工单位收到报告14d内未确认也未提出异议的，视为该报告已被确认。

②由建设单位提出的设计变更程序

由建设单位填写《设计变更审批表》，《设计变更审批表》通过后，建设单位填写《工作联系单》通知设计院出《设计变更通知单》，由监理单位下发《设计变更通知单》给施工单位组织施工。

（2）现场签证的程序

①现场签证流程：施工单位上报签证内容工程量并附价款的联系函→专业监理工程师会同建设单位现场代表核实内容及工程量→造价工程师审核工程价款→建设单位审批→建设单位下达施工指令同意施工。

②在签证项目施工完成后14d内，施工单位填写施工现场签证单，报监理单位、建设

单位审核，监理单位、建设单位审核完毕后，将变更工程价款和（或）顺延工期报告提交给施工单位确认，施工单位收到报告14d内未确认也未提出异议的，视为该报告已被确认。

3.1.4　建设单位对工程变更的签发原则建议

（1）确属原设计遗漏和错误以及与现场不符无法施工非改不可必须签发的变更，应按设计变更程序进行，否则会影响工程质量进而影响工程目标的实现。

（2）对非变不可的变更，要对其进行技术经济评价。对比变更以后产生的效益（质量、工期、造价）与此变更引起施工单位的索赔损失，权衡轻重后再做决定。

（3）设计变更引起的造价增减幅度是否控制在预算范围之内，若确需变更但有可能超预算时，更要慎重。

（4）变更中发生的材料代用应办理材料代用单，变更以后的材料应该性能更好、成本更低。坚决杜绝内容不明确、没有详图或具体使用部位，而只是纯材料用量的变更。

（5）设计变更要尽量提前，确需在施工中发生的，也要在施工前变更，防止拆除造成的浪费，也避免索赔事件的发生。

（6）设计变更应记录详细，简要说明变更产生的原因、背景，变更产生的时间、参与人、工程部位以及提出单位。

（7）工程变更以后的施工工艺应该更加简洁，对总工期不产生影响。

（8）明确工程变更的责任、费用承担方式及额度，追究责任方的责任。

（9）注意变更部分是否已实施，若已实施则要注意按原图施工的拆除费以及拆除的材料、设备的回收和作价处理费。变更中某项目若取消或调减，则要扣减相应费用。

3.1.5　变更签证审核的基本原则

造价工程师进行变更、签证的审核，应遵循以下原则：

（1）应尽可能减少设计变更和签证发生。在施工图论证和图纸会审阶段，将设计中存在的问题尽可能处理完毕，施工中减少变更和签证发生，使造价得到有效控制，施工得以顺利进行。

（2）设计变更的决策应由委托人有效控制。

（3）坚持先评估、后实施原则。

（4）实施结果应以文字形式形成有效证据。

（5）确认时间及程序严格按相关文件规定执行。

（6）审核应遵守招标文件及合同约定，采用科学合理的计算办法和合法的定额依据。

3.1.6　变更签证费用的承担责任

发生设计变更、签证，造价工程师应对发生费用进行责任划分，剔除以下不应由委托人承担的费用：

（1）施工质量事故造成的变更、签证费用。

（2）为方便施工单位施工发生的变更、签证费用。

（3）未在合同约定时间内提出增加费用确认通知的变更、签证费用。

（4）其他应由施工单位承担的变更、签证费用。

3.1.7 由委托人承担的设计变更费用的确认方法

1.原施工合同范围内变更工程结算价值的确定

（1）若在工程量清单中已有适用于设计变更、签证工程的价格，变更、签证工程的单价可按投标报价书中相应的单价作为结算单价，以认可的变更、签证工程量计算变更、签证工程的结算造价。

（2）若工程量清单中有类似于设计变更、签证工程的价格，变更、签证工程的单价参照合同类似价格执行，按实际完成变更工程量确定变更工程结算造价。

（3）若工程量清单中没有适用或类似于设计变更、签证工程的价格，由施工单位或建设单位提出综合单价，经双方协商确认后，按实际完成变更工程量确定变更、签证工程结算造价。

2.原合同范围以外变更工程结算价值的确定

（1）原合同范围以外的变更工程项目，其性质和内容如果与原工程承包合同性质、内容完全相同，则工程变更结算单价可以采用原合同单价或投标报价书中的相应单价，确定变更工程结算单价，按施工单位实际完成变更工程量确定变更工程结算价值。

（2）原合同范围以外的变更工程项目，其性质和内容如果与原工程承包合同性质、内容完全不同，则应由委托人与施工单位另签新的合同文件，重新协商确定变更工程的合同价值，按新增工程结算价值处理。造价工程师按实际变更工程量和新合同单价确定变更工程的结算价值。

3.1.8 调整合同控制价

将设计变更签证审核确认的造价及时统计在合同总造价中，作为月进度支付、预算执行情况编制和竣工结算的依据。

3.2 对超过风险系数的材料设备进行调价

1.超过风险系数的材料设备进行调价的责任划分

施工单位供应的可调材料设备价格出现超过风险系数范围情况后，施工单位必须在采购前合同约定的时间范围内提出，并得到建设单位确认的材料设备价格，才能进行价格调整，否则，视为施工单位供应的这部分材料设备未超过风险范围，造价工程师必须坚持该责任划分原则对超过风险系数的材料设备进行调价。

2.调整办法

（1）将可调材料设备品种、规格、数量进行统计，在施工单位使用该材料设备前，造价工程师应通知施工单位报价，造价工程师应在规定时间内予以审核确认并报委托人审批。

（2）将委托人确认的材料设备价格告知施工单位，施工单位同意的材料，双方在定质认价单上签字确认。对无法提出合理理由又拒不签字确认的材料价格，视为默认。对提出合理价格理由的材料，由建设单位、施工单位、造价咨询单位共同调查重新确认。

（3）当全部可调材料设备价格得到认定后，计算实际价格与基准价格差异幅度，进行材料价调整，增减造价列入合同造价。

（4）调整合同控制价：因材料设备价格变化增减的工程造价，应及时核算，列入工程预算总价，以利于动态反映工程实际投资状况。

3.3　材料、设备价咨询

1.认质认价材料（设备）范围

（1）中标工程量清单内需更换品牌、厂家的材料。

（2）新增项目工程量清单外所需的材料（包括标内清单漏项及标外新增）。

（3）未纳入招标范围内的零星、应急工程需询价的材料。

（4）《某市工程造价信息》上没有列出的材料。

2.认质

建设单位根据《认质核价材料（设备）计划表》牵头组织设计单位、施工单位、咨询公司等相关人员召开碰头会，在《认质核价材料（设备）计划表》确定的时间内对材料（设备）样品的品牌、材质、样式、颜色、规格型号等标准进行确定，并做好记录。负责拟定材料的品牌、材质、样式、颜色、规格型号等技术指标，收集材料样品或图册，确认后建设单位、咨询公司各一份，作为认质核价及采购、验收的依据。

3.询价

建设单位在确认《认质核价材料（设备）计划表》及样品或图册后，在规定的时间内进行市场调查、询价工作。造价咨询单位同时进行市场询价。

4.审核

建设单位询价后报送造价咨询单位，造价咨询单位审核后报建设单位审核。

5.确定新增项目的综合单价

在施工过程中，因招标图纸与施工图差异、设计变更等原因，可能出现部分新增项目，即原清单报价无综合单价的项目，造价工程师对这些项目的价格须及时进行确定。

3.4　新增项目综合单价确定原则

造价工程师进行新增项目综合单价确认，必须坚持遵守招标文件及合同约定，遵循《建设工程价款结算暂行办法》（财建〔2004〕369号）规定，有有效的原始证据和定额依据，采用科学合理的计算办法，结果须经建设单位复核后方能生效。

1.新增项目综合单价确定的程序

造价工程师进行新增项目综合单价确认，必须按以下程序进行：

（1）投标报价中有适用于新增项目综合单价的，可以直接采用投标报价中的综合单价。

（2）投标报价中没有与新增项目完全一致的，可以参照投标报价中类似项目的综合单价来确定新的综合单价。

（3）投标报价中既没有与新增项目综合单价一致也没有类似项目的，由施工单位根据新增项目提出新的综合单价，报建设单位确认，由建设单位根据工程资料、计算规则、投标报价、工程造价管理机构发布的信息价格及施工单位的报价浮动率确认新的综合单价。

2.确认方法

根据《建设工程价款结算暂行办法》（财建〔2004〕369号）规定，新增项目综合单价确认方法如下：

（1）合同中已有适用于新增项目的单价，按合同已有的单价执行。

（2）合同中只有类似于新增项目的单价，参照合同类似单价执行。

（3）合同中没有适用或类似于新增项目的单价，由施工单位提出综合单价，经造价咨询单位、建设单位审核后方能生效。

3.新材料、新技术综合单价确定

随着建设技术的不断提高，施工中新技术、新材料不断出现，造价管理部门定额测定往往跟不上实际需要，客观需要在工程施工中对出现的新技术、新材料及时进行综合单价的确定。

对新材料、新技术涉及的综合单价认定，采用以下办法确定综合单价：

（1）弄清楚新材料、新技术的施工工艺，全面掌握其工作内容，查找施工工艺和工作内容与清单计价规范相似的项目，用现成的定额基数，结合新技术、新材料的实际，编制清单单价。

（2）如果清单计价规范没有相似的项目，可采取收集其他行政区编制的清单计价定额，查找其是否有相似项目的定额参数，如有，则运用该定额基数，充分考虑新材料、新技术的实际，确定清单单价。

（3）若均无法查找到相似项目定额参数，则按照预算定额编制原则、编制方法，由新材料、新技术的提供方、施工单位、建设单位、造价咨询单位共同现场实际测定，并报当地造价管理部门备案执行。

3.5 审核索赔费用

在实施过程中，由于各种主观或客观原因造成经济损失，可能会出现施工单位提出费用索赔的情况。索赔事件发生后，造价工程师必须依据合同及时处理，如将问题搁置下来，可能会损害施工单位利益，造成发承包双方矛盾复杂化，影响工程的进度、质量，影响工程造价的合理确定。

1.规避索赔风险

造价工程师在工程施工过程中，要积累一切可能涉及索赔论证的资料，包括合同、招标投标文件、技术文件、委托人与施工单位就工程的技术、造价、进度、质量和其他涉及合同管理问题的协议、各种会议纪要等内容，平时收集整理，做好记录，以作为日后处理索赔或反索赔事件时的事实依据。

2.处理索赔的程序和办法

（1）索赔必须在规定的时间内提出索赔意向和索赔报告，按照规定的程序进行索赔：

①索赔事件发生后28d内，施工单位向监理工程师、建设单位、造价工程师发出索赔意向通知。

②发出索赔意向通知后28d内，施工单位提出补偿经济损失或延长工期的索赔报告及有关资料。

③建设单位及造价工程师在收到施工单位送交的索赔申请和有关资料28d内给予答复，或要求进一步补充索赔理由和证据。

（2）发生索赔事件后，施工单位根据自己的记录和理由提出工期或费用索赔报告：

①造价工程师根据合同条款，核查索赔报告是否在索赔事件发生后的有效期间内提出，否则索赔不成立，进而对索赔要求进行辨别和分析。

②查阅监理日志，根据监理日志进行分析，核查索赔报告是否属实，根据同期监理日志对索赔事件的起因和责任归属进行划分。

③对委托人责任或合同约定应由委托人承担的费用进行计算，报委托人审核后，通知施工单位确认。施工单位提出异议的，造价工程师重新计算，报委托人批准，直至问题解决为止。

3.6 调整合同控制价

因索赔引起的造价，应及时反映在工程实施造价中，作为月进度支付、预算执行情况编制和竣工结算的依据。

1. 项目竣工结算阶段造价控制

（1）竣工结算审查的原则：遵循"独立、客观、公正"的原则，在依法维护建设单位和施工单位合法权益的前提下，准确、合理地确定工程造价，为确保建设单位投资效益最大化而进行审查。

（2）竣工结算审查的程序：

①进一步收集完整的工程资料。为保证审查工作质量，必须收集完整的审核和工程计价依据。项目部向委托人提供资料收集清单，按资料清单目录逐一将项目结算审核的计价资料收集完整，分别按工程项目、建设单位、施工单位归纳整理，并予以核实。对施工单位编制的结算书按分部及专业给予分类。

进一步熟悉资料是开展结算审核实质工作的第一步，是审核的基础性工作，必须全面认真地阅读所有资料，对重点部分进行记录，加深和巩固印象。

在熟悉资料并做好记录后，项目经理组织造价人员及时交换情况，互相提醒，使所有问题不疏漏。对资料不齐、表述不清、证据不足的资料，要及时重新取证核实和要求补齐。

清理计算现场收方计量及材料单价的依据等。实际一手资料的收集整理工作是为了保证竣工资料的真实性和及时性。工作人员如有必要还应多次深入工程现场进行实际实测工作，以工程实际及上报资料为对象进行核对，发现有不符的内容，及时做好复测记录。

②按照合同及相关资料等依据审核工程材料单价，形成其初步审查意见。

③审核工程设计变更，确定结算原则及结算办法并计算其变更金额等。

④工程造价审核采取全面审查法，按各子项工程逐一对分部分项工程量清单计价、措施项目清单计价、规费清单计价、签证和零星工程计价、税金计价等进行审查。

（3）结算工程量清单计价的审核：

①审查综合单价的套用。造价工程师首先将施工单位编制的结算书按分部分项项目名称、计量单位、工程内容、项目特征、综合单价逐一与合同清单进行对比，分别列出综合单价与合同一致和不一致的清单项目。对与合同不一致的清单项目，检查差异的原因，核实其是否严格执行工程施工中确认的新增项目、设计变更项目、可调材料项目重新确认的综合单价，发现问题及时记录，按正确的单价调整结算单价。

②审查清单工程量。在复核清单单价后，造价工程师便可以进行工程量审核。审核工作首先将施工单位编制的结算书按分部分项项目名称、计量单位、工程内容、项目特征、综合单价逐一与合同清单进行对比，列出工程量与合同工程量不一致的清单项目。

复核与合同工程量不一致的清单项目工程量。具体复核办法，应充分利用招标工程量清单，对竣工图设计变更、新增项目、签证的工程量进行全面计算，在确认计算工程量无误后，统计整理，逐一列明工程量差异量，调整施工单位错误的结算工程量。

2. 讨论确定初审意见

召开审核工作会议，讨论审核情况，对各专业参审人员的初步审核意见进行分析、评审，对于需要再次到现场踏勘测量的，应及时安排。对存在的问题，商定解决办法，对于重大的审核差异及发现的重大问题，要及时报告建设单位，并做好记录。完成以上工作后，形成初步审核结论。

3. 向委托人通报审查意见

在初审意见形成后，由项目部统一向委托人汇报初审情况，汇报内容包括审增审减的金额、内容及依据、争议的问题及解决办法的建议，待得到委托人同意，并达成解决争议问题的方案后，开始与施工单位进行工程造价的核对。

4. 核对工程造价

首先将结算书中存在的问题逐一告知施工单位。施工单位接受的，做好签字记录，形成证据；不接受的，进行数据核对。核对无误后，再签字形成证据。直至全部初审中的问题均得到落实后，形成审核与被审核双方确定的审核结论，核对工作结束。

5. 出具初审报告

在核对工作结束后，项目部将核对中的情况向委托人汇报，内容包括对初审中发现的问题、在核对过程中是如何解决的以及最终结果情况。在征得委托人同意后，出具正式的初审报告。鸿泰融新咨询股份有限公司由项目负责人负责撰写审核报告，报告内容要全面描述工程概况、审计依据、审减或审增原因分析、工程竣工结算价与合同价差距的书面分析报告、审计中发现的问题和其他说明等。

审核报告按鸿泰融新咨询股份有限公司规定进行三级复核，严格执行公司的质量控制制度，各级复核人员在工作底稿和校审记录上签名，并注明复核日期。

6.竣工结算审核的注意事项

在竣工结算阶段，施工单位为了获取利益，经常在编制竣工结算报告时设置一些埋伏，如报高工程量、单价计算错误、取费计算错误、提高材料差价、提高工程变更价款等。为了保证结算不超过预算，在竣工结算阶段建设单位控制造价的主要手段就是加强对竣工结算报告的审核，审核重点包括对工程量的审核、对工程变更价款的审核、对材料价差调整的审核、对工程索赔价款的审核、对现场签证的审核。

（1）对工程量的审核

在工程量清单计价模式下，由发包人承担量的风险，施工单位投标时对其提供的工程量清单不具有审核的义务。因此：①对于因工程量清单漏项、错项，清单项目特征描述不符合施工图要求而导致的重新编制工程量清单增加的工程量都应该由发包人承担；②施工过程中因发包人（包括建设单位、监理工程师、设计单位）提出的设计变更而导致的工程量的增加应由发包人承担；③因勘察设计错误或有经验的施工单位不能合理预见的地质风险导致更改设计方案或重新施工而增加的工程量应由发包人承担。

以下工程量问题由施工单位承担：①因工程质量不合格而导致的重新施工增加的工程量发包人不予结算，因为这是由施工单位自身原因导致的；②对于为了完成合同约定内容必须进行额外的工程，发包人不予结算，这应该是施工单位在投标报价时应考虑到的费用，如果未对这些工作进行报价，发包人有权认为施工单位的报价中已包含这些费用，在结算时不再考虑；③对于已完工的隐蔽工程，如果发包人要求进行重新检验，检验合格后施工单位新增的工程量及相应的费用应由发包人承担，否则，施工单位重新施工的工程量及费用由施工单位承担。

（2）对工程变更价款的审核

审核工程变更价款时首先要分清楚工程变更的原因。因设计缺陷、法律法规变化引起的工程施工方案的变化、建设单位为了提高工程经济效益而进行的变更等引起的费用增加应由发包人承担。如果施工单位提出了合理化建议，节约了工程费用，发包人要给予一定的奖励。如果是施工单位提出的变更，必须经过发包人的同意并进行签字确认，由此导致的费用增加发包人予以结算；如果未经发包人同意施工单位擅自进行变更，由此产生的费用由施工单位承担，如果此项变更对工程产生了不利影响，给发包人带来的相应损失由施工单位承担。

（3）对材料价差调整的审核

进行工程材料价差调整审核时，建设单位首先要审核合同条款对风险幅度的规定，然后进行市场调查。有些工期较长的项目，不同时期的价格信息也不一样，发包人要收集当地建设主管部门或其授权的工程造价管理机构发布的不同时期的价格信息，对材料价差按照不同时期的价格信息进行调整。除了风险幅度的核算外，发包人还要注意如果是因施工单位自身原因导致工期延长，此期间发生的价格变化，发包人不予补偿。

（4）对工程索赔价款的审核

审核施工单位上报的工程索赔款时，发包人首先要识别引起索赔的原因，对照合同中约定的发承包双方各自的义务，承担非施工单位原因导致的索赔，其他原因引起的索赔，发包人不予支付。

（5）对现场签证的审核

要审核现场签证的内容是否真实、合理，在合同中是否已有约定，如果合同中已有约定，则此项签证费用必应支付，另外要注意是否存在重复签证的现象。为了控制好现场签证，发包人应做好以下工作：

①熟悉合同：把熟悉合同作为投资控制工作的重要环节，应特别注意有关投资控制的条款。

②及时处理：一方面由于工程建设自身的特点，很多工序会被下一道工序覆盖，另一方面参加建设的各方人员都有可能变动，因此，现场签证应当做到一次一签、一事一签，及时处理，不要过夜。

③签证要客观公正：要实事求是地办理签证，维护发承包人双方的合法权益。

④签证代表要有资格：各方签证代表要有一定的专业知识，熟悉合同和有关文件、法规、规范和标准，应具有国家有关部门颁发的相关职业资格证书和上岗证书。

4 服务的实践成效

近年来进度款审核比较突出的问题是：材料价格管理方法落后，材料采购、储存量计算不科学，不能很好地掌握采购时机。由于建设市场目前还比较混乱，材料采购价格失真，不法分子从中渔利；施工单位从自身利益出发，通过设计变更增加工程量或追求较高的利润。

针对此类问题，造价咨询单位采取多种措施预防此类问题发生。采用定额计价规范、当地住房和城乡建设厅颁发的相关取费和调价文件以及造价管理部门发布的建设工程材料指导价等。建立本公司的造价指标数据库，通过历年相关造价指标数据为建设单位提供更好的服务。

某文体艺术中心工程进度款送审工程造价合计57292562.13元。其中1号馆总造价为20222655.61元，2号馆总造价为15624719.7元，3号馆总造价为15163127.78元，变更签证总造价为6282059.04元。该项目审核工程造价合计52179957.23元。其中1号馆审核总造价为19116332.81元，2号馆审核总造价为14820045.88元，3号馆审核总造价为14309878.67元，变更签证审核总造价为3933699.87元。审减额合计5112604.9元，其中1号馆审减总造价为1106322.8元，占审减额的21.64%；2号馆审减总造价为804673.82元，占审减额的15.74%；3号馆审减总造价为853249.11元，占审减额的16.69%；变更签证审减总造价为2348359.17元，占审减额的45.93%。某文体艺术中心工程项目增减分析数据表见表1。

表 1

某文体艺术中心工程项目增减分析数据表

序号	编码	名称	增减金额(元)	其中								
				清单工程量(元)	清单错套增加	清单删除(元)	子目错套	子目删除(元)	子目增加	子目工程量变化(元)	子目单价变化(元)	其他(元)
1		某文体艺术中心工程项目	-5112604.9	-3498592		-302451.61		-2007707.23		-3514847.64	-460032.31	2864025.89
2		设备费及其税金	0									
3		某文体艺术中心工程项目——1号馆	-1106322.8	-970106.74						-975825.66	-4668.86	844278.46
4		土建	-1106322.8	-970106.74						-975825.66	-4668.86	844278.46
5	A.5	分部分项	-970106.74	-970106.74						-970109.45		970109.45
6		混凝土及钢筋混凝土工程	-970106.74	-970106.74						-970109.45		970109.45
7	010501001001	垫层(独立基础)	-674144.24	-674144.24						-674146.95		674146.95
8	010515001025	现浇构件钢筋	-295962.5	-295962.5						-295962.5		295962.5
9		措施项目	-10428.26							-5716.21	-4668.86	-43.19
10	1	其他总价措施项目	-1232.63								-1232.63	
11	011707B01001	冬期施工增加费	-74.57								-74.57	
12	011707002001	夜间施工增加费	-121.26								-121.26	
13	011707004001	二次搬运费	-233.8								-233.8	
14	011707003001	生产工具用具使用费	-197.54								-197.54	
15	011707B04001	检验试验配合费	-88.55								-88.55	
16	011707B05001	工程定位复测场地清理费	-151.89								-151.89	
17	011707B06001	停水停电增加费	-72.92								-72.92	
18	011707007001	已完工程及设备保护费	-120.19								-120.19	
19	2	单价措施项目	-9195.63							-5716.21	-3436.23	-43.19
20	011703001001	垂直运输	-5758.51							-5716.21		-42.3
21	011704001001	超高施工增加	-3437.12								-3436.23	-0.89
22		其他项目	0									
23		费用汇总	-125787.8									-125787.8

续表

序号	编码	名称	增减金额（元）	其中									
				清单工程量（元）	清单错套	清单增加	清单删除（元）	子目错套	子目删除（元）	子目增加	子目工程量变化（元）	子目单价变化（元）	其他（元）
24		桩基础	0										
25		其他项目	0										
26		费用汇总	0										
27		电气	0										
28		其他项目	0										
29		费用汇总	0										
30		暖通	0										
31		其他项目	0										
32		费用汇总	0										
33		给水排水	0										
34		其他项目	0										
35		费用汇总	0										
36		某文体艺术中心工程项目——2号馆	-804673.82	-562745.11			-139278.74				-567488.6	-835.68	465674.31
37		土建	-804673.82	-562745.11			-139278.74				-567488.6	-835.68	465674.31
38		分部分项	-702023.85	-562745.11			-139278.74				-562746.66		562746.66
39	A.5	混凝土及钢筋混凝土工程	-612858.4	-612858.4							-612860.86		612860.86
40	010501001001	垫层（独立基础）	-612858.4	-612858.4							-612860.86		612860.86
41	A.10	保温、隔热、防腐工程	-89165.45				-139278.74				50114.2	-835.68	-50114.2
42	011001001003	上人屋面保温隔热屋面（R2）	50113.29	50113.29							50114.2		-50114.2
43	011001002001	接触室外空气挑板顶棚带保温涂料——保温	-139278.74				-139278.74						
44		措施项目	-5642.51								-4741.94		-64.89
45	1	其他总价措施项目	-835.68									-835.68	
46	011707B01001	冬期施工增加费	-48.09									-48.09	

续表

序号	编码	名称	增减金额（元）	其中										
				清单工程量（元）	清单错套	清单增加	清单删除（元）	子目错套	子目删除（元）	子目增加	子目工程量变化（元）	子目单价变化（元）	其他（元）
47	011707B02001	雨期施工增加费	-110.71									-110.71	
48	011707002001	夜间施工增加费	-81.79									-81.79	
49	011707004001	二次搬运费	-163.62									-163.62	
50	011707B03001	生产工具用具使用费	-131.62									-131.62	
51	011707B04001	检验试验配合费	-60.16									-60.16	
52	011707B05001	工程定位复测场地清理费	-108.3									-108.3	
53	011707B06001	停水停电增加费	-49.5									-49.5	
54	011707007001	已完工程及设备保护费	-81.89									-81.89	
55	2	单价措施项目	-4806.83								-4741.94		-64.89
56	011703001001	垂直运输	-4806.83								-4741.94		-64.89
57		其他项目	0										
58		费用汇总	-97007.46										-97007.46
59		桩基础	0										
60		其他项目	0										
61		费用汇总	0										
62		电气	0										
63		其他项目	0										
64		费用汇总	0										
65		暖通	0										
66		其他项目	0										

序号	编码	名称	增减金额（元）	其中									
				清单工程量（元）	清单增加	清单错套	清单删除（元）	子目错套	子目删除（元）	子目增加	子目工程量变化（元）	子目单价变化（元）	其他（元）
67		费用汇总	0										
68		给水排水	0										
69		其他项目	0										
70		费用汇总	0										
71		某文体艺术中心工程项目——3号馆	-853249.11	-738713.25			-10443.64				-738716.22	-738.18	635362.18
72		土建	-853249.11	-738713.25			-10443.64				-738716.22	-738.18	635362.18
73		分部分项	-749156.89	-738713.25			-10443.64				-738716.22		738716.22
74	A.5	混凝土及钢筋混凝土工程	-738713.25	-738713.25							-738716.22		738716.22
75	010501001004	垫层（基础梁、独立基础下）	-738713.25	-738713.25							-738716.22		738716.22
76	A.9	屋面及防水工程	-10443.64				-10443.64						
77	010902001004	不上人屋面卷材防水（附加层）	-10443.64				-10443.64						
78	1	措施项目	-738.18									-738.18	
79		其他总价措施项目	-738.18									-738.18	
80	01170ZB01001	冬期施工增加费	-36.39									-36.39	
81	01170ZB02001	雨期施工增加费	-83.65									-83.65	
82	01170ZB02001	夜间施工增加费	-71.18									-71.18	
83	01170ZB04001	二次搬运费	-157.01									-157.01	
84	01170ZB03001	生产工具用具使用费	-110.66									-110.66	
85	01170ZB04001	检验试验配合费	-53.44									-53.44	
86	01170ZB05001	工程定位复测场地清理费	-108.61									-108.61	

续表

序号	编码	名称	增减金额（元）	其中									
				清单工程量（元）	清单错套	清单增加	清单删除（元）	子目错套	子目删除（元）	子目增加	子目工程量变化（元）	子目单价变化（元）	其他（元）
87	011707B06001	停水停电增加费	-43.92									-43.92	
88	011707007001	已完工程及设备保护费	-73.32									-73.32	
89		其他项目	0										
90		费用汇总	-103354.04										-103354.04
91		桩基础	0										
92		其他项目	0										
93		费用汇总	0										
94		电气	0										
95		其他项目	0										
96		费用汇总	0										
97		暖通	0										
98		其他项目	0										
99		费用汇总	0										
100		给水排水	0										
101		其他项目	0										
102		费用汇总	0										
103		某文体艺术中心工程项目——变更鉴证	-2348359.17	-1227026.9			-152729.23		-200707.23		-1232817.16	-453789.59	918710.94
104		3号馆泳池基坑支护及降水工程	-1633772.56	-808778.08			-146105.23		-5838.76		-808778.08	-427299.62	563027.21
105		分部分项	-1278917.96	-808778.08			-146105.23		-5838.76		-808778.08	-318197.32	808779.51

序号	编码	名称	增减金额（元）	其中										其他（元）
				清单工程量（元）	清单错套	清单增加	清单删除（元）	子目错套	子目删除（元）	子目增加	子目工程量变化（元）	子目单价变化（元）		
106		钢板桩支护	-464302.56									-318197.32	-0.01
107	010202006001	钢板桩（打拔）	-66895.73									-66895.72	-0.01
108	080201006001	钢板桩（租赁）	-251301.6									-251301.6	
109	080201006002	钢板桩进出场（运费）	-146105.23				-146105.23						
110		施工排水、降水	-814615.4	-808778.08					-5838.76		-808778.08		808779.52
111	010101004002	挖基坑土方	-5837.32						-5838.76				1.44
112	041107B01004	排水、降水（井点降水）	-808778.08	-808778.08							-808778.08		808778.08
113		措施项目	-109102.3									-109102.3	
114		其他总价措施项目	-109102.3									-109102.3	
115	011707B02001	雨期施工增加费	-13686.93									-13686.93	
116	011707002001	夜间施工增加费	-7228.21									-7228.21	
117	011707004001	二次搬运费	-11778.5									-11778.5	
118	011707B03001	生产工具用具使用费	-12437.43									-12437.43	
119	011707B04001	检验试验配合费	-5296.96									-5296.96	
120	011707B05001	工程定位复测场地清理费	-6162.87									-6162.87	
121	011707B06001	停水停电增加费	-4301.21									-4301.21	
122	011707007001	已完工程及设备保护费	-6413.84									-6413.84	
123	011707B07001	施工与生产同时进行增加费	-20788.74									-20788.74	
124	011707B08001	有害环境中施工增加费	-21007.61									-21007.61	
125		其他项目	0										

续表

序号	编码	名称	增减金额（元）	其中									其他（元）
				清单工程量（元）	清单错套	清单增加	清单删除（元）	子目错套	子目删除（元）	子目增加	子目工程量变化（元）	子目单价变化（元）	
126		费用汇总	-245752.3										-245752.3
127		河沟换填	-714586.61	-418248.82			-6624		-194868.47		-424039.08	-26489.97	355683.73
128		分部分项	-625522.45	-418248.82			-6624		-194868.47		-424039.08	-26489.97	418257.92
129	010101001003	场地清理	-33552.4						-27765.93		-5777.6		-8.87
130	010101006001	挖淤泥、流砂	-167097.23						-167102.54				5.31
131	010101001001	人工清基	-6624				-6624						
132	010103001002	回填土方—2：8灰土回填	-407293.72	-407293.72							-407305.47		407305.47
133	010103001003	回填土方	-10955.1	-10955.1							-10956.01		10956.01
134		措施项目	-26489.97									-26489.97	
135		其他总价措施项目	-26489.97									-26489.97	
136	011707B02001	雨期施工增加费	-4702.66									-4702.66	
137	011707002001	夜间施工增加费	-2455.97									-2455.97	
138	011707B03001	生产工具用具使用费	-4511.84									-4511.84	
139	011707B04001	检验试验配合费	-1818.29									-1818.29	
140	011707B05001	工程定位复测场地清理费	-2103.89									-2103.89	
141	011707B06001	停水停电增加费	-1462.48									-1462.48	
142	011707007001	已完工程及设备保护费	-2321.77									-2321.77	
143	011707B08001	有害环境中施工增加费	-7113.07									-7113.07	
144		其他项目	0										
145		费用汇总	-62574.19										-62574.19

某文化旅游综合体项目全过程工程咨询案例

王刚，曹凤英，李艳华，高旭东，刘士斌（星原河北项目管理有限公司）

1 项目基本概况

项目承建单位为某文化旅游发展有限公司；设计单位为某设计集团有限公司、某数字科技有限公司、某旅游设计研究院；施工单位为某建设有限公司、某数字科技有限公司、某建设集团有限公司；开工日期为2016年6月，竣工日期为2020年10月。主要场馆及分区如下：

（1）魔方谷：面向亲子游客和青年游客，以华夏民俗文化为主题内容，以现代科技手段为表现载体，打造京津冀规模最大的室内民俗科技游乐体验馆，是该项目的核心，也是该项目最为复杂及难点所在，复杂性在于设备较大、繁多，部分涉及专利，难以掌控其价格。

（2）轩辕里民俗体验区：以轩辕黄帝文化为背景，注重市井民俗文化互动体验，打造集体验娱乐、特色餐饮、互动演艺、商业游购、养生度假为一体的民俗文化体验街区。

（3）孤竹驿文化休闲区：以孤竹古国贤人文化为主题背景，注重主题文化休闲，满足游客品味古韵文化，打造主题度假、夜吧休闲、精品餐饮、水上娱乐为一体的城市文化休闲街区。

（4）轩辕部落：面向亲子游客和青年游客，以轩辕原始部落文化主题为核心，打造集主题游乐、文化体验、水上休闲、特色演艺于一体的中国首个轩辕部落文化主题的体验胜地，并作为魔方谷文化体验的补充。效果平面图见图1。

图1　某文化旅游综合体项目效果平面图

1.1 项目背景

2014年2月26日举行的京津冀协同发展工作座谈会上，习近平总书记明确提出，实现京津冀协同发展，是一个重大国家战略，要加快走出一条科学持续的协同发展路子来。2014年3月5日，李克强总理在做政府工作报告时提出，要加强环渤海及京津冀地区经济协作。在京津冀一体化国家战略下，京津冀旅游协同发展风生水起。京津冀地区人口迁移和经济水平的提高将会对地区旅游需求规模产生极大影响，京津冀旅游协同发展进程中，旅游业既是共振点和共赢点，又是切入点和突破口。未来，旅游一体化下京津冀三地旅游产业发展潜力巨大。但是，从京津冀旅游产品看，缺乏大型的民俗文化与高科技结合的体验旅游项目，缺乏四季可游的民俗文化旅游综合体，严重影响区域旅游品质。京津冀要错位发展，协力打造世界级城市群和国家旅游目的地。

1. 确定性意见

2015年4月17日，某市人民政府通过招商引资，与某集团有限公司签订某市"中国·某民俗文化旅游综合体"项目合作框架协议书，协议书中约定了项目的核心为"一谷一城多区"，"一谷"即某·某民俗旅游综合体，为一期实施项目；"一城"即某·某城文化旅游综合体，为二期实施项目；"多区"即某市目前规划的景区景点及自然资源为载体，根据双方协商安排，甄选若干个具有投资开发价值及市场竞争潜力的景点景区进行合作整改提升，形成以优质自然资源和稀缺人文景观为核心的度假景点景区集群，实现某市全域文化旅游产业的整体提升。

项目以某文化旅游发展有限公司与某政府下属成立的开发建设有限公司合作开发与经营的模式，运作模式按照PPP模式实施。

同期，某市人民政府与某集团有限公司深化合作，落实双方签署的《某市"中国·某民俗文化旅游综合体"项目合作框架协议书》，签订了某市"中国·某民俗文化旅游综合体"之一期"某民俗旅游综合体"项目合作补充协议书。协议书中针对框架协议中的"一城"项目，做了详细的介绍与政策支持办法。

2. 项目建成的意义

该项目为文化体验式民俗旅游综合体，京津冀最大的家庭亲子民俗体验旅游目的地。深度挖掘中国传统民俗文化和某地方文化精髓，以轩辕文化为主题，辅以孤竹贤人文化、边塞长城文化等独具特色的民俗文化，延伸拓展华夏经典民俗文化主题，构建情景式、互动式、综合式的文化主题商业休闲配套与游憩环境，创新地方民俗文化旅游休闲新形态、新模式，打造以本土民俗文化为主题，融互动体验、民俗演艺、商业休闲、亲子娱乐、科普教育、水陆游乐于一体的民俗旅游综合体。京津冀最大的家庭亲子民俗体验目的地，填补了京津冀地区黄金旅游线的产品空白。

项目先后入选、获评2016全国优选旅游项目名录（全国747个）、省重点项目、省级重点文化产业项目、地级市重点项目。

1.2 项目位置、占地及规模

项目位于某市区西南侧，是文化产业区的重要地段，项目占地约437亩，总规划面积291334m²，建筑占地面积63845m²，详细规划情况见图2。

序号	项目类型			指标		
1	总规划面积			154155.43m²		
2	建筑占地面积			63845m²		
3	魔方谷			31977.94m²		136814.53m²
	轩辕部落			4224.5m²		
	轩辕里	民俗旅游配套街区	24123.6m²		44270.6m²	
		养生民宿	10240m²			
		其他	9907m²			
	孤竹驿	民俗旅游配套街区	27540.49m²		55341.49m²	
		主题酒店	10626m²			
		热浪岛水乐园	7756m²			
		养生民宿	5955m²			
		其他	3464m²			
4	景观水系面积			2793m²		
5	道路铺装面积			74441m²		
6	容积率			1.1		
7	绿化率			28.6%		

图2　项目规划情况

2 服务范围及组织模式

2.1 服务的业务范围

该项目由某市某部门委托星原河北项目管理有限公司（以下简称星原）进行全过程工程咨询，主要服务范围包括前期项目引进阶段的咨询服务，包括类似项目的信息收集与整理、可行性研究数据分析、参与初步概算的编制工作等，并提供合理化建议及意见；招标阶段及设计阶段的咨询服务，提供测算对比、招标咨询、设计图纸的优化建议等；施工阶段的咨询服务，包括最高投标限价或标底的审核工作、全过程造价控制工作、竣工结算审核工作及项目后评价等内容。

2.2 服务的组织模式

该项目打破了以往传统的造价咨询模式，使用全过程工程咨询服务模式。可以说是委托方或业主方+顾问公司的一体化项目咨询团队，以投资控制为主线，以快速决策为目的。

该项目从政府调研由政府实施做项目建议书、工程可行性研究而后进行招商、规划立项开始，确定某文化旅游发展有限公司为合作企业（代建方）后由合作企业组织进入工程设计、招标投标、施工、竣工验收、预结算，再到运营维护，政府需要参与过程监控，其内在过程密切联系。对于项目而言，由于政策等因素影响，其发展阶段通常是人为分割的。传统的造价咨询模式可能仅对其中一个施工过程的成本环节进行掌控，而该项目从政府调研开始即参与，为政府及合作企业（代建方）在项目实施的各个阶段提供良好建议，这种模式对于把握项目全生命周期的优化和价值具有一定的优势性。业主、合作企业、咨询单位三方工作协调示意图详见图3。

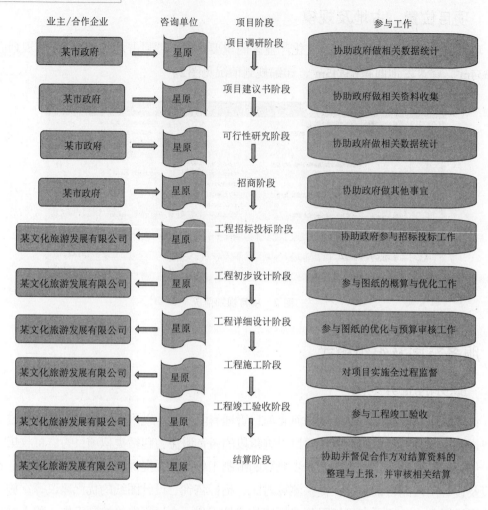

图 3　三方工作协调示意图

　　自项目调研阶段到结算阶段的全过程，一体化项目团队工作模式是必不可少的，能有效应用价值工程方法，通过全生命周期理念对工程方案进行深入和全局性的优化。价值工程方法通过资料汇集、分析、创新、评估和发展等阶段，全面评估设计方案、施工方案和运营维护等的性能和成本，激发出创新性的解决方案。通过价值工程工作营等方式，寻求最佳解决方案，达到既综合考虑多个方案，又降低成本、节省时间、加快决策过程、预测和掌控风险等目的。

2.3　服务的工作职责

2.3.1　部门职责

　　（1）市场部职责：市场调研与走访；向委托单位提供建议；协助委托单位收集相关资料。

　　（2）可研部职责：参与前期项目建议书的编制，提出合理化建议与意见；协助对可行性研究报告的评审工作；实时与市场部进行沟通，确保资料的即时性与准确性；为委托单位提出可行性研究阶段的合理化建议与意见。

（3）招标部职责：参与合作企业（代建方）招标文件的审核；参与招标过程；及时归档招标投标及相关资料。

（4）造价合约部：政府前期的项目估算工作；合作企业（代建方）招标后的概算编制工作；设计图纸的优化；设计变更、现场签证的测算与优化；对造价咨询跟踪编排合理计划；对预结算的审核。

（5）项目部：负责施工现场情况监督，收集施工影像；负责沟通协调造价合约部与现场各方；确保现场的即时性；对隐蔽工程等重大节点进行跟踪记录；提前掌控施工过程风险，向合作企业（代建方）提出合理化建议。

服务组织部门职责详见图4。

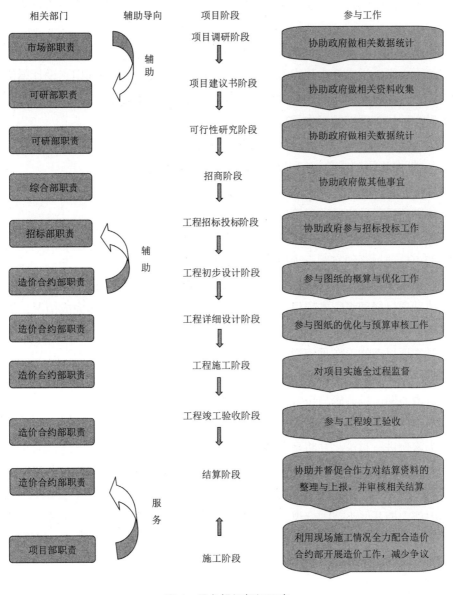

图4 服务组织部门职责

2.3.2 各部门经理职责

1. 项目经理职责

（1）项目经理对项目实施中的所有问题向公司负最终责任。

（2）根据公司项目组织机构编制要求，确定项目组织机构和人员安排，落实各管理人员职责，组织项目部开展工作。

（3）执行委托单位发布的各项指令，接受委托单位的指导、检查、监督。

（4）确定项目管理部的组织构架，明确各部门的工作范围、工作要求及工作目标。

（5）组织本项目工作周例会，检查指定业务工作完成情况，贯彻实施公司及本项目管理部门的规章制度。

（6）负责建立项目合同管理体系，严格履行合同管理任务，处理好与乙方的合同争议和纠纷。

（7）严格执行委托单位制定的动态成本管理制度，并负有领导和实施职责。

（8）负责组织工程实施中政府有关部门、市政部门、公用事业部门、设计单位、施工单位、监理单位等各方面之间的综合协调工作。

（9）对本项目管理部的工作承担责任。

（10）主持处理项目重要的工程管理和技术性问题。

（11）定期向公司和有关部门提交项目实施的情况报告。

2. 项目副经理职责

（1）协助项目经理完成项目管理部日常工作。

（2）负责本项目管理部内部管理及项目的日常领导管理工作，负责各体系建立、综合协调工作和审核项目管理方案、项目管理计划及其他计划。

（3）定期或不定期向项目经理汇报项目工作情况和效果，及时反馈和研究处理重大问题。

（4）协助项目经理组织本项目部工作周例会，检查指定业务工作完成情况，贯彻实施公司及本项目管理部门的规章制度。

（5）对本项目部的工作承担责任。

3. 市场部与可研部经理职责

（1）负责前期市场调研与可行性研究的计划编制。

（2）走访或关注全国各地区旅游项目的实际情况，借鉴与本地区相符合的一个或几个旅游项目为案例进行讨论，并将合理性建议提交至政府相关部门。

（3）对施工中的各设备、材料价格进行市场走访询价，实时与造价合约部保持紧密的配合。

（4）内部定期开展小范围会议，检查指定业务工作完成情况，贯彻实施公司及本项目管理部门的规章制度。

（5）对本部门的工作承担责任。

4. 招标部经理职责

（1）负责本项目中合作企业（代建方）招标文件的审核工作。

（2）建立和完善审核流程，审核是否按相关法律法规实施，对不同单项工程的不同招标文件的招标方式及合同条款进行逐一审核。

（3）扩大信息渠道，公平、公正地选择供应商，降低工程成本和管理成本，根据工程特点向合作企业（代建方）提供承包商、供货商等公司名单及相关的公司资料，供合作企业（代建方）参考。

（4）建立和完善采购信息，建立《合格供应商名册》，保证工程质量，规避风险。编制招标文件标准文本、评标标准、相关表单。

（5）协助甲供材料采购招标投标和合同签约工作，确保按计划实施。

（6）定期检查合同履约及现场执行情况。

（7）公正、公平地考核供应商合同履行情况，收集各方面信息。

5.造价合约部经理职责

（1）对整个项目需造价合约部参与的各个阶段，列出项目实施计划，报项目经理审批。

（2）负责本项目调研阶段及可行性研究阶段项目估算的协助工作。

（3）负责本项目初步设计阶段涉及概算的编制工作，并提出优化设计的合理性方案或建议。

（4）对详细设计阶段做好协助预算编制与审核的工作，对编制依据及编制方法提出合理性方案或建议。

（5）提前向市场部提交需要询价的主要材料、设备明细表，便于市场部及时询价。

（6）对施工中的变更、签证等进行测算工作，避免后期工作堆积。

（7）对项目实施过程中专项施工方案的探讨，对增加的方案进行造价核算。

（8）合理安排专业人员对各个阶段的工作按时、按质及各方相关要求完成。

（9）严格执行公司标底编制流程、跟踪流程、结算审核流程的业务操作手册。

（10）严格遵守公司其他业务制度。

（11）部门经理对本部门出具的过程成果或最终成果承担质量责任。

6.项目部经理职责

（1）实时跟踪现场施工进度情况，对现场发生的设计变更、现场签证及时核实。

（2）对影响造价重大节点的施工情况进行跟踪，记录并留存影像资料，定期与造价合约部经理进行沟通与交流。

（3）项目实施过程中时刻跟踪是否按图纸或其他资料要求施工，如未按要求施工，主要是影响造价减少部分，及时告知监理单位、合作企业（代建方）等各方并进行整改，留存影像资料后及时与造价合约部经理沟通。

（4）跟踪关注施工其他情况，避免出现偷工减料、更换材料等现象的发生。

（5）参与合作企业（代建方）组织的相关工程会议以及监理单位组织的监理例会，了解工程的进度计划与实施计划。

（6）及时联系造价合约部参与对项目实施过程中专项施工方案的探讨。

（7）负责办公生活设施的提供、计算机网络设备与服务，负责交通、车辆的提供与保管，负责会务场所安排及相关后勤服务。

7.造价主管工程师职责

（1）负责审查本项目工程计量和造价管理工作。

（2）审查工程进度款，提出审核意见。

（3）审查合理化建议的费用节省情况。

（4）审核工程进度用款和材料采购用款计划，严格控制投资。

（5）严格控制工程投资成本在预算范围内，对成本控制过程负责。

（6）编制工程投资完成情况的图表，及时进行投资跟踪。

（7）对有争议的计量计价问题提出处理意见，提出索赔处理意见，对工程变更对投资的影响提出意见。

（8）收集、整理投资控制资料，编制投资控制台账。

2.3.3 专业工程师职责

1.土建主管工程师职责

（1）掌握本专业工程图纸内容和工艺要求、材料的选用要求，负责本专业范围内工程图纸的全面审核。

（2）掌握建筑结构专业工程与相关给水排水、电气、暖通工程之间的关系。能够合理运用专业知识技巧，使建筑工程施工达到设计要求、装饰美观、使用方便。

（3）能够掌握建筑结构相关的专业知识，并熟悉相关工程的专业知识，能够合理建议设计工作、工程安装工作、工程材料的选用，达到建筑结构系统的功能和品质要求。

（4）掌握建筑工程的规范要求，并能够合理运用，确保工程质量。

（5）能够在现场协助监理单位、施工单位的工作，确保工程进度在整体工程进度计划的控制范围之内。

（6）协调计划执行中的问题。

（7）协调、组织、参与工程建设中的地基与基础工程、主体结构、竣工等验收。

2.安装主管工程师职责

（1）掌握本专业工程图纸内容和工艺要求、材料的选用要求，负责本专业范围内工程图纸的全部审核。

（2）掌握安装专业工程与相关土建工程之间的关系。

（3）能够掌握相关的专业知识，并熟悉相关工程知识，能够合理建议设计工作。

（4）掌握相关的配套知识，熟悉政府相关部门的管理办法及法规规定。

（5）掌握相关规范并熟悉电气法规，并能够合理运用。

（6）严格控制专业工程投资成本在预算范围内，对安装成本控制过程负责。

3.信息管理员职责

（1）负责整理工程前期的各种资料。

（2）负责收集及传达政府部门和建设单位的有关文件。

（3）负责来往文件、资料的收发管理工作，保证本项目管理部使用的所有文件和资料的有效性，并进行必要的标识。

（4）做好本工程的工程资料并与工程进度同步进行。

（5）工程资料应认真填写，字迹工整，装订整齐。

（6）登记保管好各种书籍、资料表格。

（7）收集保存好公司及相关部门的会议文件。

（8）及时做好资料的审查备案工作。

3 服务的运行过程

某文化旅游综合体项目，咨询服务贯通整个过程，主要运行过程如下：

（1）调研阶段、建议书阶段及可行性研究阶段，星原河北项目管理有限公司受某市政府邀请参与该阶段的相关协助工作，在市场走访、估算编制、可行性研究编制方面提供了大力支持，整个过程中虽对此部分未出具相关书面报告以及签订相关合同，但在过程中提供的相关建议得到了委托单位的认可。对此，星原河北项目管理有限公司也在此方面得到了有效的经验积累。

①提供类似以往工程的相关指标信息，如办公楼综合指标、桥梁综合指标、各大空间的商场综合指标、外网及绿化等综合指标供委托单位参考。

②为政府部门提供框架合同及协议的建议稿，草拟相关条款，为后续政府谈判工作做好铺垫。

（2）确定合作企业为某集团有限公司，并就拟合作的项目协助政府与其签订补充协议书，并接受政府职能部门的正式委托，开始对该项目进行前期及施工过程阶段的服务。

①根据方案图，指导合作企业提供结构（混凝土含量）、门窗（窗地比）、公共部位精装修、室外管网及园林景观等经济技术指标，协助其进行目标成本测算工作。采用"一附图、一测算"模式，如创客中心测算表（图5）。

②方案阶段协助提供类似项目的设计结构指标，供合作企业进行限额设计。

③协助合作企业进行目标成本编制工作，提供景观、绿化、精装修等目标成本的控制建议。

④根据扩大初步设计图计算混凝土含量、窗地比及景观绿化等成本指标，与该项目相关的其他方案测算相比，或与同类型项目的成本指标相比，提出优化建议，供合作企业参考。

⑤单体施工图阶段：新开工项目需对7个指标进行成本对标，7个指标为标准层钢筋含量、标准层混凝土含量、窗地比、地下室层高、地下车位平均面积、地下室钢筋含量、硬景面积。根据出图时间的先后，建议合作企业成本人员分阶段发起委托。咨询单位在接受咨询委托书和施工图后，分阶段提供成果，并规定好时间要求与质量要求。相关指标表格模式见图5。

创客中心	面积	砌块墙(m³)	外墙面(m²)	地面(m²)	窗(m²)	公共部位(m²)	钢筋(kg)	混凝土(m³)	模板(m²)
-2F									
-1F	519.06	174.85	0.00	530.59	170.64	30.64	89833.09	985.75	4191.53
地下合计	519.06	174.85	0.00	530.59	170.64	30.64	89833.09	985.75	4191.53
含量		0.34	0.00	1.02	0.33	0.06	173.07	1.90	8.08
1F	547.10	67.91	486.63	561.97	151.78	71.04	33277.92	225.02	2026.51
2F	512.88	67.91	459.52	561.97	128.34	26.60	31423.75	212.48	2026.51
3F	512.88	67.91	459.52	561.97	133.74	26.60	31423.75	212.48	2026.51
4F	512.88	67.91	459.52	561.97	133.74	26.60	31423.75	212.48	2026.51
屋顶	217.34	72.06	455.06	216.34	75.40	0.00	16598.00	113.87	1124.64
地上合计	3328.84	479.52	3239.29	3588.16	890.48	204.04	206994.67	1401.29	13283.70
含量		0.14	0.97	1.08	0.27	0.06	62.18	0.42	3.99
合计	3847.90	654.37	3239.29	4118.75	1061.12	234.68	296827.76	2387.04	17475.23
含量		0.17	0.84	1.07	0.28	0.0610	77.14	0.62	4.54

图5　创客中心测算表

⑥单体施工图阶段：测算指标，验证设计的经济性管理。

⑦协助配合部品（栏杆、门窗等）、建筑外立面、室内精装修的方案测算及优化工作，对具有代表性或可推广性的优化方案进行案例编写。

（3）自（某）合作企业招标投标起，开始形成某部门委托的监督、建议权，对该项目的各个过程进行跟踪监督，并为合作企业提供合理化建议与意见。

①工程总承包招标，确定某建设有限公司、某设计集团有限公司联合体为施工单位和设计单位，并签订合同。因工程项目紧急，施工单位为费率合同，设计单位为总价合同，并对工程开展设计与施工。在该阶段中，星原河北项目管理有限公司建议虽为费率招标，但结合以往项目费率招标方式简单、快捷，但过程中争议不断，为便于过程造价控制，对合同条款中进度款、结算条款等提供详细的相关建议及意见，得到委托单位及合作企业的共同认可。

②设备招标，确定某数字科技有限公司为中标单位，合同施工费用为总价合同，设备合同为费率合同。在该阶段，星原河北项目管理有限公司协同合作企业走访市场，对上海市、深圳市等地的大型设备厂家调研相关情况，因全国市场上有此资质的设备公司较少，针对第一轮招标流标的情况，星原河北项目管理有限公司建议约谈2家企业，采用邀请加谈判方式确定中标人，并协助合作企业完成该招标资料的备案工作，同时谈判过程中因设备细节难免会有改动，也建议合同采用效果单价的方式结算。

③主题装饰包装及主题景观设计、施工一体化项目，中标单位为某建设集团，该部分的重点及难点在单价上，所以星原河北项目管理有限公司建议该部分可以采用单价招标，工程量暂估，编制模拟清单招标。

④招标文件、合同条款审核：在各阶段招标期间也对招标文件及合同条款进行了审核并提供了建议。

⑤招标图纸的管理：协助其建立图纸审核的电子及书面台账；拿到招标图纸后先组织内部专家进行图纸会审，并将会审结果通过电子及书面形式提交星原河北项目管理有限公司及合作企业。

⑥图纸会审及优化：进行全面图纸会审，编制电子及书面图纸会审纪要；通过会审，预先发现图纸的错、漏、碰、缺，提出问题的合理化建议。

总体来讲，前期阶段的工作虽对成果的准确性要求不高，但是通过大量的工程数据收集、计算、对比等工作，为该项目后期工作顺利开展带来很大的方便。因本阶段的工作涉及大量的表格，本文中不再一一展示。

（4）施工过程阶段

该项目施工的三大板块，总承包最先施工，待达到设备施工条件后，设备施工单位进场施工，主题装饰包装及主题景观设计随后施工。

①在各个阶段按公司规定及相关流程制定详细的项目跟踪实施方案，并经提交委托单位审核并交换相关意见。

②预算价的审核与指标分析：对各承包单位上报的预算内容进行详细审核，并做出指标分析，建议各承包单位优化部分不合理内容。

③及时估算，提供变更、签证的合理化建议；设计和工程人员发起指令单后，现场咨询自行处理或转交其他专业人员处理，同时判断是事先还是事后审批。造价咨询审核时间最多不能超过2d。现场咨询需按变更、指令估价表的预估费用及时录入项目集成台账中。现场发生索赔或反索赔时，协助收集整理相关数据资料，结合现场情况，协助委托单位编写索赔条款或反索赔应对策略，必要时参加谈判工作。

④审核设计变更与现场签证流程符合性。审核设计变更与现场签证内容准确性、严谨性；收到变更、签证指令单后，合作企业现场咨询应与经办工程师充分沟通，结合合同条款与现场实际情况，掌握隐蔽工程、返工、拆除等审核控制点，做到计算依据充分、价格及工程量来源描述清晰；对具有代表性的变更、签证，按照合作企业要求的格式编写案例，上报时做到一单一算。

⑤材料询价：本阶段发生了大量的材料价格，部分与预算时期的材料价格不符，事前根据委托单位和合作企业确定的材料价格样品进行询价、定价，材料、设备品种达千余项。

⑥付款：因咨询单位是受某部门委托，故对合作企业向施工单位如何付款不介入，但如合作企业有要求可以提供相关的建议。咨询单位对整体上报的进度进行复核。

⑦台账：对上报的内容审核后，建立整体台账，包括自前期开始到施工直至竣工，一目了然。

（5）预结算管理

对上报的预结算资料的流程、资料的完整性、及时性与准确性进行审核，按照委托单位的要求进行预、结算审核，出具审核报告，并提供成果文件。

（6）其他内容

①收集有关工程造价的法律法规、相关文件，及时告知合作企业，对于可能影响项目

造价的情况要做出影响分析，向合作企业预警，并汇报委托单位。

②随时提供材料、设备、工程等造价信息的咨询。

③如合作企业提供专业管理的相关培训，咨询单位也会参加学习，接受合作企业关于制度等方面的培训，并提出合理化建议。

④咨询单位需每月向委托单位提供月进度情况汇报。

4　项目管理成效

4.1　前期阶段成效

在市场调研、建议书、可行性研究阶段为政府提供相关的辅助工作，促使招商工作有序顺利地进行，并得到政府对星原河北项目管理有限公司能力的认可与赞同，为下一步施工中的跟踪工作做了一定的铺垫。

该项目合作企业投资估算 16 亿元，包括土地成本 8734 万元。前期成本，包括土地勘察、项目策划、项目规划设计及"三通一平"等费用共计 5497 万元；项目土建及配套 49480 万元；装饰景观工程，包括室内主题装饰工程、室外景观工程、室外装饰工程、景观包装工程费等，共计 30626 万元；设备设施 41560 万元；管理费用 1500 万元；财务费用 11025 万元；不可预见费，按前期工程和建安景观工程总额的 3% 计算，合计 3380 万元；项目总投资估算为 151802 万元。通过过程测算及签订合同额，项目总投资为 135600 万元，因过程中政府也会结合相关协议以投资额和施工进度为基数批复补贴款，因此也规避了批超风险，同时，合作企业也达到了节约成本的目的。

4.2　招标投标阶段成效

协助合作企业（代建方）对总承包工程、设备施工、主题包装施工及主体景观设计、施工一体化进行招标工作，给出合理化建议并得以采纳，取得了良好的效果，也得到合作企业的赞许。

4.3　设计阶段成效

设计阶段，提醒合作企业对设计单位出具的图纸进行初步概算编制，并参与了概算的审核工作，给出优化设计的合理方案及意见，合作企业对部分方案及意见给予采纳，并大大优化了建设成本。

例如，与设计单位沟通、修正的图纸设计问题主要有：抗震等级总说明与单体设计不一致、结构标高不一致、局部装修做法不明确、对设计冲突、多余的项目进行取消、节点标注错误进行修改等，为项目节省了约 1000 万元的资金投入。

4.4　施工阶段成效

（1）施工阶段，施工过程中难免会出现一些变更、签证等资料，提醒合作企业对施工单位提出约束要求，保持变更、签证达到一单一预算，并结合相关依据对预算进行审核，保证了资料的有序、完整性。

（2）对施工过程中的专项施工方案或其他方案，提醒合作企业要求施工方上报相关增加造价的方案，同时需附加相关的预算文件或费用增加明细，并予以审核，如达到市场常规增加的费用，要求其对方案进行优化，这也大大减少了建设成本的浪费。

例如，对施工方案进行经济分析，并对方案中涉及的造价进行测算，如数额太大，及时告知合作企业通知施工单位进行整改。如因现场发生大量的土方开挖与运输，原方案按厂区内倒运平均运距2km，咨询单位根据各单体栋号的土方开挖及回填需求状况向合作单位提供合理的厂区内土方倒运线路图，平均运距为1km以内，节约造价530万元。

（3）对施工现场的监督管理。现场管理人员不定时地跟踪现场，行使监督职责，对现场所有材料等必须与资料要求的相符，否则进行拆改且不增加费用，避免了施工单位偷工减料、偷换材料现象的发生，从而在保证质量的前提下又减少了建设费用。

（4）对施工现场索赔内容的审核。在施工过程中，难免会因政策性原因而导致赶工现象的发生，施工单位往往增加相应的赶工费用，咨询单位给出相关的赶工费用计算方法与依据，保证了施工的有序进行。

（5）在施工期间，咨询单位对材料价格、设备价格进行市场走访，除向合作企业提供施工期间的材料询价单外，还提供相应的供应商联系方式与地址，以供合作企业参考，这样既节省了时间成本，又节约了费用成本。

4.5　竣工结算阶段

工作量在过程阶段已基本完成，从而大大缩短了结算时间，节省大量时间去完善资料、解决争议。

通过预结算以及过程的监督控制，结算额低于合同额，主要经济指标（不含外景指标）详见表1。

主要经济指标（不含外景指标）　　　　　　　　　　表1

序号	项目名称	建筑面积(m²)	单方造价（元/m²）			
			土建	娱乐设备	主题包装	合计
1	创客中心工程	3847.90	3393.82		2162.38	5556.21
2	魔方谷工程	31977.94	3779.72	11045.25	2162.38	16987.36
3	轩辕里 A1 工程	19825.50	2114.64		2162.38	4277.03
4	轩辕里 A2 工程	4045.30	2156.43		2162.38	4318.81
5	轩辕里 A3/A5 工程	4547.10	1937.41		2162.38	4099.79
6	轩辕里 A4 工程	2267.50	2382.72		2162.38	4545.11
7	轩辕里 A6 工程	13585.20	2590.85		2162.38	4753.23
8	孤竹驿 B1 工程	14864.00	2102.29		2162.38	4264.67

序号	项目名称	建筑面积(m²)	单方造价（元 /m²）			
			土建	娱乐设备	主题包装	合计
9	孤竹驿 B2 工程	3489.20	2149.50		2162.38	4311.89
10	孤竹驿 B3 工程	4659.00	2196.60		2162.38	4358.98
11	孤竹驿 B4 工程	32329.29	2459.47		2162.38	4621.85
12	艺宿区 C1-C28 工程	14493.00	1933.55		2162.38	4095.93
13	轩辕岛工程	4224.50	2137.13		2162.38	4299.51
	合计	154155.43				

该项咨询服务宗旨是以投资控制为主线的全过程工程咨询服务，目的是为委托单位和合作企业节省资金，预测并解决项目中可能发生或者已经发生的争议事项，使得项目在节省成本的前提下有序、顺利进行。通过本次服务，该项目在投资控制上也取得较大的成效。

某新建医院全过程造价咨询实践

刘蕊，王克辉，曲颖，魏育红（河北建友工程咨询有限公司）

1 项目基本概况

1.1 概况

该项目位于某省某市，包含 1 号门诊楼建筑面积 8255.76m²、2 号住院楼建筑面积 8530.87m²、3 号康复楼建筑面积 3304.3m²、4 号地下车库建筑面积 7643.43m²、连廊建筑面积 156m² 等工程，其中地下车库按平战结合的原则进行设计。最高投标限价编制金额为 95224345 元，施工单位中标金额为 89816209 元，目前施工过程中施工单位报审签证金额约 380 万元，经河北建友工程咨询有限公司（以下简称河北建友咨询公司）审核后审定金额约为 120 万元，为建设单位严格把关，节省了建设投资。

1.2 复杂性

医院建筑系统区别于其他建筑系统的地方，在于它除了水电、暖通、空调以及室内外装饰装修外，还涉及医院本身的工作性质和业务性质所需要的一些气动物流、洁净净化、医用气体、放射性元素防护等相关系统，这些都是其他建筑所没有的内容，也是保证医院正常运行的必需系统，每一项内容对保护患者的生命安全都至关重要，所以一定要做好医院建设工程的施工质量管理工作，同时也要做好项目最高投标限价编制工作及实施阶段造价控制工作。

1.3 重点及难点

医院改扩建项目要在有限的空间中充分利用老建筑与周围的空地，在改扩建过程中对老院区的整体格局进行修正，融入新的人性化的设计理念，使患者感受到温暖和亲切。而在建设过程中各工程专业的协调、配合，与临床科室的交流，也是项目成功的重要条件。

2 服务范围及组织模式

2.1 服务的业务范围

按照与建设单位签订的咨询服务协议的要求，对该工程项目进行自施工招标阶段开始至工程实施阶段的造价控制管理，主要是两个阶段的造价控制管理：

（1）招标阶段：招标工程量清单、最高投标限价的编制。

（2）工程实施阶段：建设项目工程造价相关合同履行过程的管理，工程计量支付的确定，审核工程款支付申请，提出资金使用计划建议；施工过程中的设计变更、工程签证和工程索赔的处理；提出工程设计、施工方案的优化建议，各方案工程造价的编制与比选；协助建设单位进行投资分析、风险控制等。

2.2 服务组织模式（图1）

2.3 服务工作职责

1.业务经理

负责对咨询业务专业人员的岗位职责、业务质量的控制程序、方法、手段等进行管理。审阅重要咨询成果文件，审定咨询条件、咨询原则及重要技术问题；对最高投标限价编制成果质量、审核质量等负责。

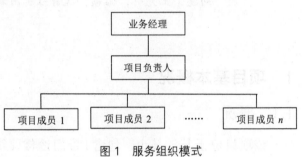

图1 服务组织模式

2.项目负责人

负责咨询业务中各子项、各专业间的技术协调、组织管理、质量管理工作；协调处理咨询业务各层次专业人员之间的工作关系；根据咨询实施方案，有权对各专业交底工作进行调整或修改，并负责统一咨询业务的技术条件、统一技术经济分析原则；动态掌握咨询业务实施状况，负责审查及确定各专业界面，协调各子项各专业进度及技术关系，研究解决存在的问题；综合编写咨询成果文件的总说明、总目录，审核相关成果文件最终稿，并按规定签发最终成果文件和相关成果文件。

3.项目成员

依据咨询业务要求，执行作业计划，遵守有关业务的标准与原则，对所承担的咨询业务质量和进度负责；根据咨询实施方案要求，展开本职咨询工作，选用正确的咨询数据、计算方法、计算公式、计算程序，做到内容完整、计算准确、结果真实可靠；对实施的各项工作进行认真自校，做好咨询质量的自主控制。咨询成果经校审后，负责按校审意见修改；完成的咨询成果符合规定要求，内容表述清晰规范。

2.4 服务人员岗位要求

1.业务经理

具有工程或工程经济类专业基础知识、工程或工程经济类（高级）专业技术职称，具有行业主管部门认定的从业或职业资格并取得造价工程师注册证书。具有丰富的实际工作经验，熟练掌握本行业的建筑经济政策规定，并且从事工程造价专业工作15年以上。

2.项目负责人

具有工程或工程经济类专业基础知识、工程或工程经济类（中级以上）专业技术职称，具有行业主管部门认定的从业或职业资格并取得造价工程师注册证书。具有丰富的实际工作经验，熟练掌握本行业的建筑经济政策规定，并且从事工程造价专业工作10年以上。

3.项目成员

具有工程或工程经济类专业基础知识，具有行业主管部门认定的从业或职业资格，熟练掌握本专业的建筑经济政策规定，并且从事工程造价专业工作经验。

3 服务的运作过程

3.1 过程造价咨询业务的服务依据

（1）国家和地方颁布的有关法律、行政法规、技术规范和标准。

（2）相关的定额、技术经济参数指标等。

（3）国家或有关部门颁布的有关项目前期评价的基本参数和指标。

（4）与项目有关的各类合同协议、设计文件和技术要求等。

3.2 过程造价咨询流程（图2）

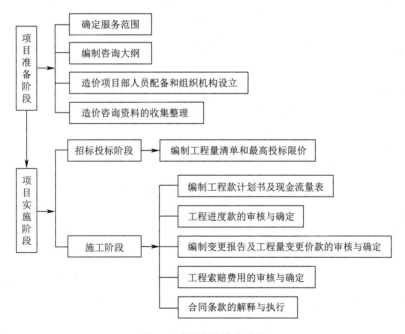

图2 过程造价咨询流程

3.3 工作组织管理

外部工作组织管理见图3。

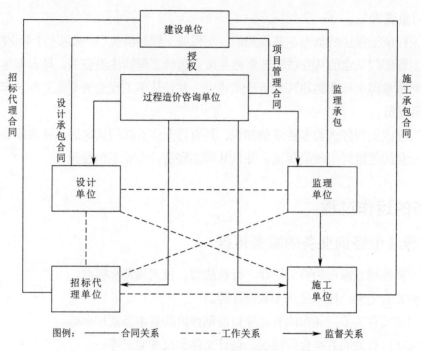

图例：——— 合同关系 — — — 工作关系 ——→ 监督关系

图3 外部工作组织管理图

在工作过程中，造价咨询人员既要分工又要加强合作，为了保证过程造价控制的顺利完成，必须重视组织协调，发挥系统整体功能。同时建设项目涉及建设单位、施工单位、造价咨询单位、监理单位、设计单位、招标代理单位等各个主体，造价咨询单位应组织、协调、处理好相关主体单位的关系，以使造价控制工作顺利开展。

3.4 项目管理过程

1.项目工程量清单、最高投标限价编制过程控制

招标投标阶段是项目建设过程中的一个重要阶段。在工程施工招标工作中，造价工程师向建设单位提供针对招标文件、评价办法和招标标底的咨询意见，尽可能参与到评标工作中，协助建设单位签订一份合理的、有利于投资控制的施工承包合同。工程招标过程对于确立工程造价及风险的分担极其重要。工程招标需要专业技巧和经验，招标文件中关于变更、价格调整、索赔、支付等经济条款是日后项目投资控制的依据与基础，通常造价工程师应根据工程特点提供合理化意见和建议，同时在合同签订之前向建设单位告知不同的"条款内容"的优缺点及严密性，以更好地保护建设单位的利益。例如当投标人根据某项工作不确定而采取不平衡报价时，造价工程师应提醒建设单位注意。

（1）重视招标文件与图纸的研读。最高投标限价编制一般应以定稿的招标文件、工程量清单为基础，按相关编制规定编制。在最高投标限价编制阶段加强招标文件研读，一方面可以获得与最高投标限价编制有关的信息，综合考虑招标文件中关于风险、责任等因素的规定，力求最高投标限价的计算口径和费用标准符合招标文件、施工条件与工程特点、质量和工期的要求，同时能准确反映招标人对工程造价的期望值；另一方面在充分理解招

标文件、熟悉招标设计图纸、审核招标工程量清单相关要素后，对招标图纸设计深度不足、要求不明确的内容，应及时提请招标人要求设计单位深化、完善，对工程量清单不准确的应及时调整，力求工程招标图纸所示内容与最高投标限价反映内容相一致，最高投标限价编制与市场价格变化相适应。

（2）重视现场实际条件的调查。在进行最高投标限价编制时，编制人员应重视项目实施现场的经济、地理、水文、地质、气候等客观条件和环境对工程造价的影响。在进行最高投标限价相关信息收集阶段重视现场实际条件的调查，力求最高投标限价的费用（特别是措施项目费用）内容完整。

（3）重视施工方案在最高投标限价编制中的作用。工程建设项目的施工方案与其工程造价有着密切的关系，在保证质量和满足工程建设单位使用要求及工期要求的前提下，常规施工方案所对应的工程造价是潜在投标人共同竞价的平台。首先，就分部分项工程而言，大多数由人工、材料、机械组成，不同的施工方法所消耗的人工、材料、机械也不尽相同，必须根据不同的施工方法选择相应的定额。其次，不同施工方案产生的措施项目及费用相差很大，对工程造价的影响不可忽视。再次，工程计价表中的定额不可能涵盖所有计量单位的分部分项工程所需的人工、材料、施工机械台班消耗量，必须根据常规施工方法进行适当的市场调研，以获得相关的造价资料，力求造价准确、合理，使潜在投标人看到合理的利润，才能确保建设单位的投资效益最优。

（4）当前，大部分造价咨询单位并未对此引起足够的重视，最高投标限价编制时没有事先编制常规可行的施工方案，而是由编制人员凭借以往的经验加以考虑，经常发生措施项目计列不合理甚至漏列少计，从而影响了工程造价的准确性。为保证最高投标限价的准确性、合理性，在进行最高投标限价编制时，要综合现场踏勘收集的资料，结合工程现场条件、工程施工难度、质量、安全、工期要求等实际情况，拟定常规可行的施工方案，并根据拟定的方案考虑工程实施的措施项目及相关费用，并考虑一定的风险因素，包干明确，以不低于社会常规施工管理和通用技术水平，鼓励先进施工管理和技术发展为准则，达到增加投资效益的目的。

（5）重视最高投标限价的审查。最高投标限价编制完成后，需要进行认真的审查。加强最高投标限价的审查，对于提高工程量清单计价水平，保证最高投标限价编制质量具有重要作用。目前通常做法是最高投标限价编制完成后，另外委托一家造价咨询单位对最高投标限价的整体计价水平及单项计价水平进行审查，以完成定稿的权威性审查。对投资额较大、工程相对复杂的项目宜同时委托两家造价咨询单位编制，由招标人主持，两家造价咨询单位就工程项目总价、分项工程总价、单位工程总价、分部分项工程单价、措施项目列项与计价、其他项目列项与计价进行逐一核对，确保分部分项工程综合单价准确、合理，措施项目计价合理、内容齐全，以提高最高投标限价的准确性、合理性。

2. 项目实施阶段造价控制

施工阶段时间比较长，造价咨询单位在该阶段的工程量比重也十分大。因此，现阶段建设项目施工阶段的造价咨询对造价所起的控制作用就显得至关重要。如果能够将以下工作内容通过建立合理的工作流程并付诸实施，将会事半功倍，同时也会收到较好的控制投资效果。

（1）工作内容

对于项目实施阶段的咨询工作，主要是对工程施工过程中形成的书面文件和既定发生的工程内容进行现场定位及跟踪管理等。主要工作为配合签订与调整合同价款，包括工程变更、工程洽商和索赔费用的计算。具体工作体现在以下几个方面：

①配合建设单位与施工单位签订施工合同，确定合同价款。

②深入施工现场，加强与建设单位的协调配合，制定现场造价控制的流程与措施。

③熟悉设计图纸，对影响造价波动的因素提前做好预控，对设计疏漏提出建议性意见，对影响造价的材料、设备、选型提出合理化建议。

④深入施工现场，利用造价咨询单位长期从事工程造价过程咨询工作积累的经验，对设计图纸中深度不够或可挖掘节约资金的部分，配合建设单位和设计单位进行方案的比选和优化。

⑤委派专人定期到工地实地了解工程进度情况、工程量完成情况以及工程洽商变更情况。

⑥量度及计算设计修改所引起的总合同造价的增减，向建设单位提供合理意见。

⑦协助建设单位进行施工中的洽商变更管理，对与施工单位有争议的问题进行协调，并向建设单位提出合理化建议。

⑧根据建设单位的要求参加有关工程造价及合同执行的工程会议及其他会议。

⑨对于招标文件及合同约定的项目内容，按照国家及地方颁布的计算规则即统一的工程项目划分方法、统一的计量单位及统一的工程量计算规则，根据设计图纸计算并予以统计、排列，从而得出审核意见，编制审核意见书及审核成果文件。成果文件的编制遵循客观、公正、科学、合理的原则。编制人员具有较强的预算业务知识，同时具备一定的工程设计知识和施工经验，以及材料与机械施工技术等综合性科学知识，在工程量计算时不重不漏。其中编制依据按照国家规定的工程量计算规则，以及工程子项划分、工程计算单位等规定，并根据设计图纸及招标文件的要求进行计算。不能出现漏项、错项，保证计价项目的正确性。

另外，河北建友咨询公司可根据现场施工情况，对施工过程中的变更、洽商等进行过程跟踪。这种过程控制包括重点项目跟踪和一般项目跟踪。对于重点项目，河北建友咨询公司将组织专门控制小组，对施工中的主控项目进行重点把关，对本周发生的工作内容重点跟踪。对于一般控制项目，也将实行月报制度，对本月的工程内容进行月总结，按月进度控制。争取在施工过程中把好经济关，力争做到现发生、现完结，为以后的审计工作做好积累。同时，对于工作中各方面的配合、协调、沟通和反馈提供便利条件，确保了工程的时效性。

（2）工作方法及工作程序

咨询业务操作一般由业务准备、业务实施及业务终结三个阶段组成。一般操作程序如下：

①为取得咨询项目开展的各项工作，包括获取业务信息、接受委托人的邀请、提供咨询服务书等。

②签订咨询合同，明确咨询标的、目的及相关事项。

③接收并收集咨询服务所需的资料、踏勘现场、了解情况。

④制定咨询实施方案，成立工作小组，确定项目负责人。

⑤根据咨询实施方案开展工程造价的各项计量、确定、控制和其他工作。

⑥形成咨询初步成果并征询有关各方的意见。

⑦召开咨询成果的审定会议或签批确定咨询成果资料。

⑧咨询成果交付与资料交接。

⑨咨询资料的整理归档。

（3）工作制度

为保证造价咨询服务工作的质量和效率，为了更好地为建设单位提供咨询服务，河北建友咨询公司造价咨询部门制定了相应的管理制度及保证措施。具体内容如下：

①努力学习国家法律法规和专业理论知识，掌握先进的技术手段，不断提高自己的政策理论水平和业务工作能力。

②严格遵守国家有关法律、法规和业务规范，做到遵纪守法、按章办事。

③忠于职守，勤奋敬业，自觉保护国家利益和维护委托单位的合法权益。

④遵守客观、公正、科学、合理的原则，保持严谨、稳健、负责的职业态度，严格按照合同、定额和有关政策法规进行咨询服务，确保咨询结果真实、准确和合法，要防止工作中的主观性和随意性，不得有欺诈、伪造、做假等行为。

⑤咨询人员不得私自对外泄露咨询情况和出具咨询报告。

⑥在咨询过程中发现重大问题应及时向上级报告，未经会议讨论研究确定前，咨询人员不得随意对外发表个人对该问题的看法和意见。

⑦咨询人员如与委托单位存在可能影响咨询工作公正、公平进行的利害关系，应当实行回避。

⑧在办理咨询业务工作中，必须按照有关规定程序办事，不准接受委托单位提供的可能影响公正咨询的任何好处或方便。

⑨不得谋取私利，擅自与委托单位就咨询项目的问题进行私下商谈或达成默契。

⑩不得擅自泄露委托单位项目的咨询结果和咨询过程的相关情况。

⑪自觉遵守公司规定的各项规章制度。

⑫外出办理有关咨询业务要事先请示领导批准，回单位后要及时向领导汇报。

⑬要严格按照操作规程进行咨询，和委托单位进行交流时，专业工程师不能少于2名，重要事项项目经理或部门经理应当参加。若需要领导参加和定案的，要事前把有关资料、情况和意见向领导汇报后再举行。

⑭不得利用工作之便为个人谋取私利。

⑮对知悉的国家秘密和委托单位的商业秘密，负有保密责任。

⑯服从工作安排，按时、按质完成工作任务。

3.5　项目管理办法

1.程序性资料

（1）施工组织设计中与造价相关的内容是否实际实施，若有变化，提示建设单位做出签证并说明以签证为结算依据。

（2）每一阶段计划工期是否与实际工期有偏差，引起偏差的原因，分清是否是建设单位原因，分清是否是关键工作，是否要给予工期延长。

（3）对过程中的施工措施项目进行实事求是的记录。

（4）督促建设单位、施工单位对必要的施工减少项目及造价降低项目及时做出变更签证。

（5）督促监理单位和建设单位记录结算容易争议的隐蔽工程施工方法。

2.重点关注内容

（1）土方工程：由于土方工程具有隐蔽性、事后无法测量等特点，因此在工程开工前，造价咨询单位应到现场实施勘察，确定土质类别，熟悉工程开工前的现场情况，由建设单位现场委派人员提供实际标高，并实地测量计算，确定不同土质、挖土深度、机械进场数量、土方外运距离、回填材料、配合比等，如在技术上可行，且有多种施工措施的，造价咨询单位应提供各种技术措施下的工程造价提交建设单位确定。

（2）地下室及基坑围护部分：基坑围护有多种方法，造价咨询单位将根据不同的施工方法编制预算，使建设单位选择合理价优的施工方法。该部分工程量采用图纸计算和实地测量方式确定。

（3）降水工程：应根据工程实际情况制定切实可行的降水方案，再根据方案控制工程造价。

（4）安装专业主要隐蔽工程跟踪：

①电气工程防雷接地、管线预埋等，是否与施工图纸、规范要求一致。

②电气工程预埋管、电线等所用材质、规格及敷设方式，是否与图纸、图集要求相符。

③做好隐蔽工程的查看和验收，涉及造价增减的，要做到图片、影像、文字资料齐全并存档。

（5）材料、设备的选购与定价。

材料、设备价格的控制是工程造价控制的重点，其控制内容和重点如下：

①对招标文件中明确参考品牌的材料，根据到场材料情况及时做好记录，对与招标文件中参考品牌档次相符的材料予以确定，对档次不符的材料按合同有关条款调整。

②在实际施工中，对进场的大宗材料及设备，根据其使用的厂家、规格、品种，跟审项目组认为有必要的可会同工程管理部门现场人员一起做好记录及采样。

③跟审项目组认为有必要的可直接对乙供材料做出市场调查，了解市场上同厂家、同品质的材料价格，并认真做好询价及报价记录，留下相关厂家的联系方式。

（6）工程变更的审核。

工程施工过程中工程变更一般由建设单位、设计单位、施工单位提出，无论哪一方提出的变更都要认真审查变更原因，严禁通过设计变更扩大建设规模、增加建设内容、提高建设标准。具体工作内容及重点如下：

①在施工过程中，对出现的工程变更及时做好文字记录，收集相关变更资料，作为造价控制的依据。

②对施工单位提出的变更，应严格审查，防止施工单位利用变更增加工程造价，减少自己应承担的风险和责任。区分施工单位提出的变更是技术变更还是经济变更，对其提出合理降低工程造价的变更予以确认。

③对设计单位提出的设计变更应进行调查、分析，如果属于设计粗糙、错误等原因造成的，建议向设计单位提出索赔。

（7）专业工程暂估价的审核。

该项目电气专业中存在专业工程暂估价（二次设计部分），这部分内容在具体实施过程中要看建设单位如何处理：①如果重新招标，那么需满足相关规定。②如果不重新招标，施工单位需根据专业工程设计图纸计算专业工程价格，并由建设单位确认后，方可调整合同价款。

（8）工程进度款的审核与支付：

根据现场实物进度工程量，按合同约定的支付办法审核工程进度款，并对进度付款提出参考建议，严格控制进度款的支付，杜绝超付进度款事件的发生。

（9）索赔费用的审核与控制：

根据索赔情况，查阅跟踪日志、施工记录、往来文件、会议记录、现场照片等索赔证据。按建设单位的要求，在规定时间内处理索赔事件。

3.主要措施

（1）跟踪人员应做到施工阶段每天到自己负责部位记录跟踪日志，跟踪日志至少应包含每天施工工作内容、是否发生了变更或签证、是否有与图纸或施工组织设计不一致情况发生等。

（2）建设单位现场人员应每天记录日志，日志至少应包含每天施工内容、是否发生了变更或签证、每天做了什么等。

（3）重点关注部位，建设单位现场人员应记录，跟踪人员尽量现场拍照及录像保存，如不能到现场应联系建设单位人员拍照及录像并保存。

（4）河北建友咨询公司全部跟踪人员与建设单位人员建立微信群，并建立金山协作文件，建设单位人员每天在金山协作文件上登录填写建设信息。河北建友咨询公司人员要及时了解自己跟踪部分的进度及变化情况，如果不能到现场要及时与建设单位现场人员沟通并索要必要的照片，作为结算及进度款审核的依据。

（5）跟踪人员和建设单位人员都要做好隐蔽工程的查看和验收，涉及造价增减的，要做到图片、文字资料齐全，及时办理确认手续并存档。

4.质量保证措施

（1）咨询服务执业人员专业技术能力保证措施

①执业人员必须遵守国家法律，遵守企业的各项规章制度，具有良好的思想品质和崇高的执业道德。

②执业人员必须持证上岗，具有5年以上专业技术经历，10年以上实际工作经验，工作责任心强，既能独当一面又能团结协作。

③执业人员必须熟悉国家和地方有关政策及法规，熟悉国家建设项目的建设程序，熟练掌握建设项目的经济评价方法，熟练运用估算指标、概算指标、概算定额、预算定额、费用定额等定额文件并具备其他相关业务知识。

④执业人员必须严格履行自己的审计职责，客观公正地独立完成自己的审计任务，正确处理国家、集体、个人的利益关系。

⑤执业人员必须服从领导、服从分配；时刻接受公司内部的纪律检查和纪律监督。

（2）咨询服务工作质量过程管理措施

①河北建友咨询公司质量保证体系以管理职责、资源管理、控制分析和改进质量过程控制为主线，通过过程管理的系统方法，使项目实施自始至终处于受控状态。

②各级人员必须具备相应资质的业务技术能力，胜任所赋予的职责要求，并具有实现质量目标、满足顾客需要和相关法规要求的意识。

③咨询过程中使用的所有仪器、工具都处于有效状态，确保输出数据的准确性。

④对项目采用的文件，包括法律、法规、技术规范、管理部门下达的文件、顾客提供的文件资料等作为咨询依据进行确定、批准和标识，确保文件资料的有效性和可追溯性。

⑤对咨询各阶段及关键过程进行监控，防止因程序未满足要求而产生不合格咨询成果文件。

⑥在各级质量策划中明确规定检验接受标准和责任人，通过质量体系的内部审核对咨询过程控制能力进行跟踪。

⑦通过对服务过程中的所有咨询成果质量反馈信息进行分析、整理、讲评，制定纠正和预防措施，促进质量保证体系不断改进。

（3）咨询服务工作质量控制程序保证措施

①根据项目特点和顾客要求，制定项目咨询实施方案。

②保证咨询基础资料的真实性、充分性、有效性，并做好标识工作。

③项目组成员必须具有本专业执业资格，审核人员在具备本专业执业资格的同时还应具有本专业高级职称以上的任职资格。

④项目组成员根据岗位职责分工，严格按项目咨询实施方案和《工程造价咨询业务操作指导规程》规范操作，杜绝操作上的盲目性、随意性。

⑤加强各专业间的整体配合与沟通，杜绝脱节或相互矛盾，保证咨询意见、咨询报告

的完整性。

⑥所有咨询意见、咨询报告在签发前必须经过校核、审核、评审三道审核程序，各级审核人员在校核记录单上列述审核出的问题，并及时反馈到原编审人员修改，修改后进行复核，复核后方能签署并提交下一级审核。

4 服务的实践成效

4.1 项目工程量清单、最高投标限价编制过程实践成效

工程实践证明，最高投标限价的合理性与准确性直接关系招标投标活动的顺利进行、合同价的合理确定、工程进展的顺利推进，编制过程中应注意依据准确、主体适格，最重要的是应从重视招标文件与图纸研读、现场实际条件的调查、施工方案的作用与加强最高投标限价成果审查等方面展开工作，以控制编制过程合理，进而使编制成果合理、正确地反映拟建工程项目市场价格水平，实现保护招标人长期利益的根本目的。

在最高投标限价编制过程中与设计单位紧密结合，在招标阶段将图纸中的各种问题暴露出来，在该阶段将图纸中的设计问题进一步消化，减少后期设计变更的发生，也可以避免施工单位利用设计变更进行不平衡报价。

在最高投标限价编制过程中已经结合现场实际情况把可能发生的各种情况，如基坑支护、降水、土方整体平衡、脚手架等在最高投标限价中均有体现，且最高投标限价是按项目最优的方案来编制的，这样既有利于后期工作的开展，也能减少项目实施过程中变更的发生，让整体投资控制在建设单位的掌控范围之内。

4.2 项目实施阶段造价控制实践成效

1.精心谋划，结合发展做设计

（1）设计要广纳意见和建议

应首选有医院设计工作业绩的设计单位承担医院规划设计工作。规划设计前深入开展调查研究，组织设计人员及相关人员参观学习，汲取兄弟单位成功经验之精华。

（2）设计要预留发展空间

医学科学快速发展的同时，医院设置的科室也在不断增加，加上人民群众对医疗服务需求的不断增加，因此要求医院建设医疗工作用房时要留有发展空间，以避免刚建好的大楼又满足不了工作的需求。

（3）设计要充分考虑主体与附属配套工程的协调对接

对主体工程进行设计时要为电梯、空调、医气系统、供暖、洁净净化等施工、安装预留空间，同时各附属配套工程设计，如智能化、手术室新风和净化、防辐射等专业工程设计应提前介入，与土建主体设计同步进行，以达成协调一致。各附属配套工程设计越是提前介入，越能更好地与医院业务功能配套，加快工程进度和减少返工的损失。

2.做好成本控制管理

（1）有完备的建设工程投资总额计划

医院建筑的平面使用功能复杂，配套工程多，意味着资金使用范围广，在做计划时应统筹纳入，以准备充裕的建设资金，统一办理工程立项报批手续，避免分散办理而耗费不必要的时间和精力。

（2）完善设计及施工方案

不完善的设计方案和施工方案中存在的缺陷，意味着变更和返工要增加工程造价，在施工前应会同设计单位、监理单位、施工单位、质监单位进行图纸会审和施工专项方案论证及优化。

（3）严格执行工程验收签证制度

再完善的设计及施工方案，在施工过程中也难免要做进一步的优化和调整，因此工程签证在所难免，而工程签证往往是增加工程造价的重要因素，所以工程签证要坚持实事求是的原则，要有据可查，明确原因，符合相关程序。

（4）做好跟踪审计

要按合同约定，编制切实可行的工程进度款支付审批流程，医院内部审计和外部审计同时进行。确保工程实际完成情况和申报的工程量符合工程量清单报价，以杜绝弄虚作假情况的发生，确保建设资金安全、合理使用。

（5）采取技术措施控制工程成本

除了要求设计人员在施工前必须严格进行设计论证、完善设计及施工方案、减少设计方案和施工方案中存在的缺陷、避免变更和返工增加工程造价外，技术人员也应从合理角度对技术措施、工料节约、机械利用率、工序合理安排、工程质量等方面进行全面控制。例如采用新材料、新工艺降低成本。

总之，科学合理地做好医院的改扩建工作，是实现医院可持续发展策略的基本保证，是加速现代化医院建设进程的必然条件。医院建设工程项目施工管理具有系统性特点，其管理既包括行政方面，同时又涉及专业技术方面，我们不仅应重视项目施工管理，同时也应系统全面地了解相关政策与法律法规，重视施工安全管理，从各环节严抓落实，做好细节管理，及时发现问题并加以解决，实现医院建设工程项目质量的全面控制与管理，切实提高医院建设项目管理的质量水平。

某地科技转化基地项目全过程工程咨询案例实践

来春晖，彭祥俊，宋志红，张文霞（瑞和安惠项目管理集团有限公司）

摘　要：某地科技转化基地工程位于河北省某市高新产业园区内，占地面积约766亩，其地理位置居于某高速连接线西侧，交通十分便利。

本项目采用委托第三方的项目管理模式，瑞和安惠项目管理集团有限公司作为被委托单位，对项目的前期、实施过程及竣工验收开展项目管理工作，在项目前期手续办理过程中协助建设单位办理项目前期各项手续，实施过程中采用公司自主研发的"惠管理"平台对项目质量、安全、进度、投资等方面进行精细化管理，同时为保证项目进度等各项目标的顺利实现，该项目采用了BIM技术，建模完成后，利用BIM技术对装配式构件、管线综合、室外管线施工等进行三维可视化管控，保证项目高效有序地推进。

1　项目背景

在全球抢占低碳经济发展战略高度的趋势下，河北省某市积极打造"低碳工业园区"，环境保护产业（以下简称环保产业）既作为国家循环经济示范区的产业发展方向，也是全球范围内的朝阳产业，作为该市工业区高新技术产业的基本产业构成。环保产业园配套标准厂房主要为了满足低碳、绿色、节能、环保产业产品的技术研发及生产制造的需求而设置，将配备与高新环保技术产业相配套的各类技术研发及生产制造设施，与环保产业园配套服务基站等高新技术产业项目共同构成完善的工业区技术研发及生产制造系统。

该项目为全面满足企业投入使用节点的需求，加快施工进度，项目采用了装配式结构形式，项目如期实现了交付节点，同时在实施过程中采用BIM技术辅助对目标进行管控。

2　项目简介

2.1　项目概况

项目总建筑面积的119622m²，其中地下建筑面积约19906m²，地上建筑面积约99716m²，建筑占地面积约23349m²。建筑局部最高11层，最低6层。建筑高度45.3m，地下一层（车库和设备用房）层高4.8m，首层层高4.8m，标准层层高3.9m。水平构件楼板（卫生间除外）及楼梯采用装配式预制构件，地下1层，地上10层，地下层功能主要为地下车库和设备用房；地上部分均为办公室，定位为科研综合体。

2.2　管控目标

（1）质量目标：单位工程质量均满足国家标准规范，并一次性验收合格。

（2）进度目标：按合同规定工期完成工程项目。

（3）投资控制目标：加大投资控制力度，工程各阶段、各单项工程费用支出与形象进度相协调。

（4）安全目标：无重大安全责任事故。

（5）文明施工目标：创施工文明工地，满足河北省有关规定要求。

2.3　重点及难点

（1）单体规模大、占地面积大。该项目单体体量大，主体建筑长度大于300m，为保证工程结构安全，施工过程中一方面按照设计要求做好留置变形缝，另一方面大体积混凝土浇筑过程中采用一系列防止混凝土开裂的防治措施。

（2）工期紧。建设工期仅15个月，期间跨越冬雨期施工。

（3）管理挑战性高。在围海造地地基条件上建设，对地基处理要求严格，施工人员及参建单位众多，协调管理难度巨大。

（4）利益相关方较多。涉及建设单位、使用单位、项目管理单位、设计单位、施工单位、造价咨询公司、施工监理单位同时进驻现场组织施工，高效推进项目进度。

（5）该项目质量控制、进度控制、投资控制、安全控制、合同管理、信息管理、设计管理、前期管理、协调管理为技术控制难点及要点。

3　项目组织

3.1　项目组织模式（图1）

3.2　组织工作职责

3.2.1　项目经理岗位职责

（1）全面负责项目管理部的管理工作。

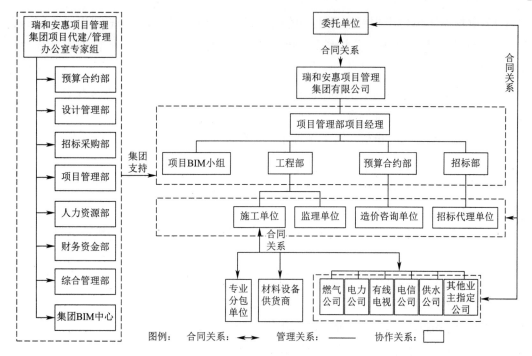

图1 组织架构图

（2）配合建设单位（下同）编制项目前期工作计划、工程项目建设总进度计划、成本规划书、工程项目年度资金使用计划、质量计划、招标和采购工作计划、沟通计划等。

（3）配合建设单位进行各阶段设计文件报批工作。

（4）确定项目的工作分解结构、组织分解结构及编码系统，确定项目管理部组织机构和组织形式。

（5）配合建设单位对监理、施工承包商、甲供材料及设备的招标与采购工作。

（6）组织制定项目管理部的规章制度。

（7）检查监督现场项目管理机构的工作，根据工程项目的进展进行人员调配，对不称职的人员进行调换。

（8）保持与建设单位的密切联系，建立与建设单位的沟通渠道，并将项目建设单位的意图及时向项目管理部贯彻。

（9）对项目实施中的各个环节进行调查、分析，组织编写专题报告和阶段性项目管理工作报告。

（10）负责施工过程的技术、质量、安全、进度的全面组织控制和管理，保证质量体系有效运行。

（11）负责项目质量保证计划、各类施工方案和安全文明施工管理方案的编制落实工作。

（12）协助技术负责人进行新材料、新技术、新工艺在该工程的推广应用和技术总结工作。

3.2.2 工程部职责

（1）审核施工单位提交的计划、方案、申请、证明、变更、资料、报告。

（2）审核施工单位上报经监理确认的周、月、年各级进度计划与总进度计划的符合性，对执行情况进行分析，分析结果和纠偏措施交项目办汇总，分析总进度计划执行情况。

（3）负责项目全过程的安全环境保护及文明施工管理，深入现场及时发现并处理可能发生或已经发生的工程质量问题。

（4）组织分部工程、单位工程、单项工程等分期交工工程的验收、设备调试及竣工验收工作。

（5）检查、监督并认真做好管理日记；如实填报原始记录；及时报告现场发生的质量事故、安全事故和异常情况。

（6）认真完成项目经理分配的项目要素管理工作，负责将已完工的检查资料、记录、文件等及时交给项目办保管。

（7）现场进度、投资数据收集及形象进度描述汇总等工作。

（8）负责对设计单位、监理单位和施工单位的月度考评工作。

（9）把分组编制的月报、周报、质量报告及部分专项报告进行汇总。

（10）负责督促施工单位工程实体资料的整理归档工作。

（11）工程洽商和签证的工程量确认工作。

（12）督促各方及时审核确定施工方案及变更方案。

3.2.3 预算合约部职责

（1）负责合同管理，完成合同起草、合同谈判、配合合同签订、协助解决合同争议等与合同管理有关的工作，监督施工合同、监理合同和设备材料采购合同等各类合同的履行情况。

（2）建立合同动态管理台账，监控合同实施情况，并对合同重点条款（如付款条款）归纳汇总。

（3）针对各单位的合同争议、索赔等问题，向项目经理提出初步意见。

（4）检查统计每月项目合同、造价执行情况，并整理汇总形成合同专项报告。

（5）编制资金使用计划、统计资金使用情况，定期进行投资分析，编制投资分析报告。

（6）负责协调管理建设单位委托的造价管理单位，审核其上报的各种报表，经项目经理签认后报建设单位。

（7）设计变更、工程洽商和签证的价格确认工作。

（8）按形象进度，定期到施工现场拍摄施工工艺资料，准确做到施工规范、施工方案、图纸三结合。

3.2.4 招标部职责

（1）结合项目总进度计划编制招标和采购计划。

（2）组织招标工作、设备材料采购；进行设备选型和购买国内外设备的技术把关。

（3）审查施工单位、监理单位报送的有关资格预审文件并提出审查意见。

（4）检查统计每月项目招标、采购工作运行情况。

（5）代表建设单位将招标投标情况、中标合同报相关建设单位主管部门备案。

3.2.5 项目BIM小组职责

（1）制定BIM应用的任务计划，组建任务团队，明确职能分工。

（2）组织相关BIM技术人员熟悉该工程的合同、各专业图纸和技术要求。

（3）根据该工程实际情况，组织制定切实可行的深化设计方案。

（4）参与建设单位、监理单位、BIM总包单位等的讨论、协调会议。

（5）组织项目部管理人员、BIM任务团队对该工程的BIM方案进行评审，确定具体实施方案。

（6）按照BIM技术应用标准和流程、评审确定的方案，组织BIM任务团队建立和优化该工程的各专业模型，并进行BIM应用点的具体实施。

（7）BIM技术应用跟踪总结管理，组织编制工程竣工总结报告。

4 项目管理过程

4.1 项目前期管理

（1）按照基本建设程序列出该区域、该项目的建设流程提交至建设单位。

（2）对建设项目进行项目建设策划。

（3）办理项目有关的立项、可行性研究、用地规划、工程规划、招标及施工许可证等项目的前期手续。

（4）协助建设单位进行勘察、设计单位涉及工程勘察内容、设计条件（含设计任务委托书）等的管理工作。

（5）对项目进行界面划分，协助进行工程施工、货物采购及服务的招标工作。

（6）协助建设单位进行合同谈判及合同争议的解决。

4.2 项目实施阶段

（1）投资管理。负责核定各项付款的支付请求和定期签发承包商的支付证明；负责完成工程计量，协助进行工程竣工结算和工程决算；负责审核工程变更、签证与索赔。

（2）进度管理。按照建设单位对总工期的要求，督促检查落实各阶段各单位进度实施情况；按计划进度进行动态管理，一旦发现进度超期趋向，及时查明原因，并提出纠偏意见、建议。

（3）质量管理。根据设计和合同要求，确定工程质量目标；督促相关单位制定相应质量保证体系，以及达到相应目标的对策措施；组织各类质量检查和验收。

（4）技术管理。督促监理单位组织施工图设计技术交底，审查签发交底会议纪要；涉及工期费用、建设标准或使用功能的应报建设单位认定；组织重大技术方案的论证。

（5）安全管理。督促、检查施工单位安全生产管理制度的建立和健全，协助建设单位与其签订安全生产、文明施工协议，落实安全生产责任制；定期组织检查安全生产措施落实情况；参加安全事故调查处理工作，督促、检查相关单位做到"三不放过"原则。

（6）合同管理。监督各方按合同履约，对合同执行进行跟踪监督管理。

（7）资料管理。负责工程资料的整理移交和归档。

（8）沟通协调。通过有效沟通，组织协调监理单位、设计单位、施工单位、设备材料供应商各方共同完成该项目的建设任务。

（9）BIM及信息化应用。

①主导和协调设计单位、总（分）包方、设备材料供应商、运维单位对整个项目过程进行信息化实施监督指导。

②部署"惠管理"平台实施应用。

③制定模型标准，督促深化模型的建立，并负责审核模型。

④制定实施阶段总体BIM应用规划及产生的成果，统筹参建单位的BIM应用规划，收集归档产生的文件。

⑤制定竣工模型的交付标准，并在施工过程中监控模型及信息的同步。

4.3 项目收尾阶段

（1）组织工程规划、防雷、节能、人防、消防、档案等专项验收及竣工验收，办理工程竣工结算。

（2）审查、接收施工单位及监理单位归档的技术资料，建立技术资料档案，并将完整的技术资料及工程验收备案资料移交建设单位。

（3）负责缺陷责任期内督促施工单位、监理单位履行相关责任，在缺陷责任期满后颁发缺陷责任终止证书。

5 项目管理办法

5.1 建立管控流程及相关制度

根据组织架构及相关职责建立适合该项目的项目管理流程及规章制度，并组织实施和纠偏，详见表1、表2。

流程体系表　　　　　　　　　　　　　　　　　　　　　　表1

序号	类　别	流　程
1		招标文件编制流程
2		工程合同审核流程
3	投资控制与合同管理工作流程	工程合同付款审核流程
4		材料设备价格审核流程
5		工程费用签证审核流程
6		设计变更费用核定流程

序号	类　别	流　程
7	投资控制与合同管理工作流程	变更设计费用核定流程
8		现场签证及索赔核定流程
9		竣工结算审价流程
10	技术管理工作流程	招标工作流程
11		项目方案设计管理流程
12		前期工作政府审批流程
13		项目报审一般流程
14		项目前期报审质量控制流程
15		项目前期报审进度控制流程
16		基本信息流程
17		外部联系文件处理流程
18		档案资料借阅流程
19	材料设备管理工作流程	其他材料设备管理工作流程
20		甲供材料设备管理工作流程
21		甲定乙办材料设备管理工作流程
22		甲认乙供材料设备管理工作流程
23		租赁材料设备管理工作流程
24	配套工作流程	临时水、电、气、通信等配套设施协调工作管理流程
25		市政基础配套设施全过程协调工作流程
26		市政基础配套设施实施过程中协调工作流程
27		规划配套设施协调流程
28		水、电、气、通信等后配套工作流程
29		其他需要配合协调的工作流程
30	工程管理工作流程	项目现场检查流程
31		工程协调流程
32		项目管理综合检查流程
33	安全质量工作流程	安全生产及文明施工管理流程
34		质量管理流程
35	综合管理工作流程	项目管理部考核流程
36		信访 / 接待工作流程

序号	类　别	流　程
37	综合管理工作流程	会议纪要发放流程
38		办公室用印流程
39	工程信息系统工作流程	工程信息系统开通流程
40		BIM 应用流程

制度体系表　　　　　　　　　　　　表2

序号	类　别	管理办法／制度
1	投资控制与合同管理制度	招标管理办法
2		工程合同管理办法
3		资金拨付管理办法
4		签证费用管理试行办法
5		变更及索赔管理试行办法
6		竣工结算工作管理试行办法
7	技术管理制度	设计管理工作框架
8		前期工作管理大纲
9		文档综合管理办法
10	材料设备管理制度	材料设备管理办法
11		甲供材料设备管理实施细则
12		甲定乙办材料设备管理实施细则
13		甲认乙供材料设备管理实施细则
14		其他材料设备管理实施细则
15		租赁材料设备管理实施细则
16	配套工作制度	临时水、电、气、通信等配套设施协调工作管理办法
17		市政基础配套设施建设协调工作管理办法
18		供水、供电、供气等方案协调管理办法
19		其他需要配合协调的工作管理办法
20	工程管理制度	工程建设施工管理办法
21		工程现场日常管理办法
22		工程项目管理检查与考核办法
23	安全质量制度	安全生产及文明施工管理办法

序号	类 别	管理办法 / 制度
24	安全质量制度	质量管理办法
25		突发事件应急处理办法
26	综合管理制度	考核办法
27		来信 / 来访工作制度
28		人事管理办法
29		会议制度
30		办公用品管理制度
31		印章管理制度
32		档案制度
33		值班制度
34		劳动用品发放管理制度
35		车辆使用与管理制度
36	工程信息系统制度	工程信息系统应用实施考核办法
37		BIM 应用管理制度

5.2 WBS 工作分解

根据该工程特点及项目管理进行WBS工作分解，如图2所示。

5.3 责任矩阵分解

根据WBS工作分解进行责任矩阵分解，如图3所示。

5.4 项目前期工作管理的工作办法

场地"七通一平"工作的管理措施。由于该项目地理位置周边配套相对滞后，要实现施工场地的"水通、电通、路通"，主要组织好以下场地内、外两方面的工作。

场地外的工作主要包括施工临时用水、用电报装及与某地供水公司用水申请及施工场地排水口的申报工作。

1.施工临时用水报装工作流程

做好水资源调查→计算用水量、确定施工用水参数→ 制定施工临时供水方案 →报当地自来水公司批准 → 红线外供水管道及场内供水总表安装 →验收。

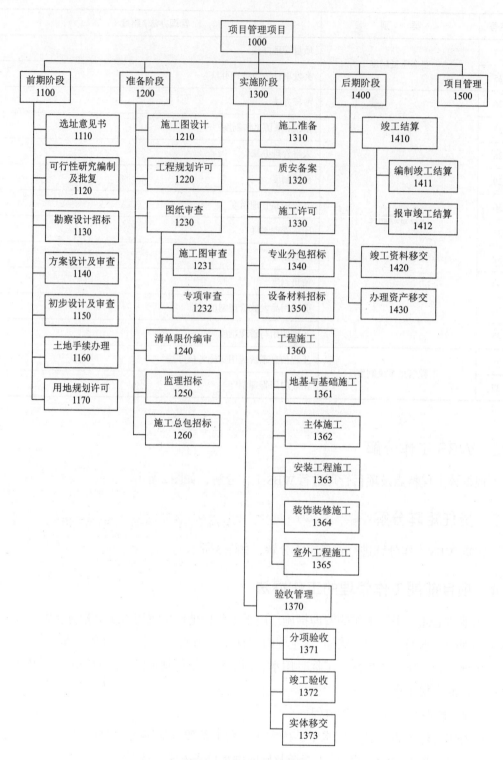

图 2　WBS 工作分解图

| WBS编号 | 工作内容 | 建设单位 | 项目管理部 | | | | | P批准 F负责 | J监督 X协助 | S审查 C参与 | |
			项目经理	预算合约部	工程部	BIM小组	招标部	设计单位	监理单位	施工单位	造价单位
1100	前期阶段										
1110	项目建议书	F									
1120	可行性研究编制与批复										
1130	勘察设计招标	J	P,S		X	X	F				
1140	方案设计及审查	P,J	P,S		X	F	X	X			
1150	初步设计及审查	P,J	P,S		X	F	X	X			
1160	土地手续办理	P,J	P,S		F	X	X	X			
1170	用地规划许可	P,J	P,S		F	X	X	X			
1200	准备阶段										
1210	施工图设计	P,J	P,S		X	J	X	F			
1220	工程规划许可	P,J	P,S		F	X	X	X			
1230	图纸审查										
1231	施工图审查	P,J	P,S		X	F	X	X			
1232	专项审查	P,J	P,S		X	F	X	X			
1240	清单限价编审	P	P,S	J	X			X			F
1250	监理招标	P,J	P,S	X	X	X	F				

图3　责任矩阵图

2.施工临时用电报装工作流程

做好电力资源调查→计算用电量、确定施工用电参数→ 制定施工临时供电方案 →报当地供电部门批准 → 红线外供电线路及场内变电柜安装 → 验收。

3.各类管线调查、迁移与保护工作流程

收集现场各类管线资料→管线位置探测→制定管线搬迁保护方案→报有关部门批准→组织方案实施→验收。

施工临时道路需施工单位结合场地布置图进行布置。

5.5　施工阶段进度控制措施

5.5.1　定期收集进度报表资料

进度计划执行单位应按照进度管理制度规定的时间和报表内容，定期填写进度报表。项目建设管理人员应通过收集进度报表资料掌握工程实际进展情况。

5.5.2　现场实地检查工程进展情况

项目建设管理人员应常驻现场，随时检查进度计划的实际执行情况，加强进度监测工作，掌握工程实际进度的第一手资料，使获取的数据更加及时、准确。

5.5.3　定期召开现场会议

参建各方必须定期参加现场会议，对建设的进展情况、存在的问题进行分析商讨，同时协调有关方面的进度配合。项目管理人员通过与进度计划执行单位有关人员面对面地交谈，既可以了解工程实际进度状况，同时也可以协调有关方面的进度关系。

5.6 质量控制措施

5.6.1 组织措施

落实项目经理部质量控制部门的人员、具体控制任务和管理职责分工；确定质量工作制度，包括质量协调会议举行时间、协调会议参加人员等；对影响质量目标实现的干扰和风险因素进行分析。

5.6.2 技术措施

采用可行的技术方案或方法来保证和提高工程质量。

5.6.3 合同措施

拟定合同质量条款，确定质量标准和检查依据，确定质量责任和义务，以及质量奖惩条款。

5.6.4 经济措施

严格按照不合格工程不进入进度款拨付项目，坚持只有监理检查或验收合格的项目才予以结算，对不合格的项目按照合同条款进行处罚或者扣减工程款。

5.6.5 信息管理措施

进行项目分解并建立质量体系，将质量目标与实际质量状况进行动态比较，定期向建设单位提供比较报告。

5.6.6 工程实施阶段的投资控制措施

（1）落实投资控制目标的管理部门和人员，建立计划值与实际值比较的投资控制工作程序，并采用计算机对投资控制进行管理。

（2）明确目标，做到"三控制"相互统一；实行质量、进度、工期投资三控制协调统一的管理。

（3）做好从工程招标开始到竣工决算中的投资计划值与实际值的比较工作。

（4）明确职责分工，做到责任到人。投资控制并非单纯经济工作范畴，应从组织、技术、经济、合同等多方面采取措施，保证投资控制的实现。在此基础上还应加强投资控制的信息管理，其中包括对概算、标底、招标文件、投标文件、合同文件、各种生产统计及财务报表、验工计价单、设备验收单、各种有关投资控制报告和记录的管理等。

（5）做好实际投入资金与合同价的动态比较。对索赔、现场签证、材料价差严格审查把关，并做好台账。

5.6.7 施工安全管理的控制措施

（1）建立健全工程项目安全生产制度。必须建立符合该项目特点的安全生产保障体系，参与项目的管理、监理、施工及相关人员都必须认真执行制度的规定和要求。工程项目安全生产制度要符合国家、地方、相关行业及单位的有关安全生产政策、法规、条例、规范和标准。

（2）落实安全责任，实施责任管理。实施安全生产责任制，以制度的形式明确参与项目的各级领导、各职能部门、各类人员在工程实施过程中应负的安全职责。做到"事事有其主，人人有其责"，实现"纵向到底，横向到边"。

（3）做好项目施工组织设计与技术方案的安全管理。要求施工单位在编制方案时必须考虑工程实际，编制可行的安全技术措施。该方案必须报监理单位、建设单位及监察部门审批，合格后应严格按照该方案实施。

（4）施工技术交底的安全管理。在开工前和施工过程中，要求并监督施工单位向施工人员认真进行安全技术交底。

（5）要求施工单位制定标准化的安全作业程序。坚决杜绝操作者在施工中行为的随意性、主观性和不安全性，在施工项目安全管理中，必须按照科学的作业标准来规范作业者的行为，以减少人为损失。

5.6.8 主要风险控制关键点措施

结合某地科技转化基地项目情况，对项目可能存在的风险进行识别及应对措施（表3）。

主要风险控制措施表　　　　　　　　　　表3

序号	现象	主要原因	阶段	处理措施
1	报建延误对工程影响	与政府有关部门及水、电、气等单位协调不够	报建阶段	提前与有关部门和水、电、气、通信等单位沟通，及时处理出现的相关问题
2	招标投标工作对工程影响	投标单位素质不相同	招标阶段	制定标准招标文件范本及招标流程，对招标文件进行评审
3	设计效果达不到建设单位的预期	信息不对称，对设计单位及设计人员未精挑细选	设计阶段	建设单位应严把设计单位及人员资质关，防止越位、空位及换位
4	设计单位造成的超投资	商业利益的驱使和按投资收费	设计阶段	建设单位应公开招标投标，事前确定标准，按面积收费，并与设计费挂钩
5	设计质量有所下降	工期紧，设计单位质量及技术管理力度不够	设计阶段	建设单位应与设计单位订立合理工期，采取切实可行的加快措施或现场设计，并督促设计单位加强三审制、事前控制及过程控制
6	潜在的质量隐患	设计规范之间、设计与施工规范之间不一致	设计阶段	建设单位可聘请专家咨询，聘请高水平的复合型工程师，并按顺序执行规范
7	新的难点和盲点	新规范与新工艺、新标准、新材料的大量采用	设计阶段	双方新资料准备宜齐全，考察论证宜超前，消化要及时
8	设计索赔与反索赔时有发生，延误工期，影响后续工作	设计缺陷和建设单位要求的设计变更	设计阶段	加强对法律的了解，明确各自的权利与义务，提高维权意识；建设单位应做好前期决策工作，杜绝不必要的变更
9	审图中心对设计的经济和优化往往不太关心，难以改变"少动脑筋，多用脑筋"的现状	其职责偏重建筑最基本的重大安全和使用功能的审查	设计阶段	独立的第三方进行设计优化、设计审核或设计监理

序号	现象	主要原因	阶段	处理措施
10	自然环境因素	超标准暴雨、地震等不可抗拒的自然力给工程带来不利影响	施工阶段	在工程施工合同中对此类风险进行说明，建设管理单位按国家相关规定只承担此类风险的由建设单位承担的部分，施工单位自身的风险自行承担，购买保险
11	天气状况	时间较长的中到大雨对工程的影响	施工阶段	加强与气象部门的联系，提前及时掌握天气状况，采取措施，调整进度计划
12	物价因素	因工程项目所需的主要材料价格在建设期内上涨而造成对工程的影响	施工阶段	建筑材料特别是钢材价格波动（上涨）较大，招标时明确要求施工单位充分考虑物价上涨的潜在风险，采用固定单价报价，从而避免物质变动风险
13	不良地质条件	在工程实施中，由于曹妃甸区域为吹砂造地条件的变化而导致工程变更，从而对工程进度、质量和投资造成影响	施工阶段	工程开工前对前期勘察资料进行详细复核审查，必要时进行补勘。施工中出现地质情况变化时及时组织设计、监理等单位进行设计变更，组织相关人员进行方案审查
14	工期风险	工程多种因素影响工期	施工阶段	分析影响工期原因，及时调整工期计划，严格执行新的工期计划
15	监理单位及施工单位风险	由于监理单位及施工单位资质、能力、财务状况及工作失职等原因对工程造成不利影响	施工阶段	招标前对监理单位及施工单位的资质、信誉、财务状况、设备及人员情况等履约能力进行详细审查，签订合同要求足额缴纳履约保证金
16	建设单位风险	由于建设单位财务状况、技术资料保证、设备材料采购、分包认定等原因使工程建设不能正常进行	施工阶段	在建设管理合同中明确双方的权利和义务、合同纠纷的处理方式等

5.6.9　BIM 技术应用（表 4）

各阶段 BIM 及信息化应用表　　　　　　　　　　　　　　表 4

序号	阶段	阶段工作内容描述	应用项
1	方案设计	本阶段目的是为建筑设计后续若干阶段的工作提供依据及指导性的文件。主要内容是根据设计条件，建立设计目标与设计环境的基本关系，提出空间构件设想、创意表达形式及结构方式的初步解决方法等	场地分析
2			建筑性能模拟分析
3			设计方案比选
4			虚拟仿真漫游
5	初步设计	本阶段目的是论证拟建工程项目的技术可行性和经济合理性，是对方案设计的进一步深化。主要工作内容包括：拟定设计原则、设计标准、设计方案和重大技术问题以及基础形式，详细考虑和研究建筑、结构、给水排水、暖通、电气等各专业	建筑、结构专业模型构建
6			建筑结构平面、立面、剖面检查
7			面积明细表统计
8			机电专业模型构建

序号	阶段	阶段工作内容描述	应用项
9	施工图设计	本阶段是设计单位向施工单位交付设计成果阶段，主要解决施工中的技术措施、工艺做法、用料等问题，为施工安装、工程预算、设备及构件的安放、制作等提供完整的模型和图纸依据	各专业模型构建
10			碰撞检测及三维管线综合
11			净空优化
12			二维制图表达
13	施工准备	本阶段是为建筑工程施工建立必需的技术和物质条件，统筹安排施工力量和施工现场，使工程具备开工和连续施工的基本条件。其具体工作通常包括技术准备、劳动组织准备、施工现场准备以及施工的场外准备等	施工深化设计
14			施工场地规划
15			施工方案模拟
16			构件预制加工
17	施工实施	本阶段是自现场施工开始至竣工的整个实施过程。其中，项目的成本、进度、质量、安全等管理是施工过程的主要任务，其目标是完成合同规定的全部施工安装任务，以达到验收、交付的要求	虚拟进度和实际进度比对
18			设备与材料管理
19			质量与安全管理
20			成本管理
21			竣工模型构建
22	运维	本阶段是建筑产品的应用阶段，承担运维与维护的所有管理任务，其目的是为用户（包括管理人员与使用人员）提供安全、便捷、环保、健康的建筑环境。主要工作内容包括设施设备维护与管理、物业管理以及相关的公共服务等	运维管理方案策划
23			运维管理系统搭建
24			运维模型构建
25			空间管理
26			资产管理
27			设施设备管理
28			应急管理
29			能源管理
30			运维管理系统维护
31	协同管理平台	协同管理平台是工程项目管理信息化整体解决方案的支撑平台之一，可以涵盖建设单位、设计单位、施工单位、造价咨询公司等单位的管理业务。在项目管理过程中，相关方应通过软件技术和网络建立项目管理模式，并对工程进行综合管控	建设单位协同管理平台策划

6 项目管理成效

近年来，在项目管理实施管控中，公司不断加强对BIM技术应用的创新与应用，该项目组建了优秀的BIM团队，按照项目BIM实施方案，明确分工、高效管理，对各个应用点落地应用，以BIM技术助力项目管理水平的全面提升。项目于2016年11月获得第五届"龙图杯"全国BIM大赛优秀奖；于2017年11月获得第三届中国建设工程BIM大赛卓越工程二等奖；于2021年7月获得河北省第二届建设工程"燕赵（建工）杯"BIM技术应用大赛综合组二等奖。下一步，公司将在BIM技术领域挖掘更多的应用价值，总结经验，优化创新，把BIM技术在项目全生命周期内的应用价值实现最大化。

经过各方的共同努力，项目历时18个月竣工验收完成，全面完成各项预期任务。BIM技术为解决全过程的精细化管理提供了后台的数据支撑，提高了项目管理水平。其中包括提供量、价结算控制线以减少少算、漏算、错算，提供多专业碰撞检查报告，全过程无缝周期三算对比，虚拟化施工流程减少施工差错，材料采购指导和限额领料流程实施，钢筋下料优化，实时进度控制，资料库存档支持等。除此之外，使用公司自主开发的基于BIM的轻量化管理平台，提升各条线共享、协同效率。

该项目的建成为后续实现了生产、科研、生活服务等多功能为一体的环保产业发展及设施运营示范产业园区，为国内外环保企业和环保科研机构的可持续发展提供了广阔的空间，该项目建成后为科技转化奠定了坚实的基础。

7 交流探讨项目启示和经验

该项目建设单位采用委托第三方进行项目管理的模式，首先，第三方管理单位能利用专业的管理能力及既往同类项目的管理经验做好项目的风险管理，提前做好相应的风险应对措施；其次，第三方管理单位具备整合项目资源的能力，能充分提高有关质量、进度及投资方面的相互关系，实现利益最大化。通过该项目各阶段的实施，全面实现了投资、质量、工期等管理目标，采用BIM技术实现了精细化管理，为项目管理带来较大的增值服务效益。

全过程工程咨询实践

王国庆，李明华（河北裕华工程项目管理有限责任公司，北方工程设计研究院有限公司）

摘　要：2017年在国家发展和改革委员会、住房和城乡建设部开始推广试行全过程工程
咨询后，在河北省一直处于理论摸索阶段，2020年根据《国家发展改革委　住
房城乡建设部关于推进全过程工程咨询服务发展的指导意见》（发改投资规
〔2019〕515号）、《河北省人民政府办公厅印发关于完善质量保障体系提升建
筑工程品质若干措施的通知》（冀政办字〔2019〕66号）要求，在河北省直机
关某幼儿园改扩建项目上进行了投资决策阶段综合性咨询与工程建设阶段全过程
咨询的尝试，本文从工程实践的角度，对全过程工程咨询进行了阐述，以供类似
项目进行参考。

1　项目背景

2019年3月23日，《国家发展改革委　住房城乡建设部关于推进全过程工程咨询服务
发展的指导意见》（发改投资规〔2019〕515号）中，提出重点培育发展投资决策综合性咨
询和工程建设全过程咨询。2019年11月15日，《河北省人民政府办公厅印发关于完善质量
保障体系提升建筑工程品质若干措施的通知》（冀政办字〔2019〕66号）中，提出积极发
展全过程工程咨询和专业化服务。

全过程工程咨询是从投资决策、工程建设、运营等项目全生命周期角度，开展跨阶段
咨询服务组合或同一阶段内不同类型咨询服务组合，是全过程工程咨询单位受投资方委
托，为建设单位提供全过程管理与勘察、设计、招标采购、监理、造价、BIM技术服务等
其他项目专项咨询的全过程工程咨询服务活动。

2　项目简介

河北省直机关某幼儿园改扩建项目，系20世纪90年代建园，未曾进行过大型加固维
修，相关功能用房不够完善，故需对原有建筑物进行主体加固处理，并扩建相应功能。

该项目新建建筑面积1055m²，加固改造建筑面积3400m²，总投资约1627万元，建设内容包括：新建幼儿班级活动用房、教工后勤用房及地下室，对原有建筑物进行主体加固、拆除原有建筑物外墙砖、更换门窗、室内装修等。全过程工程咨询服务内容包括：①全过程项目管理；②工程设计；③工程监理；④造价咨询；⑤工程勘察及BIM技术应用与管理等其他相关服务。

该项目全过程工程咨询的招标，是河北省政府类投资项目第一次尝试（1+N）全过程工程咨询模式的运用，内容涵盖投资决策阶段咨询和工程建设阶段咨询两个部分。

一般改扩建项目普遍存在基础资料不齐全、改造内容繁杂的特点。该项目是关于幼儿园的改扩建，由于开学时间的要求，制约着建设工期，且项目内容又包括加固、改建、新建，相关专业涉及规划、建筑、结构、电气、通风、供暖、供热、消防、给水、排水、装饰装修、电力、燃气等工作内容，涵盖比较复杂，所以该项目非常适合采用全过程工程咨询来统筹管理项目建设。

3 项目组织

河北裕华工程项目管理有限责任公司（以下简称河北裕华）和北方工程设计研究院有限公司（以下简称北方工程），着力建筑工程领域的发展，探索前沿工作研究，发展全过程工程咨询工作。2020年3月中标了河北省直机关某幼儿园改扩建项目全过程工程咨询服务项目。组成了由北方工程为设计咨询主体、河北裕华为项目管理和监理工作主体、北方工程BIM研究中心为BIM技术支撑的三位一体的团队模式，开辟新的局面，实践新的模式，迈入全过程工程咨询领域。组织机构详见表1。

组织机构表 表1

序号	类　　别		专业团队
1	全过程管理	总咨询师	总咨询师
			全过程管理团队
2	专项咨询	勘察专业工程师	勘察专业工程师1
3			勘察专业工程师……
4		设计专业工程师	设计专业工程师1
5			设计专业工程师……
6		BIM专业工程师	BIM专业工程师1
7			BIM专业工程师……
8		造价专业工程师	造价专业工程师1
9			造价专业工程师……
10		监理专业工程师	监理专业工程师1
11			监理专业工程师……
12	专家顾问团队		根据工程进展，院内统一组织协调

4 全过程管理

4.1 项目前期策划阶段管理

在项目中标后，河北裕华和北方工程迅速投入到项目策划中。为了避免人为地切割、划分项目，造成项目决策的碎片化管理而降低项目推进效率，项目团队利用专业优势分析问题、剖析项目潜在的风险因素并制定对应措施，帮助建设单位建立系统完整的管理项目思路，梳理在项目建设中的关键点、着重点，合理规划组织方案的报规审批工作，协助编制设计任务书，在方案策划阶段明确限额设计的红线等，以达到减低项目实施风险、消除不利影响的目的，进而保证项目决策的准确性和可靠性。

4.2 配合建设单位跑办手续

配合协助建设单位的工程建设相关手续是全过程管理的一项工作，由于建设单位对工程建设流程不熟悉、资料信息获取不全等原因，导致项目审批手续办理时间过长，很容易因为某环节的疏忽导致整个项目无法推动、停滞不前。作为全过程工程咨询单位，在项目建设之初便会给建设单位提供一份工程建设程序流程图，将建设过程中涉及的审批部门、审批内容，用简单明了的方式绘制在图中，让建设单位做到一目了然、心中有数。

在项目建设过程中，利用专业知识和多年管理工程的经验，替建设单位分析报批报建的难点、重点，汇总、审核需要报建的资料，逐个击破难关，使工程建设更加流畅、不留遗憾。

4.3 设计阶段管理

设计作为一种产品中的半成品，是工程建设中较前端的建设手段，它是整个产品实现的一个重要过程，它是对提供整体产品而提供的服务，能否满足法律、法规的要求，能否满足顾客的要求，能否满足有关职能部门的要求，有着极其重要的作用。组织好一个团队做好设计的策划、输入、控制、输出、更改等工作是非常重要的。

设计质量的优劣对整个建设项目能否达到建设单位预期目标起到决定性作用，因而设计阶段是项目建设过程中极为重要的一环，设计阶段也是投资控制最有效的阶段，是项目管控的重点。

在设计阶段，项目团队利用专业技术的优势，引导建设单位正确地对设计方案进行选择。不单纯从满足外观美感和使用功能方面考虑，还要从项目投资、建设工期等多维度进行考量比选最优方案。从工程经验的角度引导设计院的同事，对设计方案进行优化调整，做到精细化设计。对于结构主体加固，选择最优的加固方案，对结构受力杆件尺寸进行优化；对于室外工程，合理制定室内外高差，减少土方工程的开挖量，控制工程造价。精准分析设计方案是否满足工程建设需求，有效提升设计方案的可行性和执行性，确保工程投资经济、合理。

在工作运行过程中，投资控制的概念时刻涵盖在设计的各个阶段和专业，反映在具体设计人员的头脑中，对各系统、各部位都要求考虑到位，都要满足初步设计概算的要求。

4.4　项目实施阶段管理

项目实施阶段是以按部就班执行计划为主的阶段，是资金投入量最大的阶段，也是实现建设工程价值和使用价值的主要阶段。

在实施阶段以合同为依据，管理工程投资、质量和进度，建立职责明确的管理制度。设定质量目标和进度目标，落实协调监管工作。编制总控计划，明确管理程序和要求。重视缺陷的预防，遵循策划、实施、检查、处置的顺序，完成系统的循环运作。

对影响建设工程质量目标的所有因素进行控制，包括人、机械、材料、方法和环境五个方面；结合各方面工作对施工进度的影响，对影响进度的各种因素进行控制。认真分析建设工程及其投资构成的特点，了解各项费用的变化趋势和影响因素，抓主要矛盾，有所侧重，根据该工程的各项费用占总投资的比例和各项费用的特点，选择适当的控制方式进行投资控制。

该项目实施阶段管理，在强调风险对策主动控制的同时，也结合风险对策的被动控制，即预防计划和措施先行准备好，待等到风险事件发生时才及时采取的应对措施。

该项目实施阶段管理的重中之重是安全管理，始终贯彻"安全第一，预防为主"的方针，才能切实做好安全生产管理工作。我们坚持在思想意识、企业人员管理、技术方案方法、材料设备管控、机械运转维护等方面进行安全管理。

5　项目决策阶段专项咨询

5.1　可行性研究编制

可行性研究是建设项目决策分析与评价阶段最重要的工作，可行性研究报告通过对拟建项目的建设方案和建设条件的分析、比较、论证，从而得出该项目是否值得投资、建设方案是否可行的研究结论，为项目的决策提供依据。在可行性研究阶段为避免编制深度不足、可行性研究报告对设计方案覆盖度不够等缺陷，项目团队多次组织设计人员对现场进行踏勘、测绘，以保证基础资料真实可靠；反复与建设单位沟通，使建设单位的需求尽可能全部落实到报告当中；利用专业经验对项目做前瞻性判断，保证项目具有一定的先进性且资金充足、可控。

在投资估算编制过程中，工程造价人员应配合设计人员对不同计算方案进行技术经济分项，依据各单位工程或分部分项工程的主要技术经济指标确定合理的技术方案，对建设项目进行评估的同时进行投资估算的审核，针对政府投资项目的特点，投资估算审核除依据设计文件外，还要根据有关部门发布的相关规定、建设项目投资估算指标和工程造价信息等计价依据综合考量，确定合理的建设投资。

5.2　方案设计

　　功能性的目标是全过程工程咨询的第一目标。在项目方案设计之初确定由做过许多优秀大型项目的设计师进行方案设计。在第一稿方案讨论时，大家并不是很满意此设计方案，感觉方案设计仅满足了功能性需求，但从幼儿教育角度来讲孩子们会没有乐趣。

　　幼儿园承载着引导和影响儿童成长的任务，既是孩子们的家，也是孩子们的第一所学校，为了激发孩子们的好奇心，创造了一个小小的社会环境，使孩子们感兴趣的是小事物、小图案、小模型等集结在一起。

　　如何引导孩子们通过建筑认知世界，畅游知识的海洋；如何在孩子们的眼里，将生活中的场景以儿童熟知的方式去呈现，让他们参与其中，体验探索的乐趣，探寻幼儿园最原始的魅力；如何使我们设计的幼儿园在这种潜移默化的作用中，陪伴孩子们快乐成长，才是我们的设计初衷。

　　我们的设计师在方案讨论后，迅速调整设计理念，试着从孩子们的角度展开对设计的想象，在室内设计中使整体风格简洁明快、活泼温馨，富有现代感的同时又不缺乏童趣，在室外设计中又增加了"鲲鹏之翼"等设计亮点，"鲲鹏之翼"原意取自《庄子·逍遥游》"鲲鹏展翅九万里，长空无涯任搏击"之意，欲做得灵动、夸张，像大鹏展翅一样带领孩子们畅游世界，使整体方案既满足了功能性需求，又符合了幼儿教育的理念。

5.3　初步设计及概算编制

　　如果说整个方案的设计过程是快乐的，那整个初步设计的过程更多体现的是严谨，初步设计是政府审批的最后一个环节，起着承上启下的关键作用，也是控制投资的重要内容，马虎不得。在初步设计中严格按照可行性研究报告批复文件进行设计，符合国家有关规定和可行性研究报告批复文件的有关要求，明确项目的建设内容、建设规模、建设标准、用地规模、主要材料、设备规格和技术参数等设计方案，并据此编制投资概算。

　　概算编制严格控制投资，对于通用结构建筑采用"造价指标"编制概算，对于特殊或重要的建（构）筑物，按构成单位工程的主要分部分项工程编制，同时结合施工组织设计进行详细概算，编制深度参照现行国家标准《建设工程工程量清单计价规范》GB 50500执行。

　　通过方案测算、调整优化设计等手段，将概算投资控制在估算限额以内。

5.4　审批手续办理

　　该工程项目决策阶段手续办理，严格按照河北省工程建设项目审批流程（政府投资类一般房屋建筑项目）的立项用地规划许可阶段进行审批办理。

6 工程建设阶段专项咨询

6.1 施工准备阶段

6.1.1 施工图设计

改扩建项目内容繁乱、复杂，尤其容易丢落项或因对原建筑了解不透而采用不实用的设计方案。为避免设计的前后矛盾、设计思路断层不连贯，在项目设计之初，便定下了团队稳定的原则。项目负责人统筹全局，设计人员紧密配合，全面考虑工程设计的各个环节，做到大项不丢、小项不错。项目团队还采用各专业密切配合协同设计的方法，提高设计团队的相互合作能力，增强设计团队的凝聚力，有效解决各专业的错漏碰缺，提高图纸设计质量；加强图纸审核制度，严格实施图纸评审机制，遵守相关国家标准要求，从根本上杜绝设计图纸的不合理方案、不适用技术，切实做到施工图纸的科学、合理、经济、实用。不仅如此，项目团队还制定了一系列制度，全面保障项目设计工作的顺利开展，做到图纸绘制准确、做法大样全面、设计说明精准，提高设计效率，确保工程投资可控。

6.1.2 BIM技术的应用

随着时代的发展和技术的进步，BIM技术逐渐登上了建筑业的舞台，北方工程和河北裕华也迅速展开了对BIM技术的研究和应用，并将BIM技术运用到设计、管理、运维各个领域，在该项目建设中也取得了不错的效果。

在项目设计阶段，是控制造价的关键点，设计的质量和方案对整个项目的实施影响深远。项目团队对已完成的初步设计文件进行建模，利用BIM技术的算量功能，迅速测算出项目建设的施工资源消耗，包括单位建筑面积的钢筋含量指标、混凝土含量指标、窗地比指标等，还利用BIM特有的碰撞分析检查各专业的设计缺陷，为项目的顺利进行做了充分准备，并且还起到促使设计人员提升成本控制的作用，做到科学管理、精细化设计。

6.1.3 工程量清单、控制价编制的造价咨询

工程量清单及控制价的编制依据包括建设单位提供的图纸、现行国家标准《建设工程工程量清单计价规范》GB 50500、《房屋建筑与装饰工程工程量计算规范》GB 50854；《通用安装工程工程量计算规范》GB 50856、现行河北省工程建设标准《建设工程工程量清单编制与计价规程》DB13（J）/T150、《全国统一建筑工程基础定额河北省消耗量定额》HEBGYD-A、《全国统一建筑装饰装修工程消耗量定额河北省消耗量定额》HEBGYD-B、《全国统一安装工程预算定额河北省消耗量定额》HEBGYD-C、《河北省房屋修缮工程消耗量定额》HEBGYD-G01—2013、《全国统一市政工程预算定额河北省消耗量定额》HEBGYD-D及相关的取费文件，以及国家及省市相关政策文件，做到编制依据准确、内容数据真实、方法科学有效。

由于工程量清单是由建设单位承担量的风险，投标价是由施工单位承担价的风险，所以在编制工程量清单时要尽力做到不缺项，编制控制价时严格按规范和规程规定，尽力做到不上调、不下浮。

6.1.4 招标

招标工作是依法、合规、公平、公正进行招标采购活动。在招标过程中要做到招标范围准确、全面；投标人的资格条件设置科学；招标文件条款编制合理；合同条款双方公平；保证文件内容符合相关标准并顺利通过审核，少走弯路，确保项目的顺利实施。

在编制招标文件时，不仅按照国家现行的有关规定和标准、规范、示范文本，而且还结合该项目的特点和需要编制招标文件技术要求、对投标人资格审查的标准、投标报价的要求和评标标准等所有实质性要求和条件以及拟签订合同的主要条款。

6.2 施工阶段

6.2.1 工程监理

在项目建设阶段监理，做到明确投资控制目标、进度目标和质量目标，按照策划、实施、检查、处置的循环方式进行监理，起到监督、协调、管理的作用。

旧建筑物的改扩建中，难免会出现不可预见的工作和状况，现场监理人员应沉着冷静、积极应对、消除隐患，确保正常施工。

项目现场在准备施工地下消防水池时，突然发现一根燃气管线，由于埋设年代过于久远，建设单位也无人了解此管线的具体情况。现场监理人员会同施工单位技术人员，首先及时确定对燃气管线的现场保护方案，然后组织联系燃气管道权属单位进行移位处理，并会同造价人员对移位改线的造价进行审核并从建设工程预备费中进行列支。

由于场地狭小，地下消防水池的建设空间比较局促，距离建筑物最近处仅6m，基坑最大深度5.7m，属于超过一定规模的危险性较大的分部分项工程。监理工程师要求施工单位编写危险性较大工程的专项施工方案，经总监理工程师审批后，由施工单位组织基坑开挖支护安全专项方案的专家论证，总监理工程师针对此分部分项工程编写了专项监理细则，采用巡视检查的方式监督检查专项方案的实施，并组织了专项方案的验收。对危险性较大的分部分项工程管理做到了程序合规、落实全面及监察到位。

6.2.2 过程造价咨询

施工阶段的造价管理工作包括询价、工程量计量、进度款支付管理、工程变更审核、索赔审核、局部设计方案的经济评价和优化等。

造价控制是一个动态的管理过程，既可以解决项目决策、设计、招标、使用和竣工阶段存在的信息不对称，也可以利用造价控制的过程管理调控工程的进度和质量。

该项目特点是政府投资项目，询价工作必须要合规。

另一个工程特点是加固改造，不可预知项的产生在所难免。在基础加固和消防水池移位等项目中，相比概算产生了费用增加，再加上燃气管道移位的费用，已经超过了预备费的额度。为了项目整体造价控制在概算之内，就需要对原有设计方案进行局部优化调整。

方案调整原则应当既节约投资额度，又满足原有的概念需求，还要赋予新的含义内容。在初步设计阶段，"鲲鹏之翼"采用了夸张的手法，突出了腾飞的概念，左边翅膀做得比较大，方案调整以后，将"鲲鹏之翼"左边翅膀尺度缩小，在满足原有腾飞概念的基础上，将高度降低了近2m，调整协调了两只翅膀的比例，并赋予了比翼齐飞的新含义，如图1所示。这样既节约了投资，又起到缩短建设周期的作用。

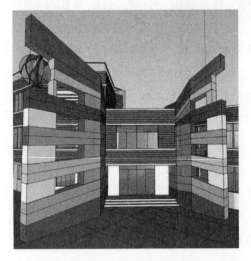

图1　"鲲鹏之翼"方案调整前后对比

6.3　竣工验收阶段

6.3.1　竣工验收

项目团队在收到施工单位报送的单位工程竣工预验收申请后，由总监理工程师组织工程竣工预验收，专业监理工程师对竣工资料及工程实体质量情况进行全面检查，需要进行功能试验的，需审查试验报告单，对发现的问题要求施工单位及时整改。经预验收合格后，总监理工程师签署单位工程竣工验收报审表。

竣工验收涉及的程序、要求、条件和标准均符合国家相关政策和规范要求，验收报告书的编写科学、准确，移交工程的时间均应符合合同约定的期限。

6.3.2　工程结算造价咨询

结算是工程建设中的重要内容，也是投资控制的最后环节，建设单位和施工单位必须要重视工程结算工作。如何做好工程结算，既要保证项目投资不超概算，又要做到公平、公正，不损害任何一方的利益，也是对全过程咨询单位的考验。

对于该项目而言，造价人员始终跟踪项目进程的各个环节，包括估算、概算、预算和建设期过程审计，这样避免了传统造价咨询中容易出现的"两张皮"、碎片化等缺点，也缩短了项目决算的审核工作周期，这也是全过程工程咨询的优势体现。

造价人员坚持认真工作的原则和严谨的行为规范，以负责、诚恳的态度与工程各个部门密切配合，并相继开展一系列工作，包括工程量计算、预算定额套用、取费合理性审查，以及对变更签证、索赔条款、不可抗力因素的分析，以提高竣工结算工作的合理性、科学性。

通过共同努力保证了结算审计控制不超概算，如图2，图3所示。

三、工程项目结算审计情况

北方工程设计研究院有限公可对该项目的全部工程进行了竣工结算审核，于2021年9月3日出具竣工结算审核报告（北方裕审〔2021〕第003号），报告披露该项目"工程内容：项目为改造扩建T程项目，新建建筑面积1055m²，加固改造建筑面积2526.5 m²，总建筑面积3581.5m²。改造内容包括对原有建筑物进行主体加固、拆除原有建筑物外墙砖、更换门窗、屋面室内装修、水、电、暖、弱电等。""审核结果：合同金额12,440,360.29元，送审金额15,793,283.33元，审定金额13,282,819.49元，调整金额-2,510,463.84元，审减率15.9%。"

图 2　财政评审结论示例 1

该项目批复概算16,270,000.00元，截至2021年9月19日，实际完成投资16,270,000.00元，较概算节约投资0.00元，节约率0.00%。详见概算执行情况表。

概算执行情况表 　　　　单位：人民币元

序号	工程项目及费用名称	批准概算	审定投资	审定投资较概算增减额	节约（-）超支（+）率	
一	建筑安装工程投资	12,740,600.00	13,579,183.20	838,583.20	6.58 %	
二	设备、工器具投资	1,325,300.00	1,250,465.80	-74,834.20	-5.65 %	
三	工程建设其他费用	1,429,200.00	1.440,351.00	11,151.00	0.78 %	
四	预备费	774,900.00	0.00	-774,900.00	-100 %	
	合　计	16,270,000.00	16,270,000.00	0.00	0.00 %	

图 3　财政评审结论示例 2

6.4　审批手续办理

该项目工程建设阶段手续办理，严格按照河北省工程建设项目审批流程（政府投资类一般房屋建筑项目）的工程建设许可阶段、施工许可阶段及竣工验收阶段进行审批办理。

7　交流探讨

（1）全过程、全链条：全过程管理核心团队从投资决策阶段一直服务到工程竣工阶段，实现了真正意义上的全过程工程咨询。该项目中从可行性研究到初步设计及审批，从开工建设手续办理、施工图设计管理到工程竣工验收管理，实现了真正的全过程工程咨询实践。

（2）全过程咨询负责人要有全链条的技术熟识度，要具备全局观、统筹协调能力，对工作的执行落实要有强有力的管控意识及方法。

（3）团队要保持稳定性，项目中途尽量不替换咨询团队人员，将项目进行到底，这样有利于对项目的理解和把控的稳定，并且可以达到明确工作路径、统一服务标准、提高工作效率的目的。

（4）政府投资的一个特点是建设手续的权威性和不可突破性，不合规的项目建设寸步难行。另一个特点是概算的权威性和不可突破性，包括设计方案、设备材料选型以及采取的施工方案等，都要以概算为控制依据，做到整体工程不超过概算。

（5）前期咨询非常重要，可行性研究、初步设计要考虑周全，不丢项不减量，而且经济参数要贯彻到管理团队的每一个人。

（6）增强全过程工程咨询的生命力：通过管理出效益，通过设计、BIM服务提升工程附加值，并且有效缩短建设周期，改进工程咨询质量，提升工程建设水平，降低工程造价，节约工程投资，帮助建设单位获得更好的投资回报，以此提高工程建设管理水平和整体效益，只有这样全过程工程咨询才会有意义，才会具有生命力。

8 结语

该项目已完工，在项目建设过程中有许多坎坷和困难，对全过程工程咨询团队挑战很大，项目团队努力在工作中学习并一点点积累经验，今后还需继续学习和实践。

目前投资决策综合性咨询和工程建设全过程咨询的开展实施时间相对较短、经验尚浅，为固定资产投资及工程建设活动提供高质量智力技术服务，全面提升投资效益、工程建设质量和运营效率，推动高质量发展，仍需要付出更多的努力。

我们相信，在河北省相关主管部门的大力支持下，在大量建设市场需求的驱动力下，经过河北省业内各同行企业的不懈努力，全过程工程咨询一定能在河北省建设领域的改革和转型升级中大放异彩。

某经济开发区集中供热（汽）工程项目全过程工程咨询实践

许利民，张朋洋（河北中原工程项目管理有限公司）

摘　要：项目建设具有复杂性和不可重复性，作为生产运营型项目，要站在全生命周期成本的角度上去思考和分析项目问题，以往前期可研、招标工程量清单造价咨询、招标代理、监理等碎片化、阶段性的服务分类，除了不能满足当下项目所需外，因不能形成集成化管理，不可避免地出现设计管理、全生命周期成本、采购策划等管理缺失，还不可避免地出现管理不系统、不连贯的现象。

委托一家成熟的咨询服务单位，从事项目全过程工程咨询是当下的形势所需、环境所需，本文以一个典型供热项目为例，简要列举了系统性、集成性的全过程工程咨询服务为项目带来服务增值的过程。

1　项目背景

建设背景：某经济开发区创建于2001年，占地面积23.78km²。截至2015年底，园区内现有企业94家，蒸汽用户50多家，园区内蒸汽来源为企业自建炉房，锅炉房常年运行，存在锅炉房数量多、锅炉房内锅炉容量偏小、环保设施不完善、监管困难等问题，锅炉房带来的大气污染问题，降低了园区的品位。建设清洁的集中供热热源，解决园区工业蒸汽的需求、提高园区品位已势在必行。

投资模式：政府为鼓励和引导社会资本参与基础设施和公用事业建设运营，提高公共服务质量和效率，该项目拟采用特许经营方式进行建设，某新能源有限公司经过竞争性谈判获得了本项目的特许经营权。

管理模式：某新能源有限公司本身致力于新能源技术开发、技术推广及合同能源管理等；拟委托一家综合性较强的咨询企业，统筹进行该项目的管理、咨询工作，为业主方提供整体化、一站式的管理方案。委托范围包括项目管理、造价咨询、招标代理、工程监理四个方面。这种模式是典型的全过程工程咨询服务。

2 项目简介

项目概况：为某经济开发区提供工业蒸汽和园区供热，到2016年向园区提供蒸汽量为80t/h，同时解决园区内冬季供暖面积50万 m²，满足现有企业供热需求。规划到2020年可实现供蒸汽量达到300t/h，实现供热面积150万 m²，可满足园区的发展需求。

该项目建设内容包括：

（1）主热源厂及调峰热源厂的建设；

（2）蒸汽管网建设；

（3）供热管网建设；

（4）热力站建设。

该工程总投资42846.04万元，其中2016年建设投资13662.79万元，资本金4098.84万元，融资9563.95万元，利息227.15万元，铺底流动资金100.56万元。2016～2019年建设投资28182.35万元，资本金8454.705万元，融资19727.645万元，利息468.53万元，铺底流动资金184.67万元。

本项目的重点及难点：

（1）热源的选择：园区内无产生大量余热的生产企业，循环经济的余热回收方案无法采用，只能采用主动热源。但主动热源面临环境保护和比较大的经营风险，需慎重选择。

（2）路由的选择：园区生产企业分布地域较广，蒸汽需求量不均衡，另外在园区内穿行有河流和大量道路，这些对管网路由的选择带来较大的影响。

（3）项目工期要求紧：随着环境保护形势的逐年严峻，小锅炉的拆除迫在眉睫，留给项目一期的建成只有短短一年的时间。

（4）全生命周期费用的整体考虑：项目采用特许经营形式进行建设和运营，这就要求在建设期要综合考虑全生命周期综合成本。

3 项目组织形式

经与建设单位充分协商，该项目咨询单位与建设单位组建了一体化的管理架构，详见图1。

3.1 总咨询师职责

（1）全面负责全过程工程咨询合同的履行，对内向公司负责，对外向建设单位负责。

（2）明确工程项目的总目标和阶段目标，组织目标分解，确定工程项目的组织分解结构（OBS）、工作分解结构（WBS）及编码系统，确定工程项目管理小组，任命项目管理小组主要成员，领导项目管理小组有效开展工作。

（3）确定工程项目实施的基本方法和程序，组织编制工程项目管理实施规划，主持第一次工地会议等重大会议，确保项目建设按合同要求完成。

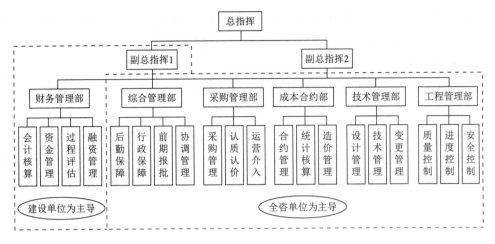

图 1 项目管理架构

（4）组织拟订内、外部沟通协调程序，建立与建设单位、参建各方联系的渠道，创造工程项目和谐的合作环境。

（5）组织制定工作目标、标准和程序，指导各项管理工作，对出现的问题及时采取有效措施进行处理，适时做出管理决策。

（6）组织建立和完善项目管理部内、外信息管理系统，保证信息交流畅通，组织收集工程项目各种资料。

（7）组织进行合同评审，协助建设单位签订采购合同，处理合同变更、索赔事件。

（8）组织定期向建设单位、公司领导和有关部门汇报工程项目进展情况和项目实施中存在的重大问题，如项目建设条件、控制指标调整等重大问题。

（9）协助组织工程项目验收、移交、结算、决算。

（10）组织制定各项管理制度和内部考核制度，定期对内部管理人员进行绩效考核。

（11）组织总结工程项目管理经验、教训，不断积累管理资料。

（12）负责项目管理各项开支费用的审批。

（13）负责项目管理团队建设。

（14）不断培养项目管理班子的团队意识、团队理念和团队精神。

（15）组织项目管理团队成员共同明确团队目标，制定行为准则，激励团队成员团结拼搏。

（16）建立团队内部的沟通制度，督促按制度实施。

3.2 各部门主要职责

3.2.1 综合管理部

综合管理部是整个项目的中枢机构，根据项目协议，建立与政府部门的沟通渠道，主要负责项目公司内部后勤保障、文档管理、部门集成、信息管理等综合行政管理工作，以及工程建设前期手续（规划、质监、安监、施工许可证）等办理工作。负责项目范围管理工作，编制工程范围说明书，建立工作分解结构。制定各项管理制度、程序与办法，进行风险管理。整合参建各方的工作程序，负责收尾阶段管理工作，包括组织竣工验收、竣工结（决）算，进行项目移交、保修期管理及项目管理后评价工作。

3.2.2 财务管理部

项目财务管理部门，主责项目会计核算、资金管理、过程评估、融资管理等财务管理工作。

3.2.3 采购管理部

一个项目实施单位选择的成败，看似来自于一次招标过程，实际上不尽然，项目的采购管理是一个系统的工程，从项目采购方案整体策划、合同体系策划，到界面划分、合同条款拟确定、招标条件设定、评标定标，再到合同评审、合同跟踪，这一系列的各个环节构成了一个完整的采购链条，在这一链条中每一个环节都不同程度地决定了项目实施单位或供应商的优劣，也决定了一个项目实施是否顺畅、能否成功。

包含招标代理的常规工作，常规的招标代理业务是根据招标投标相关法律法规，完成一个项目分项的招标公告、招标文件、开标、评标到发出中标通知书，单一的常规流程性工作。简单来说就是"完成流程"。全过程工程咨询项目中采购管理部主要工作包含以下方面：

（1）全过程工程咨询单位应根据全过程工程咨询合同，开展工程监理、施工招标代理及材料设备采购管理咨询工作。

（2）全过程工程咨询单位应按照相关法律法规要求，在合同委托权限范围内开展工程监理、施工招标代理活动，保证招标投标活动符合相关法律法规规定，避免不正当竞争。

（3）全过程工程咨询单位代理工程监理、施工招标时，应科学策划工程监理、施工招标方案，遵循公开、公平、公正和诚信原则，协助委托方优选中标单位。

（4）全过程工程咨询单位受托负责材料设备采购管理时，应根据法律法规及委托方要求，采用直接采购、询价采购或招标采购方式，采购品质优良、价格合理的材料设备，并应保证所采购的材料设备供应满足工程建设进度需求。

3.2.4 成本合约部

项目成本合约部门，负责项目采购、合约管理、工程造价、统计管理等工作。一个项目投资控制的成败，在于策划、实施、控制、检查等众多环节，这些环节中都始终贯穿着成本控制和合约管理，针对该项目特点，对项目的造价咨询工作进行了深化，以成本控制和合约管理为中心线，逐步实现对项目总体投资的控制。

包含造价咨询的常规工作，常规的造价咨询工作一般根据施工图纸编制工程量清单及控制价，最后根据竣工图纸及相关资料，完成工程结算工作。

3.2.5 技术管理部

项目工程技术保障部门，为项目及时提供设计管理、技术实施、项目咨询等相关技术支持。

3.2.6 工程管理部

根据工程整体情况，负责制定项目的整体控制目标和管理计划书，落实建设单位首要责任的合同管理、进度管理、技术管理、质量控制、安全管理和协调沟通管理以及资料文件管理等。全面负责工程项目的质量、安全、文明施工、进度、采购、成本等管理，以及施工现场整体的协调工作，配合当地政府质量、安全监督机构做好相关检查工作。对项目的收尾、试运行、竣工结算、竣工决算、回访保修、项目总结等进行计划、组织、协调和控制等。

包含工程监理的正常工作，常规的工程监理是根据施工图纸及相关标准规范对现场进行质量、进度、投资控制，同时履行安全监理法定责任。

4 项目管理过程理念

项目进展中充分发挥工程咨询单位的技术优势和管理优势，整合各种资源和信息，实现对项目的有效控制和管理。

4.1 调整管理思考角度，实现集成化管理

传统建设模式将工程管理的各个阶段碎片化，人为地划分为前期咨询、设计管理（大部分项目缺失）、工程造价、工程监理、项目管理、招标代理等众多阶段。各单项业务之间缺少穿插协作，碎片化管理使各方获取信息不统一、管理思路不系统，往往造成管理有疏漏以及相互"扯皮"现象。全过程工程咨询注重统筹式管理，可以很好地解决上述问题，由统一的管理团队从项目前期到项目实施，再到项目收尾阶段，可以实行全方位、全过程的管理。全过程工程咨询可有效优化项目组织、简化合同关系，有利于解决设计、造价、招标、监理等单位之间存在的责任分离等问题，避免了"扯皮""推诿"，责任明确、分工清晰，从而有效加快建设进度。

传统的造价管理甚至把项目的造价工作再细分为工程概算编制审核、工程量清单及控制价编制、工程结算审核等几个造价咨询单位，各单位只考虑自身服务阶段的工作内容，往往局限于当时所获取的资料以及图纸，不能实现系统性、全局性思维。改为全过程委托服务后，我们在项目上成立了成本合约部，项目造价人员全程服务项目，可以从可行性研究、方案设计、概算等前期阶段介入造价控制工作，对多方案选择、性价比选择等发挥自身造价优势，对造价实现有效控制。

4.2 全生命周期成本统筹考虑，实现项目效益最大化

作为项目的全过程咨询单位，视角不能局限于建设期项目的成本投入，而应将全生命周期的成本放在成本控制的第一位，工程项目全生命周期成本是指工程设计、开发、建造、使用、维修和报废过程中发生的费用，也即该项工程在确定的生命周期内或在预定的有效期内所支付的研究开发费用、运行维修费、回收报废等费用的总和进行统筹考虑，经过费用优化实现项目效益的最大化。

项目前期调研阶段，提出采用煤粉锅炉，但经过全过程咨询单位技术人员的调研，发现煤粉锅炉存在以下不利点和不确定点：

4.2.1 煤粉锅炉的原料煤选取要求较为严格

煤粉锅炉对煤质的要求较高，对煤种的燃烧值、含硫量等均有明确要求，如煤种不达标，试烧时存在炉膛喷燃器结焦、过热器结焦、给煤机断煤等现象，使锅炉无法正常运行，煤粉锅炉对煤种适应性差的现象比较明显。

4.2.2 煤粉供应可能存在问题

煤粉的制作工艺是高危行业，目前北方地区生产企业较少。因煤粉制造工艺过程中存在易燃、易爆风险，本行业目前大型制粉厂家较少，北方地区更加缺失，经调研，北方地区能持续满足该项目供应的厂家只有天津市、山东省等几家。如自己新建煤粉厂或增加煤粉车间，投入成本过大。

4.2.3 煤粉锅炉的调节范围过窄，如出现不均衡供热情况热损值比较大

煤粉锅炉的负荷调节范围通常在70%～110%，在低负荷时煤粉锅炉需投油枪进行助燃。该项目的接入用户分布不均，可能存在高负荷和低负荷循环出现现象，经常会出现低负荷运转现象，造成煤粉锅炉空转，导致大量热损失。

4.2.4 煤粉锅炉的燃烧排放物后续环境保护压力大

煤粉锅炉一般利用湿法脱硫，该部分成本较高。燃烧排放的其他污染物如CO、HCl、HF的排放也较高；对煤粉锅炉而言，要从烟气中脱除NO_x，造价相比煤粉锅炉脱硫的费用还要高得多。

相较于煤粉锅炉而言，循环流化床锅炉就更加成熟、更有优势，优点如下：

（1）燃料适应性好。

循环流化床锅炉通过分离器及返料阀组成飞灰再循环系统，煤质燃烧产生的飞灰循环量大小的改变可调节燃烧室内的吸热量及床料温度，只要燃料燃烧产生的热值大于把燃料本身及燃烧所需空气加热到稳定温度（850～950℃）所需的热量，这种煤就可以在流化床内稳定燃烧，因此，各种煤几乎都可以在流化床锅炉中燃烧，用来烧各种劣质燃料最好不过，对于燃料煤质量供给不稳定的企业是一种比较好的选择。

（2）燃烧效率高。

对常规的煤粉锅炉，若煤种达不到设计值，效率一般可达到85%～95%，而循环流化床锅炉采用飞灰再循环系统，燃烧效率可达到95%～99%。

（3）负荷的调节范围宽，调节性能好。

煤粉锅炉的负荷调节范围通常在70%～110%，在低负荷时煤粉锅炉需投油枪进行助燃；而循环流化床锅炉由于炉内有大量床料，蓄热能力强，采用了飞灰再循环系统，调节范围要比煤粉炉宽得多，一般为30%～110%，负荷调节速率可达5～10B-MCR/min。

（4）燃烧污染物排放低。

向循环流化床锅炉内加入脱硫剂（石灰石或白云石粉），可以脱去燃烧过程中产生的二氧化硫（SO_2）。根据燃料中含硫量决定加入的石灰石剂量，在Ca/S（摩尔比）=1：（2～2.5）时，脱硫效率可达90%。与煤粉锅炉相比（煤粉锅炉利用湿法脱硫的成本：利用国外技术平均费用1300～1500元/kW，国内技术平均费用1000元/kW），循环流化床

锅炉在烧高硫煤时有较大的成本优势。循环流化床锅炉最佳燃烧温度为850～950℃，在这个范围适合脱硫反应，NO_x生成量明显减少，排放浓度在100～200ppm，低于煤粉炉的500～600ppm，循环流化床锅炉的其他污染物排放如CO、HCl、HF也低于煤粉锅炉；对煤粉锅炉而言，要从烟气中脱除NO_x，造价比煤粉锅炉脱硫的费用还要高得多。循环流化床锅炉在SO_2、NO_x的排放量完全能达到国家环境排放标准，使它与煤粉锅炉在环境排放方面有绝对的竞争优势。

同时，对两种锅炉的成本也进行了对比。

（1）相较于煤粉锅炉，因循化硫化床锅炉的本体较大且系统较为复杂，项目建设成本要高一些，预计该项目一期工程造价会高出200万～250万元。

（2）环境保护系统成本对比。相较于煤粉锅炉，循环流化床锅炉的脱硫系统和烟尘处理系统会有所提高，预计费用会高出150万～200万元。

（3）循化硫化床锅炉的后期运营成本较低。因对煤种的选择更有优势，单纯对煤种选择一项，暂按70%运行效率计算，预计每年可节约资金80万～100万元。

（4）煤粉的供应存在隐患且存在运输风险，该部分费用不太好计算，只能定性计算，预计只能是越来越高。

经过技术考虑和调研，全过程咨询单位提出采用循环流化床锅炉方案代替原来的煤粉锅炉的思路，提交建设单位后，聘请众多省内同行业专家召开专家研讨会，会议上经过认真讨论和分析，最终确定采用循环流化床锅炉。

从建设成本上来说，该方案增加了费用，但从全生命周期成本的角度考虑，却降低了项目的总体成本，实现了项目效益的最大化。

4.3　充分利用技术优势，实现项目快速推进

作为长期从事工程咨询行业的专业化公司，在工程技术和管理工作中，积累了大量的专业工程技术人员和技术经验。在项目上充分利用全过程咨询单位的技术优势和管理优势，可以更好地为项目保驾护航，同时也可实现项目快速推进。

在该项目中有部分管网需要穿越主次干道，这给管网建设带来了较大的难度，经过与城管部门的沟通以及在技术上的综合考虑，综合确定如下设计方案：

（1）管网穿越主干路，受到主干路车流量大以及断交影响大的制约，再加上穿越主干路的管网基本上都是该项目的主管网，直径较大，经综合考虑采用地下隧道穿越的形式。

（2）对于穿越次干路的管网，需要区别考虑，综合考虑次干路车流量大小、地下管线复杂程度等情形，采用明开挖快速通过或者拉管的方式来实现。在开挖前，除办好相应手续外，将本段所需管材、管件、阀门、回填砂等全部储备齐全，另外综合协调施工人员、监理人员、探伤人员等全部做好准备，以确保各项工作不受影响，同时协调设计人员赶赴现场，以防出现不确定的现状导致方案快速变更。

（3）对于支路以及一般道路，为降低工程造价，尽可能采用明开挖的形式来解决。

在施工中也需要全过程咨询单位充分利用技术优势，根据工程进展实时调整工程进度安排。

在该项目中，涉及穿越主干路的隧道工程，正常隧道工程的施工顺序应该是隧道一衬施工完成后，进行隧道、竖井底板以及上部的拱顶和竖井二衬施工，待二衬结构正式施工全部完成且满足一定强度后，再进行管道安装。隧道施工受地质条件、方案确定、手续办理等方面的影响，开工较晚，经不懈努力隧道一期工程于10月初基本完成，按正常施工工序，隧道内管线具备通水条件预计需要到12月中旬。

如按正常工序安排，将会影响供暖时间，为保证管道提前通水，尽快具备供暖条件，经充分论证和沟通，做出调整隧道结构施工顺序以满足管网提前通水的实施方案。在一衬施工完成后，立即进行隧道、竖井的底板施工，底板施工完成后，就暂停竖井及隧道的上部二衬结构施工，而是待其达到一定强度后，先安排进行竖井及隧道内的管道安装。管道安装完成就可以实现提前通水，然后进行上部二衬结构的施工，如此施工让管道通水时间至少提前了一个月。

打破传统施工顺序，虽然会在后期二衬结构施工时因管道和管件的存在，导致内部空间狭窄、紧凑，工作面急剧变小，给后续的钢筋绑扎、模板安装、支撑体系支设和二衬混凝土浇筑均带来较大影响，工期会比正常工期要长，后期成本的投入也会有小幅度增加，但为管网的整体通水运行创造了条件。

4.4 采购管理科学化，精选项目供应方

项目采购管理是一个系统性的工作，不应简单地着眼于一个普通的招标代理机构所完成的程序性的代理工作。

项目采购工作从工程方案阶段就要介入，配合成本合约部完成项目合同体系策划，根据项目情况，综合制定项目的采购体系策划，在策划文件中应明确采购项目细分、采购方式、采购时间等具体内容。

根据全过程咨询单位原有供应商数据库，并结合建设单位需求，精选出该项目的预选供应商数据库。

根据项目情况，对于大型设备和关键系统，提前做好考察工作，并根据考察情况综合分析，出具考察报告。以锅炉本体的招标为例，根据采购策划方案采用邀请招标的方式进行采购，采购前综合调查目前市场情况，除了对锅炉厂家的考察形成考察报告外，也对锅炉本体的关键系统和配件进行调研，在采购文件中对炉排、控制系统等进行品牌限制，以保证锅炉本体质量，并保证大家在同一个竞争平台上。同时在文件发出前，采购管理部会同成本合约部形成锅炉本体合同文本以及技术合同书，召开采购合同预评审会议，将采购合同和技术合同的关键条款进行固化。采购完成确定供应商后，由成本合约部起草锅炉系统的采购合同和技术合同，会同采购管理部、工程管理部、技术管理部，召开合同评审会议，以确保合同的有效性、严密性。

4.5 运营与建设合理搭接，顺利实现平稳过渡

因该项目的生产性和运营性，在项目建设期就要充分考虑建设单位的后期运营管理。

该项目进展到一半时，作为全过程咨询单位即与建设单位协商，由建设单位逐步组建后期运营管理机构和人员，并将运营管理人员随进展逐步到位，融入项目建设的各个部门中，这样做有如下好处：

（1）运营人员对于项目的了解和设备的系统性能更加熟悉，可以更深入地掌控后期运营和设备管理。

（2）运营人员可以利用其运营方面的视角，使项目建设的细节更具人性化，做到实时修正项目建设中的一些不足，以免出现使用不便和操作不利。

（3）可以实现无缝衔接，对项目快速进入运营阶段创造有利条件。

5 项目管理成效

经过一体化的集成管理，该项目经过参建单位的不懈努力，经过一年多的筹备和建设，一期工程于次年年底之前具备了供热条件，并实现正常供热。

在项目经济效益上，综合考虑了全生命周期成本，实现了项目效益的最大化。

6 交流探讨

该项目的服务中有很多成功经验，但也有一些需要再次思考和交流的部分，我们也进行了总结。

（1）咨询单位应加强融资方面的技术储备。近年来政府直接投资的项目正在逐渐减少，尤其是运营类项目，大多采用PPP模式、特许经营模式、EPC+F模式或者其他新型建设模式，这些模式对于项目的融资要求非常高，作为项目全过程咨询单位需要加强这方面的技术储备和经验储备。

（2）全过程咨询单位内部业务的集成要求越来越高。全过程咨询单位内部以往更多地采用单板块直接管理的模式，即分为招标代理板块、造价板块、监理板块等，各业务类型之间的高度集成需要认真思索。

（3）优秀总咨询师或者优秀项目经理对于一个项目的成败至关重要。总咨询师需要全面负责履行合同、主持项目全过程工程咨询服务工作。作为总咨询师需要熟悉咨询项目落地实施、造价合约协同管控、项目管理风险管控等内容，同时应具备很高的组织能力和管理能力，一个项目的成败往往取决于总咨询师的个人能力和管理能力。

（4）政府投资项目应强制推行全过程工程咨询模式。近几年，工程建设大多采用EPC模式，政府部门因其建设经验较少，对项目的把控力尤其是EPC项目的把控力较弱。全过程工程咨询单位长期从事工程建设项目的实施和管理工作，储备了大量的人才优势和管

理经验，能为项目建设提供更加科学的管理服务。工程总承包模式因其将设计、施工、采购融为一体，因此，工程总承包单位在项目中的掌控力和话语权较重，其技术能力和管理能力较强。这就要求管理方需具有与工程总承包单位相对应的全面技术和管理能力，全过程咨询单位因其常年从事工程管理，且拥有项目管理、工程监理、造价、采购等全方位的知识，可以更有效地为项目保驾护航。

（5）全过程工程咨询需要咨询服务行业的全面提高。全过程工程咨询需要同行业的共同努力，做好自身的技术储备、经验储备和人才储备，脚踏实地，真正为项目建设保驾护航，真正实现为项目增值。

某医院改扩建项目全过程工程咨询管理的精细化管理及风险把控

李英杰（河北瑞池工程项目管理有限公司）

摘　要：2020年1月29日，新冠肺炎疫情防控形势严峻，作为某市市区唯一一所传染病定点医院启动应急病区等改扩建工程，要在29d内建成一座方舱医院并完成院区基础设施改造。在项目建设中，全过程工程咨询项目管理团队在工期紧、任务重、来不及办理各项手续的情况下开展工作。本文中分别介绍了在上述特殊条件下对建设各环节的精细化管理和风险管控方法。

1　项目背景

2020年1月29日，新冠肺炎疫情防控形势严峻，作为某市市区唯一一所传染病定点医院基础设施已严重老化，后勤保障能力弱，不能完全满足抗疫需求。为充分做好"防大疫、防长疫"准备，市人民政府、市卫生健康委员会决定启动医院应急病区改扩建工程。此时，因新冠肺炎入院治疗的病人为30位，市委、市政府主要领导要求不惜一切代价，应收尽收，边救治边改造提升，确保医疗救治不耽误、感染事件不发生。指示在建设程序和资金申请上，要求政府相关各职能部门做到"严格把关"，必要时可以"特事特办"。

此时新冠肺炎疫情呈迅猛蔓延的态势，市委和市卫生健康委员会在征集相关部门意见，并结合总体考量业内企业能力资质后，2020年1月30日决定由河北瑞池工程项目管理有限公司（以下简称河北瑞池公司）负责对项目的前期审批手续、设计咨询、工程监理、造价咨询等工作进行全过程工程咨询管理服务。

2　项目简介

某医院应急病区改扩建工程项目，主要建设内容包括：

（1）应急临时病房建设工程，建设地址在某人民医院门诊楼西侧，建筑面积4428m²，结构形式为两层钢结构箱配式板房，内设标准病房36间，重症监护室12间。同时设有CT室、PCR实验室、配药室等附属配套房间。

（2）救护车辆洗消站建设工程，建设地址在医院院内东北角，总建筑面积为829.22m²，其中洗消站建筑面积573.22m²，建筑高度6.4m，为单层钢结构形式。附属用房建筑面积为256m²，为原旧机房改造。建成后可保障医疗救护车、应急指挥车、卫生防疫监督车等专业车辆及车载人员及时清洗消毒；同时也是某市唯一一所专门用于疾控车辆消杀的场所。

（3）原病区维修及食堂改造工程，施工内容为对原有病房楼、消化楼、呼吸楼的维修和食堂改造扩建施工。

（4）工期目标：29d。

3 项目组织

全过程工程咨询项目部根据项目建设规模、建设内容、工艺要求、标准要求和项目全过程工程咨询管理服务内容等，编制了《某医院应急病区改扩建项目全过程工程咨询管理手册》，从工程建设目标、项目计划与管理、项目全过程组织架构与项目组织机构、开工前准备、进度计划管理、质量管理、施工管理、安全文明施工管理、卫生防疫管理、投资管理、合同管理、信息与沟通管理、风险控制、竣工验收管理等方面对本工程提出了管理要求，制定了各个环节的管理制度，对各部门的工作内容和工作流程做了严格的界定，作为现场全过程工程咨询管理项目部管理人员的操作手册。

河北瑞池公司成立的全过程工程咨询管理项目部，由经验丰富的高级工程师担任项目负责人。项目部设监理组和咨询组；咨询组设前期部、设计管理部和控制部，分别对现场的前期手续、工程质量、进度和投资进行管理。

3.1 控制部工作职责

主要负责工程投资控制、合同管理和工程款的拨付管理，以及协助监理部完成工程进度计划的管理，其主要职责如下：

（1）对项目投资进行估算，负责工程投资控制分解，编制工程总体用款计划，审查施工承包商工程款支付计划。

（2）配合业主进行合同谈判、签订，负责监控施工承包商合同履行状态。

（3）负责工程费用索赔管理工作，负责工程款支付管理工作，参与工程变更的审查，配合业主完成工程结算工作。

（4）参与资产交接和验收工作。

（5）负责组织项目会议、办公接待、对外联络等综合管理工作。

（6）负责工程信息的收集、发放、归档管理工作。负责文件的保管、借阅、销毁管理工作。负责组织竣工资料的归档管理工作。

3.2 设计管理部

（1）设计管理部向全过程工程咨询管理项目部报告设计单位执行设计管理程序情况。

（2）负责制定和监督设计及其变更执行管理制度，分析工程风险，并提出施工图设计与设计变更的控制措施。

（3）设计管理部对设计单位的设计过程实施监督、审核和评价，审核其提交的施工图纸资料。

3.3 监理组

监理组实行总监理工程师负责制，项目总监理工程师作为项目监理控制第一责任人，负责分部、分项工程质量检查验收；负责项目内部日常工作和外部沟通协商工作。

监理组根据相关体系文件和标准规范，编制关键工序重点控制方案，对其质量责任进行层层分解，层层细化。项目总监理工程师以下监理人员逐级落实，层层落实责任制。

（1）专业监理工程师负责组织审查、跟踪实施进度计划，分析工程风险，提出进度控制管理措施；负责监督和落实工程变更，严格要求施工单位按照施工图施工；负责处理项目实施阶段出现的各种技术问题，组织、协调设计管理部对设计变更进行控制，配合控制部进行投资合同控制工程投资；负责进场工程材料和设备的进场审查与验收；负责对施工过程实施监督确认，进行施工质量/安全过程记录；负责报告施工单位的人力、设备资源投入情况，并对施工单位的施工作业能力进行动态评价。

（2）安全监理工程师负责作业现场的安全文明施工和卫生防疫的监督管理。

4 项目管理过程

全过程工程咨询项目部接到工程建设任务后，及时与市发展和改革委员会进行沟通，为工程建设办理《项目建议书》《可行性研究报告》《初步设计》等相关立项手续；设计管理部与设计单位收集同期建设的武汉雷神山和火神山相关设计资料，按照《传染病医院建筑设计规范》GB 50849—2014进行工程设计。因为时间紧迫，设计管理部要求设计单位按照施工图设计标准完成初步设计，同时邀请市各大医院一线医护人员、知名科室主任、医院感染控制专家和疾控中心相关部门对设计方案同步进行论证，确保设计成果满足业主的功能与安全使用需求，避免出现返工现象。只用了3d便完成了初步设计。项目部向市发展和改革委员会报送了《某项目可行性研究报告》和《初步设计》，市发展和改革委员会组织相关专家对可行性研究报告进行了评审并提出评审意见。控制部和设计管理部组织各专业根据专家评审意见及时完善设计图纸。

因为工期紧、任务重，为不影响进度，该工程边设计边施工。项目管理公司咨询组督促设计单位加快施工图设计进度，按施工顺序进行图纸的设计深化，因为应急病房属于临时建筑，相关职能部门在权限上暂时不能给予"即时监督"，因此，河北瑞池公司在项目建设过程中进行了痕迹管理，以便在后期手续办理及审计工作中能提供原始资料，保留了大量的会议纪要和请示文件；在技术上，要求设计单位分段提供设计图纸，每完成一分部工程的设计，项目部便立即组织相关人员进行设计成果评估，评估完成后，组织设计单位向施工单位相关专业进行技术交底。通过设计评估，能够最大限度地在现有条件下保证施工的工序和质量。

全过程工程咨询管理项目部管理人员24h常驻现场一线，现场办公，简化工程验收程序，随施工随验收，对能反映施工质量的隐蔽工程和验收节点进行多角度拍照留存，各专业监理工程师全程对施工质量进行控制的同时也参与设计评估活动，以保证多道工序可以平行施工，达到既加快施工速度，同时又能保证施工质量和减少工程变更的目的。通过实践，河北瑞池公司认为业务能力强的监理工程师的工作范围可以前延至设计阶段。

设计单位采用分段出图的方式，全过程管理团队成员的工作强度和工作压力都很大。针对大量的协调工作，项目管理负责人组建微信群，把参建各方的项目负责人、工程技术人员拉进群里，除重大技术问题组织室内开会外，其他一切问题全部在微信群里反馈答疑，充分做到立说立行、即知即改，为工程建设最大限度地节省了时间，同时也为全过程工程咨询管理建立了良好的沟通渠道。

施工现场人员流动大，密度高，对现场疫情防控是一个挑战。因建设地点距离感染人员治疗地点不足百米，为避免发生大规模聚集性病毒感染，安全监理工程师提出建设单位与各参建单位签署《疫情防控管理责任书》，对现场参建人员进行每日三次的体温监测报告制度，做好进出场地的人员流动记录，并将人员流动记录上报到市疫情防控办公室，使得疾控办公室对所有在疫区停留的人员信息建档，以便发生疫情时可追踪溯源，迅速切断传播链。

在施工期间，全国感染数量不断攀升，项目管理部预测到各地道路不通畅，物资采购会遇到诸多困难，项目管理部向市委、市政府申请开辟绿色通道，同时协助施工单位制定物资采购计划，并且为施工单位、物资供应单位及时办理政府协调函和通行证，使得从全国各地采购调配的物资能够顺利到达施工现场。

在突发新冠肺炎疫情的重大社会事件中，各施工单位千方百计地组织工程所需的各种材料和防疫物资，安排工人加班加点进行施工；在距离感染人员救治不足百米的危险圈内，参战人员克服自身的恐惧，自2020年1月30日至2020年2月26日，历时28个日夜的奋战，完成了市政府要求的工作内容。在速度上实现了超常规的突破，在安全文明施工方面实现了无一人感染的奇迹。

该项目是为应对重大突发公共卫生事件而紧急启动的应急建设项目，2020年2月9日，市财政专门拨付一般政府债券资金4000万元用于该项目建设。竣工结算过程中，控制部遇到了一个巨大的挑战，就是防疫期间人工增加费的计取。疫情期间，有关省市均发布了关于疫情期间人工费调整和防疫经费的通知，施工单位认为人工费应该按照市场价据实调整，同时要增加施工降效费用。为了保证政府投资的有效使用，控制部造价人员在与主管部门沟通的同时，与施工单位造价人员多次讲解定额单价的构成原理，施工单位造价人员始终坚持自己的结算方法，一时间双方的结算价款达到1500万的差额，在此期间，河北省未出台任何疫情期间造价定额调整的文件。各方多次协商未果的情况下，项目部造价人员根据近年来造价管理变化进程，提出可以按照其他省市发布的疫情期间建设工程人工定额单价的调整文件，调整结算资料中的人工定额单价，因人工单价调整原因涉及施工降效，同时措施费用会随着人工费的调整而调整，因此不对施工降效费用单独进行调整，施工单位认同项目部造价人员的意见，双方本着公平公正、互利双赢的原则进行工程结算，最终结算双方达成一致意见，将双方的差额降到30万以内、结算过程做到了透明、公开和公正。控制部将与结算有关的工程原始资料进行归档装订。

监理部在施工中，组织不同施工队伍对各自施工界面的认定和材料的选用；监理部建议设计师要入驻现场，以便能及时协调解决设计和施工中遇到的问题。厢配式板房成品均为平屋顶设计，监理部提出为了有序排水，延长房屋的使用寿命，建议在板房的屋面加设坡屋顶，得到了业主和设计单位的认可，由于过程中提前干预，该工程并未发生小概率的设计变更，这也是在实践中总结出全过程工程咨询管理提前干预预警的重要性。

在参建单位的共同努力下，该工程顺利进行了由行业主管部门、120急救指挥中心、院感专家、设计和建设单位、项目管理公司共同参加的竣工验收。后经市政府研究，成立由市卫生健康委员会牵头，市发展和改革委员会、财政、审计、规划、住房和城乡建设、审批和医院参加的"某医院应急病区等改扩建项目决算工作专班"，对该医院应急病区等改扩建项目已完成工程进行决算验收工作。验收通过后工作专班向市政府提交了决算审计报告，至此工作全部结束。

5　项目管理办法

（1）目标精细化管理机制

按照目标控制的需要，将质量控制、进度控制、造价控制、安全控制等目标进行分解，以便实施控制；对计划目标的实现进行风险分析和管理，以便采取针对性的有效措施实施主动控制；制定各项目标的综合控制措施，保证项目目标的实现。

（2）动态管理机制

在工程施工过程中，对过程、目标和活动进行跟踪，全面、及时、准确地掌握工程施工信息，将实际目标值和施工状况与计划目标进行对比、分析，及时采取纠偏措施，以实现目标控制的目的。

（3）风险预警机制

风险警示和风险预警是风险管理的重要组成部分，河北瑞池公司坚持事前预控的基本原则，在开工前，项目部根据以往工程经验成果和该工程特点，提出该工程可能出现的风险因素和预防措施，同时对该工程可能发生的问题提出风险控制意见。项目实施过程中的风险警示是针对工程出现的问题或可能出现的问题提出警示，以通告参建单位予以重视。

5.1 质量管理的精细化控制措施

5.1.1 设计质量管理措施

（1）全过程管理设计控制部对设计单位的设计过程实施监督，审查其提交的施工图纸资料，对图纸设计提出优化建议。

（2）要求设计单位必须对全过程管理设计部提出的意见逐条回复并保留、归档原始沟通资料，当涉及费用增加或工期延长时，设计单位应提交费用增加或工期延长的详细建议报告，供项目全过程管理控制部审查，审查后提出意见供业主决策。

（3）全过程管理设计部对设计单位的设计过程实施审计，评价设计基础资料、设计方案评审情况，评价校对、审核、会签环节管理情况，并要求提交校对、审核、会签不符合项统计报告以促进设计单位提高设计质量。

（4）在施工期间，施工单位不得随意修改设计图纸资料，当需对设计图纸进行修改时，施工单位必须报请监理部，由监理部向项目部提出申请。

5.1.2 现场施工质量控制管理措施

（1）主要工程材料、构配件和设备。施工项目部使用前必须填写《材料/构配件/设备报审表》向监理部报验。监理部应要求供货单位提供设备和构配件厂家的资质证明及产品合格证明，对未经验收或验收不合格的工程材料、构配件和设备，监理人员应拒绝签认，并应签发《监理通知》，书面通知施工项目部限期将不合格的工程材料、构配件和设备撤出现场。

（2）监理部应按有关规定对主要原材料进行复试的现场见证取样和送检监督工作。

（3）对新材料、新产品要核查鉴定证明和确认文件。

（4）施工单位必须按照施工报验程序报请监理部对工程质量进行检查验收。

（5）监理部对现场采用平行检验、巡检、重要工序旁站监理等方式进行检查监督。

5.2 工程建设进度的精细化管控措施

工程进度控制是该工程中的难中之难，也是重中之重，针对边设计边施工，该工程进度计划的实施改变了以往施工单位报监理单位审查、业主审批的程序，改为全过程项目部根据实际情况组织施工单位一起进行合理编制，业主审批、施工单位再分解实施。项目部对进度的管理控制措施如下：

（1）项目部根据业主提供的控制性计划（关键时间点），编制项目实施进度计划，并报业主审批后，由项目全过程管理项目部组织实施。

（2）根据全过程管理项目部编制的项目实施计划，施工单位编制总体分解作业计划，经综合平衡后，报全过程管理项目部和业主审查，此项计划作为进度计划的控制基准。

5.2.1 进度计划的监督措施

（1）全过程管理控制部和监理部负责对施工单位进度计划进行监督和控制，并每日向全过程管理项目部和业主反馈进度计划执行情况。

（2）项目咨询管理部对月进度计划的运行采用（日、周、月）三种方式进行监测。

①采用日报、周报的形式对进度计划的运行情况进行监测。

②每日早上7：00工程例会、专项计划协调会和现场协调会。

5.2.2　进度计划评审与预警

（1）全过程管理监理部会同控制部根据每日收集的进度运行信息，对进度计划执行情况进行评审，分析限制条件、风险因素、资源状况，对进度计划执行情况提出评审意见。分析材料供求、设计变更等因素，对进度计划提出改进、调整报告报业主审批。

（2）全过程管理项目部根据业主控制性计划，施工单位作业计划和工程风险，设置进度控制预警点，当达到预警时，全过程管理项目部及时进行协调和处理。

5.2.3　施工进度计划调整

（1）施工单位根据项目部的进度计划调整意见，结合现场实际进度计划执行情况，对进度计划进行调整，使总体作业计划在业主给定的控制范围之内。调整计划时，必须配备详细的资源说明和需要业主支持的事项。

（2）涉及控制性计划调整时，全过程管理项目部应向业主报告，并与施工单位协调处理措施，以确保整体工期目标。

5.3　建设投资的精细化管控措施

项目建设投资管理目标是有效控制投资和有效利用投资。

（1）有效控制投资的方法是建立投资目标控制体系，实施设计优化与专家论证二次设计，并将风险管理作为投资管理的核心内容。

设计优化是在原有功能和使用目的基本不变的情况下，对潜在项目开展价值工程分析而采取的节约挖潜措施。在工程建设过程中，鼓励施工单位提出设计优化的建议，有利于充分发挥和调动施工单位管理项目的积极性和创造性。在设计中进行评设结合，利用医疗感控专家的专业知识对设计方案进行论证，论证后提出改进或补充意见，设计单位根据专家意见对原始设计深度不能满足救治需求的方面开展设计深度的二次设计。控制部核算控制投资，在管理过程中，控制部对经设计优化后有提高的费用提出社会效益和效果评估，评估通过附评估核算资料后报业主核准，设计优化并不是一味地降低费用，而是多方面兼顾，有利于提高工程总体投资效果。

对优化设计的投资精细化管控措施如下：

①全过程管理项目部根据优化设计工作的技术复杂程度和难度，提出评审意见，并与业主沟通。

②业主根据施工单位的设计优化建议书和全过程管理项目部的评审意见，必要时，邀请有关专家进一步评审后，予以确认。

③不但要看到设计优化给项目带来的收益，也要认识到设计优化工作可能给项目带来的风险，因此，必须加强管理。

④设计单位根据审批意见，提出详细设计和优化成果考核验证办法，报全过程管理项

目部审查和业主审批。

　　⑤施工单位组织实施优化方案。

　　（2）控制部按施工分项进行投资分解和投资分析，提出投资控制方案，报全过程管理项目经理审查和业主确认。

　　（3）有效利用投资管理工程的方法是工程进度款支付，为贯彻有效利用投资管理工程这一基本原则，在项目实施过程中，必须把工程款支付与工程进度、质量、投资、安全文明施工以及文件管理有机结合，充分发挥投资在项目管理中的核心作用。除将工程已完工程量作为支付条件外，工程质量、安全文明生产和资料管理等完成情况也作为支付条件之一。

　　①工程进度款支付限额：工程单体项目预验收完成，单体项目进度款可支付到60%，收尾整改项目完成，工程交工验收合格和档案资料移交工作完成，工程进度款可支付到97%。剩余3%作为质量保证金，按照工程质量缺陷期相关合同条款执行，待缺陷期满后付清余款。

　　②完成检验批验收或分项工程验收的项目，作为进度计算的必要条件，未完成检验的项目不予支付进度款。

　　③现场不符合项目整改完成率作为进度款支付的条件之一，以减少不符合项目，提高不符合项目的整改速度和管理绩效。

　　④把通知、指令的按期执行率作为进度款支付的条件之一，强化指挥和调度管理。

　　⑤作好工程款支付的基础工作是确保投资管理工程的核心，为此，全过程管理监理部必须做好报验统计工作、不符合项目整改统计工作和通知、指令执行情况统计工作。

5.4　工程验收的精细化管理

5.4.1　工程验收分类

　　工程验收管理主要分为交工验收、专项验收、工程预验收和竣工验收四项工作。

　　（1）交工验收主要有实物验收和资料验收两项工作，完成这两项工作后，全过程管理项目部、业主项目管理人员和全部设计、施工人员方能撤离现场。

　　（2）专项验收主要有安全专项验收、消防专项验收、室内空气质量检测专项验收、竣工档案专项验收以及其他专项验收，专项验收由业主负责，全过程管理项目部、施工单位予以协助。

　　（3）工程预验收是由项目总监理工程师组织的验收，验收合格后，标志着工程工作已经全部完成，项目可以进行竣工验收。

　　（4）竣工验收是由业主组织的验收，竣工验收工作完成后，标志着缺陷责任期结束，全过程管理项目部、施工单位等项目管理工作机构可以全部解散。

5.4.2　竣工资料编制、收集、整理和归档

　　竣工资料是工程管理过程中的重要记录，其编制与收集应在工程实施过程中进行。竣工资料的整理与归档工作由业主协助，全过程工程咨询管理项目部负责组织实施。

该项目的资料共归档装订为请示文件卷、投资控制卷、现场施工资料卷、工程质量控制卷、参建人员信息花名册和竣工验收资料卷，对工程建设过程中的所有资料均保留了原始痕迹，使得工程建设向前可跟踪，回头可溯源。

6 项目管理成效

面对时间紧、任务重等诸多难题，无论是企业还是个人都将自己置身于国家的大格局中，在缺少材料物资、缺乏施工人员的情况下，在市委、市政府的领导下，参建单位和人员团结一致、同舟共济，克服重重困难，为了共同的目标，在这座300万人的城市中，29d内建一座应急病房和自动化程度较高的救护车洗消，为这座城市带来了信心和安全，让人们能安居乐业。这场与时间赛跑的建设工程，有效地控制和管理了政府投资的有效性，获得了良好的社会效果。市委、市政府的领导多次亲临一线，对工程建设提出指示，对遇到的困难给予帮助。放眼全国对疫情防控的投入力度，这是"中国力量"和"中国态度"的体现，让国际社会看到了中国遏制疫情的坚定决心和信心，也看到了中国政府对生命的尊重与敬畏以及为保护生命不惜代价地付出。

7 交流探讨

该工程是河北瑞池公司在非常时期着手开展的全过程工程咨询管理项目，在该工程中，有些环节无法按照常规的建设程序开展，因而全过程工程咨询管理项目团队要统筹考虑、精细筹划、痕迹管理，对与工程有关的一切资料进行归档，为政府投资项目的财政审计提供真实的原始资料。

回顾整个管理过程，总结如下经验：

经验一：全过程工程咨询管理单位在项目建设全过程精细化管理的要点

项目策划阶段进行信息收集、方案构建、评价、选择出备选方案。此阶段全过程工程咨询管理单位需要做如下工作：

（1）制定《工程咨询服务规划》，对服务的范围、目标、组织机构的设立、管理制度等方面做出规划，以使咨询工作有章可循。

（2）制定专项服务的实施细则，明确专业工程的工作流程、重点、难点和薄弱环节，以及需要的专业咨询方法和措施。

（3）在项目前期的项目建议书编制、可行性研究报告的编制中，由于工程紧迫的特点，项目管理公司与发展和改革部门协商，可行性研究报告与初步设计一并报送。全过程工程咨询项目部对设计单位进行交底，明确工程建设要求；审查初步设计大纲，组织编制初步设计文件和概算。全过程工程咨询单位通过对建设规模、工程方案、建设条件、投资概算、融资方案、财务盈利、偿债和生存能力以及不确定性、经济效益、资源的有效利用、环境和社会影响以及可能产生的风险进行深入的调查、研究和充分的对比，分析论证投资和建设方案是否合理，为项目决策提供科学可靠的依据，通过各类报告的编制和评估，可以提高决策的科学性和正确性。

（4）全过程工程咨询项目部审查施工图设计的工作计划大纲，督促施工图设计，并督促开展限额设计，审查施工图设计，确认在概算范围内。督促落实标准化成果、新技术应用，通用设备标准接口和工艺标准，按计划提交设计文件。

（5）如遇重大变更超概算时，上报建设单位进行可行性研究报告和初步设计文件修编，并重新办理审批手续。

（6）组建设计沟通工作群，对设计任务书及图纸审核进行及时确认。

（7）编制资金使用计划和项目一级网络进度计划。

（8）编制安全、质量的管理策划文件，建立管理台账。

（9）协助业主组建项目安全生产委员会，建立现场安全管理体系。

（10）建立现场质量管理体系、建立绿色施工管理体系，并编制实施细则。

（11）组织开展施工总平面图布置，审批临时设施与安全文明设施的布置方案，开展通水、通电、通路、通信、通气和场地平整的验收，为保障施工顺利进行提供条件。

（12）全过程工程咨询项目部在工程施工阶段的工作内容为质量管理、进度管理、造价管理、HSE管理。工程监理行业从1988年起步，于1992年在全国范围内推行工程监理制度，到1996年起开始全面发展并形成了一套成熟的管理体系。项目管理要依托这套管理体系，做好内部沟通和外部协调工作。

（13）负责竣工结算和决算主要咨询工作。①组织结算会议，梳理项目费用，明确处理方案，督促办理结算；②收集竣工结算资料，办理预审，编制竣工结算书并协助业主报审与办理竣工结算；③协助业主进行造价分析，办理已投产工程资产移交、竣工资料移交，配合业主完成工程决算、结算和决算审计工作。

（14）进行工程总结评价，编写工程咨询总结报告，组织承包商编写工程总结，开展项目后评价活动。

在实际工作中，科学化管理经历了规范化、精细化和个性化发展阶段，精细化管理涉及建设过程的每一个环节，是科学管理方法的第二个层次，包括决策理论、运筹学和系统工程在内的很多理论，这些理论和方法以决策过程为着眼点，特别关注定量分析。全过程工程咨询单位应建立快速响应、有弹性的精细化管理平台，供企业各个项目共享。

经验二：对项目全过程管理中的风险进行识别、分析，制定应对措施和进行风险监控

项目主要风险：

（1）市场风险：由于对宏观经济形势的分析和对市场供需情况的预判与实际情况不符，调研或评估报告不正确或不可靠所引起的风险。

（2）技术风险：①工艺技术选用，在先进适用性、安全可靠性、经济合理性、耐久性等方面存在问题所引起的风险。②由于对建设规模、建设方案等需要考量的指标不严谨，可行性研究的论证或评估不正确或不可靠引起的风险。③前期设计不到位，导致后期频繁发生设计变更，会大大增加施工成本，对发承包双方都会产生影响。

（3）资金使用风险：①由于投资估算、概算、预算不准确和资金筹措渠道与筹措方式不合理或不可靠引起的风险。

（4）环境风险：由于建设地区的社会、法律、经济、文化、自然地理、基础设施、社会服务、社会卫生事件等环境因素对项目目标产生不利影响所引起的风险。

（5）合同签订风险：业主在拟定合同条款中，往往过多地将风险偏重于施工承包商一方，有些施工承包商在签订合同条款时对有些条款审核过于轻视，认为都是制式合同。在合同实施过程中，出现无法履行的情况，给施工、结算带来很大的风险。

针对上述风险事件，全过程工程咨询管理项目部协助业主做好如下防范措施：

（1）树立增强守法意识。

（2）做好投标前的审查工作。

（3）高度重视招标投标工作。

（4）做好合同评审把关工作。

（5）合同履行过程中，做好内部监督和审查工作，控制好履行过程中的风险。

（6）合同收尾是指项目验收，发承包双方对照合同一项一项核对，是否完成了合同所有要求，是否可以结束项目。合同履行过程中产生的变更、签证也往往在此阶段得到最终解决。其中主要是验收文件签署，发承包双方项目负责人都要在验收文件上签字，避免后期产生纠纷。

（7）管理收尾是指为了使项目相关人员对项目产品的验收正式化而进行的项目成果验证和归档，具体包括收集项目记录、确保产品满足业主需求，并将项目信息归档移交，还包括项目审计。此阶段如果得不到发承包双方的重视，会影响项目收尾的时间，有时会拖延几年甚至更长时间才能最终关闭项目，而此阶段的风险承担人主要是项目业主。

全过程工程咨询项目风险管理程序：

项目的风险管理是在项目实施过程中，通过风险识别与风险分析（定性与定量分析），采取合理的管理方法与技术手段，对项目活动涉及的风险进行有效控制，以合理的成本、安全、可靠地实施合同项目的目标与任务。

全过程工程咨询企业在项目合同签订后，立即组建项目部，对项目的策划、勘察设计、采购、施工、试运行进行全过程的管理。

项目经理组织编制《项目全过程咨询管理手册》时，应将项目风险管理目标、范围、组织、内容、要求等纳入项目管理计划中。在项目开工会议上，项目经理宣布项目风险管理的目标、范围、组织、内容、要求、组织分工等，并明确其职责。

确定项目部内各方风险管理的岗位职责，项目风险管理工作的主要责任人是全过程工程咨询项目经理。项目部其他成员协助项目经理工作的同时还是自己职责范围内的风险管理责任人；策划经理负责项目前期策划风险管理；造价经理负责项目造价风险管理；设计经理负责项目设计风险管理；控制部经理负责项目目标控制（进度、质量、资金、安全）风险管理。

项目部设专人（风险管理工程师）负责风险管理，负责组织编制项目风险管理计划大纲，在由项目经理主持召开的风险管理计划编制会议上，组织项目内各方的风险管理负责人，对项目风险管理计划大纲进行讨论、研究。汇总各方意见，编制项目风险管理计划；在项目开展过程中，组织审查项目风险管理计划的实施情况，随时监控项目风险，根据项目实际情况，向各方风险管理工程师提出风险控制建议。在出现新风险时，按照上述程序制定计划，经项目经理批准后实施。

风险管理措施如下：

（1）制定风险管理计划。对项目风险管理目标、范围、内容、方法、步骤等做出安排和说明。它是整个项目计划的组成部分。

（2）制定风险管理应对计划。在风险管理计划中预先计划好的，一旦已识别的风险事件发生，应当采取的应对措施计划。

（3）制定风险管理替代方案。在风险应对计划中预先拟定好的，在必要时通过改变原计划以阻止或避免风险事件发生的方案。

（4）制定风险管理的后备措施。有些风险需要事先制定后备措施，一旦项目进展情况与原计划不同，就动用后备措施以减轻风险，包括费用后备和时间后备。其中费用后备即在估算中设置一笔为可预见费或储备金；时间后备即在进度计划中设置一段应急时间。

即便是有了风险管理措施，风险依旧会发生，因而需要制定风险的应对措施。风险的应对措施如下：

（1）强制性措施。在工程项目中，不可避免地会有多种风险，对于其中一些风险，无论是业主还是承包商都应投保强制性保险。

（2）非强制性措施。对于其他风险，在考虑采用非强制性措施时，全过程工程咨询企业应对风险回避、风险转移、风险减轻或风险隔离、风险分散、风险自留等诸多方式，从专业角度，与业主进行充分的解释说明。

①风险回避：首先是分析风险事件可否回避，并且又不损害根本利益（即不会把机会也回避掉），则可选择风险回避。

②风险减轻或风险隔离。采取风险减轻或风险隔离均会产生成本。要全方位考虑成本处理效果与支出成本的比例。如果风险处理的效果好，成本又不高，则都可以选择。

如果选择风险减轻或风险隔离所花的成本与采用风险分散，风险转移所花的成本差不多，则也可以选择风险隔离。

③风险分散：如果认定采用分散风险的办法，较之集中由自己一家承担更为有利的话（因为分散了风险，也就分散了机会），则应选择风险分散。

④风险转移：大多数风险不可能靠分散的办法解决。因为分散只能解除一部分风险，承包商还要承担相当一部分的风险。这时，可以考虑风险转移。风险转移包括非保险性转移和保险性转移两种。非保险转移是通过各种合同，将本应由自己承担的风险转移给另外一方。包括技术转移、设备租赁等多种形式。保险转移则是通过购买保险，从而通过保险公司获得可能的损失补偿。

⑤风险自留：前提首先是这些风险造成的后果可以承受，不能承受的风险不能自留；

其次考量应对风险所付出的代价是否大于风险本身造成的损失。

　　除了上述风险管控措施外，全过程工程咨询项目还要对利用风险、扩大价值进行充分的理论和数据论述，并给予业主选择的机会。首先要分析风险利用的可能性和其价值；其次要计算利用风险的损失，包括直接损失、间接损失和隐蔽损失，并客观地检查和评估自己的承受能力；然后制定策略和实施步骤；最后在项目实施过程中，密切关注各种风险因素的变化，及时因势利导，以获得更多的利益，是项目本身能达到增值的效果。

　　在项目全过程工程咨询业务中，除了做到精细化管理和风险管控外，全过程工程咨询企业还要培养和维护职业信任感，管理人员要有丰富的知识储备，不断学习和积累与人良好沟通的能力，同时要具备职业道德，全过程管理是一个需要经济学、管理学、法务、商务、设计、施工、造价等多学科的通识和专业叠加的管理范围，业主对全过程工程咨询企业的认同感来源于全过程工程咨询从业人员对维护职业信任感的努力，全过程工程咨询企业要重视对从业人员的教育和筛选；全过程工程咨询企业要有行业自律性，遵守国家的各种法律法规，对社会发展规划保持敏锐，不断地将全过程项目管理范围内的业务做得精准，只有这样，才会清晰地把握项目的始终，发挥出项目的经济效益和社会效果。

某市区地下水超采综合治理项目全过程工程咨询案例实践

刘承斌，陈国江，张文霞（瑞和安惠项目管理集团有限公司）

摘　要：某市区地下水超采综合治理农村生活水源置换工程建设是河北省 2019 年地下水超采综合治理工作的重要组成部分，是民生保障工程，用以彻底解决某区农村饮水安全问题，并力求有效遏制地下水超采，恢复地下水环境，涵养地下水源，实现水资源可持续利用和经济社会的持续发展，促进水生态文明建设。该工程建设范围及内容为：2 座拟建地表水厂至现有 9 座农村水厂的供水管道连接工程。北区输水管线供水管网长度约 45.07km，其中某泛区内供水管线约 27.43km，某泛区外供水管线约 17.64km。南区输水管线，供水管网长度约 23.26km。合计供水管网长度约 68.33km。工程需永久占地 11.5 亩，临时占地 1466 亩。工程总投资 16555.41 万元。

　　瑞和安惠项目管理集团有限公司（以下简称瑞和安惠项目管理集团）通过招标投标中标该工程项目管理工作。通过科学的项目管理，采用集团自主开发的"惠管理"平台以及集团各职能部门通力合作，解决了长距离输水管线质量、进度、投资、手续跑办、沟通协调等实际问题，保证工程顺利竣工验收，不超工期，不超概算。

1　项目背景

（1）为保证供水水质，保护人民群众身体健康，寻找新的供水水源成为当务之急。

随着城市经济建设和城市规模的不断发展，人民生活水平日益提高，人民群众对水量、水质的需求越来越大、越来越高。随着国家对居民饮水安全的重视，对水质的要求、用水量的标准也在进一步的规范。某省高氟水主要赋存于中东部深层地下水，主要分布在某州、某水、某台东部和某市南部部分地区，含氟量在 $2\sim4$ mg/L，面积达 25475 km^2，占平原面积的 35%。某区处于高氟区，含氟量超过 2.0mg/L。水质净化技术已有很多，但考虑到农村小规模情况下的成本效益和农民的经济承受能力，目前还缺乏方便、有效的水净化处理技术。从高氟区治水经验来看，当前，除投资运行费用高昂的反渗透工艺外，并没有其他有效适用于农村的彻底降氟措施。因此，寻找新的供水水源成为当务之急。

（2）为防止地下水超采，避免因地下水超采带来一系列问题，增加新的供水水源势在必行。

某地区地下水资源严重不足，地下水位以每年 2～3m 下降。某区作为超采区，由于连年超采，特别是深层地下水超采，引发地下水降落漏斗的形成及扩大加深、地面沉降塌陷、地面裂缝、咸水扩散和地下水污染等严重危害。过量开采地下水所带来的危害日益严重。增加新的供水水源，有序、合理地利用地下水，已成为当下亟须解决的问题。

（3）南水北调工程已引水至某地，利用某江水置换现有地下水刻不容缓。

某地区作为南水北调受水区，已纳入某市预测用水量指标。区内南水北调工程的某干渠和某干渠已建成通水。目前某区已经具备可置换的水源和水量，水源置换工作刻不容缓。

（4）该工程作为水源置换工作的配套工程，迫在眉睫。

某地区水源置换工作分为两部分：一部分是建设 2 座南水北调的地表水厂，该工程目前正在进行可行性研究工作；另一部分是建设连接 2 座南水北调地表水厂至现有 9 座农村水厂的管网，即本次工程。为与南水北调地表水厂的建设进度相匹配，该工程的实施已成燃眉之急。

（5）该工程的实施可提高供水的稳定性、安全性。

该工程及南水北调地表水厂工程实施后，原 9 座农村水厂的分散管理变为 2 座地表水厂的集中管理，可大大提高水厂运营的稳定性，保证供水的安全性。

综上所述，该工程的实施，可保证居民饮水水质，提高供水安全性，避免因地下水超采带来一系列问题，是必需的，也是紧迫的。因此兴建该工程是非常迫切和必要的。

2 项目介绍

2.1 项目概况

（1）工程名称：某市区地下水超采综合治理农村生活水源置换项目。

（2）工程地点：某市某区。

（3）工程规模：铺设地表水厂至各农村水厂的管道。工程分为南北两区，铺设输水管道总长 68.33km，其中：北区线路长度 45.07km，南区线路长度 23.26km。涉及某区 7 个乡镇。

（4）工程总投资：16555.41 万元。

2.2 质量管理难点

（1）现场作业面大，队伍多，多处施工同时进行，质量旁站尤其重要。

（2）质量控制重点为管道接头和表面防腐层。

（3）由于管道直径较大，进场后需直接摆放到作业面，材料筹建工作尤其重要，必须先进行现场检测，再抽样进行实验室检测，同时，监理单位必须进行平行检测，建设单位委托第三方检测。

（4）管道标高控制也是质量控制难点，必须保证排气阀设置位置标高。

（5）由于地址原因，拉管施工在成孔、扩孔阶段难免出现跑浆现象，为了避免跑浆污染地上种植物，在成孔、扩孔阶段必须派人巡视。

（6）拉管施工必须合理划分施工段，根据管线地上情况随时调整拉管长度，避免由于地上问题造成拉管时间过长、钻头抱死、拉管失败。

（7）开挖施工必须保证深度和标高两项条件，放坡需严格按照图纸施工，开挖过深或过浅均会影响管线质量控制。

（8）开挖施工必须边开挖边控制标高，必须一次性成活，如过深或过浅，二次开挖难度很大，费用基本成几何倍数增加，故要求必须增加监理旁站和施工自检强度。

（9）承插管道连接必须保证设备和人员配合熟练，管口连接根据实际情况涂抹足够分量的润滑剂，保证承插口连接紧密、结实，同时需保证管道顺直度。

2.3 安全管理和文明施工管理难点

（1）大面积野外作业，防尘、水资源保护、环境保护等工作量巨大。

（2）长距离管线施工，封闭围挡很难实现，施工现场开放，不利于集中管理。

（3）临时用水、临时用电野外施工困难，安全防护措施需随时根据施工需要调整。

（4）施工人员宿舍及生活设施需根据施工现场随时调整。

（5）农民工实名打卡很难实现，根据管线施工情况，施工作业时间随时调整，大多数施工需三班倒。

（6）野外作业，防暑降温及工人劳保费用增加，疫情期间防疫物资消耗增加，文明施工措施与房建工程存在较大差异。

（7）机械设备过多，且随时进出场，增大了机械事故安全隐患。

（8）直埋施工管线流水作业面较大，安全防护必须到位，否则野外作业难免出现家畜、动物及人员等坠落沟底现象。

（9）施工管线通过村落及人员密集区或耕地、果园等位置，施工区域防护不到位，与施工现场无关人员较多，不利于管理。

2.4 进度管理难点

（1）大面积野外施工，受天气影响较大，不利于进度控制。

（2）大面积野外施工，受制于交通、无关人员、用水、用电制约，不利于进度控制。

（3）管线施工大型机械使用较多，进度控制受制于机械设备故障率。

（4）长距离管线施工，设计图纸需根据实际施工情况随时调整，不利于进度控制。

（5）管线需穿越现有各种设施，如铁路、高速、公路、各种管线等，需与各产权单位联系办理相关手续，不利于进度控制。

（6）管线需穿越各种耕地、苗圃、种植园、坟地等，外来人员无故阻工等现象时有发生，不利于进度控制。

（7）长距离管线施工，需要与当地乡镇政府、城管、供水、供电等各部门办理备案后方可施工，不利于进度管理。

2.5 沟通协调管理难点

（1）长距离管线施工征地问题复杂，征地目标很难实现，需要大量的沟通协调工作。

（2）施工过程中穿越各种现有设施，需要大量的沟通工作方能保证顺利施工。

（3）施工队伍分散，现场信息收集整理困难，需要强有力的沟通管理渠道保证现场第一手信息准确传达到管理层，故推广拍摄视频、图片及无人机拍摄现场实际情况。

（4）施工受当地无关人员阻挠较多，需大量的协调工作，甚至需要警务人员出动。

（5）野外施工需要与多处外管单位联系，保持沟通，以保证施工顺利进行。

2.6 投资控制管理难点

（1）长距离输水管线施工区域变化过大，设计阶段和施工阶段差异明显，征地及地上附着物赔偿费用不好确定，不利于投资控制。

（2）现场施工区域现场踏勘工作量巨大，施工区域实际情况与设计图纸不符情况较多，为了保证施工，需增加保证措施。

（3）受制于施工现场及相关征地情况，设计管线需随时调整位置及施工做法，不利于投资控制。

（4）管线穿越现有设施，受制于现有设施情况，需增加保护措施，招标设计阶段不好把握，需根据施工情况调整，不利于投资控制。

2.7 设计图纸管理难点

（1）长距离管线工程，地形、地质勘察与实际存在部分误差，实际施工中误差很大，有的图纸显示不出来，如坟墓、大型线塔等，影响施工。

（2）在施工图纸中未避开设计现场踏勘时应发现的地上附着物，如大棚、经济价值较高的植物等，后期无法征迁，造成设计变更较多。

（3）专项设计，特别是水利专业以外的，如穿越铁路、公路、深基坑等，设计粗糙不能指导施工，有必要请专业设计单位设计或由水利设计院委托专项设计。

（4）水资源保护方案实际操作性不好，需要设计给出更好监控的水资源保护方案。

（5）因点多线长，地下其他行业管线不明确，设计图纸中显示不出来。在与其他行业管线有相交的情况时，设计图纸未标明相对安全距离及做法。

（6）拉管施工中有时未考虑乡间公路影响，造成现场钢管的摆放困难。

（7）由于水利设计存在以上事宜，设计代表驻场非常有必要。

3 项目组织

3.1 项目管理总承包模式（PMC，决策—执行）（图1）

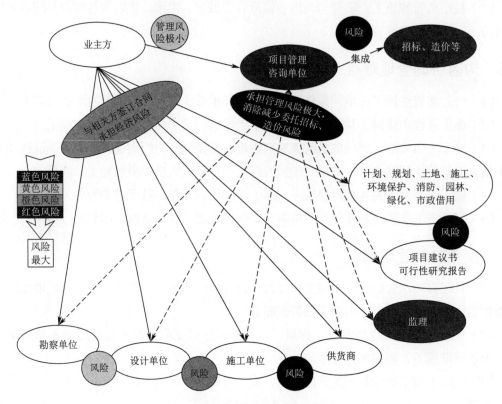

图1 项目管理总承包模式示意图

3.2 委托方主要职责

（1）监督、督促项目管理咨询单位履行招标、监理、造价等职责，完成质量、投资、进度、HSE等目标。

（2）监督、督促项目管理咨询单位完成总包、分包、供货单位的公开招标。

（3）与总包、分包、供货商等施工单位签订施工合同，并支付工程款。

3.3 项目管理咨询单位主要职责

（1）按照与委托人签订的项目管理合同对工程进行质量、进度、HSE管理，并完成各项指标。

（2）履行招标、造价、监理管理，并对委托单位与总包、分包、供货商等施工单位签订的合同进行管理，辅助委托方支付工程款的审计等工作。

（3）向委托方定期汇报工程进展及建设资金使用情况。

3.4 风险分析

（1）管理公司责任较大。

（2）委托单位风险较小，对工程管理风险较小。

3.5 项目管理总承包模式（PMC，决策—执行）组织架构图（图2）

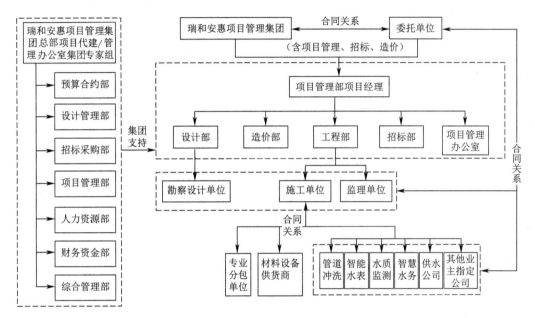

图 2 项目管理总承包模式组织架构图

4 项目管理过程

依据管理流程，编制项目管理手册，制定项目管理目标，与建设单位商讨管理流程，制定会签制度、资料收集整理目录。

4.1 项目前期手续办理阶段

2019年3月20日首次上报某区发展和改革委员会申请审批，项目管理咨询单位协助建设单位报批。某区发展和改革委员会于2019年4月10日正式批复本项目建议书，由于工程名称原因2019年5月16日再次批复项目建议书并上传某省政府投资项目在线监管平台，项目管理咨询单位协助建设单位上传建议书。

地下水超采专项资金文件在2019年5月30日正式下发，但资金未能拨付到位，某区国土及规划局分别于2019年5月28日及2019年6月3日出具了土地预审及选址意见的回函，某区发展和改革委员会于2019年8月13日正式出具可行性研究批复、招标方案核准表。

2019年5月23日向某区发展和改革委员会申请本项目勘察设计提前招标，2019年5月28日某区发展和改革委员会批复关于该项目勘察设计招标方案核准意见表。

勘察设计招标于2019年7月15日完成，监理招标于2019年11月4日完成，施工招标于2019年12月2日完成，项目管理咨询单位全程参与招标流程，协助建设单位进行合同谈判，并协助建设单位完善合同。

2019年7月31日正式向某市水利局上报实施方案，该项目的实施方案于2019年8月22日由某市水利局批复完成。

地下水超采专项资金于2019年8月30日正式拨付到位，启动本项目监理及施工招标工作。项目管理咨询单位审核招标文件并提出修改意见，全程参与招标流程，协助建设单位进行合同谈判，同时协助建设单位完善合同。

4.2 项目实施阶段

2019年12月4日签订施工合同，同时要求施工单位开始安排施工准备工作，项目管理咨询单位协助建设单位组织第一次会议，并对施工单位准备工作提出建议和要求。宣读该工程管理目标及管理流程，下发管理制度及行文手续、表格等。2019年12月25日区政府组织某水利局、项目涉及的7个乡镇主要负责人，召开了项目征迁大会，协助建设单位征迁工作，提供相关合理建议。

2020年1月1日至2020年1月19日，安排施工单位测量放线，项目管理咨询单位、设计单位、监理单位及乡镇配合。

2020年3月9日各主要参建单位主要负责人及部分施工人员到岗展开工作，2020年3月中旬经某区政府批准成立某市区地下水超采综合治理农村生活水源置换工程建设处。2020年3月24日收到某市水利工程质量监督站下发的《某市水利基本建设工程质量监督书》。

2020年3月30日，监理单位下发工程开工令，同日南区（23.26km）K2支线开工建设，因疫情管控导致乡镇村街半封闭状态、施工作业人员返工不便、施工原材料供应不及时等原因，致使工程建设进度缓慢。

2020年4月18日，组织项目管理咨询单位、设计单位、监理单位、施工单位召开图纸会审及设计交底会议，4月主要工作：清理地上附着物、施工单位修建临时道路、管沟开挖、PE管焊接等。

2020年5月施工现场全面展开，同时由项目管理咨询单位牵头跑办管线穿越市政道路、省道、国道、高速、铁路、某大堤、南水北调干渠、燃气管线、新机场燃油管线、通信管线等各种备案手续。

2020年6月~11月为工程主要施工期，累计完成工作量如下：北区设计线路长度45.07km，由于线路避让墓区及风景区，局部线路进行调整，实际施工线路长度为45.338km，管材为PE100级聚乙烯管及涂塑复合钢管，管径范围为$De315$（$DN300$）~$DN600$。主要为拉管，局部为开挖。南区设计线路长度23.26km，由于穿越某铁路线路调整以及局部线路优化，实际施工线路长度为26.914km，管材为PE100级聚乙烯管、球墨铸铁管及涂塑复合钢管（内EP外PE加强型防腐）。管径范围为$De315$~$DN500$。主要为开挖，局部为拉管。同时南北区管道排气阀、检修阀、浮球阀等各类阀门井室已全部安装完成，

8座农村水厂机电设备已全部安装就位，项目管理咨询单位依据该工程管理手册实施重点管理，相应质量、进度、投资、安全、设计等管理内容重点要求，收集各种管理资料，保证工程顺利进行。

2020年12月15日完工，累计完成输水管线72.252km，其中开槽开挖34.628km，定向钻拉管施工37.334km，顶管施工290m，附属井室223座，支墩407个，里程桩、拐点桩505个。

4.3 项目竣工验收阶段

2020年12月30日进行了分部分项及单位工程竣工验收。项目管理咨询单位协助建设单位跑办竣工验收手续，收集整理竣工验收资料，组织竣工验收会议。

2021年7月结算完成，上报财政局评审。7月13日合同验收完成，资料归档完成，工程进入缺陷责任期。协助建设单位上报财政评审各种文件资料，组织相关单位与财政评审对审。

5 项目管理办法

5.1 项目管理工作内容

5.1.1 设计管理工作

（1）协助建设单位确定设计周期。

（2）协助建设单位签订设计合同。

（3）协助组织初步设计报审、施工图设计审查工作。

5.1.2 投资管理工作

（1）协助建设单位确定工程总投资。

（2）工程投资计划编制（全过程、年度）。

（3）协助清单、预算控制价报审工作。

（4）工程变更签证审核。

（5）进度款支付审核。

（6）协助结算报送工作。

（7）协助材料设备价确认工作。

（8）配合政府部门结算审计。

5.1.3 招标管理工作

（1）负责工程施工、监理、分包招标计划编制工作。

（2）协助完成招标条件的落实。

（3）招标管理工作。

5.1.4 工程管理工作

工程质量、进度管理工作，对合同、信息进行管理，并对工程建设过程中出现的相关问题进行组织协调。

1.进度管理

（1）按照建设单位对总工期的期望，结合工期定额等，编制工程总进度计划。

（2）进度动态管理，做好风险控制及纠偏工作。

2.质量管理

（1）依据法律法规、工程设计、合同，审核参建方工程质量保证体系。

（2）审核参建方技术方案、控制措施等。

（3）以建设单位名义组织或参与各类质量检查和验收。

3.技术管理

（1）负责图纸签发，组织图纸会审及技术交底，审查会议纪要。

（2）审核关系工期、费用、建设标准或使用功能等各类文件。

（3）组织或参与重大技术方案的论证工作。

（4）审核工程变更、签证。

（5）外部技术条件的落实。

4.安全管理

（1）检查安全生产管理制度，协助建设单位签订安全生产文明施工协议。

（2）检查安全生产措施落实情况。

（3）参加安全事故调查处理工作，坚持"三不放过"原则。

5.合同管理

（1）建立工程建设合同体系。

（2）协助建设单位合同谈判及合同争议的解决。

（3）负责参建方合同履约管理。

6.资料管理

（1）负责管理工程档案资料。

（2）审核竣工图及竣工资料。

（3）负责工程档案的整理、移交。

7.沟通协调

通过有效沟通协调设计单位、总承包施工单位、专业分包单位、供货商等各参建方，共同完成本工程的建设任务。

5.1.5 竣工验收阶段

（1）现场管理：协助建设单位组织竣工验收、备案、交接等系列工作。

（2）投资管理：过程相关资料汇编、审核；配合工程结算审计工作。

（3）信息管理：工程资料归档、移交等系列工作。

（4）项目总结：编制项目管理工作总结报告。

5.2 项目管理项目前期报批及验收手续流程图（图3）

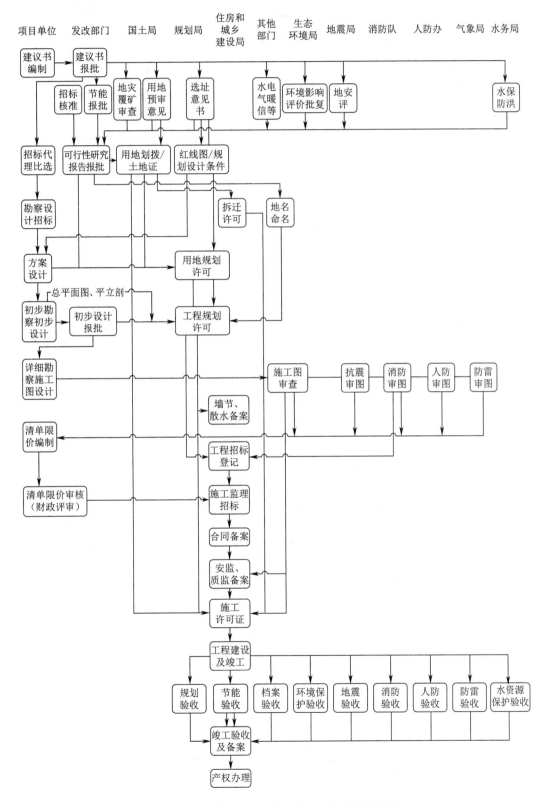

图3 项目管理项目前期报批及验收手续流程图

5.3 项目管理项目招标主要内容架构图（图4）

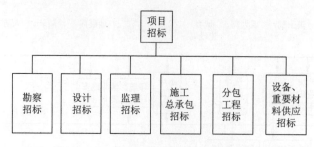

图4 项目管理项目招标主要内容架构图

5.4 项目管理项目设计管理流程图（图5）

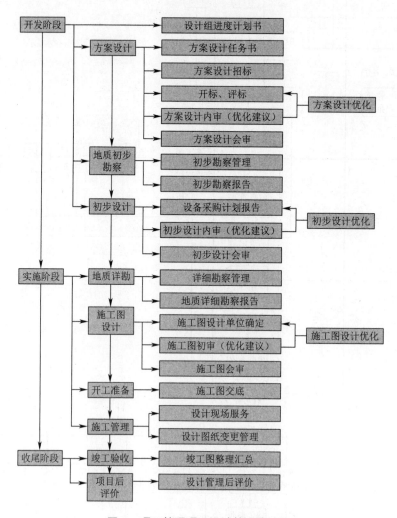

图5 项目管理项目设计管理流程图

5.5 项目管理项目合同审批、签订流程图（图6）

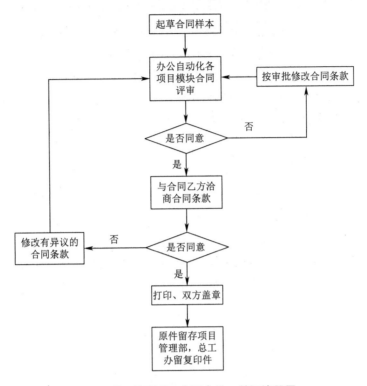

图6 项目管理项目合同审批、签订流程图

6 交流探讨

水源置换项目穿越铁路、高速、公路、渠道、大堤、燃油管线等。

管理单位工作内容：协助建设单位跑办所有手续，编制填写相关资料表格，依据专业知识及以往经验审核手续中重要节点资料，对第三方提出的合同、报价、施工方案等进行合理优化并给建设单位提出指导性建议。同时编制手续跑办计划，伴随工程施工及时提醒建设单位办理相关手续，督促协调各参建单位积极协助提供手续办理相关资料。最终汇总手续办理各项过程文件，集中存档并下发相关参建单位。

6.1 穿越铁路

协助建设单位提出申请，铁路局总工程师室接受并审批，申请函件内容包括修建依据、修建地点、管线性质、交叉方式、铁路线路及管线穿越铁路位置的规划、设计资料。协助建设单位聘用具有铁路设计资质的单位进行交叉位置穿越设计，具有铁路施工资质的单位进行交叉穿越施工。同时根据铁路局下发的文件执行其余施工事宜。

6.2　穿越高速、国道、省道及市政道路

协助建设单位向省交通运输厅申请办理穿越高速公路申请函，省交通运输厅需组织专家论证后出具设计结论，然后选择具有专业资质的设计单位设计图纸。设计图纸完成后需上报省交通运输厅公路局，再次组织专家论证后出具审图意见和同意穿越批复的意见。上述文件完成后上报高速公路路政大队、高速公路管理处办理交通行政许可。最后协助建设单位向市交通运输局提出申请，市交通运输局出具交通行政许可决定书，然后与路政养护处签订监管协议，与路政大队签订监管书后方可施工。

办理交通行政许可申请材料如下：

（1）交通行政许可申请书。

（2）申请单位法人身份证复印件。

（3）委托书及委托人身份证复印件。

（4）申请单位营业执照、组织机构代码证复印件。

（5）施工单位法人身份证、营业执照、组织机构代码证复印件。

（6）设计单位法人身份证、营业执照、组织机构代码证复印件。

（7）施工设计图纸。

（8）平面效果图。

（9）施工方案、安全保证措施、处置施工险情和突发事故应急预案。

（10）保障公路和公路附属设施质量与安全的技术评价报告。

6.3　穿越南水北调干渠

协助建设单位向南水北调某分局上报穿越申请，根据南水北调中线工程专用技术标准《其他工程穿跨邻接南水北调中线工程设计技术要求》Q/NSBDZX J013—2015编制专题设计报告、施工图纸和施工方案，报送某分局，组织专家论证审查后出具审查意见。审查通过后，某分局出具同意穿越施工函，然后到某管理处签订施工监管协议书后方可施工，工程竣工后需签订运管协议。

6.4　穿越泛区、河道、大堤

根据省水利厅批复的项目防洪评价报告的批复，协助建设单位向当地水利部门提出申请，办理穿越泛区、河道、大堤申请，相关手续如下：

（1）工程施工组织设计。

（2）穿越施工方案。

（3）准予水征收许可决定书（省水利厅防洪报告的批复文件）。

7 项目管理成效

7.1 社会效益

近年来，随着经济的快速发展和人口的不断增加，生产、生活用水量的大幅度增长，供水量严重不足成为困扰人们的主要问题之一，并成为制约城镇国民经济和社会发展的关键因素。因此，该供水工程的建成和运行，提高了供水安全，大大改善了当地的投资环境，为当地经济的发展、人民生活水平的进一步提高奠定了良好的基础。

（1）该供水工程的建设，增加了地表水源，农村居民生活和市内工业企业拥有更充足的用水的同时，还带来城镇环境改善、绿化面积增加、道路扬尘减少等一系列社会效益。

（2）该供水工程的建设，为关闭、封停自备井创造了条件，政府可以有理由逐步收回、关闭供水区域内的自备井，各企业自打井、用水无计划、水质水压无保障的情况将不复存在，有利于水源的统一管理，避免了水资源的浪费。

7.2 环境效益

项目建成后可有效解决农村居民饮水困难的局面，有助于居民身体健康及社会稳定发展。此外，水厂建成后可使工业区大量汲取地下水的工业自备井关闭或封停，主要依靠地面径流补给的地下水可广泛用于农田灌溉及提高植被覆盖率，对于提高农业总产值、减少水土流失具有很好的促进作用。

河北承德塞罕坝国家冰上项目训练中心全过程咨询服务案例

孙东喜，苗灵子（承德城建工程项目管理有限公司）

摘　要：本文以河北承德塞罕坝国家冰上项目训练中心工程为实例，介绍了承德城建工程项目管理有限公司在这一功能特殊、质量进度压力大的备训奥运的国家重点工程中，开展全过程工程咨询业务，从管理和技术两个层面，做好全过程工程咨询的统筹管理和项目协同，充分发挥监理作用，"柔性管理"与"刚性监督"相结合，刚柔并济、相得益彰的工作经验，为业主提供确保工期、质量、安全和节省投资的增值咨询服务。

1　项目建设背景

国家建设体育强国，促进冰雪运动和冰雪产业发展，中共中央办公厅、国务院办公厅印发《关于以 2022 年北京冬奥会为契机大力发展冰雪运动的意见》指出，要明确备战任务，普及冰雪运动，发展冰雪产业，落实条件保障，努力实现我国冰雪运动跨越式发展。针对我国在冰雪运动项目上长期相对落后的局面，为专业体育运动员提供一个高水平的训练和比赛场馆，不断提高冰雪竞技水平，为我国取得2022年冬奥会和冬残奥会参赛史上最好成绩提供保障。

河北省人民政府着力打造冰雪运动强省，助力2022年冬奥会成功举办，明确以筹办2022年冬奥会为契机，在京津冀地区建设一批能承办高水平、综合性国际冰雪赛事的场馆，带动全国冰雪运动的发展。建设国家河北承德塞罕坝体育训练基地，以2022年冬奥会张家口崇礼赛区为核心，以石家庄冰雪运动产业聚集区、承德冰上运动产业聚集区为两翼，以京张冰雪体育休闲旅游带、京东冰雪健身休闲带和冀中南冰雪健身休闲带为支撑，构建"一核、两区、三带"冰雪运动和冰雪产业发展新格局。河北承德塞罕坝国家冰上项目训练中心，是三基地之一的核心平台。

2 项目简介

2.1 项目概况

河北承德塞罕坝国家冰上项目训练中心项目位于承德市御道口牧场总场部，总用地面积41038.65m²，总建筑面积23810.21m²，包括：一座训练中心22053.52m²，制冰机房、制冰配电室942.48m²，消防泵房、锅炉房814.21m²；以及道路、绿化、给水排水、供电、供暖、燃气等相关配套设施建设。项目总投资2.5亿元，其中主场馆长237m、宽90m、高15m，最大跨度79.7m，冰面总面积13338m²，拥有"四个第一"之称：全国第一个亚高原冰上项目训练馆，全国第一个集速度滑冰、短道速滑、花样滑冰、冰壶项目训练比赛功能为一体的"四合一"冰上运动综合体，亚洲第一大全冰面二氧化碳制冰场馆，全国第一个在深度贫困地区建设的冰上项目场馆。

项目建设单位为承德市御道口牧场管理区社会事务局；设计施工（EPC）总承包单位为北京城建北方集团有限公司；全过程工程咨询单位为承德城建工程项目管理有限公司。

2.2 项目建设复杂性及工作的重点难点

（1）该项目是备战2022年冬奥会训练场馆，被列为国家级重点项目，受到国家、省、市各级领导高度重视，多次实地调研、指导、协调基地建设各项工作，因此这一仗必须又快又好的打胜，决不能失败。

（2）工期异常紧张，该项目合同工期仅为196d（包含EPC设计周期），只是相同项目工期的50%。并且按照国家体育总局冬运中心要求，2020年底前必须投入使用，否则，项目建设就失去了意义。因此工期压力巨大。

（3）工作环境艰苦。该项目处于亚高原、高寒地区，昼夜温差大，夏季最高气温达到零上30℃，而冬季最低气温则接近零下40℃，年有效施工期只有6个月左右，工期异常短暂。

（4）该工程功能特殊、工艺复杂、质量标准要求高，必须达到国际比赛场馆标准。如此短的工期，如此高的质量要求，要想完成其难度可想而知。

（5）项目资金到位迟缓。施工进度款支付滞后，加大了对项目整体管控的难度。

针对以上难点和重点，项目部全体人员发扬塞罕坝精神，不怕工作环境艰苦，顶酷暑冒严寒，在工期异常紧张、质量标准高、工艺复杂等困难面前，充分发挥全过程工程咨询的优势，解决了一个又一个难题。

3 全过程工程咨询服务范围及组织模式

3.1 全过程工程咨询服务范围

根据合同约定，承德城建工程项目管理有限公司承接本项目的前期阶段、实施准备阶段、项目实施阶段、竣工验收阶段、项目移交阶段及项目质保阶段的全过程项目管理服务和施工阶段监理服务。

3.2 全过程工程咨询组织模式

根据全过程工程咨询合同要求，由项目总负责人负责全面统筹工作，设置报批报建组、设计管理组、投资管理组、合同管理组、现场管理组、信息管理组，对项目全过程进行管理，公司派专家顾问，对项目进行专项指导和技术支持，项目监理部负责施工过程质量、进度、投资及安全监管，确保项目整体目标实现（图1）。

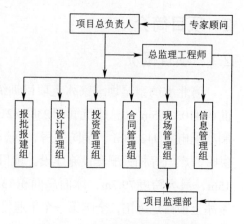

图 1　全过程工程咨询管理机构

4　全过程工程咨询管理工作

全过程工程咨询是高端的咨询服务，不仅要会管理，还要在技术上过硬，真正体现"专业的人做专业的事"。公司在从事咨询业务十几年中，培养锻炼出一支技术精湛、作风过硬的专家团队，成为公司开展全过程工程咨询业务、开拓全过程工程咨询市场的坚强后盾。该工程的全过程工程咨询项目部与公司专家团队一起，并肩作战，提建议、定方案，从技术层面上确保工程进度和质量。

在管理层面上，充分发挥全过程工程咨询的统筹作用，尤其是在协调工期与质量矛盾的突出问题上，使参建各方为实现总体工作目标团结一致，尽职尽责，特别注重发挥监理作用，使项目管理的"柔性管理"与工程监理的"刚性监督"相结合，刚柔并济，相得益彰，大大提高了全过程工程咨询的工作力度，充分体现出全过程工程咨询的执行力和项目的协同性，使全过程工程咨询在这个特殊项目上发挥出"1+1>2"的增值效应。

全过程工程咨询最主要的工作目标，就是要为业主提高投资效益、建设速度，确保工程质量和工程安全。承德城建工程项目管理有限公司始终以业主的需求为导向，"把业主的项目当成自己的项目来做"的服务理念已深入人心，为业主提供最急需、最渴望的咨询服务，这是承德城建工程项目管理有限公司能够在全过程工程咨询高端市场上站稳脚跟的前提，也是做好全过程工程咨询工作的基石。

4.1 项目策划

承德城建工程项目管理有限公司对项目高度重视，因该项目属于国家冬奥会项目，全部由中央财政转移支付资金，时间紧、任务重，政治意义重大。公司派政治素养高、技术水平精湛、经验丰富的高级工程师担任该工程的项目总负责人，组建高素质的全过程工程咨询团队，配备先进的技术检测设备，安排足够的交通、通信设备做保障，公司专家顾问团队给予强有力的技术支撑，确保项目按照招标文件规定的要求完成全过程工程咨询工作。

全过程工程咨询团队的首要工作就是制定工作目标，找出项目的工作难点和重点，并编制相应的控制措施。

首先根据工程特点，策划项目总体规划目标：

（1）质量规划目标：符合设计要求，工程质量合格。

（2）进度规划目标：在规定的工期内完成。

（3）投资规划目标：结算符合国家规定，不突破总投资目标。

（4）安全规划目标：杜绝出现较大安全事故。

（5）项目报批报建目标：建设程序符合国家、省、市及地方各行业主管部门的规定。

（6）设计管理规划目标：符合限额设计规定，满足场馆功能需要。

4.2 报批报建管理

根据国家体育总局对项目进度的整体要求，项目部进场后及时梳理各级政府对该项目的批复文件，制定报批报建管理流程，及时归档各项报建手续的前置性要件，积极与各部门沟通，确保在短时间内，按建设程序取得项目建议书、可行性研究报告等批复文件，取得规委会规划意见，完成水土保持方案编制等批复文件。报批初步设计及概算文件，取得初步设计及概算批复。按土地划拨意见，取得国有土地使用证。同时办理用地规划许可证、工程规划许可证，编制施工图设计文件，同步与消防、节能、气象（防雷）、交通等部门沟通，同时完成施工图审查合格书、施工图消防设计审查合格书，完成质量监督备案、安全监督备案、农民工保证金缴纳证明、消防设计审核意见书等文件，最终获得建设工程施工许可证，并且各阶段手续办理需满足整体招标投标及开工建设的时间节点。

4.3 设计管理

设计管理主要以规划方案、初步设计、施工图设计为主线，主要工作内容包括：根据建筑物的功能需求、功能特点、地理环境等因素，提出设计要求，重点是材料选用和质量；根据当地的质量通病防治措施，对设计提出项目管理的意见和建议。与设计单位沟通，以场馆各项功能要求为前提，核查施工图设计是否满足使用需求，结构保温一体化设计、消防设计、绿色建筑、结构等是否通过消防和施工图纸审查，资金匹配是否合理，和专业厂家进行对接，满足设备采购安装要求，避免出现返工情况。

4.4 施工现场管理

工程施工阶段是工程实体质量的决定性阶段，是工期目标的实施期，也是安全隐患多发阶段，本阶段的质量、进度、安全文明施工是现场管理的重点管控内容。工程质量管理方面：以事前控制为主，以事中控制和事后控制为辅，加强预控，强化交底，以样板带全局。进度管理方面：严格审核进度计划，落实材料供应计划及人力组织计划；实施过程中及时进行对比分析，找出进度滞后的关键因素，及时组织落实；安全文明施工管理方面：对风险进行识别，查找风险源，制定控制方案并督促检查实施；对施工现场进行封闭管理，按照"河北省扬尘治理十八条"对施工单位进行管控。

4.5 合同管理

合同签订前,对合同当事人主体资格、资质证书、资信情况等进行查验,协助业主进行合同谈判,明确业主的责任、权利,保证业主的利益,确保合同价格、服务范围及服务期限合理合规,合理规避业主的风险。在合同履约时,督促双方履行应尽的职责,不出现违约,减少索赔风险。

4.6 投资管理

审核设计概算,根据项目管理经验,既要保证不丢项,又要保证费用符合实际,还不能突破投资估算;在此基础上,资金更要匹配合理,保证投资效益最大化。实施过程中随时纠偏,对各类施工方案及主要设备、材料选择进行经济分析,使选材性价比合理;参加招标、采购、比选活动最高限价的审查,协助业主签订合同;对业主应承担的风险进行评估,合理转移,减少索赔;在资金支付方面要严格履行合同,程序合法、手续齐全,为工程结算提供依据。

4.7 档案信息管理

高度重视项目档案信息管理工作,建立信息管理体系,及时准确地获得项目信息,使项目建设从始至终均有信息留痕;对收集的信息及时分类、归档,为项目决策提供依据,为工程审计打好基础;同时按照当地档案验收管理有关规定,及时组卷相关文件,编制纸质、电子及声像信息档案,保证工程竣工后及时移交。

4.8 协调管理主要内容

协调建设单位、各级政府部门、勘察、设计、监理、施工、审计、材料设备供应商及与该项目有关各方的关系。明确项目协调程序和内容,根据项目实际需要,预见可能出现的矛盾和问题,制订协调计划。做好项目障碍的协调解决工作,避免各类冲突事件的发生,保障项目顺利建设实施。

4.9 工程竣工验收

办理各项验收工作,组织相关主管部门对该工程竣工验收,整理、组卷、上报各项验收资料,包括质量技术监督站、综合执法局(规划局)、房管局、气象(防雷)、消防验收等部门对该工程进行验收,提交资料、备案等相关工作。

5 全过程工程咨询工作成效

该项目在全过程工程咨询团队和参建各方的艰辛努力下,经省体育局审计组审查后,该工程建设程序及手续办理依法合规,项目工期、质量、投资、安全四大目标全部取得业主满意。工程严格按照国家体育总局冬运中心提出的工期目标投入使用，满足冬奥训练要求；最终结算控制在国家概算指标要求范围内，达到建设单位要求；项目施工全过程中，未发生一起安全事故，安全目标得到保证；工程质量获得"中国钢结构金奖"。

5.1 报批报建管理

按照项目建设要求，2020年底需要建设完成并投入使用，时间紧，任务重。虽然该工程列入政府"一会三函"建设项目，但前期建设手续办理还有大量工作亟待完成，而且办理时间非常紧迫。项目管理进场后，在已完成可行性研究报告批复的基础上，持续完成了后续的规划方案设计编制和审查、初步设计（概算）编制和审批、建设工程规划许可、施工图设计及审查、建设工程施工许可证的办理等若干手续。

（1）独立组建报批报建组，为项目办理各项报批报建手续。充分做好手续交叉办理的统筹安排，提前梳理手续办理流程，提炼关键节点，多人推进，平行办理，加强与各行政主管部门的沟通，提前做好预案。

（2）抓重点手续，为了建设程序合法化，首先要取得"一会三函"中的施工意见登记函，针对"一会三函"手续办理的特殊性，按业主要求的时间节点及时取得施工意见登记函，保证项目合法开工建设。

（3）核查纠偏，全过程工程咨询部进场后，核对建设单位原有依据性文件及成果性文件，对文件中存在的不足事项，项目管理部及时梳理纠偏，确保项目依法合规。例如，核查项目立项的规划面积过程中，发现项目批准的土地面积与规划面积存在差异，项目管理部及时向建设单位进行汇报，通过不断努力，最终将项目的规划面积进行调整，确保项目依法合规。又如，办理施工意见登记函过程中，发现施工图的建筑总面积与批复的面积不符，项目管理部积极沟通主管部门，组织相关部门进行专题会议，最终相关主管部门出具面积调整意见，满足手续办理要求。

5.2 设计管理

根据项目特点，该项目对规划设计方案、初步设计和施工图设计三个阶段进行设计管理，提出要求，下达任务书。该项目属大型体育场馆项目，建设工期紧、设计任务重，设计时间短以及项目内外部协调复杂等，都为设计管理工作带来巨大挑战。要想在有限的时间内完成设计任务，需要设计单位计划清晰，专业设计人员匹配合理，确保在计划时间内完成设计任务。同时，全过程设计管理人员要随时跟进，对设计图纸逐项审核，在满足国家、地方相关规范的前提下，既要保证项目的使用功能，又要合理控制项目投资；对设计技术文件的审核既要全面，又要尽量简化流程，使方案设计、初步设计及施工图设计及时完成，满足项目报批及现场施工进度要求。

1.严格审核图纸

因该项目工期紧，在方案设计的基础上，初步设计与施工图设计同步进行，审核施工图质量尤为重要，在审核过程中及时发现相关问题，督促设计单位改正，在设计管理过程中全过程工程咨询部通过审查图纸发现以下问题：

（1）外墙保温材料，设计为外贴岩棉保温板，不符合地方规范要求的结构保温一体化做法，及时督促设计单位进行调整，将外墙改为适合当地环境的自保温砌块，符合图纸审核及相关文件要求。

（2）该项目为超大空间建筑，按照相关规范，需要进行特殊消防性能化专家论证，及时提醒设计单位进行特殊消防性能化设计并组织专家评审，确保工程使用安全。

（3）设计电缆规格与负荷不匹配、配电控制系统重复设计等问题，与设计单位沟通，及时纠偏，避免出现变更，减少资源浪费。

2.界定变更

该工程为EPC总承包模式，施工过程中的设计调整，对整体投资影响重大，因此审查设计文件质量，判断属于设计变更还是设计缺陷非常关键，例如，在施工图设计中地面做法里未设计3：7灰土层；施工中，设计单位要求增加3：7灰土层，总承包单位提出此做法属于工程变更，需增加费用，项目部人员对此进行界定，属于设计未考虑地基沉降及防潮，增加3：7灰土层应属于设计缺陷。在安装施工中，发现个别管路出现碰撞及位置不符情况，总承包单位提出变更，经过界定，也属于设计考虑不周全，应属于设计缺陷，可以调整设计，但不增加投资。

5.3 投资管控

（1）该项目属于EPC项目，需要对设计概算严格审核，既要保证不丢项、费用符合实际，还不能突破投资估算，在此基础上，满足资金匹配合理，保证投资效益最大化。

（2）项目建设时间紧、工程复杂，需要严格控制工程预算审核，当地造价信息有指导价格的按照指导价格进行组价，没有指导价格的严格考察市场价进行组价，同时梳理每一份合同的价格支付条款和计价依据，确保计价准确，有效控制结算价格。

（3）在项目建设管理中，工程进度、质量、引起投资变化的有关问题较多，在过程中做好详细记录，处理好施工过程中与合同有关的各项问题，有序做好施工过程的项目投资管理；依照项目建设的各类合同文件，项目建设期间多方收集有关投资造价波动的各类信息，有组织、有计划地进行各阶段、各环节资金使用预控，随时与业主沟通，定期向业主报告工程投资动态情况，及时且全面翔实地向建设单位提出防止超估算、超概算、超预算等投资管理控制方案和措施。

（4）涉及设计与施工矛盾等问题，需要在投资控制中收集各类变更、洽商等引起费用变化的原始资料，为竣工结算审计提供真实可靠的佐证材料才能达到投资有效控制。期间重点对各施工合同履约内容进行跟踪检查，防止因违约引起索赔，按照建设程序审查总监理工程师签发的工程付款证书及施工单位提出的付款申请、现场复核已完成的分部分项工程量、核实施工过程中涉及工程进度、质量、引起投资变化的有关问题、逐项分析变更和洽商的计价情况等，依照合同中约定条款及时提出全过程工程咨询支付意见报建设单位审批，编制专项签证及审批工作流程，降低建设单位资金管控风险。同时充分做好竣工结算、决算的各项准备工作，为竣工结算审计提供真实可靠的佐证材料，完成投资控制任务，使竣工结算控制在批复的概算范围内。

5.4 BIM 技术应用

BIM技术在该项目中得到广泛应用（图2），作为大型体育训练场馆，工程涵盖了建筑工程中的8个分部、137个分项工程，协同交叉施工难度大。该工程采用BIM技术对施工全生命周期进行管理，借助BIM技术进行施工场地合理化布置、方案优化、可视化技术交底、施工进度管理和施工工序合理穿插等工作，借助BIM可视化优势，提前发现网架杆件与机电管线在空间上存在的交叉碰撞问题，在施工前解决可能存在的问题，提高工作效率，增强现场管理水平，降低工期延误风险。

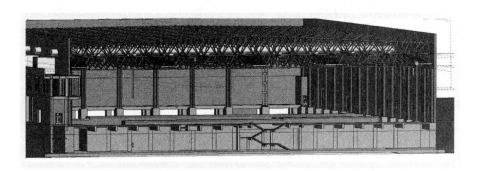

图2　BIM 技术应用（可视化交底）

5.5 质量管理

在该项目中，按期交付使用是建设单位最为关心的问题。但压缩工期，绝不能以牺牲工程质量为代价。为平衡好二者的关系，项目管理重点抓进度统筹，而质量和安全控制，则让监理冲在第一线。承德城建工程项目管理有限公司发扬企业倡导的"一丝不苟的工匠精神，弘扬追求卓越、铸就经典的国优精神"，严格执行公司提出的具有企业特色的"七个一"和"四要求"监理工作标准。"七个一"是指"学好每一张图纸，审好每一个方案，管好每一种原材，把好每一道工序，记好每一页记录，开好每一次例会，写好每一份监理文件"，"四要求"是指"拿图验收百分之百，标高位置亲自量，严控商品混凝土水灰比，旁站监理不缺项"。这是公司为达到精细化管理对每一名现场监理人员提出的"规定动作"，保证了在远离公司本部的分散状态下，仍然保持工作程序和标准的一致性。

严把项目监理部的签字权和法定职权，并将其作为全过程工程咨询工作落实的有效措施和抓手。针对工程施工中出现的质量、安全问题及施工管理不到位等情况，通过项目监理部向施工单位下达指令，施加压力，采取加强巡视旁站、加大检查力度，加强事前控制，主动控制，积极提出合理化建议等措施，使各项工作能够执行到位。在主要施工节点和特殊工艺实施过程中，项目监理部对质量严格把关，如同工程的"卫士"，确保工程实体满足建设目标。

（1）地基基础结构施工阶段，该施工阶段的重点是厂区标高问题带来的大体量场平回填土工作，回填土方量将近10万m³，回填高度平均深度2.5m，回填深度高，且必须分次回填夯实。为确保回填土质量，避免地面下沉造成冰场裂缝，全过程工程咨询部组织总承包单位详细研究方案，使基础结构施工与土方回填工序有效衔接，按总体工作计划节点完成土方回填工作，及时为钢结构安装提供组装场地。

（2）钢结构主体施工阶段，主体设计为大跨度钢结构体系，屋面网架工程为正放四角锥螺栓球节点网架，总重约1600t，平面尺寸234m×81m。网架面积大，杆件、螺栓球、高强螺栓型号众多，标高轴线的控制工作量大，网架安装每个球节点均需要进行定位，施工精度要求高，控制点多，且网架安装过程中要求起拱，对网架安装每个连接控制点都必须严格控制数据。各类标高及轴线控制、安装精度是全过程工作咨询工作的重点；全过程管理人员多次组织学习图纸，将图纸重点部位进行交底，对每道工序进行逐项复测。监理人员还进行前延管控，安排人员到生产厂家进行驻场监造，材料进场后由总监理工程师带队对现场2006个螺栓球逐个检查，符合要求后进行现场组装，确保网架组装工程质量。

（3）该工程钢网架经专家论证采用整体一次性提升的施工方案，全过程管理人员认真审核顶升方案，及时组织方案的专家论证，跟踪检查，在主体网架顶升作业中，项目监理部人员全部参加旁站，分工协作，有的复核放线定位和网架轴线，有的测量顶升架垂直度和顶升高度，有的监控电脑微控协同，确保了顶升作业按专家论证方案有效实施，最终近2万m²的双层钢网架屋面一次顶升成功。

（4）金属屋面工程施工阶段，工序多，工期紧，整体施工顺序为：檩条→骨架→底板→无纺布→吸声层→"几"字形衬檩支撑→防水隔汽膜→保温岩棉→15mm厚纤维增强水泥密度板→TPO卷材层→T形码高强铝合金固定支座→屋面板→抗风夹具（图3）。为保证工程进度，制定工序搭接计划，在底板安装完成后及时搭接网架内机电安装工序，此阶段隐蔽工程较多，监理人员把好每一道工序，配合总承包单位进行流水段验收，每完成一段，验收一段，既保证了工期要求，又确保了工程质量。

（5）机电专业安装施工阶段，这一阶段工期长、工程量大、劳动力用量多、工种和专业相互交叉频繁、工序搭接和组织协调工作难度大，做好协调指挥工作尤为重要。全过程工程咨询单位多次组织总承包单位及安装分包单位进行管线综合排布，合理安排各管线位置，核查图纸错误，在地面网架拼装时，及时穿插通风、空调、消防、电缆桥架及检修马道的安装工作，网架顶升就位后，屋面底板安装后机电各专业及时安装，保证了地面制冰前全部完成高空网架内管线设备的验收调试。现场监理人员不间断巡视检查，对每个系统从原材料进场到现场安装进行检查验收，发现电缆防火性能和管材壁厚不符合要求等问题，监督退场并及时调换，严格控制进场材料质量，把工程质量问题消灭在萌芽状态。经过多方共同努力，在施工过程中未出现因施工质量造成返工的情况。

（6）在冰板层施工过程中，全过程管理人员认真审查施工方案、质量安全技术措施、安全生产管理制度及施工组织机构和人员资格。严格控制工序质量，及时发现存在的施工缺陷，和参建各方协调沟通，找出缺陷原因并监督整改。例如，在C35F200抗冻钢筋混凝土层施工过程中，内置冷冻管为D25304L和D20304L加厚不锈钢钢管，整个冰面区域排布D25、D20加厚不锈钢钢管长达150km，焊口约13000个，全部制冷管路对焊口工艺要求非常高，不允许有一点泄漏，对操作质量是一个严峻的考验。为避免出现不必要的返工而影响工期现象，项目管理与监理人员一起，严格按照规范、方案进行逐项排查。为保证工期，通常是白天排管、焊口施焊，晚上探伤检测。为此，全过程管理人员不分昼夜跟班作业，完成一处，验收一处，现场各种会议都尽量安排在晚上下班后进行，减少占用管理人员的正常工作时间。最终13000多个冷冻管焊口探伤检测100%合格，管道压力试验一次合格，既保证了工程质量，又避免了浪费时间，确保工期实现。

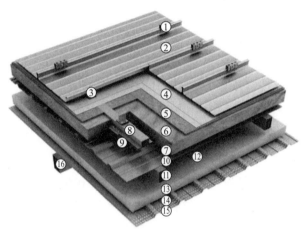

1. 抗风结构：高强度夹具
2. 一道防水层：0.9mm厚铝镁锰直立锁边屋面板
3. 支座：H80高强铝合金支座
4. 二道防水层：2层3mmSBS改性沥青防水卷材
5. 隔声层：15mm厚纤维增强水泥密度板
6. 保温层：150mm厚保温岩棉，容重：140kg/m³
7. 隔汽层：0.25mm厚防水隔汽膜
8. 支撑层2：2.5mm厚"几"字形檩条
9. 支撑层1：2.5mm厚"几"字形衬檩
10. 保温支撑层：0.8mm厚肋高35mm压型钢板
11. 结构层2：次檩条热镀锌矩形管
12. 空腔层：100mm空腔
13. 吸音层：100厚玻璃丝吸音棉，容重：32kg/m³
14. 防尘层：无纺布
15. 吸音支撑层：0.5mm厚肋高25mm穿孔压型钢板
16. 结构层1：主檩条热镀锌矩形管

该系统具备了两层防水（屋面板+卷材）、一层隔声（水泥板）、一层主保温（岩棉）、一层副保温（玻璃棉）、一层吸音（玻璃棉）等优异功能，在防水、隔声、保温、吸音等功能等级上，完全满足该项目作为冰雪运动比赛训练场馆的需要，再加上高强夹具的作用，抗风揭性能可达到7500~8500Pa，可抗14级以上台风。

图3 金属屋面层做法

（7）该工程冰板层施工工序多（图4），采用目前国家最先进环保的二氧化碳制冰技术，具有绿色环保、易获取、温度控制准、冰面质量优、制冰效率高等多种优势。该工程底板总面积为15043.2m²，冰面承压层混凝土采用C35F200自密实抗冻融混凝土。根据冰场结构承压层工艺要求，冰面承压层抗冻混凝土层均需一次连续浇筑，所有浇筑的混凝土均要求无空鼓、无裂纹现象，混凝土表面平整度要求误差3m范围内为±2mm（整个冰面混凝土面层高差不超过±5mm）。冰板层的结构层属于大面积混凝土工程，项目所在地的昼夜温差大，工程结构混凝土用量大，混凝土裂缝最容易发生，也是最难根治的质量问题，由于工期紧张，如果控制不力，产生质量问题的可能性很大。要想根治混凝土结构裂缝问题，全过程工程咨询单位任务极为艰巨。针对此项问题，全过程管理人员充分发挥管理及技术优势，对施工方案、技术交底文件进行严格审查，确保工序符合要求，在施工过程中全过程管理人员不怕工作环境艰苦，顶酷暑冒严寒，严格旁站，发现问题及时纠偏，保证了工程质量，未出现混凝土裂纹。

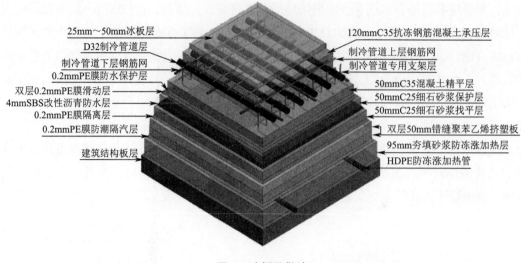

25mm～50mm冰板层
D32制冷管道层
制冷管道下层钢筋网
0.2mmPE膜防水保护层
双层0.2mmPE膜滑动层
4mmSBS改性沥青防水层
0.2mmPE膜隔离层
0.2mmPE膜防潮隔汽层
建筑结构板层

120mmC35抗冻钢筋混凝土承压层
制冷管道上层钢筋网
制冷管道专用支架层
50mmC35混凝土精平层
50mmC25细石砂浆保护层
50mmC25细石砂浆找平层
双层50mm错缝聚苯乙烯挤塑板
95mm夯填砂浆防冻涨加热层
HDPE防冻涨加热管

图4 冰板层做法

5.6 现场安全管理

（1）该项目钢结构网架屋面，跨度较大，整体起重吊装吨位高，属于危险性较大的分部分项工程，在施工前要求总承包单位编制危险性较大的分部分项工程专项施工方案，并通过专家论证，按照专家意见严格要求总承包单位组织实施。

（2）该工程时间紧，任务重，多工种交叉作业，施工现场人员多，机械使用量大，安全隐患较多，容易出现安全事故，项目部统筹安排，编制合理的安全管理方案，确保现场未出现安全问题。

（3）分包队伍较多，各种设备同期用量大，临时用电易出现私接乱接现象，在施工中定期组织联合检查，严格管控。

（4）对特种作业人员要检查持证上岗情况，杜绝无证上岗。

（5）督促总承包单位对油漆、稀料、木材、保温材料等各类易燃、易爆物品加强管控，配置合理有效的消防器材，有效防止火灾的出现。

（6）因该工程工作面大，风险源较多，要认真进行梳理和识别，划分风险区域等级，在现场进行标识。

（7）该工程在汛期进行主体施工，安全风险大，督促总承包单位制定汛期应急预案和汛期事故应急救援预案，加强救援物资储备、适时开展应急救援演练，确保防汛物资、设备、资金、措施、人员到位。

5.7 进度控制

（1）因项目建设周期短，为了缩短前期报建手续办理时间，全过程工程咨询报批报建人员打破常规，充分做好手续交叉办理的统筹安排，提前梳理手续办理流程，提炼关键节点，多人推进，平行办理，加强与各行政主管部门的沟通，提前做好预案。使项目在最短时间内取得施工意见登记函，依法开工建设。

河北承德塞罕坝国家冰上项目训练中心全过程咨询服务案例

（2）为了保证工程按期推进，缩短设计周期，使设计文件尽早编制完成，通过设计审查，在设计管理过程中采用初步设计和施工图设计同步进行，在设计文件审查时进行有效组织和协调，加大与设计人员的技术沟通力度，对地方有关技术规定提前与设计人员进行交底，对当地经常出现的质量通病问题分专业提前与设计人员进行分析，提高设计质量，尽量减少设计文件修改，缩短设计文件评审及审查的时间，同时避免工程返工。

（3）交叉作业，抓进度计划关键线路，工序及工作面之间的交叉作业是该项目实施的特点。装饰装修与机电安装之间的交叉施工，历来是工程施工中最尖锐的矛盾，装饰装修与机电安装交叉工作面大，内容复杂，如处理不当将出现相互制约、相互破坏、相互推卸的不利局面。承德城建工程项目管理有限公司专门安排了具有丰富进度管理经验的专家进驻现场，充分分析影响工期的人、机、料、法、环等制约因素，对进口设备订货、材料进场、劳动力安排、工序穿插搭接、机械进场、工艺研讨、方案策划、外部环境协调等各个环节提前进行沟通，提前制定预案。倒排工期、挂图作战，实际进度与总进度计划、月和周进度计划进行对比分析，对存在交叉作业、进度滞后的工序，分析滞后原因，提出解决方案和措施，并且采取"加压管理"，一天一计量、一天一汇报、三天一例会的方式，督促各参建单位落实进度计划，发现进度滞后苗头，及时协调，及时解决，大大加快了决策效率，保障了工期。

（4）优化技术方案，缩短施工周期。在钢结构网架方案编制阶段，为确保整体工程进度，全过程工程咨询部与总承包单位、钢结构生产厂家通过详细研究，借鉴国内先进施工经验，确定该工程采用地面组装网架、整体液压同步顶升的方法组织施工，经专家论证方案可行。网架拼装在地面进行，施工检测更加便利，验收更加快捷，使得屋面网架整体安装质量提高，进度加快。在地面完成网架拼装后，由54个顶升点通过电脑微控协同，将整体网架顶升到既定标高，最后完成周围的补杆工作。在具体实施中，全过程管理人员认真审核顶升方案，及时组织方案的专家论证，跟踪检查，钢结构探伤随施工进度及时检测，减少了对工期的影响，在主体网架顶升作业中，全过程管理人员严格控制工程质量，分工协作，确保顶升作业按专家论证方案有效实施，最终近2万 m^2 的双层钢网架屋面一次顶升成功。与常规施工做法相比，工期提前1个多月，为按期完工做出重大贡献。

（5）冰板层下面需铺设将近10万 m的16MnDG无缝钢管，管道焊缝都要经过自动焊接机器人两道工序，人工辅助焊接，采用空气压缩机进行压力试验，使用热成像仪对焊接完成管道进行检验。此阶段管道焊接工作量大，计划工期需3个月，按常规施工不能满足工期要求，在审批施工方案的过程中，全过程管理人员发现工程关键线路上的制冰管道安装方案使用直冷冻管，标准长度尺寸为8m，接口多，焊接量大，施工周期较长，难以满足工程项目时间紧、任务重的要求。为此，现场全过程管理人员经过认真研究，在公司专家团队的大力支持下，提出替代方案，经过多次内部专家论证和比选，充分考虑材料性能、工艺要求、质量标准、工期紧张、造价限制等多方面因素，经多方考察并与厂家沟通后，建议采用50m长的盘管，采用现场调整工艺的方案，在能够满足使用要求的前提下，将焊口数量及泄漏风险降低了73%。焊口数量的减少，既降低了施工难度，提高了检查验收通过率，又压缩了施工时间，从而实现工程质量与进度的平衡。

（6）科学制定各阶段验收工作计划，进行主动控制，按照计划督促现场施工，组织内部各专业预验收，把存在的问题提前消化处理，及时与相关部门进行协调，组织专项验收，对验收需要的文件提前进行组卷，缩短验收组织时间，使整体验收顺利通过，保证了2020年底投入使用的工期要求。

6 项目获奖情况及效益

项目的建成，弥补了我国冬季项目训练短板，彰显了塞罕坝的独特优势，实现了冬季项目四季训练，提升了政治效益、经济效益、社会效益和生态效益，成为践行"绿水青山就是金山银山""冰天雪地也是金山银山"理念的重大引擎。

该项目在全过程工程咨询团队和参建各方的艰辛努力下，工期、质量、投资、安全四大目标全部得以实现。2020年12月29日，工程按期交付使用，保证了冬奥备赛运动员按时开训；工程投资有效控制在国家概算指标要求范围内，达到建设单位要求的投资管理目标；项目施工全过程中，未发生一起安全事故，安全目标得到保证；工程质量取得了优异成绩，为冬奥会筑基赋能做出应有的贡献。

某医院门诊医技病房综合楼项目全过程工程咨询案例实践

刘志伟，郭建淼（瑞和安惠项目管理集团有限公司）

摘　要：某医院门诊医技病房综合楼工程是医院搬迁项目的核心建筑，瑞和安惠项目管理集团有限公司承担着全过程项目管理、全过程造价咨询、招标代理三项业务，属于早期的全过程工程咨询服务，同时运用BIM技术、"惠管理"信息平台，减少设计变更，增进参建单位协调，实现项目按目标交付。

1　项目背景

该项目在医院建设项目中占核心地位，集门诊、医技、住院功能于一身，汇集了急诊、门诊、儿科、外科、内科、检验科、供应中心、名老中医工作室、口腔科、手术室、透析室、妇产科等诸多专业科室，空调机房、变配电室、消防泵房、压缩空气机房、负压吸引机房、煎药室等功能用房。

2　项目简介

2.1　项目概况

项目占地14814.16m²（合22.22亩），新建门诊医技病房综合楼18779.92m²，地下1层，地上主楼9层，裙楼3层，建筑高度41.4m。概算投资约6500万元。

2.2　项目重点、难点

1.涉及医疗学科多，功能与系统复杂，专业要求高

医院项目涉及门诊、医技、住院、急诊、行政、后勤保障、科研与教学等多种功能，相对传统工业与民用建筑项目而言，建设范畴大，涉及医疗专项多，系统配置复杂。不同工艺流程区域往往要求也不同，对使用功能和效果专业要求较高。

2.属民生工程，广受关注，质量要求高，工期紧

该项目为政府投资的民生工程，属当地重点工程，项目所在地区的社会各阶层、政府及各级行政主管部门都高度关注。医院尽早完成建设投入使用，能尽快改善当地的就医条件；同时工程设计、施工质量要求均高于一般工程。

3.专业单位进行深化设计的内容多

人防工程、医疗专业工程、钢结构工程、幕墙工程、精装修工程等工程需由专业单位进行二次深化设计，这些设计要随主体施工有序进行，一旦衔接不到位，容易造成后续大量的设计变更、返工，引起投资增加和工期延误。

4.专业单位多，协调难度大

医院建设项目涉及参建单位较多，建设单位、设计单位、监理单位、施工总承包单位、各专业工程分包单位、材料设备供应商、专业检测单位、后期运维单位等各方之间有可能因缺乏有效协作，导致沟通不畅、信息不对称，造成互相制约从而影响进度。

5.施工质量、安全管理难度大

医院工程复杂、施工单位众多，而专业从事医院建设的单位相对较少，管理水平参差不齐，很难在项目建设前期做好完善的统筹计划，易带来质量、安全问题。实践中施工总承包单位进场较早，专业分包单位进场较晚，为追求施工进度，往往未与前期进场单位进行有效对接便仓促施工，导致后期施工质量出现问题，另外在安全管理上互相推诿，投入不足，隐患多，难以管控。

3 项目组织

管理机构组织框架图见图1。

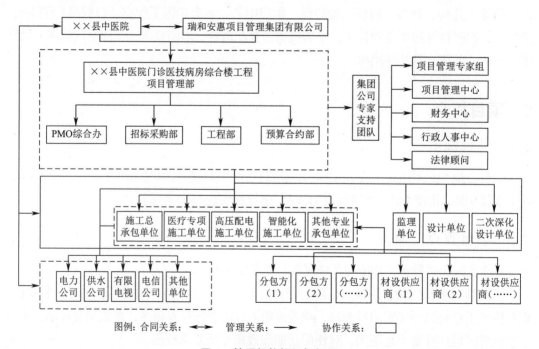

图1 管理机构组织框架图

4 项目管理过程

该工程项目管理服务，主要完成项目建设期全过程（项目前期阶段、开工准备阶段、项目实施阶段、竣工验收阶段）的项目实施管理（不含监理）、招标代理以及造价咨询服务。

根据国家法律法规、技术规范、该工程的设计文件及技术资料、建设单位的使用需求和管理要求、建设单位与第三方签订的与本工程有关的各种合同文件，对该工程招标文件中明确的工程实施全过程、全方位和全面的项目管理服务，内容主要为项目开工前准备阶段及施工建设期项目管理服务，即代表建设单位进行监管，并定期向建设单位提交项目监管报告，具体如下：

1. 全过程造价咨询服务

具体包括负责编制工程量清单、施工招标控制价，审核工程变更及签证，工程竣工结算的初审。

2. 工程管理服务

（1）开工准备阶段：审核建设单位与施工总承包单位签订的施工合同的合法性；协助建设单位及协调施工总承包单位、监理单位办理开工前手续。

（2）施工建设阶段

①施工进度管理：根据项目建设期，审核总控计划，代表建设单位督促检查落实工程进度实施情况。

②工程质量管理：根据设计文件和合同要求，确保工程质量目标的实现；督促施工总承包单位和监理单位制定相应质保体系及达到相应目标的对策措施；组织各类质量检查和验收。

③技术管理：参加图纸会审会议及设计技术交底会议，审查签发交底会议纪要。组织重大技术方案的论证；负责工程变更、签证的审核和签发。

④安全管理：督促、检查施工总承包单位安全生产管理制度的建立和健全；检查安全生产措施落实情况。

⑤合同管理：协助建立相关合同体系，包括施工合同、采购合同等；监督合同各方按合同履约，对合同执行进行跟踪监督管理。

⑥采购管理：监督和审核分包工程、设备材料及暂估价的招标采购程序及内容的合规性，防范转包和违法分包。

⑦资料管理：检查工程所需的档案资料，确保齐全完整；审核竣工图及竣工资料，整理、移交和归档。

⑧沟通协调：协调项目施工总承包单位、监理单位、设计单位、供应商等，使项目顺利实施。

3. 招标代理服务

承担该工程施工、监理、材料设备采购等招标代理工作。

5 项目管理方法

通过对医院新建工程的重点和难点分析，以及在实际工程中的实践经验，总结出以现代项目管理模式和先进科技为手段，以目标驱动为核心组织项目建设管理，通过制定项目生命周期各阶段、各领域计划，实施项目全面、全方位、全过程管理作为解决对策，具体如下：

1.实施总承包管理，将整体管理思想融入项目管理各个层面

以整体思想为指导，以项目总体利益最大化为目标，协调和统一项目各方面专项管理，消除局限性，平衡各目标间的冲突，保证项目过程各阶段的顺利实施。项目变更要按照整体管理的思想，从大局出发进行控制和管理。目前逐步形成以设计总承包+施工总承包或EPC总承包两种模式组织项目建设实现整体管理思想。

设计总承包是将医院项目的所有设计内容全部委托给同一家设计公司牵头完成，包括建筑、结构、供暖通风空调、给水排水、强电、智能化、幕墙深化、钢结构、精装修、室外配套及景观、标识导向、楼体亮化等设计方案直到施工图设计深度，主体设计外的专业设计可以进行分包，由施工总承包单位向建设单位负责，减少业主委托设计引起各设计单位间的"推诿扯皮"。目前这种方式逐渐被更多业主所接受，成熟度较高，推荐优先考虑。

2.明确项目管理的任务、目标

首先根据项目背景以及项目相关方需求，清晰识别确定项目质量、投资、进度、HSE目标，在项目总体目标框架内，组织协调各级承包商、供应商、设计单位、监理单位，整合各方目标，制定项目管理规则，坚持以协议、合同规定项目各方的责、权、利，以此为基础建立科学、高效的项目管理模式。

质量控制方面，医院工程的质量目标确定后，就要对设计单位、监理单位、施工总承包单位、分包单位等进行分解，质量目标以施工总承包管理为主，同时要注意避免今后因指定专业分包原因不能实现原定质量目标引起施工总承包提出的索赔。

投资控制方面，应以初步设计概算为基准，但概算的合理性是实现控制目标的关键因素，需要按照项目的定位、规模等对概算进行合理性评估，杜绝概算漏项并控制合理的单项造价指标。概算不合理会影响投资控制，很大程度上也会影响项目的顺利推进。一旦概算合理确定，后续采购以概算分项造价为控制上限，实施中严把变更审批，从而保证投资目标的达成。

进度控制方面，在制定项目总控进度计划时需要根据现行政策、周边环境、招标周期、施工工序等多因素综合考虑，当业主（或主管部门）的节点进度要求与项目管理编排的进度计划存在冲突时，一方面要采取措施优化进度计划，尽可能满足业主的需求；另一方面也要积极引导业主，阐明盲目压缩工期导致的不利后果，合理的计划才是可控的。

3.运用WBS和OBS技术

工作分解结构WBS（Work Breakdown Structure）是把项目交付成果和项目工作分解

成较小的、更易于管理或实现的组成部分。运用WBS技术把复杂的医院建设项目按实施过程分解，包括前期手续、工程设计、项目采购、工程施工、验收移交，再逐项向下逐级分解，进而方便地确定每项工作的费用和进度，明确定义及质量要求。自上而下法常常被视为构建WBS的常规方法，即从项目最大的单位开始，逐步将它们分解成下一级的多个子项。这个过程就是要不断增加级数，细化工作任务。这种方法对管理者来说是最佳方法，因为他们具备广泛的技术知识和对项目的整体视角。

组织分解结构OBS（Organizational Breakdown Structure）将工作包与相关部门或单位分层次、有条理地联系起来。管理者在各种资源的调配上通过工作分解结构（WBS）和组织结构分解（OBS）来确定人力资源使用计划，事中及时结合实际进行完善以实现更多的协调性、适应性。

4. 项目实施建立在完备管理计划与动态控制上

项目启动时就要编制各项实施计划，内容包括设计进度计划、施工进度计划、采购计划、人力资源计划、资金计划、沟通计划、风险管理计划等方面，并具备合理性、可行性、操作性。

在计划管理上可以采取主动控制和被动控制两类方式，主动控制为事前控制，各类计划的制定、风险识别与规避都是事前控制的重要部分；被动控制为事中控制和事后控制，通过在计划执行中设置动态监控点，实施各阶段确定正确的计划值，准确、完整、及时地收集项目实施数据，进行计划值和实际值的对比分析，出现偏差时分析原因，采取组织措施、管理措施、技术措施、资金措施等多种方式进行调整。在动态控制上主动、被动控制二者缺一不可，需要紧密结合应用。

5. 基于科学、先进的项目管理体系搭建多方协同平台

项目管理体系应该尽量扁平化，以强矩阵模式组织，将项目实际条件、外部环境背景与项目管理思想有机结合，构建涵盖项目综合管理、范围管理、时间管理、成本管理、质量管理、人力资源管理、沟通管理、风险管理、项目干系人管理、采购管理的多方管理平台，平台依托各项工作制度与流程，贯穿项目全生命周期，将项目不同参建方、不同利益相关方纳入其中，实现信息共享，提高沟通效率，规范流程，限期审批，减少拖延，同时实现了无纸化办公，减少资源浪费。

6. 应用BIM技术服务全过程管理

目前BIM技术日趋成熟，在设计管理、现场管理（涵盖质量、进度、安全）、采购管理、造价控制、专项方案模拟等方面都体现出很高的应用价值，在医院类复杂工程中，产生的效益尤为突出。

设计管理方面：在CAD时代，由于二维图纸的信息缺失以及缺乏直观的交流平台，或者管综流于形式，导致错、漏、碰、撞问题普遍，或者简单示意不具可操作性，无法指导施工。而运用BIM技术后各专业设计师通过搭建模型，实现在虚拟的三维环境下快速方便地发现设计中的碰撞冲突，从而大大提高了管线综合的设计能力和工作效率。BIM模型还可以进行直观的方案汇报，在各方沟通中快捷高效，直达要点，减少了误解造成的时

间消耗，有效缩短设计周期。

现场管理方面：通过将BIM模型上传至云端，现场管理人员可以在PC端和移动端同步浏览。现场检查中，通过移动端BIM模型锁定质量、安全等问题构件，用不同颜色区分，并通过文字、图片等可以记录问题说明，并在问题出现处进行标记，及时通过协同平台反馈给相关责任人进行整改，责任人整改完成后，检查人复检，上传整改后图片及检查意见。BIM模型移动端应用改变了随身携带图纸、记录本或用头脑直接检查和记录现场问题的传统现场联检制度，使工作效率得到提高。

因此在医院规划阶段就进行BIM应用策划与实施，将极大地提高管理效率和减少工程变更，更加有效地控制投资。

6 项目管理成效

1.招标采购阶段多业务协调策划

由全过程工程咨询方总负责人牵头组织多业务共同做好招标采购的策划：

（1）项目管理人员根据项目特点，对工程标段进行划分，并明确界面，减少了后期协调工作量和损失。

（2）造价人员对项目概算进行对应拆分，作为编制招标控制价的上限限制，保证预算不超概算。

（3）项目管理、造价、招标人员结合拟定招标文件，对于合同主要条款与招标人进行提前拟定与沟通，使潜在投标人明晰招标人需求。

（4）项目管理人员依据设计文件和招标人需求，深入研究，细化招标文件中的招标人技术要求，对执行标准、规范进行明确，对项目材料、设备提供参考品牌档次，保证项目的品质一致，促使潜在投标人规范报价，避免不平衡报价的后期协调困难。

2.实施阶段项目管理、造价咨询协同控制投资

项目管理以拆分的概算和拟定的招标控制价，在实施过程中严格管理，使投资可控。

例如基坑支护项目，通过对周边情况地仔细分析，并与造价人员协同比较方案投资，优化设计，节约投资100余万元。

3.实施阶段应用BIM技术和信息化平台

（1）BIM应用管线综合，并进行三维交底，进行实施过程中方案调整的模拟，建立BIM技术应用——全专业模型，进行施工图纸校核（图2）。

（2）BIM技术应用——管综综合布置优化设计，指导设备专业施工，有效调高净高并缩短工期（图3）。

（3）BIM技术应用——三维技术交底，对于一些重要的施工环节或采用新施工工艺的关键部位、施工现场平面布置等施工指导措施进行模拟和分析，以提高计划的可行性。

（4）BIM技术应用——基于"惠管理"平台移动端应用，提高精细化施工管理进程（图4）。

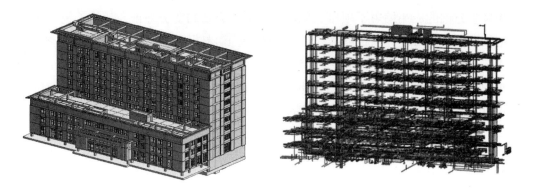

图 2 BIM 技术应用（一）

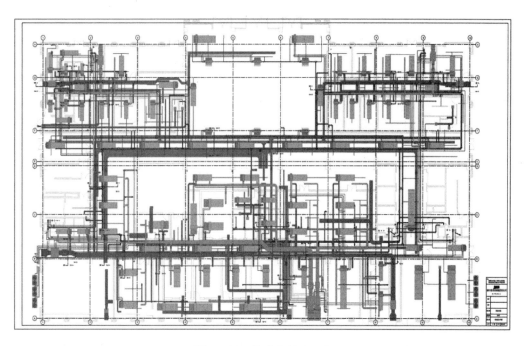

图 3 BIM 技术应用（二）

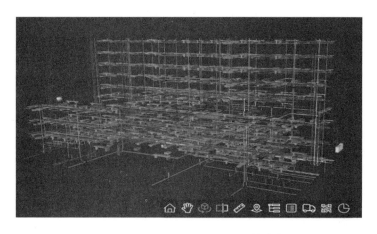

图 4 BIM 技术应用（三）

BIM多方面的应用缩短了项目工期，避免了不必要的变更签证，节约了投资。项目BIM应用案例于2021年分别获得第二届"燕赵（建工）杯"BIM技术应用大赛获奖名单（综合组）二等奖、第三届"共创杯"智能建造技术创新大赛综合创新组三等奖。

该项目申报了2021年度河北省优质工程，在省、市两级现场评审中获较好评价，现已入选2021年度河北省"安济杯"奖名单。

某污水处理厂提标改造工程全过程
工程咨询实践

齐昆，李建彬，孙建光，李慧（河北永诚工程项目管理有限公司）

摘　要：按照河北省生态环境厅要求，2021年12月31日前白洋淀流域污水排水必须达到河北省地方标准《大清河流域水污染物排放标准》DB 13/2795—2018，某污水处理厂提标改造工程项目位于白洋淀流域核心区域，污水处理后的排放标准必须达到核心区域排放标准限制。

该项目完成项目建议书、可行性研究报告、初步设计及概算的审批工作后，建设单位委托包括项目管理+全过程造价+工程监理的全过程工程咨询服务，采用勘察设计+设备采购+施工EPC工程总承包模式发包以及BIM技术等先进的技术和管理模式。

该项目于2020年12月31日投入运行，出水水质符合设计要求；工程造价经结算审核控制在总承包合同价款范围内，并实现合同管理、安全与文明施工等工作目标；工程质量经初步验收、竣工验收、专家验收结论为合格。

1　项目背景

随着《国务院办公厅关于促进建筑业持续健康发展的意见》（国办发〔2017〕19号）、《政府投资条例》（国务院令第712号）、《国家发展改革委　住房城乡建设部关于推进全过程工程咨询服务发展的指导意见》（发改投资规〔2019〕515号）的发布，国家大力推动建筑业持续健康发展，建立健全监督管理机制，完善工程建设组织方式，这对建设单位提出了更高的管理要求。

该项目在工期紧张、管理任务重等实际情况下，项目建设单位按照国家政策要求，采用了工程总承包模式，工程总承包合同中约定工程总承包单位在工程质量安全、进度控制、成本管理等方面的责任。

因全过程工程咨询能衔接各个阶段的专业咨询服务，弥补了单一咨询模式服务下的资料重复交接、咨询间隙缺陷和管理漏洞，可以满足建设单位一体化服务需求，增强工程建设过程的协同性。在该项目投资控制压力大、现场管理任务艰巨、组织协调工作量大等实际情况下，建设单位委托了全过程工程咨询服务，委托范围包括全过程项目管理、工程监理、全过程造价咨询，全过程工程咨询单位以投资控制、进度管理、工程质量和安全监督管理为前提，实现了建设程序合法合规、提高建设效率、节约建设资金的效果。

全过程工程咨询单位基于"1+N"管理模式，组建"笃学、精进、严谨、高效"的专业团队，前期办理完成审图、环境影响评估、临时用电、施工许可等手续，过程中以投资控制为主线，以进度控制为核心，严格施工现场质量和安全管理，项目目标得到有效控制。

在5个月的时间里，全过程工程咨询单位以全生命周期管理理念，做好无缝隙、整体性咨询，严格按照管理节点进行事前预测、事中控制、事后分析，在投资可控的前提下，既保证了项目进度，又保障了项目质量，使整个施工过程做到科学、环保、有序、合理。确保某污水处理厂提标改造工程既达到了"雄安速度"，也保证了"雄安质量"。

2 项目简介

2.1 项目概况

某污水处理厂提标改造项目位于某县县城北部，项目选址为一个池塘。设计处理规模为污水深度处理4万 m^3/d，概算总投资22942.88万元。2018年10月河北省环境保护厅发布的《大清河流域水污染物排放标准》DB 13/2795—2018将该县划为污染物排放限值核心区域，而该县污水处理厂改造前出水执行《城镇污水处理厂污染物排放标准》GB 18918—2002一级A标准，离标准要求的排放限值还有一定的距离。

2.2 工期的紧迫性

该项目于2020年4月30日批复了可行性研究报告，2020年5月22日批复了初步设计及概算投资，两项批复均按照河北省生态环境厅要求，将完工工期定在2020年12月31日。这7个多月的时间还要完成工程总承包招标、岩土工程勘察和施工图设计、施工图设计审查、现场准备、办理施工许可手续等，施工阶段剩余时间不足5个月，还包括雨期施工1个月。这5个月内要完成土建构筑物施工、设备采购、安装调试、污泥培养、出水水质验收等工作。

因此该项目为节省建设工期，充分发挥设计、采购、施工连续性和一体化的优势，采用了EPC总承包发包，将池塘排水、清淤和土方回填、临时占地征迁、勘察设计、钢管桩预制、现场水电和道路准备、环境影响评价、办理施工许可证等工作平行展开，采用合理的组织策划方案来缩短工期。

2.3 项目实施阶段重点和难点

实施阶段的重点和难点主要包括：

（1）科学合理的组织策划、充足的资源投入、有效的组织协调，确保按期实现污水排放达标。

（2）施工安全涉及池塘边坡防护、夜间施工、交叉作业、起重吊装等，施工安全是项目管理的重点和难点。

（3）水池构筑物要求的抗渗等级高，混凝土浇筑质量、止水钢板位置和焊接质量、预留预埋偏差等是施工质量控制的重点和难点。

（4）因供水管道穿越南水北调干渠，控制顶管工程各项工艺参数，确保不对供水干渠造成影响是质量控制的另一个重点和难点。

（5）工艺设备安装调试完毕处于冬季，气温低不利于污泥接种和菌种培养，工艺系统调试是重点和难点。

2.4 全过程工程咨询工作任务

该项目采用全过程工程咨询服务模式，全过程工程咨询涉及建设工程全生命周期（包括项目前期及策划阶段、规划及设计阶段、施工前准备阶段、施工阶段、竣工验收及移交阶段、保修及后评估阶段六个阶段），包括前期咨询、勘察设计管理、招标代理、造价咨询、工程监理、施工前期准备、施工过程管理、竣工验收及结算审核、运营保修等咨询内容，向建设单位移交成果资料的全过程工程咨询服务工作。

3 项目组织

3.1 项目组织结构模式

根据全过程工程咨询服务项目的内容及特点，以及组织论中组织结构模式的适应情况，该项目采用短矩阵式组织结构模式，总咨询师（项目总负责人）由公司总经理授权委派，专业咨询负责人和专业咨询人员从公司各职能部门抽调，组建全过程工程咨询项目部，组织结构模式详见图1。

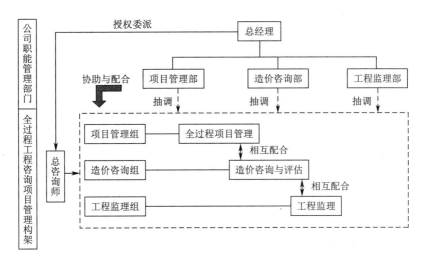

图 1　全过程工程咨询组织结构模式

3.2 组织机构工作职责

3.2.1 项目管理组工作职责

（1）配合项目总负责人负责前期各项手续的办理、与各相关部门的沟通，协调各方面的关系；编写报批报建申请表，准备所需办理资料，与建设单位共同完成项目开工前质量和安全监督备案手续、项目信息系统录入、墙改办节能和绿建备案、施工许可证办理、规划部门定位及验线申请和缴费、农民工工资预储金和安全文明施工费预缴等前期报批报建手续。

（2）项目开工前协助项目总负责人编制项目策划和管理实施方案、实施阶段的工作计划。

（3）负责办理临时水电及控制网点的手续。

（4）负责办理项目开工前的检测单位、环境影响评价单位招标或谈判手续及合同签订等工作。

（5）办理施工图委托送审工作，征询消防、人防、环保、交通等部门的审图意见，并及时反馈给项目总负责人。

（6）及时了解与项目建设有关的各种法律法规、政府规章制度，收集项目建设需交纳的各类规费的规定，积极建言献策，为工程节约建设成本。

（7）项目建设后期协助办理正式水电、排污等手续，并负责联系各项竣工验收所涉及的政府各职能部门相关人员。

（8）项目结束后，及时整理前期资料和各种工程资料，进行管理工作总结，工作总结经项目总负责人审核后报建设单位备案。

3.2.2 工程监理组工作职责

工程监理组负责本项目的质量、进度、投资控制、安全与文明施工监理及工程总承包合同管理工作。保证工程设计、采购、施工和验收等质量符合规定，维护建设单位的利益。其主要职责如下：

（1）负责在本项目中正确贯彻公司的质量方针和质量手册。

（2）编制本项目的监理规划，编制对建设单位的质量承诺要求事项，建立项目质量管理组织，明确各级和各专业的质量责任。

（3）参与图纸会审，注重建筑、结构、设备安装各个专业的衔接，以免出现不统一的矛盾，并提出相关设计改进方面的建议。

（4）检查本项目质量计划的实施情况，负责工程实施阶段有关施工难题，施工工艺层面的设计问题和设计院的对接和沟通。

（5）协助项目管理组进行设备技术参数把关，检查供方合同的质量保证条款，审查供方的质量管理体系。

（6）对不合格问题的处理，分析原因、制定纠正措施，以及跟踪检验其有效性。

（7）进行项目建设实施阶段过程的进度、质量、投资控制，负责项目全过程的安全及文明施工管理，进行项目计划管理、风险管理。

（8）编写项目质量评估报告，包括项目实施过程中的质量问题整改及项目完工后的质量总结。

（9）整理工程档案资料，检查统计每月项目质量、进度、投资工作控制情况，报信息管理人员汇总。

3.2.3　造价咨询组工作职责

（1）根据投资控制总体目标制定全过程投资控制工作计划、投资控制措施，实施动态跟踪比较，定期进行控制结果情况汇报。

（2）施工图设计即预算编制完成后，安排造价工程师进行设计概算与施工图预算的对比分析，提出预算费用与投资目标的偏差，出具合格的成果文件。

（3）在项目实施过程中对工程变更、现场签证进行审核与管理，协助审查设计变更、签证的合理性和经济性，提出咨询意见。

（4）对项目实施过程中材料、设备采购价格的审核、咨询，出具审核意见。

（5）制定支付计划，定期核实工程量，办理相关支付审批手续。

（6）掌握投资变更动态，进行动态技术经济分析。

（7）工程竣工后督促承包单位编制工程结算，进行工程结算的审核。

（8）配合审计单位完成对工程决算的审核。

4　全过程工作咨询服务范围

4.1　项目管理服务内容

4.1.1　项目准备阶段

（1）对EPC总承包合同进行分析，与EPC总承包单位负责人讨论主要条款履行可能存在的风险，为合同管理提供基础。

（2）管理EPC总承包单位的设计进度，施工图设计完成后，督促审图单位按规范进行施工图审查，保证施工图设计的深度满足国家对施工图设计的深度要求，满足审批的初步设计要求，满足工程所有设备材料采购的要求，如规格、型号、技术参数等。

（3）复审EPC总承包单位编制的施工组织设计，提出修改或调整意见。

（4）审核EPC总承包单位提交的总进度计划、勘察设计工作进度分项计划、各单位工程施工进度计划，对比总进度目标提出修改意见。

（5）组织召开第一次工地会议和设计交底会议，明确建设项目投资、进度、质量、安全等控制目标，应履行的各项管理制度、各方人员履职尽责、廉洁要求等。

（5）施工前完成无人机飞拍场地原始地貌，保留原始数据，测绘点交接。

（6）审查EPC总承包单位项目管理机构组建情况、机械设备等资源投入情况，审查监理单位组织机构。

（7）根据工程实际情况协助办理开工前手续，如材料检测单位的委托、农民工工资保证金办理、规划许可、环境影响评价、质监和安监资料备案等。

4.1.2 施工阶段：

（1）EPC总承包单位项目管理团队履职情况检查。

（2）总投资控制。进行阶段性投资偏差分析。根据EPC总承包合同制定资金支付计划，并根据实际工程进度核算和审批工程款支付报表。按照工程变更审批程序严格控制工程变更等。

（3）进度控制。通过总进度计划和各分项进度计划，对比实体工程进度，分析是否存在进度偏差，如果工期延误，要求EPC总承包单位制定相应措施并监督落实到位。

（4）质量控制。从定位测量放线、材料进场检验、工序质量验收、隐蔽工程验收等进行全面质量管理，严格要求监理单位落实材料设备进场复验、班前技术交底、重要工序旁站、工序质量检测验收等质量控制手段。

（5）安全监督管理。检查参建各方安全管理人员资格及在岗情况、施工单位安全与文明施工专项方案的审查、监理单位安全监理实施细则、施工单位安全设施投入等情况。组织参建方识别现场机械伤害、边坡土方坍塌、运输车辆伤害、触电、土方挖运扬尘等安全与文明施工风险，要求施工单位采取防范措施，监理单位督促落实到位。

（6）其他工作包括组织每周召开例会，解决工作中出现的问题。建立档案管理制度，留存项目管理过程中的各项记录、资料，每月汇报项目管理工作总结等。

4.1.3 竣工验收阶段

（1）代表建设单位组织各单位验收和合同工程竣工验收。

（2）竣工验收资料的审核、意见签署。

（3）编写管理工作总结。

（4）竣工验收后组织结算审核、质量保修等管理工作。

（5）与建设单位共同进行项目绩效评价等。

（6）项目竣工后保修期管理。

4.2 全过程造价咨询服务内容

（1）初步设计阶段：初步设计完成后，对照初步设计文件复核设计概算，以确定概算投资目标的合理性。

（2）施工图设计阶段：完成施工图设计后编制施工图预算，并与EPC总承包单位报送的预算进行对比核对，确认后报财政评审中心审核。

（3）施工阶段投资偏差分析：包括概算内可使用资金分析（包括EPC总承包招标节余、工程建设其他费节余、预算中的暂列金、预备费等）、预期增加费用项目分析、解决方案、编写投资控制分析报告等。

（4）施工阶段投资控制：包括场地百格网高程复测、测算地基处理费用、边坡支护费用、工程变更费用测算等，参与专项方案讨论，进行技术经济的分析、材料和设备价格的询价、工程款支付的审核，依据EPC总承包合同处理索赔和争议等。

（5）工程竣工后，参与工程结算的审核、绩效评价等。

4.3 工程监理服务内容

工程监理服务为该项目施工阶段全过程监理，包含施工现场质量、投资、进度控制，安全生产监理、合同及信息管理、组织协调工作等，全面履行监理单位的监理责任和义务。具体工作包括：

（1）熟悉合同文件，了解施工现场，编制监理规划和实施细则。

（2）参与场地交验及设计交底工作，审查承包单位提交的复测成果。

（3）督促和检查承包单位建立质量和安全保证体系。

（4）参加第一次工地会议和主持常规工地会议。

（5）发布开（复）工令，批准单项工程开工报告。

（6）审核承包单位授权的常驻现场代表的资格，以及其他派驻到现场的主要技术、管理人员及试验人员的资格；初审分包合同和分包人的资质。

（7）审批承包单位拟用于本工程的材料、设备的合格证明以及工艺试验和标准试验，控制重要外购成品件或半成品件的质量，保存所有的原始资料和其他应妥善保管的一切资料。

（8）审批承包单位实施本工程的施工方案及主要方法。

（9）审批承包单位提交的总体进度计划，检查和监督承包单位实施进度计划，批准承包单位的修正计划；审批承包单位提交的季度计划、月计划和日计划，并督促承包单位实施。

（10）要求承包单位按照合同条件、技术规范和监理程序进行施工，通过旁站、巡视、平行检验、见证取样等手段全面监督、检查和控制工程质量。

（11）发布变更令；签发中间交工证书；对已完工工程进行准确计量；签发中期支付凭证。

（12）调查、处理工程质量缺陷和事故，出现重大质量事故时，督促承包单位按规定上报有关部门。

（13）受理合同事宜，根据合同规定进行评估和处理；根据合同规定处理违约事件，协调合同争端。

（14）对承包单位的交工申请进行预验收，组织对拟交工工程的检查和验收。

（15）配合建设单位的竣工验收和工程移交工作，签发竣工验收报告。

（16）督促、检查承包单位按要求编制竣工文件。

（17）编制监理工作月报及监理工作总结。

（18）监督承包单位认真执行缺陷责任期的工作计划，检查和验收剩余工程，对已交工工程中出现的质量问题，调查其原因并确定相应责任。

（19）签发工程缺陷责任终止证书，签发最终支付证书。

5 项目管理工作方法

按照策划、实施、检查、处置的动态管理原理，确定项目管理流程，建立项目管理制度，实施项目系统管理，持续改进管理绩效，确保实现项目管理目标和增值效果。

5.1 项目管理目标策划

5.1.1 工期目标及控制节点策划

水安则民安、水兴则城兴。某污水处理厂提标改造工程是改善雄安新区水环境系统的重要举措之一，为给雄安新区人民交上一张满意的答卷，全过程工程咨询单位污水项目部从项目前期到开工建设，与雄安新区规划建设局工作专班及施工单位一起，发扬"起步就是冲刺，开工就是决战"的战斗精神，以全生命周期管理理念，精密研究，精心组织，做好无缝隙、整体性咨询，严格按照管理节点进行事前预测、事中控制、事后分析，争分夺秒、不舍昼夜、奋力追赶，用短短5个月的时间，自项目前期准备开始直至项目竣工验收完毕止，确保在2020年12月31日前（除绿化和外装修工程外）水质达标，验收合格。

实施阶段按建设单位确认的总进度计划工期完成并竣工交验。

按照最终的竣工时间目标倒排的关键节点如图2所示。

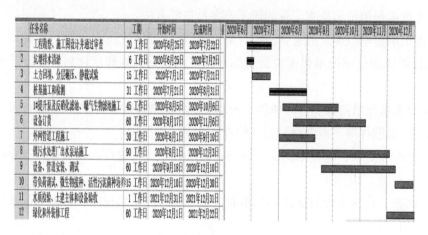

图2 关键节点进度计划

5.1.2 质量目标策划

（1）污水处理质量标准：对既有污水处理厂污水集中收集深度处理，处理后的污水指标达到《大清河流域水污染物排放标准》DB 13/2795—2018核心控制区排放限值标准；同时将污泥处理设施进行改造，处理后的污泥含水率达到60%，并按国家相关标准妥善处置。

（2）工程勘察设计质量标准：符合国家、行业、地方质量标准及规范的要求。

（3）工程施工质量标准：符合国家、行业、地方质量标准及规范的要求，工程质量达到合格标准。

（4）设备质量标准：符合国家对机械设备设计、制造、安装要求的所有标准及规定，符合国家现行质量、节能、环保、安全、先进等相关要求，并满足本项目产品工艺及技术要求。

5.1.3 总投资控制目标

该工程建设费用控制在批准的概算投资限额以内（在合同实施期间，除非招标人增加额外的建设管理服务内容或非投标人责任造成的工期延长以及因政策性费率、物价和市场因素的变化而引起的价格变化），确保某污水处理厂提标改造工程总投资不超过21950.67万元，其中设备及工器具购置费和建筑安装工程费不超过19140.22万元，工程建设其他费用不超过1622.43万元。

5.1.4 安全与文明施工控制目标

工程安全目标：本工程不发生重大安全事故，重点做好坑塘边坡防护、清淤，深沟槽开挖防护，管道设备安装的防护，施工用电安全等管理工作。

文明施工目标：现场安全文明施工符合河北省建设主管部门要求的施工现场大气污染防治"六个百分之百"。

5.2 项目管理规章制度

项目管理规章制度包括：项目管理方案审批制度、监理规划和实施细则审批制度、施工组织设计和专项方案报批制度、第一次工地例会制度、设计交底和图纸会审制度、开工报审制度、原材料和半成品报验抽检制度、隐蔽工程验收制度、巡查和专项验收制度、质量事故处理制度、安全分区责任制度、安全巡查和专项检查制度、安全事故处理制度、进度计划报批制度、进度计划动态监控和调整制度、设计变更报批制度、工程签证报批制度、工程款支付审批制度、索赔申请和审批制度、组织协调制度、周例会制度、项目管理和监理周报制度、项目资料管理制度、廉洁承诺制度等。

5.3 项目管理工作流程

（1）启动过程：明确项目概念，初步确定项目范围，识别影响项目最终结果的内外部相关方。

（2）策划过程：明确项目范围，协调项目相关方期望，优化项目目标，为实现项目目标进行项目管理规划与项目管理配套策划。

（3）实施过程：按项目管理策划要求组织人员和资源，实施具体措施，完成项目管理策划中确定的工作。

（4）监控过程：对照项目管理策划，监督项目活动，分析项目进展情况，识别必要的变更需求并实施变更。

（5）收尾过程：完成全部过程或阶段的所有活动，正式结束项目或阶段。

5.4 项目管理工作方法

项目团队熟悉现场资料及建设单位的委托要求后，首先进行项目结构分解，然后进行工作任务分配，依据总控目标将管理工作任务落实到各咨询工作组，采用的工具包括工作任务分工一览表、总投资控制一览表、全过程风险管理一览表。

5.4.1 项目分解

根据项目实际情况，将项目分解到单位工程，以便于工作任务分工。项目分解结构如图3所示。

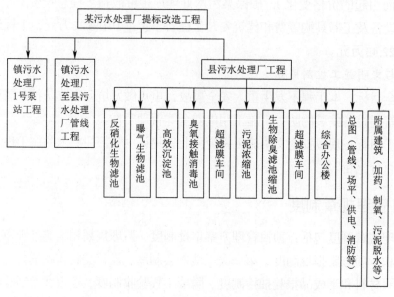

图3 某污水处理厂提标改造工程项目结构图

5.4.2 各阶段工作任务分工

按全过程工程咨询合同委托的服务范围，从项目准备阶段到竣工验收、竣工结算全过程工作任务以清单的形式列出，详见表1。

表1还需要根据施工进度计划，列出完成时间、工作任务完成情况。

5.4.3 总投资控制

采用全过程投资控制方法，以设计阶段控制为重点，以批复的设计概算为控制总目标，逐级控制EPC总承包招标、施工图设计、合同履约、竣工结算，采用总投资控制一览表对工程造价进行全面控制，总投资控制一览表（总表）详见表2。

5.4.4 工作任务完成情况检查

每天召开管理例会，解决施工过程中存在的问题，每周按工作任务分工表、总投资控制一览表、全过程风险管理一览表检查工作完成情况，记录到工作表格中，监督责任人员尽快解决，并作为对项目各组进行绩效考核的依据。

5.4.5 反馈及改进提升

按PDCA循环控制理论对项目管理绩效进行考核、持续改进：

（1）制定项目管理目标，跟踪实施过程中的偏离情况，采取措施进行调整偏差。

（2）对已经发现的不合格项采取措施予以纠正，针对不合格原因采取纠正措施并予以消除，对潜在的不合格原因采取措施防止不合格的发生。

（3）针对项目管理的增值需求采取措施并予以持续满足。

表1

全过程工程咨询工作任务清单及分工一览表

阶段划分	工作任务签订及成果文件		总咨询师	项目管理组	工程监理组	造价咨询组
	工作任务	成果文件				
项目准备阶段	咨询合同拟定、审核	合同初稿	审定	拟定初稿	参与拟定初稿	参与拟定初稿
	咨询合同签订	全过程工程咨询合同	负责对接	协助对接	—	—
	项目团队组建，分派工作任务	组织结构构图、任务分工一览表	负责组建	参与	参与	参与
	项目部搭建（办公设备、标识等），费用申请	—	审批	负责搭建、费用申请和报销	本组办公设备申请、领取、退还	本组办公设备申请、领取、退还
	管理、监理、造价实施方案/实施细则编制	各专项方案	审定	负责管理方案	负责监理规划、细则	负责造价方案
	测绘点交接（坐标、高程）	交接记录	—	负责交接、记录	参与、记录	—
	总承包合同审查（EPC模式）	审查报告	复审	初审、编写报告	初审	初审
	勘察管理（投资、质量、进度）	管理通知单	—	质量、进度控制	—	投资控制
	设计管理（投资、质量、进度）	管理通知单	—	质量、进度控制	—	投资控制
	初设概算与可行性研究报告投资估算对比分析	对比报告	审核	收集资料，针对分析报告拿出解决方案	—	负责对比，编写报告，概算是否超可行性研究10%，概算内是否有较大的漏项
	设计概算的复核	审核报告	审核	收集资料	—	负责审核，编写报告，概算内是否有较大漏项，投资控制是否会超概算，是否需要调整概算
	施工图审查委托	委托合同	—	全面负责	—	—
	施工图预算的审核	审核报告	审核	协助收集资料	协助现场勘察	资料收集，现场踏勘、编审、核对、盖章等

续表

阶段划分	工作任务签订及成果文件	成果文件	总咨询师	项目管理组	工程监理组	造价咨询组
项目准备阶段	开工前投资分析	分析报告	审核	协助收集可行性研究、初步设计、招标投标等资料	参与	负责编制投资分析报告，包含投资目标、概算合理性，可动用资金分析、未来可发生费用、建议等
	投资控制解决方案	解决方案	审定	协助编制解决方案，提出意见建议	协助编制解决方案，提出意见建议	负责编制解决方案
	委托材料、专项检测单位	委托合同	—	专人负责	合同审核	参与合同价格谈判
	办理规划许可证等	许可证书	督促	专人负责限时完成	配合	—
	环境影响评价、消防、人防等备案	备案回执	督促	专人负责限时完成	配合	—
	质监、安监备案等报批报建	—	督促	专人负责限时完成	配合	—
	组织设计交底和图纸会审	记录表	组织	确定时间地点，通知各方	负责人参加	负责人参加
	会审内容造价分析	分析报告	组织	工作任务安排	—	造价人员逐项分析
	施工组织设计审查	审批表	督促	参与讨论技术方案经济性	督促上报，负责审查	参与讨论技术方案经济性、合理性
	施工进度计划审查	施工阶段计划	督促	参与审查提出意见	审查并提出意见	参与
	办理农民工工资预储金	—	督促	督促各方限时办理	配合	—
	施工许可证办理其他资料	施工许可证	督促	专人负责	配合提供资料，按时完成	—
	建设单位委托"三通一平"	签证资料	督促	用电变压器、用水、打井手续办理	核实工程量，签署意见	核实工程量，测算造价

续表

阶段划分	工作任务签订及成果文件		总咨询师	项目管理组	工程监理组	造价咨询组
项目准备阶段	第一次工地会召开	会议纪要、签到表	组织	参加，提出管理要求，审核会议纪要	参加，提出监理要求，编制会议纪要	参加，提出造价要求
	参建各方微信群	微信群	负责建立	全体加入，管理资料上传下载	全体加入，上传下载监理资料	全体加入，上传下载造价资料
	工程预付款的审批	付款申请、付款审批、付款证书	复审	确认付款时间和比例，登记每次支付记录台账	负责审核、签署意见，用款申请	复核付款额度
	核实开工条件，下达开工令	开工令	审核	核实开工条件	审核并签署意见	—
	资金使用计划编制	建立资金使用计划	审核	编制	协助	协助
	无人机飞拍原始地貌	图片视频	—	负责飞拍储存数据	参与和协助	参与和协助
	复测百格网高程	测绘记录（签字）	—	组织各方	跟踪测量、签字	参与测量，检查错误
	工程定位测量放线	测量放线记录	—	审核复测结果	复测、签字确认	检查错误
	地基验槽	地基验槽记录	参加验槽	确定时间，联系参加验槽六方负责人	总监理工程、专业监理工程参加、签字	测算地基处理方案造价，提出优化方案
	边坡支护降水方案评价	评价报告	审核	督促施工单位出具方案，参与讨论方案的经济性、合理性、安全性	就支护降水方案的经济性、合理性、安全性出具监理审批意见	测算方案的工程造价，为方案审批提供依据
实施阶段	现场质量控制	质量控制资料、通知单等	总负责	参与全面质量控制	负责全面质量控制	参加地基验槽、中间验收、隐蔽验收
	工程进度控制	进度计划、偏差分析、进度调整等	总负责	负责全面进度控制，定期分析对比	参与全面进度控制	工程延误处罚费用测算，赶工费用测算
	现场安全、扬尘治理	检查记录、通知单等	总负责	进行安全、扬尘监督检查	履行安全、扬尘治理监理职责	—

续表

阶段划分	工作任务	签订及成果文件	总咨询师	项目管理组	工程监理组	造价咨询组
实施阶段	合同管理、处理争议	管理记录、台账	督促检查	负责收集、管理、记录、台账登记	提供相关证据	争议内容费用计算
	全过程风险管理	风险识别清单、分析、控制措施一览表	组织实施	识别质量、进度、安全风险,提出控制措施	识别质量、进度、安全风险,提出控制措施	识别投资控制风险,提出控制措施
	管理或监理工作例会	会议纪要、签到表	参加	主持管理例会、编制会议纪要、负责签到和签字下发	主持监理例会、编制会议纪要、负责签字下发	参加例会
	全过程工程咨询工作例会	会议纪要、签到表	参加	主持例会、审核会议纪要,对参会各方签字下发	参加例会、签到,人员签到,编制会议纪要	参加例会
	沟通协调	书面记录、通知单、会议纪要等	督促、检查	负责各方沟通、沟通项目管理工作问题	与建设单位、施工单位三控两管方面的问题	与各方沟通投资控制方面的问题
	塔式起重机、打桩机、挖掘机、发电机等大型施工机械进出场记录、核对	设备出场记录	—	督促完成	负责进出场设备型号、数量、进出场次数统计	核对进出场设备型号、数量,进出场次数,与合同清单进行对比
	暂估价材料设备、暂估价工程实施方案	实施方案	审定	组织编制,达到招标规模的拟定招标方案	参与和协助	暂估价材料询价、招标项目编制、清单限价
	每月工程量的复核	工程量确定单	督促、检查	复核工程进度节点和完成的工程量	确认完成工程进度节点、专业监理工程师签字	核实完成的工程量,有计算底稿
	工程进度款的核实审批	付款申请、付款审批、付款证书	复审	确认付款时间和比例	负责审核、签署意见、用章申请	复核付款额度
	工程变更的审核与批准	工程变更记录	复审	控制变更程序、审核可施工性	控制变更程序、审核可施工性	变更费用测算,出具预算

续表

阶段划分	工作任务	签订及成果文件	总咨询师	项目管理组	工程监理组	造价咨询组
实施阶段	工程签证的审核与批准	工程签证记录	复审	控制签证程序，复核工程量，签字确认	控制签证程序，复核工程量，签字确认	签证费用测量，出具预算
	EPC模式项目预算审核	审核报告	审核	督促申报、协调	—	预算审核
	材料设备询价	询价清单、报价等	审核	督促承包单位上报	核实进场材料设备	询价工作
	索赔事件处理	索赔资料	审核	主持、沟通	证据审核、工期测算	索赔费用计算
	中间结算	结算资料	审核	沟通、督促	中间工作完工验收	中间结算审核
	投资偏差分析报告	分析报告	审核	协助、初审	协助	收集资料，分析编制报告
	档案资料管理	档案资料	督促、检查	实施方案、管理日志、月报、通知单、会议纪要、工作总结等	监理规划、细则、通知单、月报、会议纪要、工作总结、评估报告等	实施方案、工作日志、分析报告，成果报告等
	信息化管理	图片、视频、模型等	督促、检查	会议召开、领导视察、控制检查、技术评审等	例会、旁站、巡视、检测、验收等	信息模型、造价控制讨论、测量等
	企业文化建设	标识、管理制度、流程、活动等	督促、检查	主导项目部企业文化建设和资金、设施等投入	负责本专业部分文化建设内容	负责本专业部分文化建设内容
验收阶段	组织竣工预验收	预验收资料	参加	参加	总监理工程师组织，定时间，通知参加人员，施工资料审核	派人参加
	监督完善和整改	验收记录、整改记录	参加	督促检查	有验收记录、整改回复	派人参加
	组织消防专项验收	验收意见和记录	参加	组织验收，定时间，通知参加人员	总监理工程师、专业监理工程师参加，提出验收意见	派人参加

续表

阶段划分	工作任务签订及成果文件	成果文件	总咨询师	项目管理组	工程监理组	造价咨询组
验收阶段	组织节能专项验收	验收意见和记录	参加	组织验收、定时间，通知参加人员	总监理工程师、专业监理工程师参加，提出验收意见	派人参加
	参加环境保护验收	验收意见和记录	参加	组织验收、定时间，通知参加人员	总监理工程师、专业监理工程师参加，提出验收意见	派人参加
	竣工验收	签到表、影像资料、验收意见	主持参加	组织验收、定时间，通知参加六方人员	总监理工程师、专业监理工程师参加，提出验收意见	派人参加
	竣工结算审核	竣工结算报告	督促、检查	协助	协助	负责结算全面工作，包括资料收集、造价核对，报告编制、汇总等
	全过程工程咨询工作总结	工作总结	主持编制	负责项目自管理工作总结	负责工程监理工作总结	负责造价咨询工作总结
收尾阶段	档案资料整理、移交	资料清单、交接单	督促、审核	负责项目自管理资料整理、移交	监理资料整理、移交	造价资料整理、移交
	保修期质量问题处理	维修记录	督促	对接建设单位和施工单位，分析质量责任	维修过程监理	维修费用计算
	协助进行绩效评价或编制建设管理报告	评价报告	督促、审核	负责评价报告编写	参与编写	参与编写

工程名称：

表2
填表日期：年 月 日

项目总投资控制一览表（总表）

序号	批准概算投资 投资构成一+二+三+四	概算金额 (1) (万元)	目标分解 分项工作表	目标分解 预控目标 (2) (万元)	建设过程控制投资 合同金额 (3) (万元)	建设过程控制投资 暂估价、计日工及变更签证费用调整 (4) (万元)	建设过程控制投资 实际金额 (5)=(3)+(4) (万元)	建设过程控制投资 建安费投资偏差 (6)=(3)-(5) (万元)	工程结算 结算金额 (7) (万元)	工程结算 结余资金 (8)=(1)-(7) (万元)
	合计	21950.67								
一	工程费用	19140.22		19140.22						
	设备和工器具购置费	7385.79	表××							
	设备购置费合计	7385.79	××							
	工器具购置费合计	0	××							
	建筑安装工程费	11754.33	表××		17535.157					
	暂估价材料、设备、工程及计日工合计	0	表××							
	暂列金合计	0	表××		1605.06					
二	其他费用	1622.43	表××	1622.43	1245.44					
三	预备费	1038.13	表××							
四	流动资金	150.00	表××							

6 项目管理成效

6.1 对管理过程中的多项重点和难点工作做到了有效控制

（1）前期阶段、准备阶段、施工阶段、竣工验收各阶段做到了项目全过程报批报建程序合法。

（2）采用总体策划、节点控制方法，按照县政府要求，住房和城乡建设局专班督导，各参建单位以"争分夺秒、不舍昼夜"的精神安排施工和管理，5个月内达到100余次的沟通协调、调度会议，对进度实施有效管控，实现了工期目标。

（3）成功协调供水管道穿越南水北调干渠。通过与南水北调水务中心多次密切协调，组织施工单位编写穿越方案，组织进行专家论证，施工过程中严格控制顶管工程各项工艺参数，确保不对供水干渠造成影响，确保供水管道成功穿越南水北调干渠。

（4）设备采购方面，各参建单位委派代表到主要设备厂家考察，对比类似采购合同，采购的设备做到了先进、适用、经济。

（5）质量方面，对水池结构抗渗性能、管道穿越南水北调干渠顶管工程等进行了有效控制，运营阶段考核质量稳定。

（6）总投资得到有效控制：EPC总承包单位报审价23548万元，审定价18170万元（建安费控制目标19140.22万元），结算总承包工程费用（设备购置费和建安工程费）对比设计概算批复金额节余970.22万元，二类费用也有节余，未动用预备费。

6.2 完成项目前期制定的总目标

该项目实现了2020年12月31日出水检测合格、污泥处置达标的总目标。

6.3 县领导给予高度表扬

2021年1月1日县主管领导、住房和城乡建设局局长和党组书记为该项目举行通水典礼、召开庆功会，电视台全程跟踪，表扬全过程工程咨询单位和EPC总承包单位参建人员，住房和城乡建设局给全过程工程咨询单位颁发了锦旗。

目前某污水处理厂提标改造工程运营良好，有效改善了雄安新区的水环境系统，得到了建设单位和政府主管部门的认可，为雄安新区人民的美好生活做着应有的贡献。

司法鉴定篇

某住宅项目一期工程造价司法鉴定

杨永香，杨振波，郑颖茹，郤云飞，魏兴龙，谷志华（河北卓越工程项目管理有限公司）

1 案情简介

原告：总包方

被告：发包方

2012年8月5日，双方当事人签订了《建筑安装工程施工合同补充协议》，协议约定由原告承建被告开发的某住宅项目工程，工程规模为8栋住宅及地下工程、沿街商业工程，总建筑面积约23.3万m²，资金来源自筹，承包范围为项目一期建筑安装工程施工，承包方式为包工包料。施工协议约定采用可调价合同，以2008年版河北省预算定额为计价依据，按承包工程的相应工程类别取费，人工费、机械费按《河北省住房和城乡建设厅 河北省发展和改革委员会 关于调整现行建设工程计价依据中综合用工单价的通知》（冀建质〔2010〕553号）执行，若遇新文件不做调整，结算总价下浮6%；工程中发包方进行综合认质认价的内容，不执行预结算，按照发包人限定价格计取税金直接进入工程总价；总包服务配合费按建筑面积1.5元/m²；工期为520日历天，施工期间每个春节顺延30日历天，预计开工日期为2012年9月1日，竣工日期为2014年4月3日并通过竣工验收。此后双方又签订了《接待中心施工协议》《一期精装、小区道路、雨污管网及绿化景观中除种植、栽植外其他工程施工合同》两份附属协议。2014年3月11日，双方补签了《河北省建设工程施工合同》并履行了备案手续。2016年8月10日，案涉工程进行了四方验收，验收单载明开工日期为2012年11月8日，竣工日期为2016年8月10日，验收结果为合格，随后案涉工程交付使用。

双方当事人经过多次磋商，于2018年7月6日共同确认无争议造价为348273943元，有争议部分数十项合计造价约7650万元。本案诉讼中，原告申请就案涉工程造价进行整体鉴定，被告主张应仅就有争议部分进行鉴定，同时表示如法院无法仅就有争议部分进行鉴定的，则尊重法院的决定。法院经审查认为，双方争议项目事项较多，案情较为复杂，双方当事人无争议部分造价范围不明确，为避免部分计算不准确影响争议问题解决的情况发生，依法委托河北卓越工程项目管理有限公司（以下简称我单位）就全部工程造价及停窝工损失进行鉴定，双方当事人对此均无异议，并予以积极配合。

2019年12月16日，法院依法判决原告的诉讼请求部分成立，其中工程造价以及停窝工造成的损失全部采信我单位出具的造价鉴定意见，一审判决后当事人双方均未就工程造价判决提起上诉。

2 案情争议焦点和造价鉴定难点

2.1 争议焦点问题

1.工程欠款及其利息的认定问题

关于工程欠款计算，法院经审查认为，案涉工程为商品住宅建设项目，期间依法属于必须招标投标的项目，《建筑安装工程施工合同补充协议》虽为双方当事人真实意思表示，但系未经招标投标程序签订，依法认定为无效合同；备案的《河北省建设工程施工合同》是在原告已进场施工一年多之后补签，属于"未招先定"的违法情形，也属无效合同。因双方当事人均同意以《建筑安装工程施工合同补充协议》作为工程价款结算依据，法院对此予以确认，工程造价鉴定也按此原则执行。结合工程造价鉴定意见，根据法院已查明的工程总造价、已付款数额及合同关于质保金返还的约定，本案欠付工程款数额应为54700897元。

关于利息计算，根据《最高人民法院关于审理建设工程施工合同纠纷案件适用法律问题的解释》第十八条规定，利息从应付工程价款之日计付。双方当事人有约定的从约定，没有约定的从法定。本案工程虽已于2016年8月竣工验收合格，但原告并未如约在一个月内提交竣工结算报告和完整的结算资料，考虑到原告2018年7月6日才提交完整的结算资料及第三方出具的《工程结算报告》，以及第一期质保金返还时间为2019年8月17日，综合上述情况，为计算方便，可以2018年8月17日作为应付款时间以及欠付工程款利息起算时间。

2.原告索赔的各项损失认定问题

原告主张的索赔包括三部分，分别为商票贴息费用、停工误工费用以及售楼处垫付电费。我单位依据鉴定规范对有证据支持的停工误工费用5324690.67元（停工损失4788159.07元，现场管理人员费用536531.6元）进行了核算确认，对未计入鉴定意见的部分均进行了说明，而且停工损失的鉴定意见与诉前双方就此协商过的500万元数额也大致相当，法院对此予以确认；关于商票贴息费用，由于被告曾先后多次使用商票支付工程款，现有证据表明原告从未就此提出过异议，贴息费用由被告负担依据不足，法院不予支持；关于售楼处垫付电费问题，依据提交的相关证据资料及缴费票据，双方当事人鉴定过程中对其真实性进行了确认，经审核计算列入确定性意见，法院审理予以采信。

3.原告对案涉工程享有建设工程价款优先受偿权问题

《最高人民法院关于审理建设工程施工合同纠纷案件适用法律问题的解释（二）》第二十二条规定，承包人行使建设工程价款优先受偿权的期限为六个月，自发包人应当给付建设工程价款之日起算。已认定应付款时间为2018年8月17日，至原告提起本案诉讼并未超过六个月的除斥期间，法院依法确认原告对其施工部分工程在欠付工程款范围内享有建设工程价款优先受偿权。

2.2 鉴定难点问题

1.多份合同、协议的效力认定问题

合同效力属法院审理权限范围，案涉工程存在多份合同、协议，法院审理认定均为无效合同。《中华人民共和国合同法》规定无效合同自始至终没有法律约束力，但不影响合同中独立存在的有关结算和争议条款的效力；《最高人民法院关于审理建设工程施工合同纠纷案件适用法律问题的解释》第二条规定，建设工程施工合同无效，但建设工程经竣工验收合格，承包人请求参照合同约定支付工程价款的，应予以支持。因双方当事人均同意以《建筑安装工程施工合同补充协议》作为工程价款结算依据，法院对此予以确认，作为造价鉴定依据。

2.材料价格争议处理问题

材料价格争议基本在每个案涉工程造价鉴定中都会存在，除特殊情况外，本案材料价格争议按照以下原则进行：已提供认质认价的材料，按认质认价计入；无认质认价的主要材料、设备，按《建筑安装工程施工合同补充协议》的约定计入；既无认价，造价信息和定额也没有的，按市场询价计入。

3.多份鉴定证据前后不一致，与合同约定歧义处理问题

案涉工程存在多份鉴定证据资料前后不一致的情况，鉴定意见以最后日期资料为准；若不同资料与合同约定存在歧义，按合同解释顺序效力确定。

4.鉴定证据签字手续不同情况的处理问题

案涉工程证据资料签字盖章手续完整齐全的计入确定性意见，其他不完善部分区分不同情况列入选择性意见，由法院根据补证资料结合庭审实际情况确定。

5.不同情况的索赔处理问题

索赔在工程造价鉴定中属于争议难点问题，即使在常规的结算中也不容易确定，在工程造价鉴定中也很难把握，需要结合案涉工程实际情况确定。实际工程实施过程中索赔程序、时效不太严格，索赔的因果关系也不易推论，且索赔工程量的计取除双方当事人有记录确认的以外，其他的也很难追溯，所以在处理案涉索赔事件中本着慎重的态度和谨慎的原则，根据索赔证据资料及庭审情况不同区别对待。

3 鉴定情况

3.1 司法鉴定委托人提供鉴定材料内容

（1）鉴定委托书。

（2）合同文件及补充协议。

（3）质证笔录、庭审笔录。

（4）工程结算书。

（5）工程竣工图纸、电子版CAD图纸。

（6）工程变更及签证单。

（7）工程洽商记录、图纸会审记录。

（8）工程联系单。

（9）材料认质认价单。

（10）施工组织设计、施工方案。

（11）其他资料。

3.2 工程造价司法鉴定情况

3.2.1 鉴定过程

（1）2019年1月14日，我单位收到法院委托书、工程造价鉴定申请书、民事起诉状、《建筑安装工程施工合同补充协议》，以及某项目《一期精装、小区道路、雨污管网及绿化景观中除种植、栽植外其他工程施工合同》等相关资料。

（2）2019年1月14日，依据已经接收的鉴定资料，经专业人员登记整理、初步审核后，我单位提交案涉工程《关于鉴定委托的复函》（含送鉴证据材料目录）以及《鉴定人员组成通知书》。

（3）2019年4月3日，我单位组织专业人员去法院接收相关补充资料，包括签证洽商、图纸会审、联系单、确认单、图纸、结算书、电子版资料等。

（4）2019年4月19日，我单位收到关于发包方直接分包项目有关问题的回复，鉴定工作全面开始。

（5）2019年4月23日，我单位对已收到资料进行整理后，向法院提交需进一步提交补证资料的联系函。

（6）2019年6月11日，我单位收到部分补充资料。

（7）2019年8月19日，我单位完成案涉工程工程量计算、计价等工作，出具鉴定意见书（征求意见稿）。

（8）2019年9月2日，我单位收到原告当事人的异议问题。

（9）2019年9月6日，我单位收到被告当事人的异议问题。

（10）2019年9月12日，我单位对双方当事人的异议问题进行回复。

（11）2019年9月25日，我单位收到被告当事人提交的《针对原告提交给鉴定机构的补充证据的意见》。

（12）2019年9月27日，在法院主办人员的组织下，我单位与双方当事人就异议问题进行核对，并收到原告当事人部分补证资料。

（13）2019年10月12日，我单位收到原告当事人对鉴定意见书（征求意见稿）部分工程造价问题的意见。

（14）2019年10月28日，我单位收到被告当事人有关问题复函的再次说明。

（15）2019年10月30日，我单位完成案涉工程造价调整，出具鉴定意见书。

（16）2019年11月19日，我单位参加法院组织的庭审质证，收到部分补证资料。

（17）2019年11月25、26日，我单位分别收到双方当事人关于保温线条的回复。

（18）2019年11月28日，我单位完成案涉工程补充资料调整，出具鉴定意见书（补正）。

3.2.2 鉴定依据

1. 行为依据

（1）司法鉴定委托书。

（2）《最高人民法院关于审理建设工程施工合同纠纷案件适用法律问题的解释》（法释〔2004〕14号）、《最高人民法院关于审理建设工程施工合同纠纷案件适用法律问题的解释（二）》（法释〔2018〕20号）。

2. 政策依据

（1）《中华人民共和国建筑法》。

（2）《中华人民共和国合同法》。

（3）《中华人民共和国民事诉讼法》。

（4）《最高人民法院关于民事诉讼证据的若干规定》（法释〔2019〕19号）。

（5）《建设工程造价鉴定规范》GB/T 51262—2017。

（6）国家、省、市的法律法规等其他有关文件、资料。

3. 分析（或预算）依据

（1）双方当事人签订的施工合同、专业分包合同及补充协议、有关材料和设备采购合同。

（2）河北省建设工程计价标准《全国统一建筑工程基础定额河北省消耗量定额》HEBGYD-A-2008、《全国统一建筑装饰装修工程消耗量定额河北省消耗量定额》HEBGYD-B-2008、《全国统一安装工程预算定额河北省消耗量定额》HEBGYD-C-2008及相关费率标准，有关配套调整文件及办法。

（3）河北省建设工程计价标准《全国统一建筑工程基础定额河北省消耗量定额》HEBGYD-A-2012、《全国统一建筑装饰装修工程消耗量定额河北省消耗量定额》HEBGYD-B-2012、《全国统一安装工程预算定额河北省消耗量定额》HEBGYD-C-2012、《河北省房屋修缮工程消耗量定额》HEBGYD-G01-2013、《河北省园林绿化工程消耗量定额》HEBGYD-E-2013及相关费率标准，有关配套调整文件及办法。

（4）工程竣工图、经批准的施工组织设计、设计变更、工程洽商、索赔与现场签证。

（5）施工期间某市工程造价信息、工程材料和设备认价单。

（6）法院提供的鉴定资料。

3.2.3 鉴定方法

（1）依据鉴定委托书内容和工程施工合同（协议书）、施工技术资料确定鉴定范围。

（2）依据双方当事人确认的施工或竣工图纸、工程做法和约定的定额标准编制计价文件。

（3）依据鉴定委托书要求及材料价格确定原则，根据有关定额及配套标准、相关文件以及施工期间当地工程造价信息等确定单价。

（4）鉴定过程中采用全面审核法，对该工程所涉项目的工程量计算、定额套用、材料价格采用、取费标准执行等方面，依据鉴定委托书要求及相关规定进行鉴定。

（5）采用三级程序确定案涉工程造价，即一级编制、二级复核、三级审定。

3.2.4 鉴定意见

1. 确定性意见

（1）某项目一期工程8栋住宅楼及地下工程、沿街商业（适用2008年版定额）

2013年9月2日被告当事人采购部工作联系单明确："采购部认价材料已进行了价格下浮，最终结算时所认材料不再参与合同中总体下浮。"该联系单为采购部个人签章（其他联系单为技术专用章），2015年6月11日工作联系单第2.3款对上述采购部联系单进行了确认。另外，当事人双方《建筑安装工程施工合同补充协议》第4.1.2条、第4.1.3条内容约定："结算总价下浮6%；工程中甲方进行综合认质认价的内容，不执行预结算，按照发包人限定价格计取税金直接进入工程总价"。双方当事人对此部分认质认价材料最终结算时是否下浮6%未达成一致意见，鉴定意见书按认质认价材料下浮和不下浮分别出具，请法院根据庭审实际情况参照鉴定结论意见确定。

鉴定意见：认质认价材料下浮6%，工程造价为365988558.22元（其中FTC保温砂浆为16853765.72元）；认质认价材料不下浮6%，工程造价为374837426.76元（其中FTC保温砂浆为17929538元）。

（2）接待中心工程（适用2008年版定额）

鉴定意见：工程造价为1228013.64元。

（3）1~8号楼单元首层大堂精装、小区道路、雨污管网工程及景观工程中除绿化种植、栽植外工程（适用2012年版定额）

鉴定意见：工程造价为11849834.33元。

（4）总包服务费

鉴定意见：按照当事人双方《建筑安装工程施工合同补充协议》第4.2条内容约定，依据计算的建筑面积确定总包服务费为273287.58元。

（5）双方已确认部分

① 土方回填、外购及集水坑确认造价为3577100元，下浮6%后造价为3362474元，由于确认单中未明确是否下浮，单位鉴定意见按下浮和不下浮分别出具，请法院根据庭审实际情况确定。

② 回购土方：1161395.85元（综合认质认价，不下浮6%）。

③ 燃气调压站确认造价为149954元，下浮6%后造价为140956.76元。由于确认单中未明确是否下浮，合同执行2012年版定额，鉴定意见按下浮和不下浮分别出具，请法院根据庭审实际情况确定。

④ 总包方102份签证除已审核及土方外汇总确认造价为1167329.59元，下浮6%后造

价为1097289.81元。由于确认单中未明确是否下浮，鉴定意见按下浮和不下浮分别出具，请法院根据庭审实际情况确定。

上述子项确认部分，不下浮造价合计6055779.44元，下浮6%后造价合计5762116.42元。

（6）女儿墙及花架墙内侧真石漆

依据《1～8号楼及商业屋面花架墙保温做法确认单》，双方确认做法为真石漆，被告当事人签署意见按实际做法和图纸做法造价低者计入。因图纸未明确该做法，鉴定意见按确认单实际做法真石漆计入，工程造价为630789.3元。

（7）5号楼外墙装饰保温线条

依据2019年11月19日庭审笔录和2019年11月25日、11月26日收到的关于保温线条的回复及情况说明，双方当事人对5号楼外墙装饰保温线条按200+60厚分层计价无争议，列入确定意见，工程造价为1969328元。

（8）售楼处垫付电费（索赔三）

依据双方当事人2016年6月4日签认的用电量确认单，工程造价为949280元。

2.选择性意见

由于未见相关资料、提交的资料不全以及相关资料没有签字盖章或不完整、有歧义，双方当事人未达成一致意见，根据不同情况列入选择性意见，请法院根据庭审实际情况参照选择性意见确定。

（1）阳台旁空调板房间面向洞口墙面、独立设备平台墙面、空调板上表面真石漆

鉴定意见：依据《外墙平台FTC施工方案确认单》和《工程联系单》（2015联字第12号），阳台旁空调板房间面向洞口墙面、独立设备平台墙面、空调板上表面做法为外墙防水腻子，而实际施工单位按真石漆施工。由于工程做法资料与实际做法不一致，双方当事人未达成一致意见，鉴定意见按真石漆和防水腻子分别计算列入选择性意见。按真石漆计算工程造价为1278581.3元，按防水腻子计算工程造价为98487.75元。

（2）外墙装饰保温线条（不含5号楼）

2019年11月19日庭审笔录及2019年11月25日、11月26日双方当事人回复和情况说明中明确：1～4号楼为200厚，6～8号楼为260厚，均分层施工无争议，分别为150+50厚和200+60厚。双方当事人对计价方式存在争议，原告主张1～4号楼按150+50分层计价，6～8号楼按200+60分层计价，被告主张1～4号楼按200整体计价，6～8号楼按260整体计价。2015年5月25日、7月15日及2016年3月14日认质认价单的认价形式分为260厚、200厚、150厚及60（50）厚四种。依据现有证据资料，除5号楼按200+60厚分层计价计入确定性意见外，其他楼号按照上述认价单分别计算列入选择性意见。

鉴定意见：按被告主张200和260厚整体计价工程造价为6743173.7元；按照原告主张150+50和200+60厚分层计价工程造价为9557692元。

（3）工程变更签证

①土建工程签证（部分无签认、部分有监理签认）

无签认部分鉴定意见：由于该部分签证无监理、被告当事人签认，也未提供其他相关

证据资料，暂不发表鉴定意见。

监理签认部分鉴定意见：工程造价为817772.66元。

② 安装工程签证（无签字盖章）

鉴定意见：由于该部分签证无监理、被告当事人签认，也未提供其他相关证据资料，暂不发表鉴定意见。

③ 接待中心签证（无签字盖章）

鉴定意见：由于该部分签证无监理、被告当事人签认，也未提供其他相关证据资料，暂不发表鉴定意见。

④ 景观铺装工程(无签字盖章)

鉴定意见：由于该部分签证无监理、被告当事人签认，也未提供其他相关证据资料，暂不发表鉴定意见。

（4）索赔

索赔（一）：商票贴息费

不属我单位鉴定范围，未发表鉴定意见，请法院根据庭审实际情况另行确定。

索赔（二）：停工、误工费用

工程索赔造价鉴定依据提供的鉴定资料计算，仅对索赔资料能够计量部分的工程造价发表意见，未考虑因施工组织合理性而引起的误差，也未考虑索赔原因的责任分担问题。

① 2013年停工损失

原告主张：18655598.4元。

鉴定意见：依据提交的质证资料，一期工程正施工的工作面在2013年6月23日下午至夜间全部停工，于6月26日正式停工，建设单位、监理单位、施工单位三方于2013年12月5日对停工期间现场留存的材料、机械、设备进行了核实。依据现场核实材料、设备机械确认单，租赁机械设备暂按租赁合同价格计入（租赁合同的真实性由庭审确定）、自有机械按折旧费用计算，停工损失造价为4788159.07元，请法院根据庭审实际情况确定。

原告当事人主张管理费用1220387.8元（其中2013年6月21日至2014年1月31日现场管理人员费用1077727.8元，现场水电费用142660元），无监理单位及双方当事人确认意见。依据相关工程联系单，结合所提供的考勤表和费用发放表，2013年6月23日至2013年10月31日及2014年1月现场管理人员费用为536531.6元，请法院根据庭审实际情况确定；停工期间现场用水用电费根据实际挂表结合电费缴纳情况另行结算。

除上述证据资料外，由于未提供停工期间双方当事人及监理单位确认的其他资料，原告当事人主张的钢筋资金占用及外调费用损失、劳务补偿、调遣费补偿、企业管理费等损失，无法发表鉴定意见，请法院根据庭审实际情况，结合相关资料确定。

② 商业图纸延迟下发导致成本增加

原告主张：243960元。

鉴定意见：因未提供相关签认证据资料，未发表鉴定意见。

③ 电动吊篮延长使用额外费用

原告主张：1020659.2元。

鉴定意见：因未提供相关签认证据资料，未发表鉴定意见。

④ 主体结构延迟验收导致管理费用增加

原告主张：3328544.68元。

鉴定意见：因未提供相关签认证据资料，未发表鉴定意见。

⑤ 商票无法承兑导致停工损失费用

原告主张：116669.53元。

鉴定意见：因未提供相关签认证据资料，未发表鉴定意见。

⑥ 外窗延迟导致装修工作窝工

原告主张：1670400元。

鉴定意见：因未提供相关签认证据资料，未发表鉴定意见。

以上鉴定结果详见建设工程造价汇总表（表1）。

3.其他需要说明的问题

（1）一期工程住宅楼及地下工程、沿街商业依据《建筑安装工程施工合同补充协议》，执行2008年版河北省建设工程计价标准及相关文件；住宅楼单元首层大堂精装、小区道路、雨污管网工程及景观工程中除绿化种植、栽植以外的全部工程依据相应合同，执行2012年版河北省建设工程计价标准及相关文件；接待中心工程依据施工合同及协议条款，执行2008年版河北省建设工程计价标准及相关文件。

（2）住宅楼及地下工程、沿街商业依据合同约定水电费不调价；住宅楼首层大堂精装、小区道路、雨污管网工程及景观工程中除绿化种植、栽植以外的工程中水电费据实调整；接待中心工程水电费用据实调整。

（3）材料价格确定原则：已提供认质认价的材料，按认质认价计入；无认质认价的主要材料、设备，按本项目《建筑安装工程施工合同补充协议》的约定计入；既无认价，造价信息和定额也没有的，按市场询价计入。

建设工程造价汇总表　　　　　　　　　　　　　　表1

序号	类型	名称	鉴定造价（元）		备注
			材料认价下浮6%	材料认价不下浮	
1	确定性意见	一期工程8栋住宅楼及地下工程、沿街商业土建部分	326204854.83	333989543.94	含无争议部分签证
2		一期工程8栋住宅楼及地下工程、沿街商业安装部分	39783703.39	40847882.82	
3		1~2项小计	365988558.22	374837426.76	1+2
4		接待中心工程	1228013.64		
5		一期精装	453180.74		外网

序号	类型	名称		鉴定造价（元）		备注
				材料认价下浮 6%	材料认价不下浮	
6	确定性意见	景观硬化小品		6521293.69		
7		室外电力系统		1124908.99		外网
8		室外雨污管网系统		3750450.91		
9		4~8 项小计		11849834.33		4+5+6+7+8
10		总包服务费		273287.58		
11		确认土方造价		3362474	3577100	双方确认造价
12		回购土方		1161395.85		
13		一期总包 102 份签证中除审计已审核及土方外汇总		1097289.81	1167329.59	
14		燃气调压站		140956.76	149954	
15		11~14 项小计		5762116.42	6055779.44	11+12+13+14
16	选择性意见	女儿墙及花架墙内侧真石漆		630789.3		
17		5 号楼保温线条（200+60 厚）		1969328		
18		售楼处垫付电费（索赔三）		949280		
19		阳台旁空调板房间面向洞口墙面、独立设备平台墙面、空调板上表面	真石漆	1278581.3		
20			防水腻子	98487.75		
21		外墙装饰保温线条（1~4 号、6~8 号）	200（150）+60（50）厚	9557692		
22			260（200）厚	6743173.7		
23		土建工程签证有监理盖章		817772.66		
24	索赔二（2013 年停工损失）	外租赁材料、设备停工损失		4737186.61		
25		自有机械停工损失		50972.5		
26		现场管理费用		536531.6		
27		合计		5324690.71		

3.3 案件当事人对工程造价司法鉴定意见异议问题

鉴定意见书（征求意见稿）及正式稿出具后，双方当事人先后就有关问题提出异议，主要异议及回复情况如下：

1.部分工程量计算、定额套用及措施费计取问题

此类问题通过详细复核及当事人双方核对后已经解决。

2.认质认价材料价格下浮6%异议问题

由于证据资料存在矛盾，鉴定意见按认质认价材料总价下浮和不下浮分别出具，由法院结合庭审实际情况参照鉴定结论意见确定。

3.部分工程做法异议问题

根据女儿墙和花架墙以及阳台旁空调板房间面向洞口墙面、独立设备平台墙面、空调板墙面做法的证据资料，按照不同情况分别列入确定性意见和选择性意见。

4.外墙装饰保温线条计价方式异议问题

工程做法认价签认单的单价及范围有异议，按照现有证据资料区别不同单价分别计算列入选择性意见，由法院结合庭审实际情况参照鉴定结论意见确定。

4 出庭作证情况

根据法院通知的规定时间，我单位安排造价鉴定专业人员就案涉工程出庭作证，本次庭审采取互联网直播同步进行。

根据庭审安排，法庭调查与法庭辩论一并进行。庭审结合本案焦点问题进行，一是工程价款及利息的认定，应付款、已付款和利息应当从何时计算，利息标准如何认定；二是原告主张的停工损失等索赔项应否支持，数额如何认定；三是优先受偿权应否支持，其范围应当如何认定。

双方当事人先后进行答辩并对造价鉴定意见书发表意见，我单位就材料下浮、外墙保温线条、真石漆、索赔等争议难点问题逐项进行了答复。庭审质证结束，我单位与双方当事人出庭人员对庭审笔录签字确认。

5 心得体会

1.明确鉴定范围，避免超出范围或者缩小范围鉴定

严格按照法院委托书的范围进行鉴定，不得擅自扩大或缩小。本案当事人主张除委托书要求的工程造价及因停工造成的损失外，还包括欠款利息及优先受偿权等方面，不属于工程造价鉴定范畴，不能随意超范围发表鉴定意见。

2.区别项目类型，合理确定鉴定人员以及鉴定方案

根据案涉工程的类型、规模及鉴定要求，合理配备相应的专业技术人员，鉴定方案要结合案涉工程实际情况制定，并根据鉴定过程进展进行有针对性的调整。

3.依据鉴定规范，重点解决案涉工程焦点、难点问题

案涉工程焦点、难点问题的解决是法院审理及鉴定工作成败的关键。本案严格按照

《建设工程造价鉴定规范》GB/T 51262—2017规定的鉴定方法、步骤及省法院审理指南的要求进行，对于不同的争议难点问题分别出具确定性及选择性意见，确保庭审需要。实际工作中要注意以下方面：一是避免以鉴代审，如合同效力及证据的真实性问题属法院审理范畴，不能擅自确定；二是回避争议，鉴定深度不够，达不到委托人案件审理需要的鉴定深度。

4.结合焦点、难点，认真做好庭前沟通以及出庭质证

对于焦点、难点问题的书面鉴定意见，不是所有法院主办人员均能对有关专业问题的鉴定意见充分理解、掌握，应根据实际情况就不易理解的问题，主动与主办人员沟通，便于庭审；另外，出庭作证前应根据双方当事人的异议问题，认真核实准备，为庭审顺利进行及采信奠定基础。

5.严格鉴定时限，避免超期

根据案涉工程规模、难易程度，严格按照规范及法院审理规定的时限进行鉴定。资料收集、书面往来做好文字记录，并具有可追溯性。随着信息化管理工作的深入，法院已基本实现网上案件的审理及监督管理，通过造价业务管理系统与法院审理业务管理系统对接，随时掌握案件的进展情况，如果出现资料提交等原因停滞，及时书面与主办人员落实督促，避免因自身原因造成的超期，在规定时间内出具鉴定意见书。

某市某生态低碳示范园景观工程造价司法鉴定

郭艳军，席玉鹏，郭鑫，周佳琪，王晔（河北衡信滨海工程项目管理有限公司）

1 案情简介

原告方：总包方

被告方：发包方

某市某生态低碳示范园景观工程，位于某娱乐中心槐花湖生态湿地内，规划占地16万m²，建筑密度2.5%，绿地率77%。该项目以开发森林、大海和沙滩等旅游资源为主导，以打造旅游精品为重点，以提升旅游形象为主线，以加快旅游休闲度假为目的建设，推进规模化经营，提高景区整体品质和市场竞争力，创建生态观光、休闲、娱乐、度假的多元文化景区。该示范园工程采用园林式风格，建造楼台亭阁、林木石桥、木屋别墅、接待中心，充分利用太阳能建设供暖、热水、路灯等基础配套设施，节省电能及管线铺设费用，是一项低碳、环保、节能的现代生态示范工程。

该项目建设未履行招标投标程序、未签订施工合同、施工过程无监理单位监管。施工工期为2011年3月至2011年8月。该工程工期短，工作量大，场地情况复杂，原告在仅有被告委托设计的施工图的情况下就进场展开了施工，除原告向被告办理地上建筑物及室内设施移交时形成的交接单外无其他任何有被告方签字或盖章的资料。因工程结算多年未完成，当事人双方产生了经济纠纷。为查明案情，某市法院委托河北衡信滨海工程项目管理有限公司（以下简称河北衡信公司）对该案涉及的工程造价进行鉴定。面对复杂的案情，河北衡信公司采取了协助审理人梳理证据、现场勘验、市场询价、借助施工技术专家就施工技术难题形成专家意见、与当事人核对、无法查清问题引导当事人形成妥协意见等方式，最终出具了合法、有效的鉴定意见书，圆满完成了该项鉴定工作。

2 案情争议焦点和造价鉴定难点

2.1 争议焦点问题

（1）原告的施工是否为被告的委托行为。

因本工程双方未签订施工承包合同或协议，被告方未对项目的施工进行管理，施工图也非被告直接提供，支付的部分款项由被告下属的分公司支付等原因，被告认为其与原告没有委托关系，不应作为本案的被告，法院应驳回其诉讼请求。经法院审理，根据设计文件的委托方为被告、建设后地上建筑物及设施已由被告接收等证据，认定被告应为本案的诉讼主体。

（2）双方当事人未签订承包合同，无质量验收报告，质量标准无法确定，原告主张工程结算无法结算也不能结算。

本工程除地上木屋及室内设施被告方签署了接收手续外，其他施工范围内容均无被告接收手续，且工程未形成竣工验收手续，质量标准是否合格无法确定。经法院审理，认为工程竣工验收工作应由被告组织实施，鉴于被告未能提供原告原因造成工程不能竣工验收的证据、项目已完成的年限及证明原告所施工内容不合格的证据，判定鉴定中工程质量按合格考虑。

（3）因未签订施工合同，原告主张工程价款无双方认可的费用结算标准，造成无法依约确定施工内容的价款。

本工程未签订施工合同或协议，自然无费用结算方法和标准的约定，鉴定机构在鉴定伊始参照《最高人民法院关于审理建设工程施工合同纠纷案件适用法律问题的解释》（法释〔2004〕14号）第十六条"当事人对建设工程的计价标准或者计价方法有约定的，按照约定结算工程价款。因设计变更导致建设工程的工程量或者质量标准发生变化，当事人对该部分工程价款不能协商一致的，可以参照签订建设工程施工合同时当地建设行政主管部门发布的计价方法或者计价标准结算工程价款。"的规定，就计价标准、材料价格的确定、人工费调整等事项向双方当事人进行了告知，双方未能在约定的时限内提出否定的证据，法院认定按鉴定机构的告知函内容和精神进行鉴定。

（4）因被告未参与项目管理，也无监理单位参与项目管理，施工中的土方挖运、外弃、施工排降水等原告的主张和证据的采信。

本工程因被告未参与实际施工管理，也无监理单位参与项目管理，原告的施工方案也无相关审批手续，造成施工中的土方挖运、外弃、施工排降水等原告的主张和证据无法确认其真实性。审理方明确，在鉴定中鉴定机构按常规施工流程和做法考虑，特殊专业工程可以利用行业专家的意见进行鉴定计价。

（5）被告主张原告应为其开具工程款发票，原告主张应增加费用。

被告主张其向原告支付工程款前，原告应提供等额发票。原告提出2016年5月1日后国家实施了营改增税收政策，导致其无法开具营业税发票，同时由于被告不能提供本工程的开工许可证和签订施工合同，造成原告需要按税收政策规定的新项目标准开具增值税发票，税费大幅增加，被告索要发票应补足税费差额。审理方在咨询相关税务部门后，明确由被告配合原告按税务部门的要求提供说明和资料，原告负责协调税务部门开具相应工程款发票，鉴定中税费按施工当期标准执行。

2.2 造价鉴定难点

2.2.1 施工范围的确定

在举证资料的质证过程中，被告提出原告提交的设计文件范围的占地面积为285亩，实际施工面积大约为200亩，并提交了专业机构的测绘报告，需要以鉴定机构现场测量为准。在双方均提交相关证据的前提下，因涉及审理方不能利用审判理论直接判定证据采信的问题，审理方提出由鉴定机构提出专业的处理意见。河北衡信公司专业人员在对比相关证据后，发现双方举证材料中的范围边界定位不一致，且被告测绘报告显示的测绘范围不含施工图范围的水域和部分道路面积，于是河北衡信公司专门安排熟练操作CAD的工程技术人员对双方提交的电子图进行比对和计算，找出了二者的差异部位及差异数据，并形成书面意见由审理方转交异议人，最终双方达成了一致意见，不仅公正地、科学地平息了当事人的施工范围争议，还巧妙地解决了重复测绘引起的诉累。

2.2.2 计量和计价标准的确定

因该鉴定项目没有形成承包合同，造成计量依据、计价依据、材料调价、人工费调价、管理费和利润等的计取均没有约定标准，为了避免鉴定结果的争议，在鉴定伊始，鉴定机构依据相关法律、法规和文件规定，对本项目鉴定中将涉及的计量依据、计价依据、材料调价、人工费调价、管理费和利润的计取等内容形成相关事项告知函，并在告知函中明确不提出异议或不能提供应法定改变告知函内容的证据即视为其认可已告知的相应处理原则。在充分尊重当事人权利的基础上提前锁定了造价鉴定方向和思路，既避免了鉴定结果因反复修改浪费鉴定资源，也保证了鉴定时限。

2.2.3 排降水费用的计价

本工程无被告或监理单位审批的施工组织设计及专项方案，因鉴定范围涉及人工湖的大面积开挖和原河道的拓宽，且施工区域范围距海边距离为150～800m，原告也提供了施工期部分实景照片，鉴定机构初步判定应有排水费用发生，但涉及排水量和排水设施的配置等专业问题难以确定。为科学合理地确定此项费用，河北衡信公司聘请了3名在本项目附近区域有施工经验的专业技术人员，依据本项目的施工图、卫星云图等，形成了本项目湖体开挖和河道拓宽内容的排水措施和所需费用的专业论证意见，并依据论证结论对此项目工作涉及的费用进行了鉴定，从而保证了鉴定结论的科学性和合理性。

2.2.4 无完整的施工图内容的计价

本工程地上建筑涉及3栋木屋别墅和1栋接待中心，基础及一层为砖混结构，二层为木质结构，建筑内外表面均为优质防腐木装饰，因相应木屋部分鉴定资料不能够满足通过对构件精细算量确定造价的条件，按鉴定规范的要求，鉴定中采用了通过对原告提供的相应合同约定价格进行同期同类比对的方法，对其合同价格的可靠性进行了测试，对测试结果基本合理的按提供的合同中的相应价格计入。

3 鉴定情况

3.1 司法鉴定委托人提供鉴定材料内容

委托人提供的资料为司法鉴定委托书、庭审笔录、鉴定资料质证笔录；原告提交的鉴定资料有设计施工图纸、二层木屋分包合同、材料及设备的入库单及采购合同；被告提交的鉴定资料有本案涉项目第三方规划用地面积测绘技术报告。

3.2 工程造价司法鉴定情况

3.2.1 项目鉴定过程

2017年6月1日，河北衡信公司接受某市法院的委托，委托内容为对当事人双方建设工程施工合同纠纷一案中的案涉工程进行造价鉴定。

2017年6月5日，河北衡信公司向委托方提交了接受鉴定委托的复函并提交了《参加本项目鉴定的鉴定人员基本情况告知函》和《司法造价鉴定需提供资料告知函》。

2017年8月18日，参加委托方组织的鉴定机构和双方当事人参加的鉴定资料的庭审质证会，当事人提交了部分鉴定资料并履行了质证程序。

2017年9月6日，河北衡信公司根据被告的诉求，向委托方提交了关于提请委托方明确原告方提供的图纸是否应作为鉴定的依据以及是否应按被告要求"对已死亡的苗木另行记录，单独列示"的《请示函》。

2017年9月7日，委托方对河北衡信公司提交的《请示函》进行答复，答复中明确"因被告无法提供其持有的竣工图，在对鉴定资料质证过程中，双方均未提供本案所涉及工程存在洽商变更的相关证据，在被告方没有提交充分证据证明原告没有按照工程设计图纸进行施工的情况下，应当以原告方提交的工程设计图作为鉴定的依据。另明确鉴定机构按被告提出'对已死亡的苗木另行记录'单独列示,的要求，对相关数据在鉴定报告中予以列明"。

2017年11月10日，在熟悉案情和鉴定资料的前提下，河北衡信公司向委托方提交了《提请委托方组织现场勘察的申请函》。

2017年11月15日，委托方组织当事人双方及鉴定机构进行了现场勘察，并形成了相关资料。

2017年12月22日，委托方转交了被告提交的《某生态低碳示范园项目规划用地面积测绘技术报告》资料，按委托方的要求河北衡信公司鉴定人员又对双方提供的涉及实施范围的相关资料进行了比对分析。

2018年3月30日，河北衡信公司在数据计算和充分分析案情的基础上，向委托方出具了《关于某生态低碳示范园项目鉴定范围双方当事人提供资料的比对结果告知函》及《关于原告与被告建设工程施工合同纠纷一案中的案件涉及工程造价鉴定具体鉴定操作方法和相关事件的处理原则的告知函》。

2018年5月4日，委托方组织当事人双方和鉴定机构对《某生态低碳示范园项目规划用地面积测绘技术报告》进行了庭审质证，鉴定机构针对当事人提出的疑问当庭进行了解答。同时在庭审质证会上，鉴定机构项目负责人向委托方及当事人宣读了《关于本案鉴定具体操作方法和相关事件的处理原则的告知函》，原告对该函内容当庭陈述没有异议，被告当庭陈述对该函如有异议将在庭审后以书面形式回复。

2018年5月21日至2018年8月27日，鉴定机构在取得和确定鉴定所需的资料和证据的基础上对本鉴定项目进行了资料的分类、汇总和鉴定方案的制定、相应工程量的计算及计价工作，并出具了本案鉴定意见书（征求意见稿）。

2018年10月16日，鉴定机构收到当事人对本案鉴定意见书（征求意见稿）的异议，按规定河北衡信公司鉴定人员对异议资料进行了复核。

2018年11月21日，河北衡信公司经委托方同意并按相关规定，组织当事人在河北衡信公司具有全程录像功能的会议室对《工程造价鉴定意见书（征求意见稿）》的异议事项进行了核实、核对和解释，针对《工程造价鉴定意见书（征求意见稿）》的异议分别出具了核对笔录，当事人双方均签字确认。

2018年11月30日，鉴定机构出具了本案鉴定意见书。

3.2.2 鉴定依据

1. 行为依据

（1）司法鉴定委托书；

（2）《最高人民法院关于审理建设工程施工合同纠纷案件适用法律问题的解释》（法释〔2004〕14号）。

2. 法律法规及政策依据

（1）《中华人民共和国建筑法》；

（2）《中华人民共和国合同法》；

（3）《中华人民共和国民事诉讼法》；

（4）《最高人民法院关于民事诉讼证据的若干规定》（法释〔2019〕19号）；

（5）《建设工程造价鉴定规范》GB/T 51262—2017；

（6）国家、省、市的法律法规等其他有关文件、资料。

3. 计量与计价依据

（1）当事人提交的专业分包合同、有关材料、设备采购合同、入库单等；

（2）河北省建设工程计价标准《全国统一建筑工程基础定额河北省消耗量定额》HEBGYD-A-2008、《全国统一建筑装饰装修工程消耗量定额河北省消耗量定额》HEBGYD-B-2008、《全国统一安装工程预算定额河北省消耗量定额》HEBGYD-C-2008、《全国统一市政工程预算定额河北省消耗量定额》HEBGYD-D-2008、《河北省园林绿化工程消耗量定额》HEBGYD-E-2013及相关费率标准，有关配套调整文件及办法；

（3）工程设计施工图；

（4）《某生态低碳示范园工程实物移交记录》；

（5）施工期间《某市工程造价信息》、工程材料和设备价格单；

（6）鉴定机构现场勘察形成的勘验记录；

（7）委托方提供的其他鉴定资料。

3.2.3 鉴定方法

1.工程量计量方法

采用《全国统一建筑工程基础定额河北省消耗量定额》HEBGYD-A-2008、《全国统一建筑装饰装修工程消耗量定额河北省消耗量定额》HEBGYD-B-2008、《全国统一市政工程预算定额河北省消耗量定额》HEBGYD-D-2008、《全国统一安装工程预算定额河北省消耗量定额》HEBGYD-C-2008、《河北省园林绿化工程消耗量定额》HEBGYD-E-2013中的计量规则。工程量部分按原告提供的《某市某生态低碳示范园景观工程图纸》进行计量。家具、厨房设备、小五金挂件及卫生洁具等项目工程量依据《某生态低碳示范园工程实物移交记录》进行计量。

2.计价及取费方法

本鉴定计价定额分别采用《全国统一建筑工程基础定额河北省消耗量定额》HEBGYD-A-2008、《全国统一建筑装饰装修工程消耗量定额河北省消耗量定额》HEBGYD-B-2008、《全国统一市政工程预算定额河北省消耗量定额》HEBGYD-D-2008、《全国统一安装工程预算定额河北省消耗量定额》HEBGYD-C-2008及《河北省建筑、安装、市政、装饰装修工程费用标准》HEBGFB-1-2012；《河北省园林绿化工程消耗量定额》HEBGYD-E-2013进行计价。

3.材料价格的取定方法

材料价格按经双方认可的取定原则，优先执行施工期的《某市工程造价信息》中的材料价格，《某市工程造价信息》中没有的材料执行《河北工程建设造价信息》，以上信息中未涉及的材料价格通过市场询价确定。但对于因客观原因确实无法核实的材料、设备价格依据原告购货合同及相关明细中的价格标准确定。

4.专项工程鉴定方法

（1）木屋工程鉴定方法

木屋基础及一层砖混结构部分，工程量依据《某市某生态低碳示范园景观工程图纸》进行计算，相应木屋部分因鉴定资料不能够满足通过对构件精细算量进行确定造价的条件，按鉴定规范的要求，鉴定中采用了通过对原告提供的相应合同约定价格进行同期同类比对的方法对其合同价格的可靠性进行了测试，测试结果基本合理，鉴定中按原告方提供的木屋《项目制造安装工程合同书》中的相应价格计入。接待中心原始地貌为洼地，设计基础底标高在原始地貌以上无法满足基本施工需求，设计未标注处理方式，鉴定中按本地区常规、经济的处理方式对低于地基标高以下部分采用回填级砂考虑。

木屋别墅专业承包与总承包之间管理费及利润的差额，依据市场调查和鉴定机构掌握的标准按专业承包工程结算基数的7%计入。

（2）景观工程鉴定方法

以图纸为依据计算工程量，材料价格按经双方认可的取定原则，优先执行施工期的

《某市工程造价信息》中的材料价格，《某市工程造价信息》中没有的材料执行《河北工程建设造价信息》，以上信息中未涉及的材料价格通过市场询价确定。对于图纸不详、无法依图计量且鉴定机构也无法通过简单测量即能计算的黄石驳岸及挡墙工程量，按2017年8月18日质证时原告方提供的千层岩材料入库单统计数量计入。因涉及证据的效力，此项费用作为不确定意见，单独列示由委托方审理调查后决定取舍。

关于土方工程，原告意见：现场开挖出来的土，由于此地是海边滩涂，开挖出的土大多为淤泥不能够回填使用，原告方只能采购运输符合工程要求的土质并有照片佐证。被告意见：照片不能作为土质证明的依据，应以地质勘察报告作为证据。但双方当事人均未能提供地质勘察报告，因涉及证据的效力和举证不能的责任承担方原因，鉴定结果中分别按水系挖土全部用于场内回填和水系挖土全部外弃且场区回填土需全部外购两种情况分别进行了造价计算，并将上述两种情况引起的差额作为不确定项单独列示，由委托方审理调查后根据证据的效力和举证不能的责任承担方等情况决定取舍。

（3）安装工程鉴定方法

以图纸为依据计算工程量，材料价格优先执行施工期的《某市工程造价信息》中的材料价格，《某市工程造价信息》中没有的材料执行《河北工程建设造价信息》，以上信息中未涉及的材料价格通过市场询价确定。

（4）卫生洁具鉴定方法

在委托方组织的现场勘察时，因被告方原因仅能进入接待中心木屋进行现场勘察（其他1号、2号、3号别墅均未能进入），此项工程量依据经质证的《某生态低碳示范园工程实物移交记录》进行计量，本次鉴定中涉及洁具价格按原告方提供的相关合同及明细，并经复核后计入本次鉴定结果。其中五金挂件按原告方提供的采购单价依据行业标准另加15%的安装费和国家规定的3.41%的税费，计入本次鉴定结果。

（5）灯具鉴定方法

在委托方组织的现场勘察时，因被告方原因仅能进入接待中心木屋进行现场勘察（其他1号、2号、3号别墅均未能进入），通过对接待中心核对，图纸内容与实际基本相符，故此项工程量依据图纸进行计量。普通灯具材料价格优先执行施工期的《某市工程造价信息》中的材料价格，《某市工程造价信息》中没有的材料执行《河北工程建设造价信息》，以上信息中未涉及的材料价格通过市场询价确定。但灯具中涉及的西班牙进口云石灯因购买时间久远，鉴定机构无法对其进行市场询价，按原告方提供的相关资料中显示的价格计入，但因被告方对原告提供的证据不认可，此项费用作为不确定意见并单独列示，由委托方审理调查后根据证据的效力等确定。

（6）厨房设备鉴定方法

在委托方组织的现场勘察时，因被告方原因未能进入接待中心木屋进行现场勘察（其他1号、2号、3号别墅均未能进入），此项内容工程量依据《某生态低碳示范园工程实物移交记录》及供货合同进行计量，本次鉴定中涉及的厨房设备部分为定制设备且采购时间久远，鉴定机构无法对其进行准确市场询价，鉴定机构按原告方提供的供货合同计入，因被告对供货合同的证明效力有异议，此项费用作为不确定意见并单独列示，由委托方审理调查后根据证据的效力决定取舍或调整。

（7）水系工程排降水费用鉴定

原告在本鉴定意见书（征求意见稿）的回复中提出此费用应计入鉴定结果的异议事项中。鉴定中常规处理方式是应依据地质勘察报告的水文资料确定排降水费用，但本鉴定中双方当事人均未能提供本项目的地质勘察报告，但根据原告提供的施工照片和水系的挖深及所处位置并经专业技术人员论证后确定该工程水系施工时发生排降水属正常，故鉴定中按相应依据计算了排降水费用，但因证据的效力和举证不能的责任确定属委托方审理确定内容，此项费用作为不确定意见单独列示，由委托方审理调查后决定取舍。

（8）费用主张明细中未明确列示项目

原告提供的图纸中明确列示的内容且相关证据中未明确此部分内容非原告实施，但原告主张的金额中列示了不明确的子目。鉴定中经核实分析后确定应计价的子目，按提供的图纸工程内容和相应计价依据进行了鉴定，虽被告提出此费用原告未主张不应计入鉴定结果中，但鉴定机构认为其定义原告未主张费用的内容不符合实际和常理，固在鉴定结果中以单独列示的方式计入了此费用。

（9）海滩工程鉴定方法

原告主张的此项内容中海滩木栈道、室外电气及绿化部分在设计总图中均有列示，鉴定中均按相应计量计价原则，将其造价计入相应的景观、安装及绿化工程中。沙滩清理废沙及换好沙项目，由于图纸未明确此项内容的具体实施方法和要求，原告又未能提供相关资料证明确实已实施，现场勘察也无法确定具体实施内容，此项内容涉及的造价鉴定机构无法确定，根据鉴定规范的相关规定，将原告主张的此项费用作为争议项单独列示并计入原告主张但无相关证据支持、鉴定机构也无法提供参考标准的鉴定结果的内容中，由委托方审理调查后决定取舍。

3.2.4 鉴定意见

根据证据的完整程度和鉴定项目的实际情况，按国家鉴定规范的规定，本项目的鉴定结果分为鉴定机构能直接确定的鉴定结果、委托方明确要求单独列示内容的鉴定结果、涉及证据效力等原因鉴定机构出具不确定意见的鉴定结果、无鉴定资料支持鉴定机构依据专业知识提供审理参考结果、原告主张但无相关证据支持鉴定机构也无法提供参考标准结果五部分，具体内容和鉴定结果如下：

（1）本案涉项目鉴定机构能直接确定鉴定结果的工程造价为92538441元，具体内容如下：

①木屋工程造价为38933693元。

②景观工程造价为13686874元。

③绿化工程造价为26774959元。

④安装工程造价为11716341元。

⑤其他费用造价为1426574元，包括厨房地沟算子、普通灯具、卫生洁具（其中花洒、

混合水龙头及附件为甲供，主材已扣除）等项目。

（2）委托方明确要求单独列示鉴定结果内容，对如下事项鉴定机构按委托方要求单独列示，由审理方根据审理情况决定取舍。此项涉及鉴定造价805048元，具体如下：

①刺槐生态林下地被鉴定造价639744元。

②案涉工程造价鉴定现场核实死苗部分鉴定造价165304元。

（3）涉及证据效力等原因鉴定机构出具不确定意见的鉴定结果内容。证据的效力属审理方判定范围，因证据的采用委托方未明确的内容，鉴定机构按相关规定，仅对事项涉及的造价进行了鉴定，由审理方通过证据效力的判断等方式确定相应鉴定造价的取舍。此项涉及鉴定造价16835081元，具体如下：

①灯具中涉及的西班牙进口云石灯，因购买时间久远鉴定机构无法对其进行市场询价，鉴定中按原告方提供的购货合同等证据中显示的价格计入，因被告对购货合同的证明力不认可，此项费用作为不确定意见列示，涉及鉴定造价2090945元。

②厨房设备为定制设备且订购时间久远，鉴定机构无法对其进行准确市场询价，鉴定中按原告方提供的供货合同计入，因被告对购货合同的证明力不认可，此项费用作为不确定意见列示，涉及鉴定造价1414945元。

③千层岩做法因图纸不详，无法依图计算工程量且鉴定机构也无法通过简单测量得出相应工程量，鉴定中按2017年8月18日质证时原告提供的千层岩材料入库单统计数量计入，因被告对入库单的证明力不认可，此项费用作为不确定意见列示，涉及鉴定造价8396755元。

④土方工程中，原告意见：现场开挖出来的土由于此地是海边滩涂，开挖出的土大多为淤泥不能够回填使用，原告方只能采购运输符合工程要求的土质回填并有照片佐证，且地质勘察报告应由被告提供。被告意见：照片不能作为土质证明的依据，应以地质勘察报告作为证据。但鉴定中双方当事人均未能提供地质勘察报告。在鉴定中鉴定机构分别按水系挖土全部用于场内回填和水系挖出的土全部外运分别进行了鉴定，并将上述两种情况引起的差额作为不确定项单独列示，若审理方支持原告的意见和证据则应在直接确定鉴定结果的基础上增加鉴定造价3365574元。

⑤水系工程排降水费用，原告在本鉴定意见书（征求意见稿）的回复中提出此异议，鉴定中常规处理方式是依据地质勘察报告的水文资料确定排降水费用，但本鉴定中双方当事人均未能提供本项目的地质勘察报告，但根据原告提供的施工照片和水系的挖深及所处位置及专业技术人员论证意见，计算了排降水费用，但因证据的效力和举证不能的责任确定原因，此项费用作为不确定意见单独列示，由委托方审理调查后决定取舍，涉及鉴定造价1566862元。

（4）无鉴定资料支持鉴定机构依据专业知识提供审理参考结果内容。对原告主张的如下事项及涉及费用，因相关证据中无相关佐证材料，鉴定机构因无法确定相关事项是否发生或费用的合理性，但行业有相应参考标准或鉴定机构通过专业判断能提供参考价格的内容，按鉴定规范的相关规定和利于案件的审理，将其主张的费用金额和参考价格标准单独列示，供审理方参考使用。以下项目合计鉴定造价8070370元，具体内容如下：

①家具价格原告方未能提供相关合同及票据，且家具均为成品定制家具且订购时间较长，鉴定机构无法对其进行准确市场询价，鉴定中鉴定机构仅依据自身经验，在考虑其材质、服务人群、工艺水平等的因素下对原告主张价格履行了相应的复核，并对相同名称、规格家具，原告主张单价不一致的按较低价格计入，此项费用作为参考意见单独列示，供审理方参考使用，涉及鉴定造价6916410元。

②家具采购、摆放、管理费及利润费，按家具价格采购总价的7%考虑，因家具购买金额需通过审理确定，故本项费用作为不确定意见单独列示，由委托方审理调查后根据审理情况决定取舍或调整，涉及鉴定造价484149元。

③保险费按行业标准为工程费总价的3‰～6‰，本工程参考保险费用金额33万～66万元。原告主张保险费用449811元，请审理方审理确认此项是否发生来决定费用的取舍。

④建设项目场地准备及建设单位临时设施费，一般可按建筑工程费、安装工程费用之和的0.5%～1.0%计列，本工程参考临时设施费用18万～36万元。原告主张临时供电设费用30000元、供水与排污设施费用50000元、临时道路费用80000元、临时工程用地费用50000元、电信设施的提供、维修与拆除费用10000元，共计金额220000元，请审理方酌情确定此项原告主张金额的标准，决定费用的取值。

⑤原告在本案鉴定意见书（征求意见稿）的异议中提出，鉴定中未考虑国家税制变化引起的税费增加事项。因鉴定机构无法确定应开具发票的基数和相应责任承担主体，本鉴定意见中无法考虑相应费用。2016年5月1日建筑业实施营业税改征增值税政策，政策规定2016年5月1日以前已开工的工程可依据施工合同向税务机关办理登记并按3%的税率开具增值税普通发票，但由于本工程双方没有签订施工合同，造成本工程无法办理登记和开具3%税率的增值税普通发票。按现行政策，开具增值税专用发票的税率为不含税造价的10%，同时附加税费费率以应纳税额为计算基数，费率为13.36%。涉及税费增加金额，鉴定机构因无相关作为计算基数的资料和相应责任承担主体的确定，暂无法计算，如审理方认为有必要由本机构计算，可待相应基数和相应责任承担主体确定后转本机构，本机构可给予补充。

（5）原告主张但无相关证据支持鉴定机构也无法提供参考标准结果。

①沙滩清理废沙及换好沙费，原告主张造价为274025元。

②人工增加费，原告主张造价为5000000元。

③现场误工费，原告主张造价为540000元。

3.3 案件当事人对工程造价司法鉴定意见异议问题

鉴定意见书（征求意见稿）出具后，双方当事人先后就有关问题提出异议，主要异议问题如下：

1.原告方异议及回复

（1）家具及设备的鉴定结果中应计入相应管理费、利润和摆放费用。

回复：鉴定意见正式稿中已补充。

（2）本项目地质为盐碱地，苗木死亡率必然增加，鉴定中应考虑补苗增加费用。

回复：无依据资料，无法计算和考虑。

（3）项目工期短且涉及多工种穿插，人工费工资标准应较行业规定标准提高。

回复：无依据资料，无法计算和考虑。

（4）沙滩整治未计入鉴定费用。

回复：无依据资料，无法计算和考虑。

（5）鉴定中未考虑国家的税制变化事项。

回复：现有证据鉴定机构无法计算，在资料齐全后可根据委托方的需要补充计算此费用。

2.被告方异议及回复

（1）鉴定不应以原告提供的设计施工图为依据。

回复：鉴定工作是按委托方的要求进行的。

（2）对于依据原告提供的发票、合同等价格计入鉴定结果中确定意见的因证据被告不认可，应计入争议项范围，由审理方确定相应金额。

回复：已按被告要求进行调整。

（3）所有银杏树为嫁接苗，但鉴定结果明细中未表述。

回复：鉴定结果中系按嫁接苗考虑的，但名称表述有误，正式报告中已更正。

4 出庭作证情况

根据法院通知规定时间，河北衡信公司安排参加本案鉴定的专业人员履行了出庭作证。因本案在征求意见稿出具后履行了与双方当事人核对的程序，当事人异议已基本解决，庭审中仅被告提出了进口云石灯价格的确定依据问题，鉴定机构给予了答复。庭审质证结束，河北衡信公司参加出庭人员对庭审质证笔录进行了签字确认。

5 心得体会

（1）鉴定机构应规范执业，避免出现以鉴代审。

鉴定机构在鉴定工作中应注意鉴定机构仅应对属其职权范围的专业问题内容进行鉴定，并应视证据的质证意见给出确定性、选择性和参考性鉴定意见。对于涉及证据的效力、合同条款的理解存在争议的问题应申请审理方给出明确的处理意见，并按委托方意见出具相应鉴定结果，如审理方未给出明确的处理意见时鉴定机构应出具选择性意见交由审理方决定取舍，否则将构成"以鉴代审"的法律后果。

（2）考虑鉴定项目的实际，合理安排鉴定人员。

根据案涉工程的专业及鉴定委托书要求，合理配备具有与其承担的鉴定工作相适应的鉴定人员，并应在分派任务前由所有参与项目鉴定的人员自行履行回避义务，避免出现因违反鉴定的强制规定而造成鉴定结果无效的后果。

（3）工程造价鉴定中涉及的技术性强或非通用技术问题应聘请相关领域专家给出专业意见，并依据专家意见进行造价鉴定。

工程造价鉴定涉及的专业面广，可能同一事项由于当事人的站位不同往往形成不能达成一致甚至相对立的主张，由于专业和经验的限制，鉴定人和审理人可能均不能做出准确的判断或给出正确的意见，将直接影响鉴定结果的精确。因此，建议涉及影响鉴定结果的专业性强的技术问题应聘请行业技术专家给出专业的、准确的方案或意见，并据此进行造价鉴定，避免出现因技术性缺陷引起鉴定结果严重失真，失去鉴定意见的权威性。

（4）重视鉴定意见书（征求意见稿）的作用，认真分析当事人和委托方的回复意见，将鉴定意见做实做准。

出具鉴定意见书（征求意见稿）的初衷就是让当事人和审理人提前了解鉴定机构在鉴定工作中的不足和缺陷，通过提出异议的方式使鉴定机构在鉴定过程中消除并解决鉴定意见的瑕疵和不足，从而避免鉴定意见的不足和错误影响案件的审理和偏差。因此在收到各方异议后应认真分析异议事项和内容，涉及工程量计算异议的，可请示委托方批准后安排与异议人核对，避免在庭审质证中出现工程量计量争议和对抗，造成庭审工作被迫中断。涉及合同理解和证据效力的异议内容，应采用出具选择性鉴定意见的方式列示鉴定结果，避免"以鉴代审"违规事件的发生。

（5）接到委托方的出庭接受质证通知后应充分准备，正确应对当事人的质询。

法律规定鉴定意见书只有经过当事人质证后才能产生法律效力，同时规定鉴定意见书不能通过当事人质证鉴定意见不能被采信，因此接到委托方的出庭通知后，应安排参加本项目鉴定的精通业务并口齿伶俐的专业人员，在熟悉鉴定全部案情的基础上针对当事人的异议做好核实和准备，以便应对当事人的质询。同时应在出庭时携带案件的卷宗和出庭人的证书证件，为出庭做好全面的准备。出庭时应衣冠整洁，注意礼节礼貌，回答当事人及审理方提问时应语速放慢至满足书记员记录完整，对于当事人提出的问题要抓住重点，简明扼要、客观准确地回答各方的提问，如遇当事人当庭提出难以当庭准确回答的问题可采用向审理人申请庭后文字答复的形式解决，但绝不能不负责任地胡乱回答。

（6）严格遵守鉴定时限，避免鉴定超期。

根据案涉工程规模、难易程度编制切实可行的鉴定方案，严格按照规范及委托书要求，在时限内完成鉴定任务。每个鉴定项目均应建立鉴定过程时序表，从接受鉴定委托到出具鉴定成果文件的每一个环节均要有翔实的记录。如因特殊原因鉴定工作不能在规定时限内完成时，应在到期前及时向委托方申请延长鉴定期限。

（7）鉴定机构应培养精通造价专业知识、掌握施工技术、熟悉法律常识的复合型鉴定人员。

造价鉴定业务不同于常规的工程结算审核业务，需要鉴定人员合法、科学、规范地解决造价争议，出具合法、准确的鉴定成果文件。造价鉴定面对的都是不可调和的矛盾，服务对象也不仅是当事人，更多的是审判人和律师这些法律专业人士。要实现和法律人士的无障碍沟通就是要说法律话、用法条去说话，因此也必然要求鉴定人员熟悉法律常识和法律规定，才能满足鉴定的需求和沟通的需求。完美地解决造价争议，要求鉴定人员从源头上掌握产生矛盾的根源和解决的方法，造价的形成来源于施工过程，因此掌握必要的施工技术和常识是必需的。对于计价工作也不是鉴定人员仅会计算工程量和定额计价就可以满足的，而是要求其掌握计价的原理和价格的形成环节及方法，才能有理有据地解决造价争议。因此，要做好一项造价鉴定业务并能顺利通过庭审质证，需要鉴定人员具有丰富的专业知识、专业经验、法律常识和应变能力，需要鉴定人员经过不断地学习、培训和总结提升。鉴定机构要胜任鉴定工作就必然要培养一批具有造价鉴定综合能力的复合型人才。

某污水处理厂 EPC 项目工程造价司法鉴定

陈慧敏，刘敏，尹荣利，路宽，郭梦云（河北秋实工程咨询有限公司）

1 案情简介

1.1 本案委托人、当事人

委托人：项目所在地人民法院。

当事人：原告当事人为工程总承包联合体牵头人施工方，被告当事人为发包方。

1.2 起诉主张

当事人双方因某污水处理厂EPC项目合同及补充协议结算争议，原告主张按照合同约定结算工程总价款10522万元，被告主张按总价合同6335.96万元加变更结算，双方发生纠纷，被告迟迟不予支付工程款，原告申请工程造价司法鉴定，由被告支付工程余款及欠付工程款利息5112万元。

1.3 招标投标及工程合同情况

1.招标投标情况

该项目采用勘察设计—采购—施工EPC总承包模式，招标人为被告当事人，经项目所在地财政投资评审中心对可行性研究报告中的投资估算进行评审，以评审金额6354.22万元（其中工程费、设备费6277.22万元）作为招标控制价。

2016年9月，本项目采用公开招标方式确定原告当事人（工程总承包联合体牵头人施工方）、工程总承包联合体成员方设计院为中标人。

2.工程合同情况

2016年10月原告当事人、工程总承包联合体成员方设计院与被告当事人签订建设工程施工合同及补充协议，合同价6335.96万元（其中工程费、设备费6259.16万元）。

3.工期

合同工期为2016年10月15日至2017年10月15日，补充协议变更竣工时间为2017年5月31日，实际竣工日期为2018年9月23日。

4.招标文件、工程合同约定的工程承包范围

（1）招标文件、工程合同协议书部分明确的工程承包范围为勘察设计—采购—施工EPC总承包，包括勘察、初步设计、施工图设计、施工、设备的采购和供货、安装调试、

试运行、培训等，直至竣工验收交付使用。项目鸟瞰图如图1所示。

①污水处理厂的设计，要求达到国家现行规范和标准的规定；

②全部建筑物、构筑物及附属工程的施工；

③全部工艺处理设备及电气设备、自控仪表、化验仪器及泵、阀、管件、电缆及其他所需的配件、材料的采购、安装与调试、技术资料、专用工具、备品备件；

④工艺调试、环保验收、人员技术培训；

⑤在执行合同过程中如发现有任何漏项和短缺，确定是承包范围中应有的，是满足系统的性能保证值要求所必需的，均由中标人负责提供，按招标人要求时间将所需项目补充完整。

图1 项目鸟瞰图

（2）招标文件"发包人要求"，仅对设计的依据与相关资料、设计范围、设计原则、主要设计标准和规范进行描述，没有对招标工程的具体范围、技术规格、参数等提出详细要求。

1.4 设计施工图纸及实际完成工程情况

2016年10月，被告当事人同审图单位签订《施工图设计文件审查委托协议书》，出具施工图设计文件审查报告书，原告当事人按照设计图纸施工。

经鉴定人员现场核实、对比分析招标文件、投标文件及报价清单、工程合同、设计施工图纸等相关资料，投标文件按照招标文件"分项工程及主要设备清单"进行报价，清单列示的工程范围、设备范围、内容、规格和技术参数同已提交的设计施工图纸、设备采购合同、现场勘验实际施工内容存在较大差异，招标范围内的技术参数变化了80%以上。实际施工内容同设计图纸基本一致。另在招标范围外增加了回用水泵房、进水监测站房、出水监测站房、围墙、道路、配电箱、配电柜等内容，招标、施工内容变化情况对比分析详见表1、表2。

建筑物、构筑物招标、施工内容变化情况对比分析表　　　　　表1

序号	招标文件报价清单			已提供的鉴定施工图纸				差异
	名称	单位	数量	名称	单位	建筑物面积（m²）	构筑物有效容积计算（m³）	
1	粗格栅井	m³	259.42	中格栅井	m³	—	949.24	体积增大
2	提升泵房	m³	80	提升泵房	m²	103.96	—	
3	细格栅井	m³	64	细格栅、旋流沉砂池	m³	—	234.06	
4	旋流沉砂池	m³	33					
5	曝气生物滤池	m³	8811	曝气生物滤池	m³	—	13795.69	
6	絮凝沉淀池	m³	3555	絮凝沉淀池	m³	—	4312.52	
7	活性砂滤池	m³	2160	活性砂滤池	m³	—	2070.52	
8	紫外消毒池	m³	302	消毒池	m³	—	87.46	体积减小
9	中间水池	m³	240	中间水池	m³	—	308.81	体积增大
10	清水池	m³	240	清水池	m³	—	—	取消
11	污泥池	m³	320	污泥池	m³	—	352	体积增大
12	综合楼	m²	969	综合楼	m²	1141.8	—	面积增大
13	脱水机房	m²	324	脱水机房	m²	494.55	—	
14	配电房	m²	136	配电室	m²	162.61	—	
15	风机房	m²	186.78	风机房	m²	162.61	—	面积减小
16	门卫室	m²	51	门卫一	m²	22	—	面积减小
				门卫二	m²	15.4	—	
17	臭氧发生间	m²	165.36	加药间及臭氧设备间	m²	416.25	—	面积增大
18	加药间	m²	136.32					
19	集水池	m³	240	—		—	—	取消
20	AAO生化池	m³	21357	AAO生化池	m³	—	20486.70	体积减小
21	二沉池	m³	6154.4	二沉池	m³	—	2930	
				沉砂池泵房	m²	90.4	—	取消
22	臭氧接触池	m³	660.96	臭氧接触池	m³	—	1495.2	体积增大
23	水解酸化池	m³	4056	水解酸化池	m³	—	3821.58	
24	调节池	m³	11934	—		—	—	取消
25	外线	项	1	外线	项	—	—	投标文件无范围明细，无法对比

序号	招标文件报价清单			已提供的鉴定施工图纸				差异
	名称	单位	数量	名称	单位	建筑物面积（m²）	构筑物有效容积计算（m³）	
26	—	—	—	贮水池	m³	—	13266.75	增加
27	—	—	—	回用水泵房	m²	143.7	—	
28	—	—	—	进水检测泵房	m²	49.56	—	
29	—	—	—	出水检测泵房	m²	49.56	—	

电气设备招标、施工内容变化情况对比分析表　　　　表 2

序号	招标文件电气方案主要电气设备材料表				采购合同供货明细				差异
	名称	型号、规格	单位	数量	名称	规格、型号	单位	数量	
1	高压配电柜	KYN28A–12	台	11	总电源进线柜	AH1/AH11	台	2	参数变动
					电源进线断路器柜	AH2/AN10	台	2	
					计量柜	AH3/AN9	台	2	
					变压器馈电柜	AN4/AN7	台	2	
					电压互感器及避雷器柜	AH8	台	1	
					分断隔离柜	AH5	台	1	
					分断断路器柜	AH6	台	1	
2	变压器	SCB11F–800/10–800kVA	台	2	变压器	SCB13–1600KVA	台	2	
3	低压配电柜	GCK	台	10	进/出线柜	1AA1、4–6、2AA1、4–7	台	9	参数、数量变动同
4	直流屏	—	套	1	直流屏	100AH	台	1	投标文件无参数
5	微机控制系统	—	套	1	—	—	—	—	取消

续表

招标文件电气方案主要电气设备材料表					采购合同供货明细				差异
序号	名称	型号、规格	单位	数量	名称	规格、型号	单位	数量	
6	无功补偿柜	250kVAR	台	2	补偿柜	1AA2、3、2AA2、3	台	4	
7	低压动力配电柜	XL-52	台	20	配电柜	15AP1、3AP1、16AP1、8AP1、19AP1、3AP1、AP1、1AP1、4AP1、7AP1、9AP1	台	11	参数、数量变动
8	低压动力配电箱	PZ30CR	台	6	配电箱	1AC3、2AC1（室外IP65）、7AC1、8AC1（室外IP65）、15AC1、16AC1（室外IP65）	台	10	
9	软启动器	37kW	台	8	—	—	—	—	
10	软启动器	75kW	台	6	—	—	—	—	取消
11	软启动器	110kW	台	3	—	—	—	—	
12	双电源切换箱	GFQ3	台	2	配电箱	13AC1、AL1、ATZK	台	3	参数、数量变动
13	—	—	—	—	配电箱	LB307、AL1、2AL、APC、APKS、1ALE、1AK/2AK	台	11	
14	—	—	—	—	曝气池电动阀配电箱	—	台	6	
15	—	—	—	—	回用水泵房电动阀配电箱	—	台	1	增加
16	—	—	—	—	风机房电动阀配电箱	—	台	1	
17	—	—	—	—	XL21柜	15AP2	台	1	
18	—	—	—	—	XL21柜	AT1	台	1	
19	—	—	—	—	后台	—	套	1	

如此重大调整，中标人联合体成员均未向发包人书面报告，也未取得发包人的书面认可文件。

2 案件争议焦点和造价鉴定难点

2.1 争议焦点

该项目在可行性研究报告批复后，依据经评审的投资估算额作为招标控制价，建筑物、构筑物、附属设施、设备清单数量、规格、技术参数等依据可行性研究报告投资估算数据作为招标项目清单进行投标报价。招标前无地质勘察资料，设计风险难以控制，发包人要求深度不足，项目实施中设计院对工程范围、工艺流程、规格、技术参数等进行了深化、补充完善，与招标文件技术要求、参数对比发生重大变化，合同外增加项目，招标文件、合同条款明确约定为可调价格方式。争议的焦点：

（1）结算原则，是限额设计下的总价合同加变更和风险事项调整，还是可调价格合同。

（2）鉴定工程范围是招标项目清单下的深化设计、优化完善和变更追加，还是按照设计施工图纸、实际完成工程情况结算。

2.2 造价鉴定难点

（1）招标文件合同格式、正式签署的总承包合同，均没有结合 EPC 总承包项目特点采用《建设项目工程总承包合同示范文本》GF-2011-0216，而是采用传统的《建设工程施工合同（示范文本）》GF-2013-0201，对承包范围、设计和施工工期划分、合同价格形式、风险范围及责任划分、调整因素、调整方法等约定不清甚至前后矛盾，鉴定证据的运用是难点之一。

（2）工程竣工后，项目所在地审计局委托造价咨询单位按照总价合同加变更原则对该项目的结算进行审计，造价咨询单位单方面出具了审计报告，但原告不认可，争议事项的处理原则与审计报告不同对工程造价的影响是政府投资项目鉴定的难点之二。

3 鉴定情况

3.1 委托人提供鉴定材料

（1）鉴定委托书。

（2）民事起诉状、鉴定申请书。

（3）可行性研究报告及批复、技术方案、估算审核报告书（招标控制价）。

（4）招标文件、投标文件、联合体协议书、中标通知书。

（5）建设工程施工合同及补充协议。

（6）施工图纸。

（7）施工图设计文件审查委托协议书、施工图设计文件审查报告书、施工图设计文件审查合格书。

（8）设备采购合同，相关费用资料。

（9）本工程有关的变更洽商签证资料，进度款支付审核意见书。

（10）施工期间各阶段的展示图册。

（11）竣工验收报告。

（12）审计局委托的造价咨询单位出具的该项目的结算审核报告。

3.2　工程造价司法鉴定情况

3.2.1　鉴定项目风险分析

经对鉴定资料进行分析，该项目存在的风险主要为：

（1）鉴定资料欠缺：部分鉴定资料缺少需进行补充完善，鉴定范围认定需庭审质证确定；鉴定过程中出现的争议事项和不明确事项需进行质询，形成询问笔录；图纸工程做法相互矛盾及不明确事项需形成现场勘验记录。鉴定人员以质证记录、询问笔录、勘验记录作为鉴定依据，处理争议问题。

（2）鉴定原则：地方审计局委托的造价咨询单位对该项目结算审核原则采用总价合同，未执行招标文件、总承包合同明确约定的"可调价格方式"计价原则，鉴定原则如何确定成为重大风险事项。

3.2.2　鉴定过程

（1）2019年8月19日收到本案鉴定委托书，鉴定机构于2019年8月20日向委托人发出《关于鉴定委托的复函》，愿意接受委托，并对鉴定费及计算依据进行测算报价。

（2）2019年8月22日，委托人组织当事人向鉴定机构提交鉴定材料，并签署《鉴定材料（证据）目录》《送鉴证据材料交接单》。

（3）2019年8月23日，委托人组织鉴定机构、当事人双方，就本案已提交的鉴定材料原件、合同外增加项目是否属于本次鉴定范围、需进一步补充提交材料等事项进行核实、询问，当事人双方认可合同外增加项目属于本次鉴定范围，单独出具鉴定意见，并签署询问笔录。

（4）受补充鉴定证据等因素影响，鉴定机构向委托人提交鉴定延期申请，鉴定期限顺延。

（5）鉴定机构对提交的材料进行分析、风险评估，2019年9月19日、2020年4月1日，鉴定机构分别向委托人递交《提请委托人补充证据的函》，委托人通知当事人双方补充提交本工程贮水池二次结构、曝气生物滤池二次结构图纸等资料，招标最高限价确定依据，投标文件及报价清单明细等资料。

2019年10月12日，原告当事人补充提交了本工程贮水池二次结构、曝气生物滤池二次结构图纸等资料，2020年4月3日补充提交了投标文件及报价清单明细。

经鉴定人对比分析后，投标文件按照招标文件"分项工程及主要设备清单"进行报价，清单列示的工程范围、设备范围、规格和技术参数，与已提交的设计施工图纸、设备采购合同、现场勘验实际施工内容存在较大差异。2020年5月14日，委托人组织鉴定机构、当事人双方，就本案造价鉴定依据的设计图纸、投标文件和工程范围界定等事项进行质证，被告当事人补充提供了其同审图机构签订的《施工图设计文件审查委托协议书》、施工图设计文件审查报告书、可行性研究报告及审批文件、估算审核报告（招标最高限价）、进度款支付审核意见等资料。经质证，双方当事人认可以审定的施工图纸、结合现场实际施工内容确定鉴定范围。

（6）2019年11月20日、11月22日及12月20日，在委托人组织下分别与当事人双方对案涉工程进行现场勘验，并共同签署了《现场勘验记录》。

（7）本着合法、独立、客观、公正的原则，鉴定机构在出具鉴定意见前出具征求意见稿，充分听取当事人双方的陈述意见。2020年6月23日，在委托人组织下，鉴定机构会同当事人双方对征求意见稿中的异议问题进行沟通、现场补充勘验，共同签署了《现场勘验记录》。

在此基础上，通过对已提交的鉴定材料的认真分析、研究、复核和计算，依据国家相关法律法规、标准规范和相关行业规范性文件的规定，以及工程合同、招标投标文件、定额及配套取费调价文件，并结合本工程的实际情况，鉴定机构出具了案涉工程的工程造价鉴定意见书。

3.2.3 鉴定依据

1. 行为依据

鉴定委托书。

2. 政策依据

（1）《中华人民共和国建筑法》。

（2）《中华人民共和国招标投标法》《中华人民共和国招标投标法实施条例》。

（3）《中华人民共和国合同法》。

（4）《中华人民共和国民事诉讼法》。

（5）《最高人民法院关于审理建设工程施工合同纠纷案件适用法律问题的解释》（法释〔2004〕14号）。

（6）《高人民法院关于审理建设工程施工合同纠纷案件适用法律问题的解释(二)》（法释〔2018〕20号）。

（7）《最高人民法院关于民事诉讼证据的若干规定》（法释〔2019〕19号）。

（8）《司法鉴定程序通则》（司法部令第132号）。

（9）《司法部关于印发司法鉴定文书格式的通知》（司发通〔2016〕112号）。

（10）《建设工程造价鉴定规范》GB/T 51262—2017。

（11）《建筑工程施工发包与承包计价管理办法》（住房和城乡建设部令第16号）。

（12）《建设工程造价咨询规范》GB/T 51095—2015、《建设工程造价咨询成果文件质量标准》CECA/GC7—2012。

（13）其他相关法律法规。

3. 计量、计价、分析依据

（1）鉴定委托书、申请书、民事起诉状。

（2）质证笔录、询问笔录、现场勘验记录。

（3）工程总承包合同、补充协议、招标文件、投标文件。

（4）施工图纸、施工现场各阶段展示图册。

（5）工程变更通知单、图纸会审记录、工程洽商记录、工程签证单等。

（6）设备采购合同、材料认价单。

（7）《全国统一建筑工程基础定额河北省消耗量定额》HEBGYD-A-2012、《全国统一建筑装饰装修工程消耗量定额河北省消耗量定额》HEBGYD-B-2012、《全国统一安装工程预算定额河北省消耗量定额》HEBGYD-C-2012、《全国统一市政工程预算定额河北省消耗量定额》HEBGYD-D-2012、《河北省建筑、安装、市政、装饰装修工程费用标准》HEBGFB-1-2012、《河北省园林绿化工程消耗量定额》HEBGYD-E-2013及其配套的税金、规费、安全生产文明施工费、人工费等调整文件，工程所在地省市建设工程造价管理站发布的《建设工程造价信息》、市场价格资料。

（8）其他相关资料。

3.2.4 鉴定范围

根据鉴定委托书、工程总承包合同及补充协议、当事人质证认可的鉴定材料、现场勘验记录、询问笔录，鉴定范围及主要内容如下：

（1）工程合同承包范围内项目：全部建筑物、构筑物及附属工程，全部工艺处理设备及电气设备、自控仪表、化验仪器及泵、阀、管件、电缆及其他所需的配件、材料的采购、安装与调试、技术资料、专用工具、备品备件。

（2）招标文件、工程合同承包范围外设计图纸增加：回用水泵房、进水监测站房、出水监测站房、围墙、道路、配电箱、配电柜等。

（3）双方认可的变更签证增加项目：厂区整体土方采购及回填，厂区内树木移除，厂区外高压线路修复，厂区外自来水管线施工，现场使用柴油发电机供应施工用电费用，新增锅炉房、除臭设备基础、液氧罐基础、北围墙、电缆沟、路面及墙体拆除封堵工程。

（4）合同外增加项目：塘疃砖砌围墙，污泥菌种培养费。

（5）不属于本次鉴定范围：原告申请的欠付工程款利息，当事人双方均未提交已支付工程款数额、欠付工程款数额及应支付的时间节点等证据资料，委托人委托范围仅对工程费、设备费进行鉴定。厂区外高压电力工程设计费，当事人双方质证认可自行商议处理，不列入本项目合同争议鉴定范围。

3.2.5 鉴定方法

1.招标文件、工程总承包合同约定的工程价款鉴定原则

工程总承包合同专用条款第9.7.1条合同价款采用"可调价格"的方式。

招标文件第二章投标人须知前附表第3.2.5条"投标报价的其他要求"：工程费由投标人在低于最高限价的前提下自主报价，作为设计概算工程费用的限额。结算工程费以项目所在省现行定额、取费文件、施工同期造价信息及相关的费用文件为依据进行结算。即工程竣工后按照施工图纸、变更、签证、洽商及项目所在省计价依据进行结算。

工程总承包合同专用条款第9.10条第（3）项合同价款的调整方法，以及招标文件合同专用条款第16条价格调整：①设计费总价包干，合同执行过程中不予调整。②结算工程费以河北省现行定额、取费文件、施工同期造价信息及相关的费用文件为依据进行结算。A.图纸、工程变更、洽商、签证；B.合同条件、技术规范；C.设备采购发票；D.经评审的工程费（含专业分包工程合同价款）+经评审的设备费×（1+10%采办服务费）+经评审的变更、签证、洽商等费用=工程结算价格。

2.鉴定技术路线确定

本项目为勘察设计—采购—施工工程总承包，当事人双方均未能提供初步设计文件、设计概算资料。当事人双方争议的焦点是限额设计下的总价合同加变更和风险事项调整，还是可调价格合同。鉴定人员通过对鉴定材料的分析以及对现状实物勘察、核实、清点、测量、专业分析判断等，将工程合同、招标文件约定的计价原则情况提交法庭，由庭审确定，鉴定机构执行。

庭审明确鉴定原则执行合同约定，工程费以项目所在地现行定额、取费文件、施工同期造价信息及相关的费用文件为依据进行结算。

（1）结算工程费：以现行定额、取费文件、施工同期造价信息及相关的费用文件为依据进行结算。A.图纸、工程变更、洽商、签证；B.合同条件、技术规范；C.设备采购发票；D.经评审的工程费（含专业分包工程合同价款）+经评审的设备费×（1+10%采办服务费）+经评审的变更、签证、洽商等费用=工程结算价格。

（2）工程量：按照经发包人委托审图机构审图认可的施工图纸、图纸会审记录、设计变更、工程洽商记录、工程签证单、现场勘验记录等资料，按照《全国统一建筑工程基础定额河北省消耗量定额》HEBGYD-A-2012、《全国统一建筑装饰装修工程消耗量定额河北省消耗量定额》HEBGYD-B-2012、《全国统一安装工程预算定额河北省消耗量定额》HEBGYD-C-2012、《全国统一市政工程预算定额河北省消耗量定额》HEBGYD-D-2012、《河北省园林绿化工程消耗量定额》HEBGYD-E-2013等进行计量。

（3）管理费、利润、规费：取费标准执行《河北省建筑、安装、市政、装饰装修工程费用标准》HEBGFB-1-2012。

（4）材料及设备价格：有认证价的按照认证价调整，无认证价的参照施工期间工程所在地建设工程造价管理站发布的《建设工程造价信息》及市场价调整。

（5）人工费：执行2015年9月10日河北省工程建设造价管理总站《关于某市调整建筑市场综合用工指导价的批复》、2018年11月14日河北省工程建设造价管理总站《关于某市审核2018年上半年综合用工指导价的回复》。

（6）安全生产文明施工费：执行河北省住房和城乡建设厅《关于调整安全生产文明施工费的通知》（冀建市〔2015〕11号）、《河北省住房和城乡建设厅关于调整安全生产文明施工费费率的通知》（冀建工〔2017〕78号）。

（7）税金：执行河北省住房和城乡建设厅《关于印发〈建筑业营改增河北省建筑工程计价依据调整办法〉的通知》（冀建市〔2016〕10号）、河北省住房和城乡建设厅《关于调整〈建筑业营改增河北省建筑工程计价依据调整办法〉的通知》（冀建工〔2018〕18号）。

（8）大型机械设备进出场及安拆费：因工期拖延一年，实际施工中大型机械设备调进调出次数频繁，未按批准的施工方案进行施工，工程总承包人改变了批准的施工方案进行施工，但未提供经发包人认可的资料，鉴定大型机械设备进出场及安拆数量按照各单体工程施工方案确定。

（9）对工程总承包合同中不明确的专业工程施工分包、设备采购价格的结算价款确定进行细化处理：

设备费=不含税设备费×（1+工程不同施工期间建筑业税率）+设备采办服务费（不含税设备费×10%）。

厂内仪表、自控系统设备、视频监控系统设备（含自控编程）及高低压电力工程按专业分包工程，按合同价列入工程费。

（10）污泥菌种培养费：按照工程总承包人提交，经质证认可的葡萄糖购销合同及发票、电费发票确定。

调试服务分包费用：按照工程总承包人提交，经质证认可的分包合同、发票及付款凭证265000元计入本次鉴定造价。该部分费用分包合同总价为530000元，经现场核实该项目没有实际投入运营，污泥菌种培养调试服务费没有全部发生，原告也没有提交剩余费用相关证据资料，本次鉴定暂不计算剩余费用金额，待实际发生后原告、被告双方可以另行协商。

3.2.6 鉴定意见

（1）确定性意见：当事人双方认可的鉴定范围内项目及变更签证等项目为人民币7644.36万元。

（2）供选择性意见：招标文件、工程合同承包范围外设计图纸增加项目，造价444.47万元，因工程总承包合同设计风险责任承担约定不明确，当事人双方也未提交项目实施过程中的责任认定资料，经当事人双方质证认可，出具供选择性意见，由庭审确定。

3.3 案件当事人对工程造价司法鉴定意见异议问题

1.结算原则、鉴定工程范围争议

鉴定人员对提交的鉴定材料进行全面分析，将涉及争议的相关内容提交庭审质证解决，按质证认可意见进行造价鉴定。

2.设备、阀门、回填土工程量及混凝土泵送、土方机械定额套用问题

上述争议经现场核实及提供鉴定依据解决。

3.厂区仪表、自控系统设备、视频监控系统设备分包合同价款如何计入总承包鉴定造价争议

设备采购合同约定的内容包含供货、安装、调试、运输、装卸车、验收合格、技术服务、增值税等全部费用，鉴定结论不计取采办服务费。

4.爆气生物滤池滤料价格争议

此项材料无认证价、信息价，当事人双方均未提交其他证据资料，按市场价询价确定。

5.曝气池改造变更费用争议

此项费用因设计达不到曝气标准产生，因本项目为设计、施工工程总承包，工程总承包联合体成员设计单位、施工单位应对其设计图纸质量、施工质量负责，鉴定结论不考虑此项费用。

6.污泥菌种培养调试服务费用争议

经现场核实，该项目没有实际投入运营，污泥菌种培养调试服务费按已提供的发票及已付款凭证265000元计入本次鉴定造价，未采纳分包合同总额。

4　出庭作证情况

本案已经委托人参照鉴定意见判决生效，委托人没有通知鉴定机构出庭作证。

5　心得体会

（1）鉴定机构、鉴定人员正确行使鉴定职权

本案例当事人双方争议的焦点是造价的确定原则和鉴定工程范围，以及工程总承包合同风险分担约定不明确鉴定方法的确定，鉴定机构、鉴定人员应正确处理工程总承包合同的风险分担、违约条款与相关法律、法规规定不一致的鉴定事项。如工程总承包采用的固定总价合同、风险责任全部由承包人负责等不对等条款，产生合同争议，按照《建设工程造价鉴定规范》GB/T 51262—2017等相关法规文件规定，此类争议事项的处理，鉴定人员应厘清合同情况，属于专业技术问题的由鉴定人员解决处理，属于合同条款效力、是否符合法律、法规规定等情况，向委托人出具专业意见，提请委托人确定，鉴定人员按委托人决定进行鉴定，避免以鉴代审。

（2）工程总承包与传统施工总承包项目鉴定重点、难度不同

工程总承包项目大多数投资规模较大，承包范围涵盖勘察、初步设计、施工图设计、设备采购、工程施工等内容，招标时点前移。招标前由于缺乏地质勘察资料、详细设计技术参数要求等，当事人双方对限额设计、超范围设计责任界定、风险分担、合同价格形式、调整因素、调整方法、结算原则等约定不详或相互矛盾。对该类合同纠纷项目进行鉴定，鉴定人员除应掌握司法鉴定的程序规范外，还应结合工程总承包项目的特点，正确应用国家、项目所在省市关于工程总承包的法规文件。

（3）工程总承包工程的发包应合理把控项目风险和造价控制

工程总承包工程应根据发包模式的特点和项目实际合理把控项目风险和造价控制。在工程总承包工程的发包范围确定中要正确把握地质风险，对于地质因素将严重影响工程投资的项目，不宜将勘察工作列入工程总承包范围。对于技术复杂的非通用项目招标工作应

在初步设计完成后进行。重视招标文件中发包人要求的编写，在发包人要求中应把项目的功能要求、招标范围和内容、工艺安排和要求、时间要求、技术要求、竣工验收等给予明确和具体，避免发生争议和"扯皮"。在合同签订前应履行清标程序，对投标文件中的瑕疵和理解偏差应通过澄清的方式在项目实施前解决和处理。造价控制的主要工作要前移至合同签订前完成，通过类似工程的数据比对和调整形成合理的招标控制价；通过合同条款的规划和设置，科学处理合同履约风险和价款控制；通过清标和澄清提前解决合同履行过程中的争议。

（4）工程造价鉴定人员应适应新变化，提高适用新技术、新规范业务的处理能力

近年来，建筑市场新技术、新规范、新建设运营模式等变化日新月异，鉴定机构及鉴定人员应顺势而为，加强相关专业的学习、培训，提高鉴定项目的质量。

某工业再生战略金属及合金工程造价司法鉴定

陈富国，冯丽，李铜，白艳婷，贾金全（河北卓勤工程咨询有限公司）

1 案情简介

原告：总包方

被告：发包方

某工业再生战略金属及合金工程（一期）包括精快锻车间和办公楼、2号清洗车间工程，为某高温合金材料有限公司进行建设，并由某建设第四工程局有限公司分别于2013年8月和2013年12月投标，中标后2013年9月17日签订了精快锻车间主厂房工程《河北省建设工程施工合同》，同年12月20日签订了办公楼工程、2号清洗车间工程《河北省建设工程施工合同》。厂区效果图见图1。

图1 厂区效果图

签订施工合同后，精快锻车间主厂房工程于2013年10月26日开始施工，办公楼工程、2号清洗车间工程于2014年3月9日开始施工，于2016年9月20日全部工程完工，未经竣工验收被告即投入使用。2016年8月30日，原告向被告提交了关于精快锻车间工程的结算资料；2016年10月5日，原告又向被告提交了关于办公楼及2号清洗车间工程的结算资料。两项工程的申请结算总价为8707万元，起诉前被告已累计支付工程款4244万元。被告单方委托造价单位出具结算价为5171.4万元，两者差距较大无法达成一致意见，双方当事人经协商无果后，2018年12月14日原告向某市中级人民法院申请造价鉴定。

鉴定机构于2019年1月22日接受某市中级人民法院司法技术辅助室委托，对该工程进行司法造价鉴定，因该案争议金额较大，时间跨度大，相关证据不充分，增加了造价鉴定的难度，鉴定单位组织了专业的造价鉴定团队，依据事实情况相关证据，经科学分析、判断、计算，于2019年12月针对该工程出具了最终造价鉴定意见，做到客观、公正、独立地进行鉴定，为法院提供了可靠的审判依据，最终根据鉴定意见由法官调解结束了施工合同纠纷诉讼。

2 案情争议焦点和造价鉴定难点

2.1 争议焦点问题

（1）招标工程量清单项目特征描述不完整，是否视为漏项认定。

办公楼土建——原分部分项工程量清单计价表第1项"夯实水泥土桩"项目特征描述中仅有"成孔方法"4个字，内容未做其他描述。原告主张：根据《建设工程工程量清单计价规范》GB 50500—2008第4.3.4条规定，"按招标文件中分部分项工程量清单项目的特征描述确定综合单价计算"，因清单项目特征未对"成孔方法"进行描述，故投标时无法就此项内容报价，现场实际施工为"机械成孔"。依据《建设工程工程量清单计价规范》GB 50500—2008第3.1.2条强制性条文规定，"采用工程量清单方式招标，工程量清单必须作为招标文件的组成部分，其准确性和完整性由招标人负责"，应增加此项费用约30万元。

鉴定机构经查验相关证据资料后得出，招标工程量清单项目特征描述不完整应属招标人责任，但本工程招标文件规定："如投标人对招标文件有疑问，应在投标人须知前附表规定的时间以前向招标人和招标代理机构同时提出，要求招标人对招标文件予以澄清"，且本工程施工图纸对夯实水泥土桩的位置、尺寸、材质等有明确的表述。因原告未对工程量清单不完整提出质疑，同时设计文件也完全能满足报价的需求，另外在合同谈判阶段、实施阶段原告也未对该内容提出任何质疑，竣工结算时才提出增加成孔费用。依据公平、公正、诚实信用的原则，经综合考虑，对原告提出追加该项"机械成孔"漏项的变更和费用主张不予认定。

（2）关于类似项综合单价调整问题。

精快锻车间地面由承重地面变更为普通地面，工程做法由"300厚3：7灰土、200厚C20混凝土（配置ϕ12@200×200双层钢筋网）、素水泥浆结合层一道、20厚水泥砂浆抹面"变更为"100厚素土垫层、200厚砾石垫层、200厚C20混凝土（随打随光）"。合同约定变更项目单价调整原则为：

①合同中已有适用的综合单价按合同中已有的综合单价确定。

②合同中有类似的综合单价参照类似的综合单价确定。

③合同中没有适用或类似的综合单价，采用招标投标时的基础资料，执行中标人投标时下浮比率。

原告认为该变更属于第3条情况，应废除原中标综合单价，依据当期应执行的计价标准重新组价，此项费用高达60万元。鉴定机构经分析得出此项投标报价中存在着严重的不平衡报价，该项报价明显偏低，如按原告主张重新组价将影响合同应遵循的公平和诚实信用原则，同时根据《建设工程工程量清单计价规范》GB 50500—2013【条文】第9.3.1条"2. 已标价工程量清单中没有适用但有类似于变更工程项目的，可在合理范围内参照类似项目的单价。【要点说明】2. 采用适用的项目单价的前提是其采用的材料、施工工艺和方法基本相似，不增加关键线路上工程的施工时间，可仅就其变更后的差异部分，参考类似的项目单价由发承包双方协商新的项目单价"的规定，鉴定机构在采用原中标综合单价的基础上仅就其变更前后的差异部分的价差按现行定额及相关计价原则调整后确认，合理地解决了计价的争议。

2.2 造价鉴定难点

（1）发包方直接分包了总包方合同内的工作内容，总包方索赔管理费和利润认定问题。

该案参建施工单位较多，施工期较长，特别是后期由于各种原因，施工进度缓慢，存在发包方直接分包、转包或直接将部分总包方任务委托给其他施工单位施工的事实，如暂列金额中门窗、玻璃幕、精装修、电梯、办公楼装饰装修、车间部分地面等项目，该部分工程款直接支付给分包单位，原告（总包方）对此申请索赔管理费和利润共计71万元。

根据《建设工程工程量清单计价规范》GB 50500—2013【条文】第9.3.3条"当发包人提出的工程变更因非承包人原因删减了合同中的某项原定工作或工程，致使承包人发生的费用或（和）得到的收益不能被包括在其他已支付或应支付的项目中，也未被包含在任何替代的工作或工程中时，承包人有权提出并应得到合理的费用及利润补偿。"的规定，原告申请费用索赔理由事实存在、基本合理，但就索赔费用计算方法，原告、被告存在严重分歧，被告认为原告工期严重误期，已违反了合同约定工期，分包实属无奈之举；原告认为被告多次变更且资金不到位，造成工期延期、管理成本增加，要求追加分包管理费和利润符合规范及法律法规的规定。

根据法院提交的证据资料分析得出，被告分包工程均在合同约定工期之外，原告未能提供工程延期申请审批资料，原告对分包单位提供了基本总承包管理服务。在综合考虑上述因素且原告申请管理费用及利润计算缺乏相关依据的情况下，参考《建设工程工程量清单计价规范》GB 50500—2013总承包服务费解释，按暂列金额4%计算总承包服务费，作为对原告管理费及利润的补偿，当事人及法院均予以认可。

（2）工期延长引起安全文明施工费、模板费、脚手架租赁费、垂直运输费、管理费、人工降效费认定问题。

原告认为因被告多次变更，影响了工程进度，且存在工程款支付不到位的情况，造成工期延期太长，增加了相关费用。办公楼工程、2号清洗车间工程申请索赔537.7万元，精快锻车间主厂房工程申请索赔362.8万元，经对索赔资料分析，原告的计算过程缺乏依据，仅按工程造价百分比估算，索赔资料仅有变更签证，是否属于关键线路上的工序，因无网络图进度计划而无法确认，因被告原因造成的停工未办理相关签证、索赔、延期相关手续，工程工具、机械闲置数量及时间也无签证，均属于证据严重不足。鉴定机构发出补充证据函后，其仍无法完善，根据《建设工程造价鉴定规范》GB/T 51262—2017相关规定，该项申请鉴定证据不能满足鉴定要求，暂不对该项内容进行鉴定，待补充完善证据后另行申请或由法院进行认定。

（3）交叉施工工程量认定问题。

施工后期，因被告直接分包单位较多，导致多个施工单位交叉施工、重叠施工，特别是车间地面工程，有一部分垫层是原告施工的，但面层却是另外一个单位施工的，双方对施工范围及数量产生分歧，经法院组织到现场实地勘察，根据施工痕迹、伸缩缝分析出不同施工范围，再进一步确认施工单位，减少了争议范围，但仍有一小部分工程双方存在争议，把该部分造价列入供选择性意见。

3 鉴定情况

3.1 司法鉴定委托人提供鉴定材料内容

（1）某市中级人民法院（2019）委鉴第1号造价委托书；

（2）民事起诉状、鉴定申请书；

（3）招标文件、投标文件、中标通知书、建设工程施工合同；

（4）施工图纸；

（5）本工程有关的变更洽商签证资料，进度款支付协议；

（6）转账凭证；

（7）基坑支护方案；

（8）质证笔录、庭前会议（一次、二次、三次）、开庭笔录（一次、二次）；

（9）原告结算书的审核意见，建设工程结算书调整说明；

（10）其他资料。

3.2 工程造价司法鉴定情况

3.2.1 鉴定过程

（1）鉴定机构于2019年1月22日收到某市中级人民法院（2019）委鉴第1号造价委托书，于2019年1月23日向委托人发出《关于鉴定委托的复函》，愿意接受委托，并对鉴定费进行了测算。

（2）2019年3月13日，鉴定机构在法院收到由原告提交的施工图纸及其相关文件、由被告提交的相关证据资料。

（3）鉴定单位在详细查看双方当事人提交的所有资料后进行总结分类，编制详细的鉴定方案，并依据鉴定方案开始工程量的计算分析。

（4）2019年4月24日鉴定机构与原告、被告、法院，共同对原告施工的精快锻车间主厂房工程、办公楼及2号清洗车间工程进行了现场勘察、测量。原告及被告对现场勘察记录均无异议，且签字认可。

现场勘察时对工程中不清晰、分界不明确、有争议的地方进行详细勘察、测量，并对缺少的资料提出书面补充函。

（5）2019年5月14日收到办公楼的桩位平面布置图，而后对此部分的相应工程量进行重新整理并计算。

（6）本着合法、独立、客观、公正的原则，鉴定机构于2019年8月11日出具鉴定意见书征询意见稿，充分听取原告和被告双方的陈述意见。原告、被告双方在收到征询意见稿后均提出部分质疑。

（7）鉴定机构对双方当事人提出的质疑重新组织人员进行复核，并予以答复，2019年9月19日鉴定机构对双方质疑部分进行回复。

（8）2019年10月11日再次进行现场勘察，除精快锻车间C-D跨地面施工范围未形成一致意见外，对双方提出的其他质疑进行现场确认。

（9）2019年10月30日原告、被告双方在某市中级人民法院对精快锻车间C-D跨地面工程量进行调解，形成一致意见。

经过再次的现场勘察后，对双方当事人提出质疑部分进行重新分析、调整，并得出最终结论，出具鉴定意见书提交法院。

3.2.2 鉴定依据

1.行为依据

某市中级人民法院（2019）委鉴第1号案件鉴定委托书。

2.政策依据

（1）《中华人民共和国合同法》；

（2）《中华人民共和国招标投标法》《中华人民共和国招标投标法实施条例》《建设工程质量管理条例》；

（3）《中华人民共和国建筑法》；

（4）《中华人民共和国民事诉讼法》；

（5）《最高人民法院关于审理建设工程施工合同纠纷案件适用法律问题的解释》（法释〔2004〕14号）；

（6）《最高人民法院关于审理建设工程施工合同纠纷案件适用法律问题的解释(二)》（法释〔2018〕20号）；

（7）《最高人民法院关于民事诉讼证据的若干规定》；

（8）《司法鉴定程序通则》（司法部令第107号）；

（9）《建设工程造价鉴定规范》GB/T 51262—2017；

（10）《建设工程造价咨询规范》GB/T 51095—2015、《建设工程造价咨询成果文件质量标准》CECA/GC7—2012；

（11）《建筑工程施工发包与承包计价管理办法》（住房城乡建设部令第16号）；

（12）《司法部关于印发司法鉴定文书格式的通知》（司发通〔2016〕112号）；

（13）河北省高级人民法院建设工程施工合同案件审理指南；

（14）其他相关法律法规。

3.2.3 工程量计价依据

（1）造价鉴定委托书、申请书、民事起诉状；

（2）质证笔录、庭前会议（一次、二次、三次）、开庭笔录（一次、二次）、现场勘察笔录；

（3）建设工程施工合同、招标文件、投标文件；

（4）施工图纸；

（5）基坑支护施工方案、设计变更、监理日志、停工函、被告支解工程情况说明、工程联系单、设计变更影响工期的情况说明等；

（6）《全国统一建筑工程基础定额河北省消耗量定额》HEBGYD-A-2012、《全国统一建筑装饰装修工程消耗量定额河北省消耗量定额》HEBGYD-B-2012、《全国统一安装工程预算定额河北省消耗量定额》HEBGYD-C-2012、《全国统一市政工程预算定额河北省消耗量定额》HEBGYD-D-2012、《河北省建筑、安装、市政、装饰装修工程费用标准》HEBGFB-1-2012及其配套的税金、规费、安全生产文明施工费、人工费等调整文件，工程所在地省市建设工程造价管理站发布的《建设工程造价信息》、市场价格资料；

（7）其他相关资料。

3.2.4 鉴定范围

鉴定范围是原告施工的精快锻车间和办公楼、2号清洗车间工程已完成部分工程量及工程造价，主要包括：

（1）就双方工程量、综合单价完全相同的清单项的工程款作出鉴定；

（2）对存在争议的九个问题分别作出鉴定；

（3）涉案工程设计变更、工程洽商、工程甩项等。

3.2.5 鉴定方法

鉴定机构根据工程施工合同约定的计价原则和方法进行鉴定，按照组成合同文件的解释效力，鉴定方法执行工程施工合同明确约定的"固定单价"计价原则，变更或招标工程量清单量差引起的工程量增减，据实调整并执行综合单价，变更后形成的清单综合单价类似项，调整清单综合单价后计算相应造价。

（1）根据原告、被告提交的工程结算书，就双方工程量、综合单价完全相同部分，作出鉴定意见：

根据双方确认的工程量及单价汇总计算，无法按工程量计取的措施类项目费用，根据计算出的直接费与招标价直接费比较，按比例调整。

（2）对存在争议的九个问题分别作出鉴定，并出具相互间在内容上无重合、无交叉，又可独立使用的鉴定意见：

1）原告、被告提交的工程结算书综合单价相同，而工程量计算存在差异，对此可依据施工图、竣工图、招标投标文件、洽商变更资料、现场核实等计算工程量，作出鉴定。此部分工程量依据所提供相关资料计算相应工程量，直接套用综合单价计算相应价款。

2）涉案工程因设计变更、工程洽商，引起的工程量、综合工程单价发生变化部分工程价款的鉴定：

因设计变更等引起工程量、综合单价均发生变化的，先计算出相关工程量，应适用中标综合单价的，直接采用相应综合单价计算工程造价；合同中没有适用或类似的综合单价，根据合同约定，采用招标投标时的基础资料，根据定额及相关文件计算相应造价，而后执行中标人投标时下浮比率进行下浮后得出相应鉴定造价。

下浮费率：

办公楼工程、2号清洗车间工程下浮系数 F_1=1-（中标价/拦标价）×100%=5.9%；

精快锻车间主厂房工程下浮系数 F_2=1-（中标价/拦标价）×100%=0.03%。

类似项或清单内容部分变更综合单价处理方法：《建设工程工程量清单计价规范》GB 50500—2013中规定，对其采用的材料、施工工艺和方法基本相似，不增加关键线路上工程的施工时间，可仅就其变更后的差异部分进行调整，调整方法：

①对仅存在材料差价的，直接按基准日两种价格差额进行调整综合单价。

例如，某工程现浇混凝土梁为C25，施工过程中设计调整为C30，此时，可仅将C30混凝土价格替换为C25混凝土价格，其余不变，组成新的综合单价。

②因清单分项部分变更可能导致材料、人工、机械变化，采用基期价格（以基准日的项目所在地工程造价管理机构发布的信息价格）为计算依据，根据定额及相关文件计算变更前后的差价，而后执行中标人投标时下浮比率进行下浮后得出相应中标综合单价的差异部分的造价，在相应中标清单单价的基础上调整差异部分的价差形成鉴定综合单价，据此计算鉴定金额。例如，精快锻车间地面垫层材料厚度、混凝土强度等级及厚度、钢筋变化，以原清单单价为基础，根据上述调整方法按定额差价执行中标人投标时下浮比率后进行调整。

3）涉案工程因招标漏项，引起工程量和综合单价均发生调整，对该部分工程款作出鉴定。

因招标漏项部分：先进行工程量计算，再套用清单或定额，材料按照基期价格进行调整，执行中标人投标时下浮比率。计算方法同上条。

4）涉案工程因工作内容与招标工程量清单有差异，引起工程量和综合单价均发生调整，对该部分工程款作出鉴定。

申请造价鉴定书"事实与理由：二、对存在争议的下列九个问题分别作出鉴定：涉案工程因清单项的实际施工内容与招标工程量清单描述内容有差异（含施工方案发生变化引起的费用增加，如钢构件由现场加工改为工厂加工）……对该部分工程款作出鉴定。"

经鉴定人员认真翻阅相关资料，并未发现钢构件由现场加工改为工厂加工的相关证明资料，且原告在申请的工程量清单中并没有此部分的相关费用，故此项因工作内容与招标工程量清单有差异引起工程款变更的费用暂未计算。

5）对施工的精快锻车间基坑支护方案费用作出鉴定。

依据提供的基坑支护方案资料计算工程量，套用定额，材料按基期价格进行调整，执行中标人投标时下浮比率。

6）对当事人争议的价差调整作出鉴定，并确定价差调整所涉及工程的工程款。

①办公楼和2号清洗车间合同价款调整：除通用条款57.2款第1项至第8项规定外，还包括：钢筋、钢材、商品混凝土和水泥价格，施工期（以月或施工段平均价格）与合同基准日价格比较，超过±5%部分由发包人承担。此部分进行人工费及钢筋、钢材、商品混凝土和水泥价格的调整。人工费按基准日根据国家和河北省发布的文件调整。

人工费调整分段：2014年3月～6月底；2014年7月至完工，这两个阶段内人工费均无变化，根据监理日志、月报等估算出工程造价所占比例，推算出人工费在各阶段所占比例按文件进行调整。

钢筋、钢材、商品混凝土和水泥价格调整，根据监理日志、月报等资料，推算出主要施工期，根据主要施工期价格信息均价调整。

②精快锻车间工程只进行通用条款57.2款第1项至第8项规定，而人材机调整专用条款无风险范围约定，因此仅按基准日根据国家和河北省发布文件（某省建设造价管理总站文件某建价信〔2014〕47号2014年上半年各市建筑市场综合用工指导价、2015年4月27日某省工程建设造价管理总站关于对某市2014年下半年建筑市场综合用工指导价审核的意见）调整人工费。

人工费调整分段：2013年；2014年1月～6月底；2014年7月至完工，这三个阶段内人工费均无变化，根据监理日志、月报等估算出工程造价所占比例，推算出人工费在各阶段所占比例按文件进行调整；2013年文件规定人工费不调整，另外两个阶段按文件调整。

7）对施工的涉案工程合同外工程款作出鉴定。

依据施工合同约定：

①合同中已有适用的综合单价按合同中已有的综合单价确定。

②合同中有类似的综合单价参照类似的综合单价调整确定。

③合同中没有适用或类似的综合单价，采用招标投标时的基础资料，执行中标人投标时下浮比率。

8）涉案工程合同内工程未施工项目管理费、利润作出鉴定。

①未施工部分依据定额重新套用，提取管理费、利润，执行中标人投标时下浮比率。

②暂列金额为："内外装修、门窗、玻璃幕、栏杆、电梯等"只计算总承包服务费，不计算管理费、利润。

依据《建设工程工程量清单计价规范》GB 50500—2013中"暂列金额：招标人在工程量清单中暂定并包括在合同价款中的一笔款项。用于合同签订时尚未确定或者不可预见的所需材料、工程设备、服务的采购，施工中可能发生的工程变更、合同约定调整因素出现时的合同价款调整以及发生的索赔、现场签证确认等的费用。"

暂列金额所列内容（内外装修、门窗、玻璃幕、栏杆、电梯）如需施工，原则上应由原中标单位承接，目前未让原中标单位实施，相当于指定分包，影响了原中标单位利益，而部分施工内容无详细工程量清单计价书，无法根据委托要求计算出管理费、利润，仅能根据"《建设工程工程量清单计价规范》解释"计算总承包服务费，按发包的专业工程估算造价的3%~5%计算，取平均值为4%（含配合费）。

9）对涉案工程设计变更、工程洽商、工程甩项等原因产生的费用损失作出意见或鉴定。

设计变更已计算工程费用(含管理费、利润)等相关费用，并已按分类并入以上各条工程造价中，因此变更的直接费用已计算完毕；工程甩项的管理费、利润已计算。至于因工程设计变更、工程洽商、工程甩项等原因产生的费用损失计算，因该项申请鉴定提供证据不足，不能满足鉴定工作要求，暂不对该项内容进行鉴定，待补充完善证据后另行申请或由法院进行认定。

3.2.6 鉴定意见

1.确定性意见

（1）根据原告、被告提交的工程结算书，就双方工程量、综合单价完全相同部分，作出的鉴定意见为：造价共计23010582.32元；其中，精快锻车间为12342822.87元，办公楼及2号清洗车间为10667759.45元。

（2）原告、被告提交的工程结算书综合单价相同，而工程量计算存在差异部分的鉴定意见为：造价共计30063636.16元；其中，精快锻车间为14047628.84元，办公楼及2号清洗车间为16016007.32元。

（3）工程因设计变更、工程洽商引起的工程量和综合工程单价均发生调整的部分鉴定意见为：造价共计220588.38元；其中，精快锻车间为919809.86元，办公楼及2号清洗车间为-699221.485元。

（4）工程因招标漏项引起的工程量和综合单价均发生调整的部分鉴定意见为：造价共计1709575.84元；其中，精快锻车间为1321755.08元，办公楼及2号清洗车间为387820.76元。

（5）工程因工作内容与招标工程量清单有差异，引起工程量和综合单价均发生调整的部分鉴定意见为：造价共计0元。

（6）施工的精快锻车间基坑支护方案费用鉴定意见为：造价共计431075.83元，其中，精快锻车间为431075.83元，办公楼及2号清洗车间为0元。

（7）对当事人争议的价差调整部分鉴定意见为：造价共计744659.25元，其中，精快锻车间为275678.08元，办公楼及2号清洗车间为468981.17元。

（8）施工的涉案工程合同外工程款鉴定意见为：造价共计1292674.7元，其中，精快锻车间为1292674.7元，办公楼及2号清洗车间为0元。

（9）工程合同内工程未施工项目管理费、利润鉴定意见为：造价共计436545.97元，其中，精快锻车间为0元，办公楼及2号清洗车间为436545.97元。

确定性鉴定意见汇总详见表1。

确定性鉴定意见汇总表   表1

序号	项目名称及内容	精快锻车间（元）	办公楼及2号清洗车间（元）	造价合计（元）
1	工程量、综合单价完全相同部分	12342822.87	10667759.45	23010582.32
2	综合单价相同，而工程量计算存在差异造价	14047628.84	16016007.32	30063636.16
3	因设计变更、工程洽商引起的工程量和综合工程单价均发生调整	919809.86	−699221.485	220588.38
4	工程因招标漏项引起工程量和综合单价均发生调整	1321755.08	387820.76	1709575.84
5	因工作内容与招标工程量清单有差异	0.00	0.00	0.00
6	精快锻车间基坑支护方案费用	431075.83	0.00	431075.83
7	价差调整	275678.08	468981.17	744659.25
8	涉案工程合同外工程款	1292674.7	0.00	1292674.7
9	合同内工程未施工项目管理费、利润	0.00	436545.97	436545.97
	合计	30631445.26	27277893.19	57909338.45

2.供选择性意见

精快锻车间地面施工范围存在争议，该部分鉴定意见为：造价共计223228.84元。

争议地面施工范围为C-D跨25MN南侧37-44轴，25MN-8MN到8MN南边，原告认为是其施工的，被告（发包方）认为是其他施工单位施工的，因无相关证据资料证明此部分地面的实际施工人为哪方，为了便于法院审判，依据司法鉴定规范，对此部分内容作出选择性意见，供委托人判断使用。

3.3 案件当事人对工程造价司法鉴定意见异议问题

鉴定意见书征求意见稿出具后，双方当事人先后就有关问题提出异议，主要异议问题如下：

1.部分工程量计算、定额套用及措施费计取问题

此类问题通过详细复核及当事人双方核对后已经解决。

2.类似项综合单价认定问题

因工程量清单分项部分变更可能导致材料、人工、机械变化，应采用招标投标时的基础资料和工程造价管理机构发布的信息价格，根据定额及相关文件计算变更前后差异差价，而后执行中标人投标时下浮比率进行下浮后即为结算差异部分造价（有正负值），在原清单综合单价上进行调整（工程量据实计算）。

3.材料价格、人工费的调整问题

主材价格调整，根据监理日志、月报等资料，推算出主要施工期，根据主要施工期价格信息均价调整。

因为没有每月的工程报表，人工费调价按调价文件发布时间分段调整：2013年；2014年1月～6月底；2014年7月至完工，这三个阶段内人工费均无变化，根据监理日志、月报等估算出工程造价所占比例，推算出人工费在各阶段所占比例按文件进行调整，2013年文件规定人工费不调整，另外两个阶段按建设造价管理总站文件中建筑市场综合用工指导价审核的意见文件调整。

4.已完工范围的划分问题

精快锻车间地面依据2019年10月30日原告、被告双方在法院确定的"CD跨属于原告施工范围的有关事项"，结合现场勘察情况确定原告CD跨地面工程量，把CD跨地面工程量中双方仍存在争议部分工程造价，列入供选择性意见。

5.对涉案工程设计变更、工程洽商、工程甩项等原因产生的费用损失作出意见或鉴定

设计变更已计算工程费用(含管理费、利润)等相关费用，并已按分类并入以上各条工程造价中，因此变更的直接费用已计算完毕。工程甩项的管理费、利润已出具意见。至于因工程设计变更、工程洽商、工程甩项等原因产生的费用损失，因证据不足暂不予以出具鉴定意见。

4　出庭作证情况

本案已经某市中级人民法院按照鉴定意见双方调解确认生效，委托人没有通知鉴定机构出庭作证。

5　心得体会

1.工程造价鉴定人员应多方面提高专业知识水平

造价人员取得全国注册造价工程师证书且注册后，已经具备造价司法鉴定资格，但大多数造价工程师在鉴定实战中的能力还非常欠缺，因为施工合同纠纷的造价司法鉴定是工程专业技术问题与法律专业问题的交织，既要熟练掌握计价方法，了解施工验收规范、各种图集，又要懂得《中华人民共和国建筑法》《中华人民共和国民法典》《中华人民共和国招标投标法》《建设工程质量管理条例》等，还要对司法鉴定的相关规定非常清楚，如《建设工程造价鉴定规范》GB/T 51262—2017、最高院司法解释、省高院建设工程施工合同案件审理指南等。同时，现场实践经验也是必不可少的，涉及许多推断性意见需要按常规做法、经验判断，因此要求鉴定人员应是具备很高的专业技术水平和法律常识的复合型人才。

2.工程造价鉴定人员应避免"以鉴代审"

工程造价鉴定人员在司法鉴定工作中只是一名专业技术人员，案件的判决由法官决定，鉴定人员只是利用自己的专业知识、工程经验，以第三方的角度公平、公正、独立地对该工程的造价进行鉴定，不能带有主观倾向和情绪化，仅对法院或仲裁机关提供的证据

发表鉴定意见，对有异议的证据鉴定结果应列入供选择性意见，为法院或仲裁机关提供审判相关参考意见，具体如何判决是法官的职权，如何采纳和使用供选择性意见应是法官根据庭审情况、证据提交情况等综合判断。

3.参建各方主体应加强工期管理

参建各方主体应注重工程项目管理，及时处理工程变更、工程索赔、工程延期审批、分包工程合理处置（尽管本工程对工期违约没有进行进一步索赔，但也存在一定争议），经过严格的项目管理工作，可以保证节约投资，保证按期完成，提前产生生产效益，减少施工合同司法纠纷，创造更加完美的和谐社会，促进我国建筑行业健康稳定的发展。